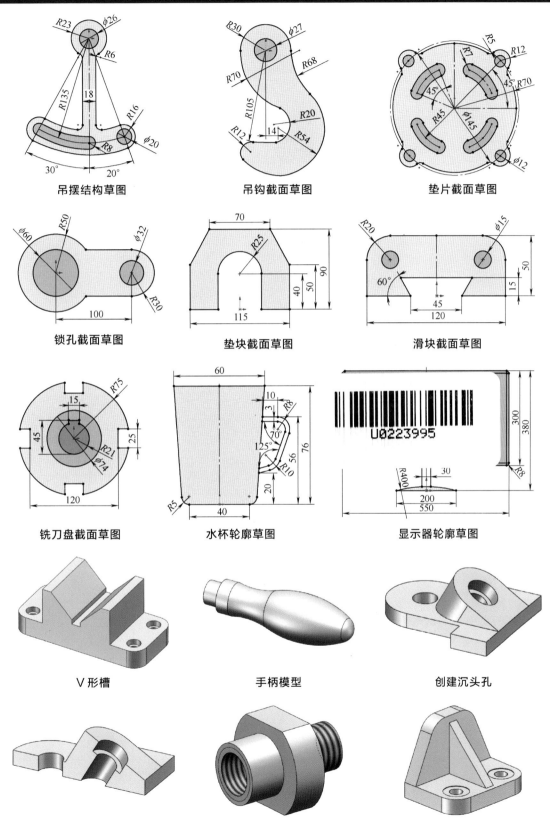

吊摆结构草图

吊钩截面草图

垫片截面草图

锁孔截面草图

垫块截面草图

滑块截面草图

铣刀盘截面草图

水杯轮廓草图

显示器轮廓草图

V 形槽

手柄模型

创建沉头孔

沉头孔内部结构

内螺纹

创建轮廓筋

创建网格筋

三通管零件

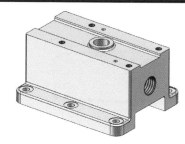

夹具体零件

阀体零件

齿轮轴

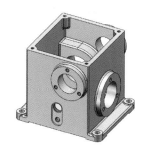

齿轮箱体

弯管接头零件

支座零件

底座与横梁装配

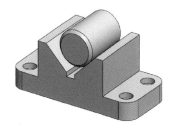

V 形块与圆柱装配

路径配合

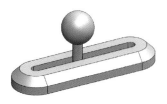

限制距离

轴承座

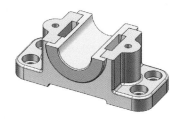

装配下部轴瓦

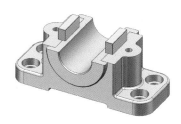

装配楔块

装配上部轴瓦

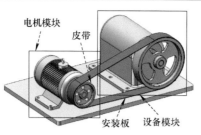

电机模块
皮带
安装板　设备模块

传动系统装配

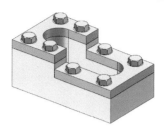

螺栓垫块装配

法兰圈装配

泵体装配

大型装配体显示模式

差速器装配

差速器组成结构

差速器爆炸视图

灯罩曲面

机头曲面

多边形弹簧

手柄曲面

曲面模型

管道模型

充电器盖

玩具企鹅曲面

无人机

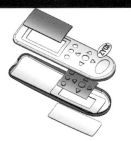

轴承

遥控器结构

钣金支架

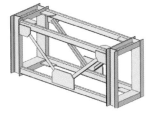

焊件框架

齿轮箱零件

差速器
材质方案

手龙头
渲染效果

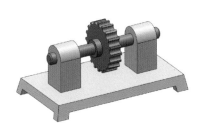

轮轴与支座装配

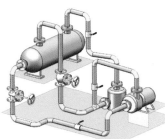

管道设计

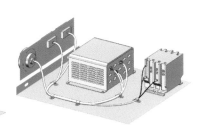

电气设计

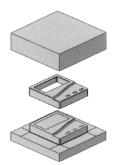

门禁盒模具设计

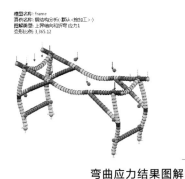

弯曲应力结果图解

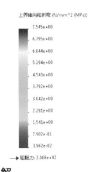

壳结构网格划分

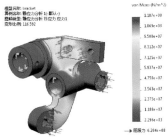

应力分析结果图解

SOLIDWORKS 从入门到精通

2020

实战案例
视频版

周涛 主编　　刘浩 吴伟 副主编

化学工业出版社
·北京·

内 容 简 介

本书从实际应用出发，全面系统介绍 SOLIDWORKS 软件在机械设计及产品设计方面的应用，主要包括：二维草图设计、三维特征设计、零件设计、装配设计、工程图、曲面设计、自顶向下设计、钣金设计、焊件设计、产品渲染、动画与运动仿真、管道设计、电气设计、模具设计及有限元分析等功能模块。本书列举了大量操作实例，融合了数字化设计理论、原则及经验，同时配套视频课程讲解，能够帮助读者快速掌握 SOLIDWORKS 软件操作技能，并深刻理解设计思路和方法，从而在实际应用中能够真正实现举一反三、灵活应用。对于有一定基础的读者，本书也能使其在技能技巧和设计水平上得到一定提升。

本书提供了丰富的学习资源，包括：480集视频精讲＋同步电子书＋素材源文件＋手机扫码看视频＋读者交流群＋专家答疑＋作者直播等。

本书内容全面，实例丰富，可操作性强，可作为广大工程技术人员的 SOLIDWORKS 自学教程和参考书籍，也可供机械设计相关专业师生学习使用。

图书在版编目（CIP）数据

SOLIDWORKS 2020 从入门到精通：实战案例视频版/周涛主编. —北京：化学工业出版社，2021.1（2024.7重印）
ISBN 978-7-122-37864-4

Ⅰ.①S… Ⅱ.①周… Ⅲ.①机械设计-计算机辅助设计-应用软件 Ⅳ.①TH122

中国版本图书馆 CIP 数据核字（2020）第 190345 号

责任编辑：曾　越　　　　　　　　　　　　装帧设计：王晓宇
责任校对：张雨彤

出版发行：化学工业出版社（北京市东城区青年湖南街 13 号　邮政编码 100011）
印　　装：北京天宇星印刷厂
787mm×1092mm　1/16　印张 32¼　彩插 2　字数 863 千字　2024 年 7 月北京第 1 版第 5 次印刷

购书咨询：010-64518888　　　　　　　　售后服务：010-64518899
网　　址：http://www.cip.com.cn
凡购买本书，如有缺损质量问题，本社销售中心负责调换。

定　　价：99.00 元　　　　　　　　　　　　　　版权所有　违者必究

SOLIDWORKS 2020

从入门到精通(实战案例视频版)

前言

SOLIDWORKS 是一款综合性三维设计软件,其功能强大,组件繁多。对工程师和设计者来说, SOLIDWORKS 操作简单方便、易学易用,这使得 SOLIDWORKS 成为领先的、主流的三维 CAD 解决方案,广泛用于机械设计、产品设计及非标自动化设计领域。本书主要从实际应用出发全面系统介绍 SOLIDWORKS 软件在机械设计及产品设计方面的应用。

一、编写目的

软件只是一个工具,学习软件的主要目的是为了更好、更高效地帮助我们完成实际工作,所以在学习过程中一定不要只学习软件本身的一些基本操作,这是毫无意义的,更是在浪费宝贵的时间!学习软件的重点一定要放在思路与方法的学习上,还有方法与技巧的灵活掌握,同时还要多总结、多归纳、多举一反三,否则很难将软件这个工具真正灵活运用到我们实际工作中。这正是笔者编写本书的初衷。

二、本书内容

第 1 章主要介绍 SOLIDWORKS 软件的一些基础知识,包括用户界面、鼠标操作、主要功能模块介绍及文件操作等,方便读者对 SOLIDWORKS 软件有一个初步的认识与了解,为后面进一步学习与使用打好基础。

第 2 章主要介绍 SOLIDWORKS 二维草图的设计方法与技巧,包括草图的绘制、约束的处理、尺寸标注及二维草图设计方法、技巧与规范等。二维草图的学习与使用是三维产品设计的前提与基础,也是需要读者熟练掌握的内容。

第 3 章主要介绍 SOLIDWORKS 零件设计中的具体问题,首先介绍三维特征设计工具,然后从实际应用出发讲解零件设计要求及规范、零件设计方法、根据图纸进行零件设计等。

第 4 章主要介绍 SOLIDWORKS 装配设计,包括装配配合类型、高效装配操作、装配设计方法(包括顺序装配和模块装配)、装配编辑、大型装配处理、装配分析等。

第 5 章主要介绍 SOLIDWORKS 工程图,包括工程图视图、工程图标注、工程图明细表及工程图批量转换等,严格按照实际工程图出图要求与规范进行编写,帮助读者创建符合标准要求的工程图文件。

第 6 章主要介绍 SOLIDWORKS 曲面设计,按照实际曲面设计流程详细介绍曲线线框设计、曲面设计工具、曲面编辑操作、曲面实体化操作、曲面拆分与修补、渐消曲面设计等。

第 7 章主要介绍 SOLIDWORKS 自顶向下设计,包括自顶向下设计流程、骨架模型设计方法、控件设计方法、复杂系统自顶向下设计等。

第 8 章主要介绍 SOLIDWORKS 钣金设计,包括钣金基础特征及各种附属特征的设计、钣金折弯及展平设计,同时全面系统介绍了钣金设计的各种方法。

第 9 章主要介绍 SOLIDWORKS 焊件设计,包括焊件结构构件插入、焊件结构修剪、焊件附属结构的设计,另外还涉及焊件工程图的出图等问题。

第 10 章主要介绍 SOLIDWORKS 产品渲染,包括外观材质处理、渲染布景、渲染光源、渲染相机等操作,帮助用户通过渲染得到真实的渲染效果图片。

第 11 章主要介绍 SOLIDWORKS 动画与运动仿真，包括各种动画设计方法、特效动画设计、力学仿真条件定义、仿真测量与分析。

第 12 章主要介绍 SOLIDWORKS 管道设计，包括管道零件设计、管道线路设计与编辑、管道工程图，方便用户进行各种三维管道线路的设计。

第 13 章主要介绍 SOLIDWORKS 电气设计，包括电气零件设计、电气线路设计及编辑、电气工程图等，方便用户进行各种三维电气线束的设计。

第 14 章主要介绍 SOLIDWORKS 模具设计，包括模具设计流程、模具零件分析（包括拔模分析及底切分析）、分型线及分型面的设计、模具开模等操作。

第 15 章主要介绍 SOLIDWORKS 有限元分析，包括有限元分析流程、边界条件定义、有限元网格划分、典型结构有限元分析及分析后处理操作等。

三、本书特点

内容全面，快速入门

本书详细介绍了 SOLIDWORKS 2020 的使用方法和设计思路，内容涵盖基础操作、二维草图设计、零件设计、装配设计、工程图、曲面设计、自顶向下设计、钣金设计、焊件设计、产品渲染、动画与运动仿真、管道设计、电气设计、模具设计及有限元分析。本书根据实际产品设计的流程编写，内容循序渐进，结构编排合理，符合初学者的学习特点，能够帮助读者真正实现快速入门的学习效果。

案例丰富，实用性强

本书所有知识点都辅以大量原创实例，讲解过程中将设计思路、设计理念与软件操作充分融合，使读者知其然并知其所以然，真正做到活学活用，举一反三，帮助读者将软件更好地运用到实际工作中。

视频讲解，资源完善

本书针对每个知识点都准备了对应的原始素材文件及视频讲解。模型素材文件都是在 SOLIDWORKS 2020 环境中创建的原创模型，读者在学习每个知识点时最好一边看书，一边听视频讲解，然后根据视频讲解打开相应文件进行练习，这样学习效果会更好。同时为了方便读者学习，本书提供了全套同步电子书、读者微信群、在线答疑、直播课等服务。以上资源可扫描封二和封三的二维码获取。

本书由武汉卓宇创新计算机辅助设计有限公司技术团队编写，由周涛主编，刘浩、吴伟、吕城为副主编，同时参加本书编写的还有侯俊飞、徐盛丹、韩宝键、白玉帅、李倩倩、涂彪等。

本书可作为高等学校教材，也可作为培训与继续教育用书，还可供工程技术人员参考使用。另外，考虑到本书作为教材及培训用书方面的配套需求，本书提供了与书稿内容对应的练习素材文件及 PPT 课件，读者可扫描二维码自行下载。

由于编者水平有限，编写时间仓促，难免有不足之处，恳请读者批评指正。

特别说明：在学习本书或按照本书上的实例进行操作时，需事先在计算机中安装 SOLIDWORKS 2020 软件。读者可以登录官方网站购买正版软件，也可到当地电脑城、软件经销商处咨询购买。

编　者

SOLIDWORKS 2020
从入门到精通（实战案例视频版）

CONTENTS
目录

微信扫描书中含 图标的二维码
立即获取【SOLIDWORKS配套视频与资源】

CONTENTS
目录

第1章

SOLIDWORKS快速入门

微信扫码，立即获取
全书配套视频与资源

SOLIDWORKS 是法国达索（Dassault Systemes）公司旗下的一款综合性三维设计软件，是世界上第一个基于 Windows 开发的三维 CAD 系统。SOLIDWORKS 软件功能强大、组件繁多、操作简单方便、易学易用，使得 SOLIDWORKS 成为领先的主流三维 CAD 解决方案，广泛用于机械设计、产品设计及非标自动化设计领域。

1.1 SOLIDWORKS 用户界面

启动 SOLIDWORKS2020 软件后，系统弹出如图 1-1 所示的启动界面，在启动界面中通过"打开文件"或"新建文件"进入 SOLIDWORKS2020 软件环境。

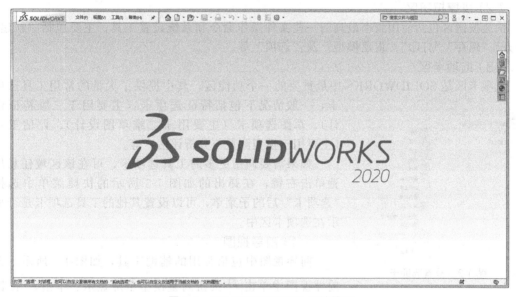

图 1-1 SOLIDWORKS2020 启动界面

在 SOLIDWORKS 中打开或新建的文件类型不一样，其用户界面也有所不同，但是都大同小异，本小节主要介绍 SOLIDWORKS 零件设计用户界面。打开练习文件 ch01 start \ base _ part 进入零件设计环境，其用户界面如图 1-2 所示。

SOLIDWORKS 零件设计用户界面主要包括下拉菜单、快捷按钮区、选项卡区、前导视图、管理器区、任务窗格、底部工具条、底部信息栏和图形区。

（1）下拉菜单

下拉菜单中包含 SOLIDWORKS 中的所有命令工具以及所有软件设置。默认情况下，下拉菜单并没有展开，当鼠标移动到下拉菜单区时该菜单才会展开，单击该区域中的 ✖ 按钮，将下拉菜单固定在该区域。

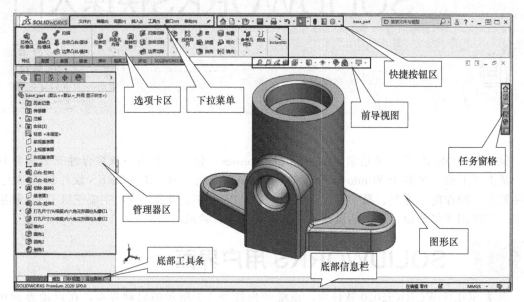

图1-2 SOLIDWORKS2020 零件设计用户界面

（2）快捷按钮区

快捷按钮区包括使用频率最高的一些文件操作命令和系统设置工具，主要包括"新建""打开""保存""打印""重建模型"及"选项"等。

（3）选项卡区

选项卡区是 SOLIDWORKS 中最重要的一个功能区，其中提供了大量的常用工具选项卡，一般情况下包括特征选项卡（主要用于三维特征设计）、草图选项卡（主要用于二维草图设计）、评估工具（主要用于模型测量与分析评估）等。

图1-3 设置选项卡

如果需要调用更多的工具选项卡，可在该区域任意位置单击右键，在弹出的如图1-3所示的快捷菜单中选择"选项卡"后的子菜单，可以设置其他的工具选项卡是否显示在选项卡区中。

（4）前导视图

前导视图中包括常用的辅助工具，如图1-4所示。在前导视图中单击 🔍 按钮调整模型全屏显示、单击 🔍 按钮局部放大视图、单击 ✏ 按钮返回至上一视图、单击 🔳 按钮创建剖切视图、单击 💾 按钮设置视图定向、单击 📦 按钮设置模型显示类型、单击 ◑ 按钮设置对象显示与隐藏、单击 🎨 按钮设置模型外观颜色、单击 🌐 按钮设置背景颜色、单击 🖥 按钮设置视图样式。

（5）管理器区

管理器区也叫导航器区，包括五个选项卡：FeatureManager 设计树（模型树）、PropertyManager（属性管理器）、ConfigurationManager（配置管理器）、DimXpertManager（尺寸专家管理器）和 DisplayManager（显示管理器）。其中最重要的是 FeatureManager 设计树（模型树），模型树中列出了模型中包含的所有对象，同时显示模型的创建过程以及每步使用的创建工具，模型树中的对象与模型中的对象是一一对应的，如图 1-5 所示。

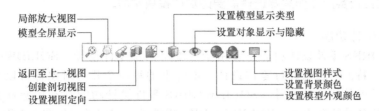

图 1-4　前导视图工具

（6）任务窗格

任务窗格中包括常用的辅助设计工具，包括"SOLIDWORKS 资源""设计库""文件探索器""视图调色板""外观、布景和贴图"及"自定义属性"等，在设计中灵活使用这些工具将大大提高设计效率。

（7）底部工具条

底部工具条中包括三个选项卡，默认情况下显示"模型"选项卡，表示只显示三维模型；单击"3D 视图"选项卡，用于设置将模型文件导出至其他文件；单击"运动算例"选项卡，用于进行动画及运动仿真操作。

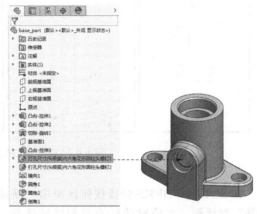

图 1-5　模型树中的对象与模型中的对象一一对应

（8）底部信息栏

底部信息栏中显示 SOLIDWORKS 版本信息及单位系统。

（9）图形区

图形区也叫工作区，SOLIDWORKS 中对模型的各种操作都是在该区域完成的。

1.2　SOLIDWORKS 鼠标操作

在使用 SOLIDWORKS 软件过程中绝大部分时间是依靠鼠标来完成各项操作的，所以必须熟练掌握 SOLIDWORKS 鼠标操作，特别是如何使用鼠标对模型进行控制。使用鼠标控制模型主要包括以下三种控制方式。

（1）旋转模型

按住鼠标中键拖动鼠标可以旋转模型。

（2）缩放模型

滚动鼠标滚轮，可以对模型进行放大与缩小。另外，同时按住 Shift 键和鼠标中键并前后拖动鼠标，也可对模型进行缩放控制。

（3）平移模型

按住 Ctrl 键，同时按住中键并拖动鼠标，可平移模型。

1.3　SOLIDWORKS 功能介绍

SOLIDWORKS 软件包括多个功能模块，不同的功能模块可以完成不同的技术工作，下面介绍 SOLIDWORKS 软件主要功能模块。

说明：了解 SOLIDWORKS 功能模块，让读者知道 SOLIDWORKS 能够完成哪些工作，然后根据自己实际工作需要选择需要的功能模块学习。

（1）零件设计功能

SOLIDWORKS 零件设计功能主要用于二维草图及零件设计。SOLIDWORKS 零件设计功能利用基于特征的思想进行零件设计，零件上的每一个几何对象都可以看作是一个特征，零件的设计就是特征的设计。SOLIDWORKS 零件设计功能具有功能强大的特征设计工具，方便进行各种特征设计，SOLIDWORKS 零件设计应用举例如图 1-6 所示。

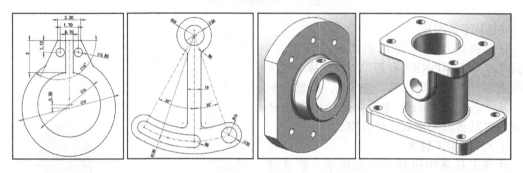

图 1-6　SOLIDWORKS 零件设计应用举例

在 SOLIDWORKS 快捷按钮区单击"新建"按钮 ，系统弹出"新建 SOLIDWORKS 文件"对话框，在该对话框的类型区域选择"零件"类型，单击"确定"按钮，系统进入 SOLIDWORKS 零件设计环境，用于进行二维草图绘制及零件设计，如图 1-7 所示。

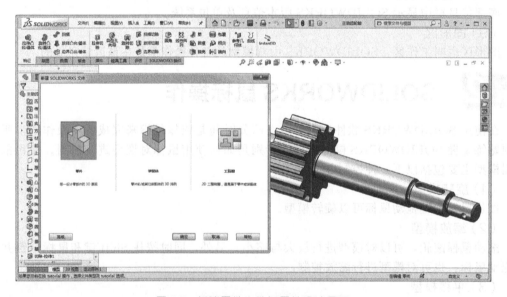

图 1-7　新建零件文件与零件设计界面

（2）装配设计功能

SOLIDWORKS 装配设计功能主要用于产品装配设计，就是将已经设计好的零件导入 SOLIDWORKS 装配环境进行参数化组装以得到最终的装配产品。装配设计是进一步学习和使用自顶向下、动画仿真、管道设计、电气设计、产品渲染及模具设计的基础，在学习和使用这些高级功能之前必须具备装配设计能力，否则很难学好后面的内容。

在 SOLIDWORKS 快捷按钮区单击"新建"按钮 ⬜，系统弹出"新建 SOLIDWORKS 文件"对话框，在该对话框的类型区域选择"装配体"类型，单击"确定"按钮，系统进入 SOLIDWORKS 装配设计环境，用于进行产品装配设计，如图 1-8 所示。

图 1-8　新建装配文件及装配设计环境

（3）工程图功能

SOLIDWORKS 工程图功能主要用于创建产品工程图，包括零件工程图和装配工程图。在工程图模块中，用户能够方便创建各种工程图视图，如主视图、投影视图、轴测图、剖视图等，还可以进行各种工程图标注，如尺寸标注、公差标注、粗糙度符号标注等。另外工程图模块具有强大的工程图模板定制功能，还可以自动生成零件明细表，并且提供与其他图形文件（如 dwg，dxf 等）的交互式图形处理，从而扩展 SOLIDWORKS 工程图实际应用。

在 SOLIDWORKS 快捷按钮区单击"新建"按钮 ⬜，系统弹出"新建 SOLIDWORKS 文件"对话框，在该对话框的类型区域选择"工程图"类型，单击"确定"按钮，系统进入 SOLIDWORKS 工程图环境，用于创建工程图，如图 1-9 所示。

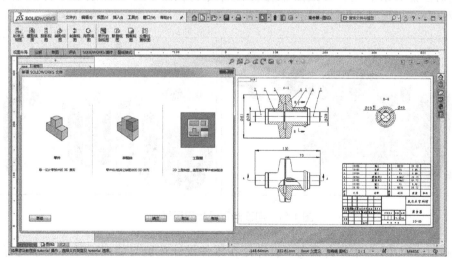

图 1-9　新建工程图文件及工程图环境

（4）曲面设计功能

SOLIDWORKS曲面设计功能主要用于曲线及曲面造型设计，用来完成一些复杂的产品造型设计。SOLIDWORKS提供多种曲线设计工具，如交叉曲线、投影曲线、分割线等，同时还提供了多种曲面设计工具，如扫描曲面、放样曲面、边界曲面、填充曲面等，帮助用户完成曲面产品造型设计。

在SOLIDWORKS零件设计环境中展开"曲面"选项卡，该选项卡中提供了曲线及曲面设计工具，用于曲面造型设计，如图1-10所示。

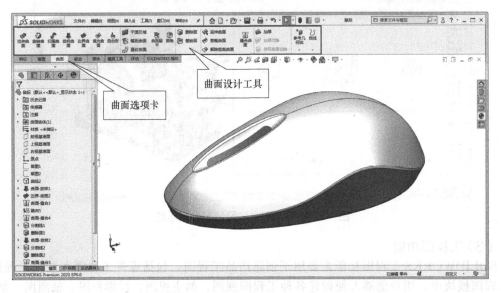

图1-10　曲面选项卡及曲面设计工具

（5）自顶向下设计功能

自顶向下设计是一种从整体到局部的设计方法，是目前最常用的产品设计与管理方法。其基本思路是：首先设计一个控制产品整体结构的骨架模型；然后从骨架模型往下游细分，得到下游级别的骨架模型及中间控制结构（控件）；然后根据下游级别骨架和控件来分配各个零件间的位置关系和结构；最后根据分配好零件间的关系，完成各零件的细节设计。SOLIDWORKS自顶向下设计应用举例如图1-11所示。

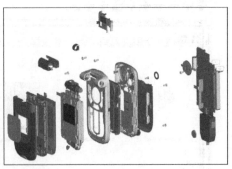

图1-11　自顶向下设计应用举例

在SOLIDWORKS中，自顶向下设计是在零件设计环境与装配设计环境中进行的，其中提供了用于自顶向下设计需要的几何关联复制工具及结构设计工具，如图1-12所示。

图 1-12　自顶向下设计工具

（6）钣金设计功能

SOLIDWORKS 钣金设计模块主要用于钣金设计，能够完成各种钣金结构设计，包括钣金基体法兰、钣金折弯、钣金成形等，还可以在考虑钣金折弯参数的前提下对钣金件进行展平，从而方便钣金件的加工与制造。

在 SOLIDWORKS 零件设计环境中展开"钣金"选项卡，在该选项卡中提供了钣金设计工具，用于钣金结构设计，如图 1-13 所示。

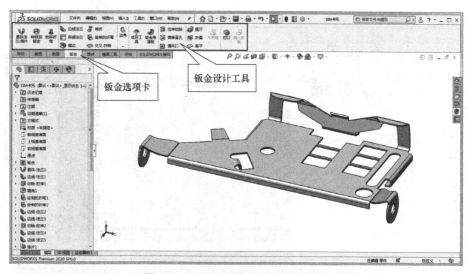

图 1-13　钣金选项卡及钣金设计工具

（7）焊件设计功能

SOLIDWORKS 焊件设计模块主要用于设计各种型材结构件。如厂房钢结构、大型机械设备上的护栏结构、支撑机架等，都是使用各种型材焊接而成的，这些结构都可以使用 SOLIDWORKS 焊件设计功能完成。

在 SOLIDWORKS 零件设计环境中展开"焊件"选项卡，在该选项卡中提供了焊件设计工具，用于焊件结构设计，如图 1-14 所示。

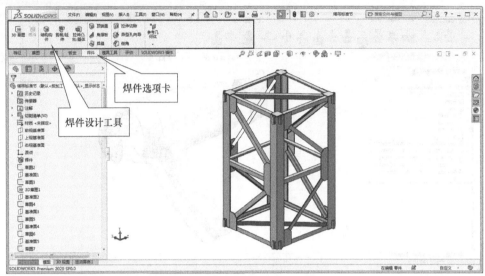

图 1-14　焊件选项卡及焊件设计工具

（8）高级渲染功能

SOLIDWORKS 高级渲染功能主要用来对产品模型进行渲染，也就是给产品模型添加外观材质、虚拟场景等，模拟产品实际外观效果，使用户能够预先查看产品最终效果，从而在一定程度上给设计者一定的反馈。SOLIDWORKS 提供了功能完备的外观材质库供渲染使用，方便用户进行产品渲染。在 SOLIDWORKS 中激活 PhotoView 360 插件，然后在零件设计或装配设计环境中展开"渲染工具"选项卡，在该选项卡中提供了产品渲染工具，如图 1-15 所示。

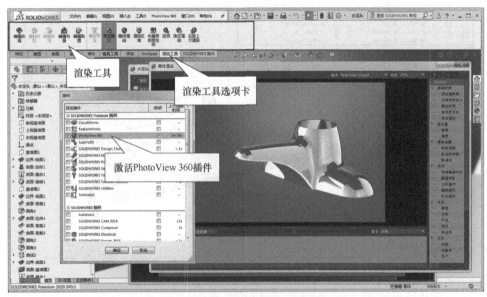

图 1-15　渲染选项卡及渲染工具

（9）动画与运动仿真功能

SOLIDWORKS 动画与运动仿真功能主要用于运动学及动力学仿真模拟与分析。用户通过在机构中定义各种机构运动副（装配配合）使机构各部件能够完成不同的动作，还可以向机构中添加各种力学对象（如弹簧、力与扭矩、阻尼、重力、3D 接触等），使机构运动仿真更接近于真实水平。因为运动仿真反映的是机构在三维空间的运动效果，所以通过机构运动仿真能够轻松检查出机构在实际运动中的动态干涉问题，并且能够根据实际需要测量各种仿真数据，导出仿真视频文件，具有很强的实际应用价值。

在 SOLIDWORKS 中激活 SOLIDWORKS Motion 插件，然后在零件设计或装配设计环境中展开"运动算例"，运动算例界面中提供了动画与运动仿真工具，如图 1-16 所示。

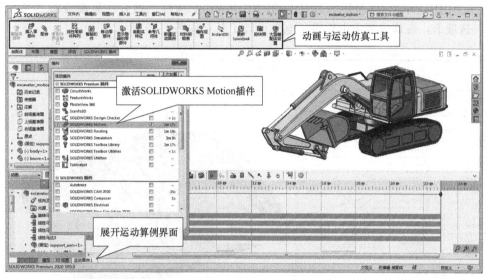

图 1-16　动画与运动仿真算例界面

（10）管道设计功能

SOLIDWORKS 管道设计功能主要用于三维管道设计。用户通过定义管道连接属性、创建管道路径并根据管道设计需要向管道中添加管道线路元件（如管接头、三通管等），能够有效模拟管道实际布线情况，查看管道在三维空间的干涉问题。另外，模块中提供了多种管道布线方法，帮助用户进行各种情况下的管道布线，从而提高管道布线设计效率。管道布线完成后，还可以创建管道工程图，用来指导管道实际加工与制造。

在 SOLIDWORKS 中激活 SOLIDWORKS Routing 插件，然后在装配设计环境中展开"管道设计"选项卡，在该选项卡中提供了管道设计工具，如图 1-17 所示。

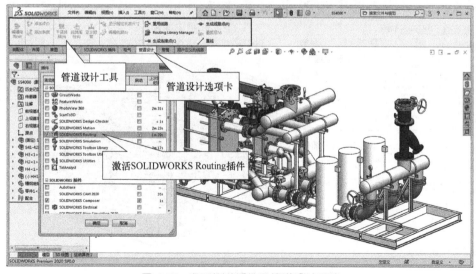

图 1-17　激活管道插件及管道设计环境

（11）电气设计功能

SOLIDWORKS 电气设计功能主要用于三维电气布线设计。用户通过定义电气连接属性、创建电气布线路径，然后编辑电线，能够有效模拟电气实际铺设情况，查看电线在三维空间的干涉问题，最后还可以创建电气展平图，用来指导电气实际加工与制造。

在 SOLIDWORKS 中激活 SOLIDWORKS Routing 插件，然后在装配设计环境中展开"电气"选项卡，在该选项卡中提供了电气设计工具，如图 1-18 所示。

图 1-18　激活电气插件及电气设计环境

（12）模具设计功能

SOLIDWORKS 模具设计功能主要用于模具设计，其中提供了各种模具设计工具，包括模具分析（拔模分析与底切分析）、分型线设计、分型面设计、型芯设计等，另外，安装 IMOLD 插件可以扩展 SOLIDWORKS 模具设计功能，方便用户进行模架及标准件设计。

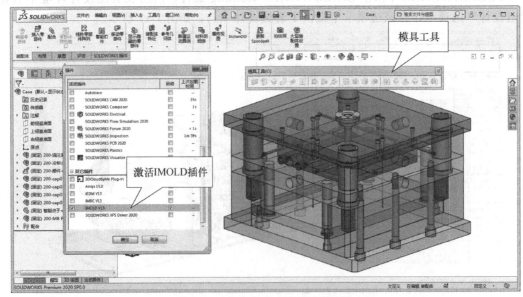

图 1-19　模具设计工具及模具插件

在 SOLIDWORKS 中调用模具工具，主要用于模具设计，然后激活 IMOLD 插件，主要用于模架及标准件设计，如图 1-19 所示。

（13）Simulation 功能（有限元分析）

SOLIDWORKS Simulation 功能主要用于有限元分析，是进行可靠性研究的重要应用模块。其中提供了大量用于有限元分析的材料库，还可以定义新材料供分析使用；能够方便地加载约束和载荷，模拟真实工况；同时网格划分工具也很强大，网格可控性强，方便用户对不同结构进行网格划分。

在 SOLIDWORKS 中激活 SOLIDWORKS Simulation 插件，然后在零件设计或装配设计环境中展开"Simulation"选项卡，在该选项卡中提供了 Simulation 分析工具与结果查看工具，如图 1-20 所示。

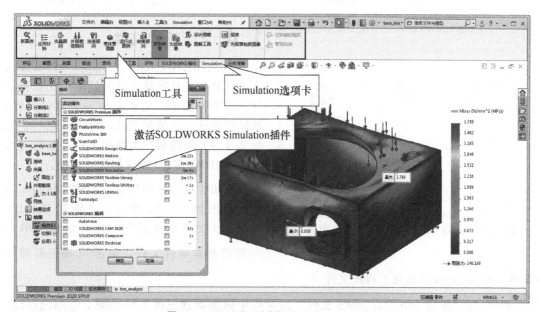

图 1-20 激活分析插件及 Simulation 工具

1.4 SOLIDWORKS 文件操作

学习和使用软件一般要从文件基本操作开始，本小节主要介绍常用文件操作，包括打开文件、新建文件、保存文件、文件格式转换及文件管理等。

1.4.1 打开文件

打开文件就是在 SOLIDWORKS 软件中打开已经存在的 SOLIDWORKS 文件或其他格式的文件。在 SOLIDWORKS 中可以对打开的文件进行相关编辑。

在 SOLIDWORKS 快捷按钮区中单击 按钮，系统弹出如图 1-21 所示的"打开"对话框，在对话框中选择需要打开的文件，单击对话框中的"打开"按钮，打开文件并进入相应的 SOLIDWORKS 软件环境，打开零件如图 1-22 所示。

说明：打开文件时，如果打开的是零件文件，打开之后系统进入零件设计环境；如果打开的是装配文件，打开之后系统进入装配设计环境；如果打开的是工程图文件，打开之后系统进入工程图环境。

图 1-21 "打开"对话框

图 1-22 打开零件文件

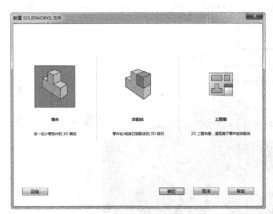

图 1-23 "新建 SOLIDWORKS 文件"对话框

1. 4. 2 新建文件

在 SOLIDWORKS 中任何一个项目的真正开始都是从新建文件开始的。比如要设计一个零件模型，可以新建一个零件文件；如果要设计一个装配产品，可以新建一个装配文件等。新建某一类型的文件，系统进入到 SOLIDWORKS 相应的设计环境。

在快捷按钮区中单击"新建"按钮 [图]，系统弹出如图 1-23 所示的"新建 SOLID-WORKS 文件"对话框，在对话框中单击 [图] 按钮新建零件文件，单击 [图] 按钮新建装配文件，单击 [图] 按钮新建工程图文件。

> **说明：** 在"新建 SOLIDWORKS 文件"对话框中只能新建三种文件类型，但是选择这三种文件类型并进入 SOLIDWORKS 软件环境后，可以完成很多具体设计工作，如新建零件文件并进入零件设计环境后，可以在该环境中进行草图绘制、零件设计、曲面设计、钣金设计、焊件设计、产品渲染等；再比如新建装配文件并进入装配设计环境后，可以在该环境中进行产品装配设计、动画与运动仿真、管道设计、电气设计等。

新建文件时一定要正确选择文件模板，模板中规定了文件属性参数（如文件单位）。在"新建 SOLIDWORKS 文件"对话框中选择文件类型后如果直接单击"确定"按钮，表示使用系统默认的文件模板。如果不想使用系统默认模板，可以在"新建 SOLIDWORKS 文件"对话框中单击"高级"按钮，系统弹出如图 1-24 所示的"新建 SOLID-WORKS 文件"对话框，在该对话框中选择需要的文件模板。默认情况下能选择的模板文件非常有限，如果模板不满足设计要求，将来可以根据实际需要自定义模板。

图 1-24 选择模板文件

1.4.3 保存文件

完成一定工作后，需要将工作文件及时保存。在 SOLIDWORKS 的快捷按钮区中单击"保存"按钮，系统弹出如图 1-25 所示的"另存为"对话框，在该对话框中选择保存文件地址，单击"保存"按钮，将当前文件保存到指定位置。

💡 **说明**：在保存文件时，默认情况下是将当前文件保存为 SOLIDWORKS 文件，在"另存为"对话框中的"保存类型"下拉列表中选择其他文件类型，如图 1-26 所示，可以将当前文件保存为其他类型的文件。

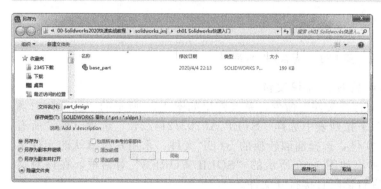

图 1-25 "另存为"对话框

图 1-26 保存文件类型

1.4.4 文件格式转换

在实际工作中，经常需要在 SOLIDWORKS 软件中打开其他格式的文件或是将 SOLIDWORKS 文件转换成其他格式文件并在其他软件中打开，这就需要进行文件格式转换。在 SOLIDWORKS 中主要使用"打开文件"和"保存文件"进行文件格式转换，下面具体介绍文件格式转换操作。

💡 **说明**：实际中像这样的问题很常见。例如一些专业分析软件往往在几何建模方面功能比较薄弱，所以一般不在专业分析软件中创建几何模型，而是使用 CAD 软件（如 SOLIDWORKS）来创建几何模型，然后将模型导入到专业分析软件中做分析。要完成这样的操作就需要将 CAD 做好的几何模型转换成专业分析软件能够识别的文件格式（如 stp），然后才可以顺利将几何模型导入到专业分析软件中。常用软件能够识别的文件格式如图 1-27 所示。

软件类型	软件名称	常用文件格式
CAD 软件	Pro/E、Creo、UGNX、CATIA、Solidworks、Inventor、SolidEdge	stp、igs、x_t
CAE 软件	ANSYS、ABAQUS	
CAM 软件	MASTERCAM	
其他软件	3DMAX	

图 1-27 常用软件文件格式

打开练习文件：ch01start \ base_part，将 base_part 零件转换成 STEP 文件，然后在 SOLIDWORKS 中打开 STEP 文件，将 STEP 文件转换成 SOLIDWORKS 文件。

（1）将 SOLIDWORKS 文件转换成 STEP 文件

打开 base_part 零件后，在 SOLIDWORKS 中选择下拉菜单"文件"→"另存为"命令，系统弹出如图 1-28 所示的"另存为"对话框，在对话框中的"保存类型"下拉列表中选择"STEP AP203"选项，表示将文件转换 STEP 格式，采用系统默认的文件名称，单击"保存"按钮，完成文件格式转换。

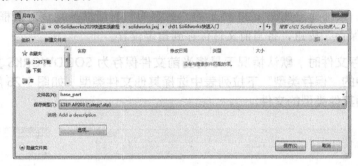

图 1-28 "另存为"对话框

（2）在 SOLIDWORKS 中打开 STEP 文件

在 SOLIDWORKS 中选择"打开文件"命令，系统弹出如图 1-29 所示的"打开"对话框，在对话框中的"文件类型"下拉列表中选择"STEP AP203/214/242"选项（或"所有文件"选项），表示打开 STEP 文件，选择前面转换的 STEP 文件，采用系统默认的文件名称，单击"打开"按钮，系统弹出如图 1-30 所示的"SOLIDWORKS"对话框，在该对话框中单击"否"按钮，表示不进行诊断直接打开文件。

图 1-29 "打开"对话框   图 1-30 "SOLIDWORKS"对话框

通过以上方式直接打开的文件在模型树中显示为一个集合特征，一般需要将其解散。在模型树中选择特征对象右键，在弹出的快捷菜单中选择"解散特征"命令，如图 1-31 所示。系统弹出如图 1-32 所示的"确认断开链接"对话框，在该对话框中选择"是，断开链接（不能撤销）"命令，完成解散特征操作，结果如图 1-33 所示。

在 SOLIDWORKS 中打开 STEP 文件后，在模型树中显示为一个输入体，无法显示具体的几何特征，如图 1-33 所示，所以也无法对模型直接进行修改。在 SOLIDWORKS 中使用"识别特征"工具可以识别模型中的特征，如果识别顺利的话可以对导入模型进行任意修改。

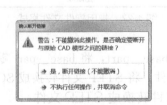

图 1-31 选择"解散特征"命令   图 1-32 "确认断开链接"对话框   图 1-33 打开结果

在模型树中选中"输入体"，单击右键，在弹出的如图 1-34 所示的快捷菜单中选择"FeatureWorks"→"识别特征"命令，系统弹出如图 1-35 所示的"FeatureWorks"对话框采用系统默认设置，单击对话框中的"下一步"按钮 ，系统弹出如图 1-36 所示的"FWORKS-中级阶段"对话框，在该对话框中显示识别的特征，单击 ✓ 按钮，结果如图 1-37 所示。

图 1-34　选择"识别特征"命令

图 1-35　"Feature Works"对话框

图 1-36　"FWORKS-中级阶段"对话框

图 1-37　识别特征结果

> 💡 **说明:** 使用"识别特征"工具对于简单的零件比较有效，但是复杂的零件或者零件中比较复杂的结构在识别特征时常常出现无法识别的情况，有时即使识别出特征，也有可能并不符合零件设计规范性要求。本小节首先将 SOLIDWORKS 文件转换成 STEP 文件，然后再将 STEP 文件转换成 SOLIDWORKS 文件，在这种情况下识别特征时已经出现了未识别的特征，如果将其他软件做的外部文件转换成 SOLIDWORKS 文件将会出现更多无法识别的情况，所以在识别特征时一定要谨慎使用。

1.4.5　文件管理

在实际使用 SOLIDWORKS 软件的过程中经常会产生各种类型的文件，如零件文件、装配文件、工程图文件等。实际工作时一定要重视文件管理，否则很容易出现文件丢失的问题，最终会严重影响工作效率。下面具体介绍 SOLIDWORKS 文件管理操作。

（1）对工作目录的理解

工作目录就是用来管理当前项目文件的文件夹，类似去超市购物前，要选一个购物车（图 1-38）一样。一个项目往往包括很多文件，而且这些文件之间往往是有关联的，如果不放在一起进行管理，很容易发生项目文件丢失或文件关联失效的问题，从而影响我们对项目文件的有效管理。因此，我们在开始一个项目之前，首先要创建一个用来管理（存放）项目文件的文件夹，并且在软件中设置项目工作目录，那么我们在管理项目（打开项目文件、保存项目文件或编辑项目文件）时，系统会自动在创建的工作目录中进行，这样就不用频繁去打开不同的文件夹寻找项目文件，也不会担心项目文件最终的保存地址，系统会自动保存在工作目录中，如图 1-39 所示。

图 1-38　购物车

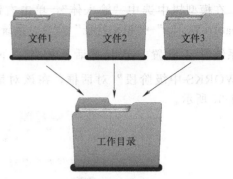

图 1-39　工作目录管理图解

（2）设置工作目录并将文件保存到工作目录

以基座零件文件为例介绍设置工作目录并将文件保存到工作目录的过程。首先在电脑任意位置新建一个用来管理基座零件设计文件的文件夹，如图 1-40 所示。在 SOLIDWORKS 中新建一个零件文件并进入零件设计环境，此时文件名称是系统自己命名的名称，不用做任何操作，直接选择"保存"命令，在系统弹出的"另存为"对话框中选择上一步创建的文件夹作为保存地址，如图 1-41 所示，然后输入文件名称并单击"保存"按钮，将文件保存在创建的工作目录文件夹中。

后面在基座零件设计过程中，随时选择"保存"命令，系统都会自动保存到以上指定的工作目录文件夹中，也就不会出现文件丢失的问题。

图 1-40　新建工作目录文件夹

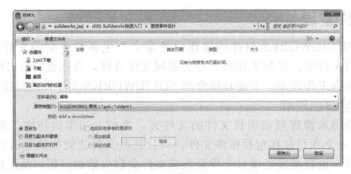

图 1-41　设置工作目录

1.5　三维模型设计过程

SOLIDWORKS 最基本的一项功能就是三维模型的设计，很多人知道 SOLIDWORKS

软件就是从它的模型设计开始的。接下来以一个比较简单的三维模型设计为例，详细介绍使用 SOLIDWORKS 软件进行三维模型设计的过程，借此让读者尽快熟悉 SOLIDWORKS 软件的一些常用操作，使读者达到快速入门的目的，同时也是对本章内容的一个总结。

图 1-42 模型实例

如图 1-42 所示的模型实例，下面具体介绍在 SOLIDWORKS 中创建该模型的操作过程（设计过程中不考虑具体尺寸）。

（1）分析模型思路

三维模型设计基本思路：首先创建基础结构，然后创建其余结构；首先创建加材料结构，然后创建减材料结构；首先创建主体结构，最后创建细节结构。

根据以上三维模型设计基本思路，再结合本例三维模型本身，具体设计过程如下。

步骤 1 创建如图 1-43 所示的底板基础结构作为整个三维模型的基础结构。

步骤 2 创建如图 1-44 所示的竖直圆柱凸台（加材料过程）。

步骤 3 创建如图 1-45 所示的水平圆柱凸台（加材料过程）。

图 1-43 底板基础结构

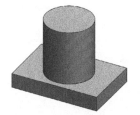

图 1-44 竖直圆柱凸台

图 1-45 水平圆柱凸台

步骤 4 创建如图 1-46 所示的竖直通孔（减材料过程）。

步骤 5 创建如图 1-47 所示的水平通孔（减材料过程）。

步骤 6 创建如图 1-48 所示的倒圆角（最后创建细节结构）。

图 1-46 竖直通孔

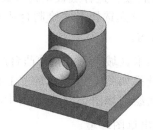

图 1-47 水平通孔

图 1-48 倒圆角

（2）新建模型文件

三维模型设计首先要新建零件文件，同时还需要注意文件管理，也就是要新建工作目录并在新建文件后正确设置工作目录。

步骤 1 新建工作目录。在如图 1-49 所示的位置创建工作目录文件夹，重命名文件夹名称为"三维模型设计"，作为保存模型文件的工作目录。

步骤 2 新建零件文件。在 SOLIDWORKS 快捷按钮区中单击"新建"按钮 ，系统弹出"新建 SOLIDWORKS 文件"对话框，在对话框中单击 按钮新建零件文件，单击"确定"按钮，系统进入零件设计环境。

步骤 3 设置工作目录。进入零件设计环境后不用做任何操作，在快捷按钮区中单击"保存"按钮 ，系统弹出"另存为"对话框，在该对话框中选择以上创建的工作目录地

图 1-49　新建工作目录文件夹

址，如图 1-50 所示，单击"保存"按钮，将当前文件保存到指定位置。

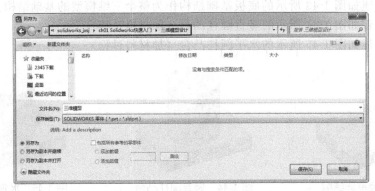

图 1-50　设置工作目录

（3）创建三维模型

接下来按照以上分析的模型设计思路创建三维模型。

步骤 1　创建如图 1-51 所示的底板。这种底板结构（板块状的结构）需要使用"拉伸凸台/基体"命令来创建。基本思路：首先选择平面绘制合适的草图；然后将草图沿着与草图平面垂直的方向拉伸，得到底板结构。

① 选择命令。在"特征"选项卡区域单击"拉伸凸台/基体"按钮 。

② 选择草图平面。在图形区选择如图 1-52 所示的"上视基准面"为草图平面。

③ 绘制拉伸草图。在草图平面绘制如图 1-53 所示的中心矩形草图，完成草图绘制后直接单击图形区右上角的 按钮退出草图环境。

图 1-51　创建底板

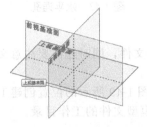

图 1-52　选择上视基准面

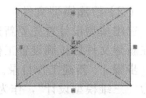

图 1-53　绘制中心矩形

④ 定义拉伸高度。完成草图绘制后，在图形区显示拉伸凸台预览效果，使用鼠标拖动拉伸箭头到合适高度，如图 1-54 所示。

⑤ 完成拉伸凸台创建。最后在图形区右上角单击 按钮完成拉伸凸台创建。

步骤 2　创建如图 1-55 所示的竖直圆柱凸台。这种圆柱凸台结构需要使用"拉伸凸台/

基体"命令来创建。基本思路：首先选择平面绘制合适的草图；然后将草图沿着与草图平面垂直的方向拉伸，得到圆柱凸台结构。

① 选择命令。在"特征"选项卡区域单击"拉伸凸台/基体"按钮 。

② 选择草图平面。选择如图 1-56 所示的底板上表面为草图平面。

③ 绘制拉伸草图。绘制草图前需要将草图平面摆正。方法是按空格键，系统弹出如图 1-57 所示的"方向"对话框，在该对话框中单击"正视于"按钮 ，此时系统将选择的草图平面摆正，在草图平面绘制如图 1-58 所示的圆，完成草图绘制后直接单击图形区右上角的 按钮退出草图环境。

④ 定义拉伸高度。完成草图绘制后，在图形区显示拉伸凸台预览效果，使用鼠标拖动拉伸箭头到合适高度，如图 1-59 所示。

⑤ 完成拉伸凸台创建。最后在图形区右上角单击 按钮完成拉伸凸台创建。

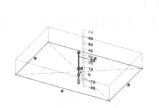

图 1-54　定义凸台高度

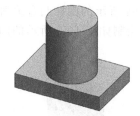

图 1-55　创建竖直圆柱凸台

图 1-56　选择草图平面

图 1-57　设置方向

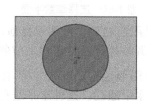

图 1-58　绘制圆

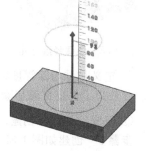

图 1-59　定义拉伸高度

步骤 3　创建如图 1-60 所示的水平圆柱凸台。这种圆柱凸台结构需要使用"拉伸凸台/基体"命令来创建。基本思路：首先选择平面绘制合适的草图；然后将草图沿着与草图平面垂直的方向拉伸，得到圆柱凸台结构。

① 选择命令。在"特征"选项卡区域单击"拉伸凸台/基体"按钮 。

② 选择草图平面。在图形区单击如图 1-61 所示的位置展开模型树，在模型树中选择"前视基准面"为草图平面。

💡 **说明**：在建模过程中如果要从模型树中选择对象，但是模型树没有显示时都可以按照这种方式在图形区将模型树展开，然后从模型树中选择即可。

③ 绘制拉伸草图。在草图平面绘制如图 1-62 所示的圆，完成草图绘制后直接单击图形区右上角的 按钮退出草图环境。

④ 定义拉伸高度。完成草图绘制后，使用鼠标拖动拉伸箭头到合适高度。

⑤ 完成拉伸凸台创建。最后在图形区右上角单击 按钮完成拉伸凸台创建。

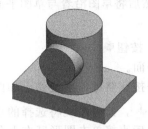

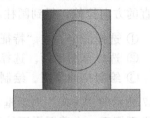

图 1-60 创建水平圆柱凸台　　　图 1-61 选择前视基准面　　　图 1-62 绘制圆

步骤 4　创建如图 1-63 所示的竖直通孔。这种竖直通孔结构需要使用"拉伸切除"命令来创建。基本思路：首先选择平面绘制合适的草图；然后将草图沿着与草图平面垂直的方向拉伸出来，并将其从已有的实体中"减去"，即可得到通孔。

①　选择命令。在"特征"选项卡区域单击"拉伸切除"按钮 。

②　选择草图平面。选择如图 1-64 所示的圆柱凸台顶面为草图平面。

③　绘制拉伸草图。在草图平面绘制如图 1-65 所示的圆，完成草图绘制后直接单击图形区右上角的 按钮退出草图环境。

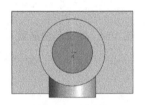

图 1-63 创建竖直通孔　　　　图 1-64 选择草绘平面　　　　图 1-65 绘制圆

④　定义拉伸切除深度。完成草图绘制后，使用鼠标拖动拉伸箭头到如图 1-66 所示的位置。此处为了保证贯通切除，需要调整拉伸深度超过之前创建的底板。

⑤　完成拉伸切除创建。最后在图形区右上角单击 按钮完成拉伸切除创建。

步骤 5　创建如图 1-67 所示的水平通孔。这种水平通孔结构需要使用"拉伸切除"命令来创建。基本思路：首先选择平面绘制合适的草图；然后将草图沿着与草图平面垂直的方向拉伸出来，并将其从已有的实体中"减去"，即可得到通孔。

①　选择命令。在"特征"选项卡区域单击"拉伸切除"按钮 。

②　选择草图平面。在模型树中选择"前视基准面"为草图平面。

③　绘制拉伸草图。在草图平面绘制如图 1-68 所示的圆，完成草图绘制后直接单击图形区右上角的 按钮退出草图环境。

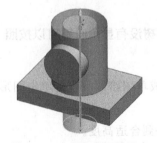

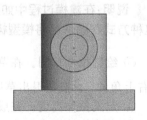

图 1-66 定义拉伸切除深度　　　图 1-67 创建水平通孔　　　　图 1-68 绘制圆

④ 定义拉伸切除深度。完成草图绘制后，使用鼠标拖动拉伸箭头到如图 1-69 所示的位置，此处为了保证贯通切除，需要调整拉伸深度超过之前创建的水平圆柱凸台。

⑤ 完成拉伸切除创建。最后在图形区右上角单击 ✔ 按钮完成拉伸切除创建。

步骤6 创建如图 1-70 所示的圆角。在"特征"选项卡区域单击"圆角"按钮 ⬚，选择如图 1-71 所示的两条模型边线，双击圆角上圆角半径标签，设置圆角半径为 5mm，最后在图形区右上角单击 ✔ 按钮完成圆角创建。

图 1-69 定义拉伸切除深度

图 1-70 创建圆角

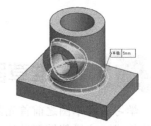
图 1-71 定义圆角边线及半径

完成三维模型设计后的模型树如图 1-72 所示，在模型树中显示模型的创建过程以及每一步所使用的命令工具，同时，模型树也是将来对模型进行编辑的重要平台。

（4）保存模型文件

完成模型设计后，在快捷按钮区中单击"保存"按钮 ⬚，系统将三维模型保存到前面设置的工作目录中，如果没有提前设置好工作目录，此处需要临时设置工作目录。

图 1-72 模型树

总结：本小节详细介绍了三维模型设计过程。本例介绍的模型设计思路是针对一般三维模型设计的，也是针对软件初学者提出的一种设计思路，主要目的是想让读者尽快熟悉 SOLIDWORKS 三维模型设计操作，为以后进一步学习打好基础。实际上，三维模型的设计还要考虑很多具体的设计因素，如草图设计问题、设计方法与设计顺序问题、设计效率与修改效率的问题、设计要求与规范性问题、设计标准的问题、面向装配设计的问题、工程图出图的问题等，这些问题对于三维建模来讲也是非常重要的，这些内容将在本书第 3 章"零件设计"中介绍。

2.1 二维草图基础

学习二维草图之前首先需要先认识二维草图，了解二维草图的作用及特点，还有二维草图的构成，这样能够帮助读者确定二维草图学习方向及学习目标。

2.1.1 二维草图作用

（1）用来创建三维特征

在三维设计中，三维特征的创建一般都是基于二维草图来创建的。如图 2-1 所示，绘制一个封闭的二维草图，然后使用拉伸凸台工具对二维草图进行拉伸就可以得到一个拉伸特征，如果没有二维草图，就无法使用特征设计工具创建三维特征，也就无法进行三维设计，由此可见二维草图与三维特征之间的关系。

通过拉伸

(a) 二维草图　　　　　　　　　　　　　　　　　　(b) 拉伸特征

图 2-1　二维草图与三维特征的关系

另外，二维草图在三维模型中直接影响着三维模型的结构形式。如图 2-2 和图 2-3 所示的两个三维模型，从这两个模型的模型树中可以看出这两个三维模型设计的思路和使用的工

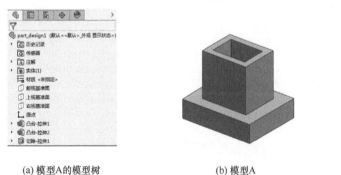 

(a) 模型A的模型树　　　　　　　(b) 模型A　　　　　　　(c) 模型A中拉伸1的截面草图

图 2-2　模型 A 模型树及特征截面分析

具都是一样的，都主要使用了拉伸凸台和拉伸切除命令来设计，但这两个模型却存在着很大的差异，那么其主要原因是什么呢？其实就是在使用拉伸工具创建拉伸特征时，拉伸所使用的二维草图截面不一样。模型 A 中的拉伸 1 是使用图 2-2（c）中草图进行拉伸的，模型 B 中的拉伸 1 是使用图 2-3（c）中草图进行拉伸的，拉伸 2 所使用的二维草图截面也不尽相同，所以得到的结果是不一样的！可见二维草图对三维模型结构的影响。

(a) 模型B的模型树

(b) 模型B

(c) 模型B中拉伸1的截面草图

图 2-3　模型 B 模型树及特征截面分析

（2）其他应用

二维草图除了用来创建三维特征截面，还有很多其他方面的应用。

① 在装配设计中，使用草图做一些参考图元辅助产品装配。

② 在曲面设计中，使用二维草图来设计曲线线框。

③ 在工程图设计中，使用二维草图处理工程图中的一些特殊问题。

④ 在自顶向下设计中，使用二维草图设计骨架模型。

⑤ 在管道设计和电气设计中，使用二维草图创建路径参考曲线。

综上所述，二维草图应用非常广泛，基本贯穿整个 SOLIDWORKS 软件的应用，所以要学好和用好 SOLIDWORKS 软件，首先必须熟练掌握二维草图设计！

2.1.2　二维草图构成

二维草图主要包括三大要素：草图轮廓形状、草图几何约束和草图尺寸标注。三大要素缺一不可，其中草图轮廓形状与尺寸标注属于显性要素，几何约束属于隐性要素，如图 2-4 所示，草图的设计主要就是围绕这三大要素展开的。

在 SOLIDWORKS 中绘制二维草图一定要处理好草图三要素的关系。其中草图轮廓形状与草图尺寸标注应该与设计图纸完全一致。草图约束需要根据设计图纸进行认真分析，然后在 SOLIDWORKS 中添加合适的几何约束。SOLIDWORKS 中的几何约束有对应的符号显示，方便用户查看草图约束情况，如图 2-5 所示，图中草图附近的符号就是约束符号。

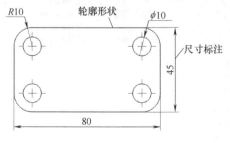
图 2-4　二维草图

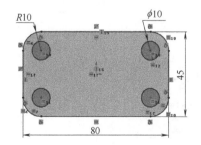
图 2-5　SOLIDWORKS 二维草图约束符号

2.1.3 二维草图环境

在 SOLIDWORKS 零件设计环境中展开"草图"选项卡，在该选项卡中单击"草图绘制"按钮，选择草图平面，系统进入 SOLIDWORKS 草图设计环境，如图 2-6 所示。在草图环境中提供了各种草图设计工具，下面具体介绍。

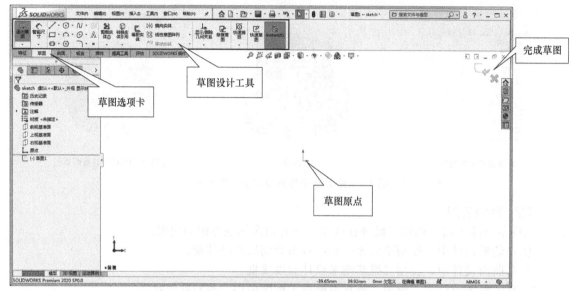

图 2-6　SOLIDWORKS2020 草图设计环境

（1）草图绘制工具

在"草图"选项卡中使用如图 2-7 所示虚线框中的工具用来绘制草图轮廓形状。

图 2-7　草图绘制工具

（2）草图几何约束

在"草图"选项卡中展开如图 2-8 所示的"显示/删除几何关系"命令，用来处理草图中的几何约束关系，包括显示/删除几何关系、添加几何关系等。

（3）草图尺寸标注

在"草图"选项卡中使用如图 2-9 所示的"智能尺寸"命令，用来标注草图尺寸。

图 2-8　草图几何约束

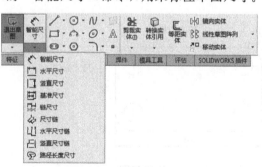

图 2-9　草图尺寸标注

（4）草图原点

草图图形区正中间的红色坐标点就是草图原点，主要用来对草图进行位置定位。

（5）完成草图

草图绘制完成后需要退出草图环境，在草图图形区右上角单击 按钮退出草图。

2.2　二维草图绘制

2.2.1　二维草图绘制工具

（1）绘制直线

在"草图"选项卡中单击"直线"按钮，在绘图区单击鼠标左键以确定直线的第一个端点，然后拖动鼠标到合适的位置再单击鼠标左键以确定直线的第二个端点，最后按 Esc 键完成直线绘制。使用这种方法绘制单条直线，如图 2-10 所示。

如果要绘制连续直线，在确定直线的第二个端点后不用按 Esc 键，继续在合适的位置单击鼠标左键以确定直线的第三个通过点及更多的通过点，在确定最后一个通过点后按 Esc 键完成直线绘制，如图 2-11 所示。

（2）绘制中心线

在"草图"选项卡中单击"中心线"按钮，在绘图区合适位置单击以确定中心线的第一个通过点，然后拖动鼠标在另外一个合适位置单击以确定中心线第二个通过点，完成一条中心线的绘制。参照以上步骤绘制第二条中心线。使用这种方法可以绘制如图 2-12 所示两条正交的中心线作为草图的基准线或辅助线。

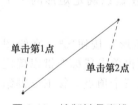
图 2-10　绘制单条直线

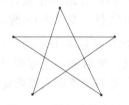
图 2-11　绘制连续直线

图 2-12　绘制中心线

在 SOLIDWORKS 中草图基准线或辅助线除了可以使用中心线绘制以外，还可以使用构造线来绘制。首先选择"直线"命令绘制如图 2-13 所示的正交直线，然后选中正交直线，在弹出的如图 2-14 所示的"属性"对话框中选中"作为构造线"选项，将选中直线转换成构造线，如图 2-15 所示。使用这种方式可以将任意草图对象，如圆、圆弧、椭圆、矩形、多边形等转换成构造线。

图 2-13　绘制正交直线

图 2-14　设置构造线

图 2-15　转换构造线

构造线在草图绘制过程中会经常使用，主要用来绘制草图中的基准线、辅助线以及一些定位参考线。图 2-16 所示为构造线在草图绘制中的应用举例。

（3）绘制中点线

在"草图"选项卡中单击"中点线"按钮 ，在图形区首先单击一点作为中点线的中点，然后拖动鼠标确定中点线的长度及位置，按 Esc 键完成中点线绘制，如图 2-17 所示，中点线主要用于对称草图或需要确定中点位置的草图绘制中。

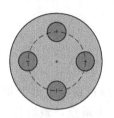

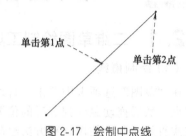

图 2-16　构造线的应用

图 2-17　绘制中点线

（4）绘制矩形

在 SOLIDWORKS 中可以绘制五种矩形：边角矩形、中心矩形、3 点边角矩形、3 点中心矩形和平行四边形。

① 绘制边角矩形。在"草图"选项卡中单击"边角矩形"按钮 ，在绘图区单击鼠标左键以确定矩形第一个顶点，然后拖动鼠标到合适的位置再单击鼠标左键以确定矩形的第二个顶点，完成矩形的绘制，按 Esc 键结束绘制，如图 2-18 所示。

② 绘制中心矩形。在"草图"选项卡中单击"中心矩形"按钮 ，在绘图区单击鼠标左键以确定矩形中心点，然后拖动鼠标到合适的位置再单击鼠标左键以确定矩形的一个顶点，完成矩形的绘制，按 Esc 键结束绘制，如图 2-19 所示。

③ 绘制 3 点边角矩形。在"草图"选项卡中单击"3 点边角矩形"按钮 ，在绘图区单击鼠标左键以确定矩形第一个顶点，然后拖动鼠标到合适的位置再单击鼠标左键以确定矩形的第二个顶点，继续拖动鼠标到合适的位置单击以确定矩形的第三个顶点，按 Esc 键结束绘制，如图 2-20 所示。

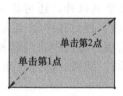

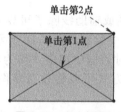

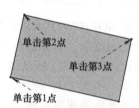

图 2-18　边角矩形

图 2-19　中心矩形

图 2-20　3 点边角矩形

④ 绘制 3 点中心矩形。在"草图"选项卡中单击"3 点中心矩形"按钮 ，在绘图区单击鼠标左键以确定矩形中心点，然后拖动鼠标到合适的位置再单击鼠标左键以确定矩形一个边的中点，继续拖动鼠标到合适的位置单击鼠标左键以确定矩形的一个顶点，按 Esc 键结束绘制，如图 2-21 所示。

⑤ 绘制平行四边形。在"草图"选项卡中单击"平行四边形"按钮 ，在绘图区单击鼠标左键以确定平行四边形第一个顶点，然后拖动鼠标到合适的位置再单击鼠标左键以确定平行四边形的第二个顶点，继续拖动鼠标到合适的位置单击以确定平行四边形的第三个顶

点，按 Esc 键结束绘制，如图 2-22 所示。

（5）绘制圆

圆的绘制有两种方法，包括圆和周边圆两种。

① 绘制圆。在"草图"选项卡中单击"圆"按钮 ⊙，单击鼠标左键以确定圆心位置，拖动鼠标到合适的位置以确定圆的大小，按 Esc 键结束绘制，如图 2-23 所示。

② 绘制周边圆。在"草图"选项卡中单击"周边圆"按钮 ○，在图形区使用鼠标依次单击三个点以确定圆的三个通过点，按 Esc 键结束绘制。

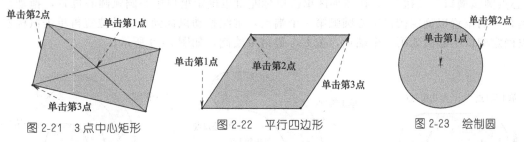

图 2-21 3 点中心矩形　　　图 2-22 平行四边形　　　图 2-23 绘制圆

（6）绘制圆弧

圆弧的绘制方法有三种：3 点圆弧、切线弧、圆心/起/终点圆弧。

① 绘制 3 点圆弧。在"草图"选项卡中单击"3 点圆弧"按钮 ⌒，在绘图区单击鼠标左键以确定圆弧的第一个端点，拖动鼠标到合适的位置再单击鼠标左键以确定圆弧的第二个端点，然后将鼠标移动到两个端点中间的位置继续移动鼠标以确定圆弧的大小，在合适位置再单击鼠标左键确定圆弧第三个通过点，按 Esc 键结束绘制，如图 2-24 所示。

② 绘制切线弧。在"草图"选项卡中单击"切线弧"按钮 ⌒，选择已有草图上的点为起点，拖动鼠标到合适的位置单击以确定圆弧的另一个端点，此时绘制的圆弧与选中点对象相切，按 Esc 键结束绘制，如图 2-25 所示。

③ 绘制圆心/起/终点圆弧。在"草图"选项卡中单击"圆心/起/终点圆弧"按钮 ⌒，在图形区单击鼠标左键以确定圆弧圆心位置，拖动鼠标到合适的位置以确定圆弧第一个端点，继续移动鼠标到合适的位置再单击鼠标左键以确定圆弧第二个端点，按 Esc 键结束绘制，如图 2-26 所示。

图 2-24 3 点圆弧　　　图 2-25 切线弧　　　图 2-26 圆心/起/终点圆弧

（7）绘制槽

绘制槽有四种类型，包括直槽口、中心点直槽口、3 点圆弧槽口、中心点圆弧槽口。

① 绘制直槽口。在"草图"选项卡中单击"直槽口"按钮 ▣，在绘图区单击鼠标左键以确定直槽口的第一个圆心点，拖动鼠标到合适的位置再单击鼠标左键以确定直槽口的第二个圆心点，按 Esc 键结束绘制，如图 2-27 所示。

② 绘制中心点直槽口。在"草图"选项卡中单击"中心点直槽口"按钮 ▣，在绘图区单击鼠标左键以确定槽口的中心点，拖动鼠标到合适的位置再单击鼠标左键以确定槽口的一

个圆心点，按 Esc 键结束绘制。

③ 绘制 3 点圆弧槽口（类似于绘制 3 点圆弧）。在"草图"选项卡中单击"3 点圆弧槽口"按钮 ⬚，在绘图区单击鼠标左键以确定槽口中心圆弧的第一个端点，拖动鼠标到合适的位置再单击鼠标左键以确定槽口中心圆弧的第二个端点，然后将鼠标移动到两个端点中间的位置，继续移动鼠标以确定槽口中心圆弧的大小，在合适位置再单击鼠标左键确定槽口中心圆弧第三个通过点，按 Esc 键结束绘制，如图 2-28 所示。

④ 绘制中心点圆弧槽口（类似于绘制圆心/起/终点圆弧）。在"草图"选项卡中单击"中心点圆弧槽口"按钮 ⬚，在图形区单击鼠标左键以确定槽口中心圆弧圆心位置，拖动鼠标到合适的位置以确定槽口中心圆弧第一个端点，继续移动鼠标到合适的位置再单击鼠标左键以确定槽口中心圆弧第二个端点，按 Esc 键结束绘制，如图 2-29 所示。

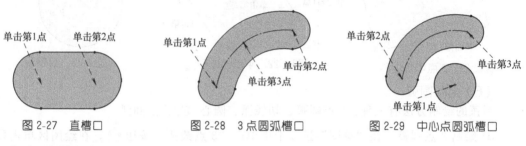

图 2-27　直槽口　　　　　图 2-28　3 点圆弧槽口　　　　　图 2-29　中心点圆弧槽口

（8）绘制多边形

在"草图"选项卡中单击"多边形"按钮 ⬚，系统弹出如图 2-30 所示的"多边形"对话框，选中"内切圆"选项，表示绘制内切圆多边形，单击鼠标左键以确定多边形中心，拖动鼠标到合适的位置以确定多边形大小，按 Esc 键结束绘制，如图 2-31 所示。如果在对话框中选中"外接圆"选项，绘制如图 2-32 所示的外接圆多边形。

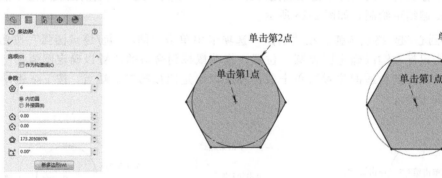

图 2-30　"多边形"对话框　　　　图 2-31　内切圆多边形　　　　图 2-32　外接圆多边形

（9）绘制椭圆

绘制椭圆有两种类型，包括椭圆和部分椭圆两种。

① 绘制椭圆。在"草图"选项卡中单击"椭圆"按钮 ⬚，单击鼠标左键以确定椭圆的中心点，拖动鼠标到合适的位置，再单击鼠标左键以确定椭圆长半轴（或短半轴）端点，继续拖动鼠标到合适的位置，再单击鼠标左键以确定椭圆大小，按 Esc 键结束绘制，如图 2-33 所示。

② 绘制部分椭圆。在"草图"选项卡中单击"部分椭圆"按钮 ⬚，单击鼠标左键以确定椭圆的中心点，拖动鼠标到合适的位置，再单击鼠标左键以确定椭圆长半轴（或短半轴）

端点，继续拖动鼠标到合适的位置，再单击鼠标左键以确定椭圆第一个经过点，继续拖动鼠标到合适的位置，再单击鼠标左键以确定椭圆第二个经过点，按 Esc 键结束绘制，如图 2-34所示。

（10）绘制圆角

在"草图"选项卡中单击"绘制圆角"按钮 🔾，系统弹出如图 2-35 所示的"绘制圆角"对话框，默认圆角半径为 10，选择如图 2-36 所示的两条草图边线为圆角对象，在"绘制圆角"对话框中单击 ✔ 按钮，完成圆角绘制，结果如图 2-37 所示。

（11）绘制倒角

绘制倒角有两种类型，包括"距离-距离"和"角度-距离"两种。

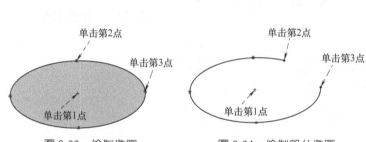

图 2-33 绘制椭圆　　　图 2-34 绘制部分椭圆

图 2-35 "绘制圆角"对话框

① 绘制"距离-距离"倒角。在"草图"选项卡中单击"绘制倒角"按钮 🔾，系统弹出如图 2-38 所示的"绘制倒角"对话框，在对话框中选中"距离-距离"选项，同时选中"相等距离"选项，设置倒角距离为 10，选择如图 2-39 所示的两条草图边线为倒角对象，在"绘制倒角"对话框中单击 ✔ 按钮，完成倒角绘制，结果如图 2-40 所示。

② 绘制"角度-距离"倒角。在"绘制倒角"对话框中选中"角度-距离"选项，设置倒角角度为 30°，倒角距离为 10，选择如图 2-39 所示的两条草图边线为倒角对象，在"绘制倒角"对话框中单击 ✔ 按钮，完成倒角绘制，结果如图 2-41 所示。

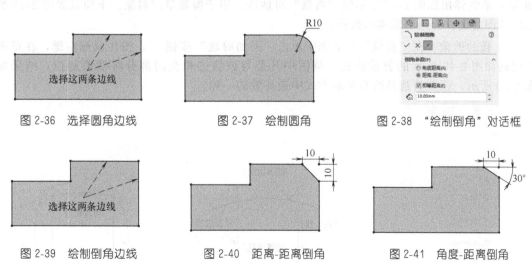

图 2-36 选择圆角边线　　　图 2-37 绘制圆角　　　图 2-38 "绘制倒角"对话框

图 2-39 绘制倒角边线　　　图 2-40 距离-距离倒角　　　图 2-41 角度-距离倒角

（12）绘制文本

在"草图"选项卡中单击"文字"按钮 🅰，系统弹出如图 2-42 所示的"草图文字"对话框，在对话框中的"文字"区域中输入文字，使用鼠标在合适位置单击以放置文字，如图2-43 所示。在对话框中取消选中"使用文档字体"选项，然后单击"字体"按钮，系统弹出如图 2-44 所示的"选择字体"对话框，在该对话框中设置文本字体。另外，在绘制文本前首先选择曲线，可以将草图文本沿着曲线生成，如图 2-45 所示。

（13）绘制点

在"草图"选项卡中单击"点"按钮 ⬛，使用鼠标在图形区合适位置单击以确定草图点位置，如图 2-46 所示，在零件设计中草图点可以作为打孔位置点及阵列参考点。

图 2-43　一般文本

图 2-45　沿曲线文本

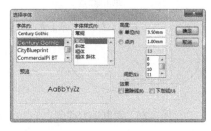

图 2-42　"草图文本"对话框　　　　图 2-44　"选择字体"对话框　　　　图 2-46　绘制草图点

2.2.2　二维草图编辑与修改

初步的草图绘制完成后，根据具体的设计要求，有时需要对草图进行必要的编辑与修改，或者对草图进行复制，得到最终的草图。

（1）剪裁实体

在绘制草图轮廓时，多余的部分需要修剪掉。在"草图"选项卡中单击"剪裁实体"按钮 ⬛，系统弹出如图 2-47 所示的"剪裁"对话框，用于剪裁草图对象。下面以如图 2-48 所示的草图为例，介绍剪裁实体操作。

① 强劲剪裁。在"剪裁"对话框中单击"强劲剪裁"按钮 ⬛，按住鼠标左键，在草图中拖动如图 2-49 所示的剪裁轨迹，草图中凡是与该轨迹相交的部分将被剪裁掉，结果如图 2-50 所示。强劲剪裁是所有剪裁方式中最高效的一种。

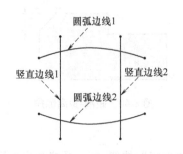

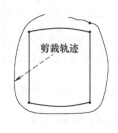

图 2-47　"剪裁"对话框　　　　图 2-48　草图实例　　　　图 2-49　剪裁轨迹

② 边角剪裁。在"剪裁"对话框中单击"边角"剪裁按钮 ⊢ ，在如图 2-48 所示的草图中选择圆弧边线 1（在草图中点偏左的位置单击）和竖直边线 1（在草图中点偏上的位置单击）为剪裁对象，通过剪裁后得到如图 2-51 所示的边角结果。如果在选择草图对象时使用鼠标在圆弧边线 1 靠近左侧端点的位置单击，然后使用鼠标在竖直边线 1 靠近上部端点的位置单击，此时将得到如图 2-52 所示的边界结果。也就是说，创建边角剪裁时跟鼠标单击的位置是有密切关系的，鼠标点击位置不同，剪裁结果也不一样。

图 2-50 强劲剪裁　　　图 2-51 边角剪裁结果　　　图 2-52 边角剪裁结果

③ 在内剪除。在"剪裁"对话框中单击"在内剪除"按钮 ⧓ ，首先选择如图 2-48 所示的竖直边线 1 和竖直边线 2 为剪裁边界，然后选择两条圆弧为剪裁对象，系统将两条圆弧中处在剪裁边界中间部分剪裁掉，结果如图 2-53 所示。

④ 在外剪除。在"剪裁"对话框中单击"在外剪除"按钮 ⧓ ，首先选择如图 2-48 所示的竖直边线 1 和竖直边线 2 为剪裁边界，然后选择两条圆弧为剪裁对象，系统将两条圆弧中处在剪裁边界两侧部分剪裁掉，结果如图 2-54 所示。

⑤ 剪裁到最近端。在"剪裁"对话框中单击"剪裁到最近端"按钮 ⊢ ，在如图 2-48 所示草图中两条竖直边线的上部端点附近单击，系统将点击位置的一小段草图对象剪裁掉，结果如图 2-55 所示。

图 2-53 在内剪除　　　图 2-54 在外剪除　　　图 2-55 剪裁到最近端

（2）延伸实体

如图 2-56 所示的草图，其中左侧较短的斜边与右侧较长的斜边没有连接上，这种情况可以使用延伸实体操作将左侧较短的斜边进行延伸。

在"草图"选项卡中单击"剪裁实体"命令下面的"延伸实体"按钮 T ，然后在草图中需要延伸的位置单击，如图 2-57 所示，延伸结果如图 2-58 所示。

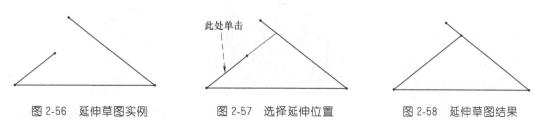

图 2-56 延伸草图实例　　　图 2-57 选择延伸位置　　　图 2-58 延伸草图结果

（3）转换实体引用

使用"转换实体引用"工具可以将非草图对象（如实体的面、边、曲线等）转换为草图对象，使其成为草图的一部分，同时保证引用后的草图与源对象关联。

如图 2-59 所示的塑料盖模型，在设计塑料盖模型边缘位置的扣合结构时，需要在图 2-60 所示的基础上在轮廓边缘平面上绘制一个与塑料盖轮廓外形一致的草图，这种情况下就可以使用"转换实体引用"命令来绘制这个草图。

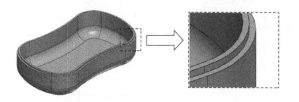

选择此平面

图 2-59　塑料盖模型中的扣合结构　　　　图 2-60　已经完成的结构

在零件环境中展开"草图"选项卡，在"草图"选项卡中单击"草图绘制"按钮 ，选择如图 2-60 所示的轮廓边缘平面为草图平面，进入草图环境，然后在"草图"选项卡中单击"转换实体引用"按钮 ，系统弹出如图 2-61 所示的"转换实体引用"对话框，依次选择如图 2-62 所示的模型边线为转换对象，在对话框中单击 按钮完成转换操作，结果如图 2-63 所示。

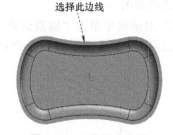

选择此边线

图 2-61　"转换实体引用"对话框　　图 2-62　选择转换边线　　图 2-63　转换结果

（4）等距实体

使用"等距实体"命令可以将已有的草图（源草图）偏移一定的距离，得到一个与源草图相似的新草图，从而大大提高绘制相似草图的效率。

如图 2-64 所示的草图，需要将此草图进行等距偏移，偏移距离为 3mm，得到如图 2-65 所示的草图。

在"草图"选项卡中单击"等距实体"按钮 ，系统弹出如图 2-66 所示的"等距实

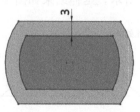

图 2-64　草图实例　　　　图 2-65　等距实体　　　　图 2-66　"等距实体"对话框

体"对话框，在对话框中设置等距距离为 3mm，选中"添加尺寸"选项，表示在创建等距实体时标注偏移距离；选中"反向"按钮，切换等距实体方向；选中"选择链"选项，表示系统将自动选择草图中相连的草图对象进行整体等距，然后选择如图 2-64 所示的草图边线，单击"等距实体"对话框中的✔按钮，完成等距实体操作。

（5）镜向实体

对于对称结构的草图，我们可以使用"镜向实体"操作来处理。在绘制的时候，只需要绘制草图的一半，这样做的目的是尽可能简化草图的绘制，减小草图绘制工作量，最终提高工作效率，同时保证了草图的对称关系。

如图 2-67 所示的草图，需要通过镜向操作得到如图 2-68 所示的完整草图，在"草图"选项卡中单击"镜向实体"按钮 ᛁᛁᛁᛁ，系统弹出如图 2-69 所示的"镜向"对话框，首先使用鼠标框选如图 2-70 所示的虚线部分作为要镜向的草图对象，然后在"镜向"对话框中的"镜向轴"区域单击并选择如图 2-70 所示的中心线为镜向轴，在"镜向"对话框中单击✔按钮，完成镜向实体操作。

> 💡 **注意**：创建镜向实体操作时一定要有一条中心线作为镜向轴，这条镜向中心线可以使用"草图"选项卡中的"中心线"命令来绘制。

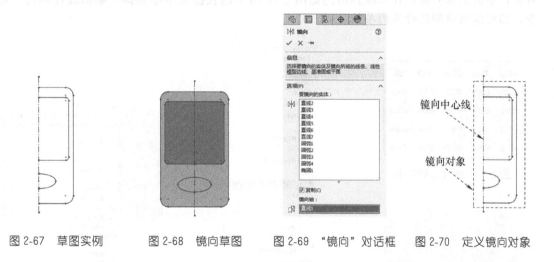

图 2-67 草图实例　　图 2-68 镜向草图　　图 2-69 "镜向"对话框　　图 2-70 定义镜向对象

在实际草图绘制时，镜向草图命令除了用来对草图的一半进行镜向操作，还经常用来对草图中的局部结构进行镜向，如图 2-71 所示。

（6）阵列草图

草图绘制中对于具有一定规律的草图，如线性均匀分布的草图或圆周均匀分布的草图，在 SOLIDWORKS 中可以使用阵列草图命令来处理，阵列草图包括"线性阵列"和"圆周阵列"两种方式，下面具体介绍这两种阵列草图的操作。

① 线性阵列草图。如图 2-72 所示的草图，需要对草图中的直槽口进行阵列，得到如图 2-73 所示的草图，因为结果草图中直槽口呈矩形线性分布，像这种操作就可以使用线性阵列来处理。

首先选择如图 2-74 所示虚线框中的直槽口为阵列对象，然后在"草图"选项卡中单击"线性草图阵列"按钮 🔲，系统弹出如图 2-75 所示的"线性阵列"对话框。

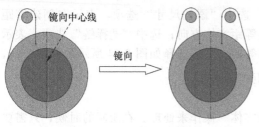

图 2-71　镜向局部草图

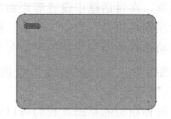

图 2-72　草图实例

在"线性阵列"对话框中的"方向 1（1）"区域定义第一个方向的线性阵列，默认情况下是沿着 X 轴方向阵列，也就是草图绘图区的水平方向，定义阵列间距为 35mm，个数为 5，其他设置使用默认设置值。

在"线性阵列"对话框中的"方向 2（2）"区域定义第二个方向的线性阵列，默认情况下是沿着 Y 轴方向阵列，也就是草图绘图区的竖直方向，定义阵列间距为 23mm，个数为 5，其他设置使用默认设置值。

完成阵列参数设置后，在"线性阵列"对话框中单击 ✓ 按钮，完成草图线性阵列。

完成草图线性阵列后，如果想重新编辑线性阵列参数，可以在草图中选择任意一个阵列对象，单击鼠标右键，在系统弹出的如图 2-76 所示的快捷菜单中选择"编辑线性阵列"命令，即可编辑草图线性阵列参数。

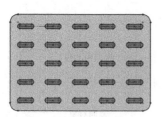

图 2-73　线性阵列草图

图 2-74　选择阵列对象

图 2-75　"线性阵列"对话框

图 2-76　编辑线性阵列

② 圆周阵列草图。如图 2-77 所示的草图，需要对草图中的圆弧槽口进行阵列，得到如图 2-78 所示的草图，因为草图中圆弧槽口呈圆周均匀分布，像这种操作就可以使用圆周阵列来处理。

首先选择如图 2-78 所示圆弧槽口为阵列对象，然后在"草图"选项卡中单击"圆周草图阵列"按钮，系统弹出如图 2-79 所示的"圆周阵列"对话框。

在"圆周阵列"对话框中设置阵列个数为 5，其他设置使用默认设置值，在对话框中单击 ✓ 按钮，完成草图圆周阵列。

图 2-77 草图实例　　　　图 2-78 圆周阵列草图　　　　图 2-79 "圆周阵列"对话框

完成草图圆周阵列后，如果想重新编辑圆周阵列参数，可以在草图中选择任意一个阵列对象，单击鼠标右键，在弹出的快捷菜单中选择"编辑圆周阵列"命令，即可编辑阵列参数。

（7）变换草图

使用变换草图工具可以对草图对象进行移动、复制、旋转、缩放、伸展等操作。灵活使用草图变换操作能够大大提高草图绘制效率。

① 移动。使用"移动实体"命令可以将选中的草图按照一定的方式进行移动变换。如图 2-80 所示的草图，需要将草图中的圆移动到矩形右边中点位置，如图 2-81 所示，这种情况就可以使用"移动实体"命令来操作。

在"草图"选项卡中单击"移动实体"按钮 ，系统弹出如图 2-82 所示的"移动"对话框，首先选择如图 2-80 所示草图中的圆为移动对象，在对话框中"参数"区域选择"从/到"选项，表示将选择的草图对象从选择的起点移动到终点位置，然后选择圆心为起点，选择矩形右边中点为移动终点，如图 2-83 所示，单击 按钮完成移动。

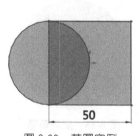

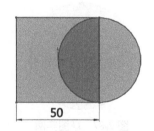

图 2-80 草图实例　　　　图 2-81 移动草图　　　　图 2-82 "移动"对话框

本例中因为移动的起点到移动的终点之间的距离刚好是 50，所以还可以采用另外一种方式移动草图。在"移动"对话框的"参数"区域中选中"X/Y"选项，表示通过输入 XY 方向的增量对草图进行移动，本例在"ΔX"文本框中输入 50，如图 2-84 所示，表示将草图沿着 X 方向移动 50mm，结果如图 2-81 所示。

② 复制。使用"复制实体"命令可以将选中的草图按照一定的方式进行复制变换。"复

制实体"操作与以上介绍的"移动实体"操作基本一致，只是结果不一样。使用"移动实体"操作后，源草图对象就没有了，使用"复制实体"操作后，相当于得到了源草图的副本，源草图仍然保留在草图中。

对于如图 2-80 所示的草图，如果想将草图中的圆复制到如图 2-85 所示的位置就可以使用"复制实体"操作来实现。

在"草图"选项卡中单击"复制实体"按钮，系统弹出如图 2-86 所示的"复制"对话框，首先选择如图 2-80 所示草图中的圆为复制对象，在对话框中"参数"区域选择"X/Y"选项，表示通过输入 XY 方向的增量对草图进行复制，本例在"ΔX"文本框中输入 50，表示将草图复制到 X 方向 50mm 的位置，单击 ✓ 按钮，完成复制操作。

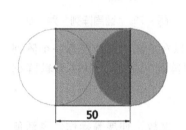

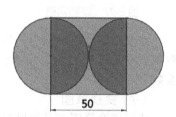

图 2-83　选择移动终点　　　　图 2-84　"移动"对话框　　　　图 2-85　复制草图

③ 旋转。使用"旋转实体"命令可以将选中的草图绕指定点进行旋转角度变换。如图 2-87 所示的草图，需要将草图中的两个椭圆绕圆形旋转 45°，如图 2-88 所示，这种情况就可以使用"旋转实体"命令来操作。

在"草图"选项卡中单击"旋转实体"按钮，系统弹出如图 2-89 所示的"旋转"对话框，首先选择如图 2-87 所示两个椭圆为旋转对象，选择圆心为旋转原点，设置旋转角度为 45°，单击 ✓ 按钮，完成旋转操作。

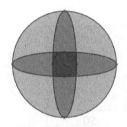
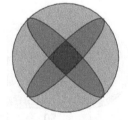

图 2-86　"复制"对话框　　　　图 2-87　草图实例　　　　图 2-88　旋转草图

④ 缩放。使用"缩放实体比例"命令可以将选中的草图进行一定比例的放大与缩小。如图 2-90 所示的草图，需要将草图中最外侧的圆缩小到 0.3 倍，如图 2-91 所示，这种情况就可以使用"缩放实体比例"命令来实现。

在"草图"选项卡中单击"缩放实体比例"按钮，系统弹出如图 2-92 所示的"比例"对话框，首先选择如图 2-90 所示最外侧圆为缩放对象，选择圆心为缩放原点，设置缩放比例为 0.3，单击 ✓ 按钮，完成缩放操作。

图 2-89 "旋转"对话框

图 2-90 草图实例

图 2-91 缩放草图

图 2-92 "比例"对话框

⑤ 伸展。使用"伸展实体"命令可以将选中的草图的局部按照一定方式延长。如图 2-93 所示的草图，需要将草图中的圆和圆弧部分沿着水平向右延长 20mm，如图 2-94 所示，这种情况就可以使用"伸展实体"命令来实现。

在"草图"选项卡中单击"伸展实体"按钮 ，系统弹出如图 2-95 所示的"伸展"对话框，首先选择如图 2-93 所示草图中的圆和圆弧为操作对象，在对话框中"参数"区域选择"X/Y"选项，在"ΔX"文本框中输入 20，表示将选中草图部分沿着 X 方向延长 20mm，单击 按钮，完成伸展操作。

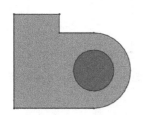

图 2-93 草图实例

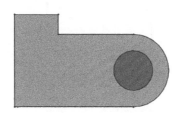

图 2-94 伸展实例

图 2-95 "伸展"对话框

2.3 二维草图几何约束

草图几何约束就是指草图中图元和图元之间的几何关系，比如水平、竖直、相切、垂直、平行、对称等。草图几何约束是二维草图三大要素中一个非常重要的要素，也是最难处理的一个要素，同时也是三大要素中唯一一个不可见的要素，在具体草图绘制过程中需要根据草图设计意图进行分析得到的，所以在绘制草图之前首先要分析草图中的几何约束。

在 SOLIDWORKS 中可以添加多种约束，包括竖直约束、水平约束、垂直约束、相切约束、中点约束、重合约束、对称约束、相等约束、平行约束、同心约束等。

在 SOLIDWORKS 中添加约束的方法是先选择要约束的对象，然后在弹出的如图 2-96 所示的"属性"对话框或如图 2-97 所示的快捷工具条中选择合适的约束类型即可，下面具体介绍添加草图约束的方法。

💡 **注意**：在添加几何约束时，选择约束对象后，系统弹出的如图 2-97 所示的快捷工具条只会显示较短时间，用户需要快速从中选择需要的约束类型，快捷工具条消失后，只能在如图 2-96 所示的"属性"对话框中选择约束类型。

图 2-96 "属性"对话框

图 2-97 快捷工具条

（1）水平约束

使用"水平约束"可以使某条直线水平，也可以使两个顶点在水平方向对齐。

如图 2-98 所示的草图，选择草图中下部的斜线，然后在弹出的快捷工具条中单击"水平约束"按钮━，此时约束直线水平，如图 2-99 所示。

按住 Ctrl 键选择如图 2-99 所示草图中的左右两条直线的端点，然后在弹出的快捷工具条中单击"水平约束"按钮━，此时约束两个点水平对齐，如图 2-100 所示。

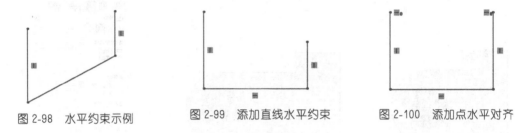

图 2-98 水平约束示例　　图 2-99 添加直线水平约束　　图 2-100 添加点水平对齐

（2）竖直约束

使用"竖直约束"可以使某条直线竖直，也可以使两个顶点在竖直方向对齐。

如图 2-101 所示的草图，选择草图中右侧的斜线，然后在弹出的快捷工具条中单击"竖直约束"按钮│，此时约束直线竖直，如图 2-102 所示。

按住 Ctrl 键选择如图 2-102 所示草图中的上下两条直线的端点，然后在弹出的快捷工具条中单击"竖直约束"按钮│，此时约束两个点竖直对齐，如图 2-103 所示。

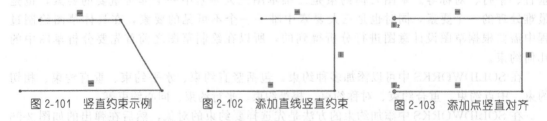

图 2-101 竖直约束示例　　图 2-102 添加直线竖直约束　　图 2-103 添加点竖直对齐

（3）平行约束

使用"平行约束"可以使两条直线平行。如图 2-104 所示的草图，按住 Ctrl 键选择草图中上部斜线和底边，然后在弹出的快捷工具条中单击"平行约束"按钮＼，此时约束这两条直线平行，结果如图 2-105 所示。

（4）垂直约束

使用"垂直约束"可以使两条直线相互垂直。如图 2-106 所示的草图，按住 Ctrl 键选择草图中的两条斜线，然后在弹出的快捷工具条中单击"垂直约束"按钮 ⊥，此时约束两直线垂直，如图2-107所示。

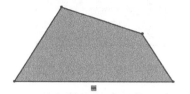

图2-104　平行约束示例

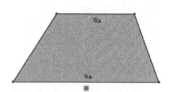

图2-105　约束直线平行

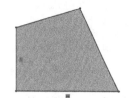

图2-106　垂直约束示例

（5）中点约束

使用"中点约束"可以将点约束到草图对象的中点位置。如图2-108所示的草图，按住Ctrl键选择草图中小圆圆心和直槽口上部直线，然后在弹出的快捷工具条中单击"中点约束"按钮 ，此时约束圆心点在直线中点位置，结果如图2-109所示。

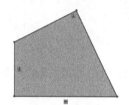

图2-107　添加垂直约束

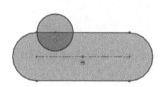

图2-108　中点约束示例

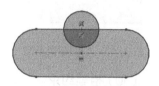

图2-109　约束点在直线中点

（6）重合约束

使用"重合约束"可以使点和其他草图对象重合（不一定在中点）。如图2-110所示的草图，按住Ctrl键选择草图中的圆心和矩形上部边线，然后在弹出的快捷工具条中单击"重合约束"按钮 ，此时约束圆心与直线重合，结果如图2-111所示。

（7）合并约束

使用"合并约束"可以使点和点合并。如图2-112所示的草图，按住Ctrl键选择草图中的两个端点，然后在弹出的快捷工具条中单击"合并约束"按钮 ☑，此时约束两个端点合并，结果如图2-113所示。

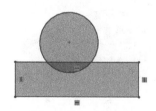

图2-110　重合约束示例

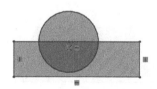

图2-111　约束点和直线重合

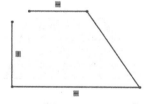

图2-112　合并约束示例

（8）共线约束

使用"共线约束"可以使两条直线共线对齐。如图2-114所示的草图，按住Ctrl键选择草图中上部两条直线，然后在弹出的快捷工具条中单击"共线约束"按钮 ，此时约束两条直线共线对齐，结果如图2-115所示。

（9）相切约束

使用"相切约束"可以使圆弧与直线或圆弧与圆弧相切。

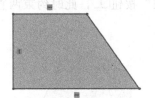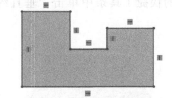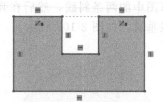

图 2-113　约束点和点合并　　　图 2-114　共线约束示例　　　图 2-115　约束直线共线

如图 2-116 所示的草图，按住 Ctrl 键选择水平直线与右侧圆弧，然后在弹出的快捷工具条中单击"相切约束"按钮，此时约束圆弧与直线相切，如图 2-117 所示。

按住 Ctrl 键选择如图 2-117 所示草图中的两段圆弧，然后在弹出的快捷工具条中单击"相切约束"按钮，此时约束两圆弧相切，如图 2-118 所示。

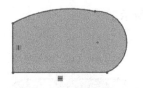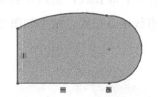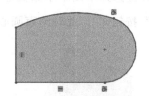

图 2-116　相切约束示例　　　图 2-117　约束圆弧直线相切　　　图 2-118　约束两圆弧相切

（10）相等约束

使用"相等约束"可以使两条直线相等，还可以约束两个圆弧或圆半径相等。

如图 2-119 所示的草图，按住 Ctrl 键选择草图中的两条斜线，然后在弹出的快捷工具条中单击"相等约束"按钮，此时约束两条斜线相等，结果如图 2-120 所示。

如图 2-121 所示的草图，按住 Ctrl 键选择草图中的两个圆弧，然后在弹出的快捷工具条中单击"相等约束"按钮，此时约束两个圆弧等半径，如图 2-122 所示。

按住 Ctrl 键选择如图 2-122 所示草图中的两个圆，然后在弹出的快捷工具条中单击"相等约束"按钮，此时约束两个圆等半径，如图 2-123 所示。

（11）同心约束

使用"同心约束"可以使两个圆或圆弧同心。如图 2-124 所示的草图，按住 Ctrl 键选择

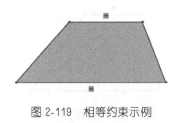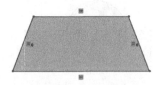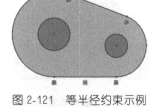

图 2-119　相等约束示例　　　图 2-120　约束直线相等　　　图 2-121　等半径约束示例

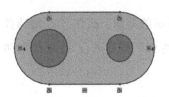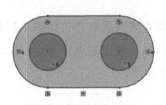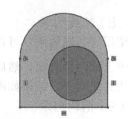

图 2-122　约束圆弧半径相等　　　图 2-123　约束圆半径相等　　　图 2-124　同心约束示例

草图中的圆弧和圆，然后在弹出的快捷工具条中单击"同心约束"按钮◎，此时约束圆弧和圆同心，结果如图 2-125 所示。

（12）对称约束

使用"对称约束"可以使两个点或两条线关于一条中心线对称。如图 2-126 所示的草图，按住 Ctrl 键选择草图中的两条斜线和中心线，然后在弹出的快捷工具条中单击"对称约束"按钮☑，此时约束两条直线关于中心线对称，结果如图 2-127 所示。

在 SOLIDWORKS 中添加对称约束时必须要选择中心线作为镜向轴线，另外，在约束对称时及可以选择两个点关于中心线对称，还可以约束两条线关于中心线对称。

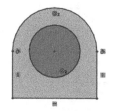

图 2-125 约束圆和圆弧同心

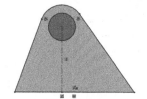

图 2-126 对称约束示例

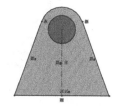

图 2-127 约束直线或点对称

（13）全等约束

使用"全等约束"可以使两个草图对象完全一样（包括位置和大小）。如图 2-128 所示的草图，按住 Ctrl 键选择草图中的圆和实体圆弧边，然后在弹出的快捷工具条中单击"全等约束"按钮◯，此时约束圆与圆弧边完全一样，结果如图 2-129 所示。

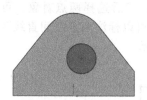

图 2-128 全等约束示例

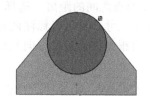

图 2-129 约束圆和圆弧边全等

2.4 二维草图尺寸标注

尺寸标注是二维草图三大要素之一，同时也是产品设计过程中一项非常重要的设计参数，体现了设计者的重要设计意图，而且直接关系到产品的制造与使用。因此，必须对产品中的每个结构标注合适的尺寸参数。产品设计过程中的尺寸参数绝大部分是在二维草图中标注的，可见二维草图尺寸标注的重要性。

（1）尺寸标注设置

在 SOLIDWORKS 草图设计中，在"草图"选项卡中单击"智能尺寸"按钮⬙，用于草图尺寸标注。默认情况下，每标注一个尺寸后，系统都会弹出如图 2-130 所示的"修改"对话框，用户可以在该对话框中修改尺寸标注。实际上这并不符合草图设计规范。一般情况下，应该先标注所有尺寸，所有尺寸标注完成后再进行修改。标注一个修改一个会导致草图绘制效率低下，所以在标注草图尺寸之前，首先需要设置在标注草图尺寸时不用弹出"修改"对话框。

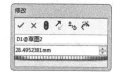

图 2-130 "修改"
对话框

选择下拉菜单"工具"→"选项"命令，系统弹出如图 2-131 所示的"系统选项"对话框，在对话框中取消选中"输入尺寸值"选项，单击对话框中的"确定"按钮，完成设置。以后再标注草图尺寸时，系统将不再弹出"修改"对话框。

图 2-131　"系统选项"对话框

（2）尺寸标注操作

① 标注直线长度。选择"智能尺寸"命令 ，然后选择要标注的直线对象，拖动尺寸到合适的位置完成直线长度尺寸的标注，如图 2-132 所示，其中在标注斜线长度时，最终标注的尺寸会根据鼠标拖动方向发生变化，如图 2-133 所示。

② 标注两点之间的距离。选择"智能尺寸"命令 ，然后选择两点对象，可以标注两点之间的水平尺寸，也可以标注两点之间的竖直尺寸，还可以标注两点之间直线距离，最终标注的尺寸会根据鼠标拖动方向发生变化，如图 2-134 所示。

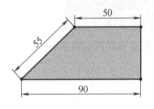

图 2-132　标注直线长度

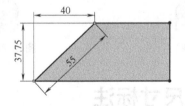

图 2-133　标注斜线长度

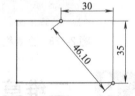

图 2-134　标注两点间距离

③ 标注两平行线间的距离。选择"智能尺寸"命令 ，依次选择两平行直线对象，拖动尺寸到合适位置完成两条平行线间距离尺寸的标注，如图 2-135 所示。

④ 标注角度尺寸。选择"智能尺寸"命令 ，然后依次选择两条成角度的直线对象，拖动尺寸到两直线夹角合适位置，完成角度尺寸的标注，如图 2-136 所示。

⑤ 标注直径和半径尺寸。选择"智能尺寸"命令 ，选择圆弧（非整圆），系统自动标注半径尺寸；选择整圆，系统自动标注直径尺寸，如图 2-137 所示。

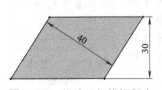

图 2-135　标注平行线间距离

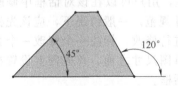

图 2-136　标注夹角尺寸

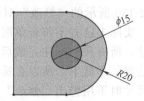

图 2-137　标注直径和半径尺寸

选中标注的直径尺寸或半径尺寸，系统弹出"尺寸"对话框，在对话框中展开"引线"选项卡，选中"自定义文字位置"区域，如图 2-138 所示，单击 按钮，设置标注文本水平放置，结果如图 2-139 所示，这也是直径和半径标注中常见的方式。

在"尺寸"对话框中展开"其他"选项卡，取消选中"使用文档字体"选项，如图 2-140 所示，单击"字体"按钮，系统弹出如图 2-141 所示的"选择字体"对话框，用于设置标注字体样式，包括字体及字高等属性。

图 2-138　"引线"选项卡

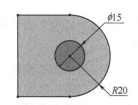

图 2-139　设置标注文字位置

图 2-140　"其他"选项卡

⑥ 标注两圆弧间的极限尺寸。草图标注中经常需要标注如图 2-142 和图 2-143 所示的圆弧最大尺寸与圆弧最小尺寸，像这种尺寸标注比较特殊，首先选择要标注的圆弧（此处一定要选择圆弧，不能选圆心标注），标注如图 2-144 所示的尺寸。

图 2-141　"选择字体"对话框

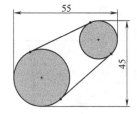

图 2-142　圆弧最大尺寸

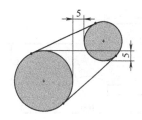

图 2-143　圆弧最小尺寸

选中如图 2-144 所示的水平尺寸或竖直尺寸，在"尺寸"对话框中展开"引线"选项卡，然后展开"圆弧条件"区域，如图 2-145 所示，在其下的"第一圆弧条件"和"第二圆弧条件"中选中"最大"选项即可标注最大尺寸，选中"最小"选项即可标注最小尺寸，另外标注倾斜尺寸后再设置圆弧条件可以得到如图 2-146 所示的尺寸。

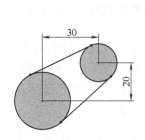

图 2-144　标注水平与竖直尺寸

图 2-145　设置圆弧条件

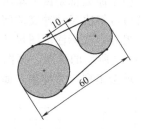

图 2-146　设置倾斜极限尺寸

⑦ 标注对称尺寸。对于回转结构的设计，在绘制旋转截面草图时，如果标注如图 2-147 所示的尺寸（相当于标注的是回转截面的半径尺寸）是不符合回转零件设计要求与规范的，

需要标注如图 2-148 所示的对称尺寸（相当于回转截面直径尺寸），这种尺寸的标注是首先选择"智能尺寸"命令，选择直线和中心线（一定要选择中心线），然后拖动尺寸超过中心线即可完成对称尺寸标注。

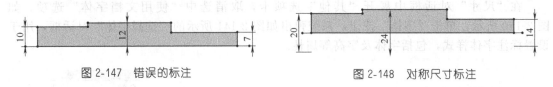

图 2-147　错误的标注　　　　　　　图 2-148　对称尺寸标注

（3）尺寸修改

完成尺寸标注后，双击尺寸，系统弹出"修改"对话框，在该对话框中输入修改值，单击对话框中的 ✔ 按钮完成尺寸修改。

在标注和修改草图尺寸的时候一定要注意草图结构问题，草图结构在一定程度上影响着尺寸的标注与修改。如图 2-149 所示的草图，现在修改草图中标注为 100 的尺寸，从草图结构来看，该尺寸等于尺寸 30 加上尺寸 40，再加上半径为 20 圆弧的弦长，因为其他的尺寸都定了，所以尺寸 100 的修改就会受到这些尺寸的限制。

当半径为 20 的圆弧刚好没有时（圆弧弦长为 0），如图 2-150 所示，此时尺寸 100 能够修改的最小尺寸为 70；当半径为 20 的圆弧刚好为半圆时（圆弧弦长为 40），如图 2-151 所示，此时尺寸 100 能够修改的最大尺寸为 110。

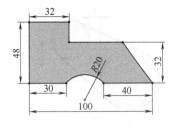　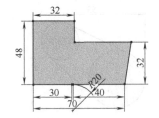　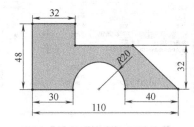

图 2-149　修改草图尺寸　　　图 2-150　最小修改极限范围　　　图 2-151　最大修改极限范围

所以，尺寸 100 修改的范围为 70～110，只要修改的值在这个范围之内就可以正常修改，如果超出这个范围就不能修改，或者得到不正确的草图结构，所以在修改草图尺寸时要考虑草图的结构。

（4）尺寸冲突

尺寸冲突，包括尺寸与尺寸之间的冲突以及尺寸与几何约束之间的冲突，无论是哪种冲突，根本原因都是因为草图中存在不合理的尺寸或约束，我们只需要将这些不合理的尺寸删除就可以解决尺寸冲突的问题。

另外，在标注草图尺寸的时候一定不要形成封闭尺寸，这样也会出现尺寸冲突问题。如图 2-152 所示的草图，草图中已经完全约束了，如果我们再去标注如图 2-153 所示的尺寸 20，就会出现尺寸冲突，如图 2-154 所示，其根本原因就是因为尺寸 20 与草图中的 30、R15

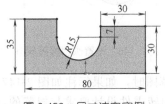　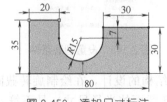　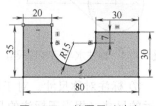

图 2-152　尺寸冲突实例　　　图 2-153　添加尺寸标注　　　图 2-154　草图尺寸冲突

和 80 三个尺寸形成了封闭尺寸。

那么为什么会出现尺寸冲突呢？其实我们不难发现，之前草图中标注了尺寸 30、尺寸 R15 和尺寸 80，这时要标注的尺寸 20 可以根据这些尺寸计算出来，其实属于已知尺寸，如果再去标注这个尺寸，系统会认为这个尺寸是多余的，也就出现尺寸冲突了。

草图中一旦出现尺寸冲突，系统将草图中出现尺寸冲突的相关约束与尺寸显示为黄色，如图 2-154 所示浅色标注，同时系统弹出如图 2-155 所示的"冲突"对话框。

在该对话框中选中"将此尺寸设为从动"选项，表示将添加的尺寸作为参考尺寸标注到草图中，如图 2-156 所示；在对话框中选中"保留此尺寸为驱动"选项表示作为冲突尺寸标注在草图中，但是草图是存在问题的，此处可以将其他冲突尺寸删除，如图 2-157 所示，删除草图中的 30 尺寸，草图便不存在冲突问题。

图 2-155 "冲突"对话框

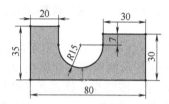

图 2-156 将尺寸设置为从动尺寸

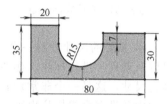

图 2-157 删除其他冲突尺寸

（5）尺寸标注要求与规范

在二维草图设计中，关于尺寸标注主要有两种情况。

第一种情况是根据已有的设计资料（如图纸）进行尺寸标注。这种情况下进行尺寸标注不用做什么考虑，直接根据图纸要求进行标注就可以，图纸要求在什么地方标注就在什么地方标注，图纸要求标注什么类型的尺寸就标注什么类型的尺寸。标注完所有尺寸后，再根据图纸中尺寸放置位置对尺寸标注进行整理，使草图中所有尺寸放置位置与图纸一致，这样方便对尺寸进行检查与修改。

另外一种情况是从无到有进行完全自主设计。手边没有任何设计资料，草图中的每个尺寸都需要设计者自行标注，这种情况下的尺寸标注就比较灵活，也比较自由，但是要求也更高，绝对不能随便标注，一定要注意尺寸标注的规范性要求。

尺寸标注规范性要求主要包括以下几点。

① 尺寸标注基本要求。对于距离尺寸、长度尺寸直接选择图元标注线性尺寸；对于圆弧（小于半圆的非整圆）一般标注半径尺寸；对于整圆一般标注直径尺寸；对于斜度结构一般标注角度尺寸。如图 2-158 所示草图尺寸标注是不合理的，正确标注如图 2-159 所示。

② 尺寸标注要便于实际测量。如图 2-160 所示的草图，水平尺寸 24 是从倒圆角与直边切点到对称中心的距离尺寸，竖直尺寸 22 是两端倒圆角与直边切点之间的距离尺寸，水平尺寸 5 是倒圆角两端切点之间的水平距离尺寸，这些尺寸在实际中均不太容易测量，所以这些标注都是不合理的，正确的标注如图 2-161 所示。

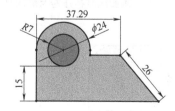

图 2-158 不合理的尺寸标注

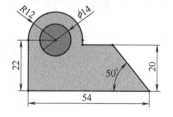

图 2-159 正确的尺寸标注

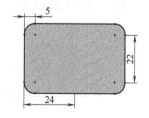

图 2-160 不方便实际测量

③ 尺寸标注要就近标注。在标注草图尺寸时，标注每一段图元尺寸时，尽量将标注尺寸放置到相应图元附近，不要离得太远，否则影响看图。如图 2-162 所示的草图尺寸标注，其中所有尺寸标注均远离相应图元对象，导致无法准确看清草图轮廓，应该将各尺寸标注到如图 2-163 所示的位置。

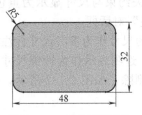

图 2-161　方便实际测量

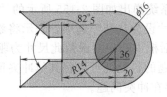

图 2-162　尺寸标注远离图元对象

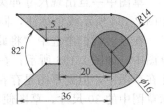

图 2-163　就近标注尺寸

④ 重要的尺寸参数一定要直接标注在草图中，不可间接标注。如果出现尺寸冲突，可以以从动尺寸进行标注。如图 2-164 所示的草图，如果在设计中需要知道圆弧圆心到底边的竖直尺寸，这是一个非常重要的尺寸，需要直接体现在草图标注中，但是在图 2-164 所示的标注中并没有直接标注出来，而是标注了 15 这个尺寸，虽然草图中尺寸 15 加上尺寸 10 就是这个重要尺寸，但是这种标注方法属于间接标注，不可取，应该按照如图 2-165 所示的方式直接标注出来。

另外，在草图标注中，很多时候需要标注草图的总体尺寸，如总高尺寸、总宽尺寸等等，这样方便在看图时能够直观了解草图整体大小。如图 2-166 所示的草图，如果要标注草图总高尺寸 38，这样会出现尺寸冲突问题，但是又必须要标注 38 这个尺寸，这种情况下可以将尺寸 38 标注为从动尺寸（参考尺寸）。

⑤ 尺寸标注要符合一些典型结构设计要求。在一些典型结构设计中，对其尺寸标注也是有着特殊要求的，在这种情况下的尺寸标注就一定要符合这些特殊要求，使这些结构设计更加规范合理。如图 2-167 所示的直槽口草图，如果用在一般的结构设计中，按照该图的尺寸标注是没有问题的，但是如果用在键槽设计中，这种标注就不规范，同样的长圆形草图，用于键槽设计时，一定要按照如图 2-168 所示的方式进行标注，其中尺寸 50 为键槽的长度尺寸，尺寸 20 为宽度尺寸。

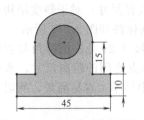

图 2-164　重要尺寸直接标注

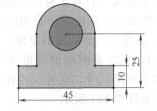

图 2-165　重要尺寸间接标注

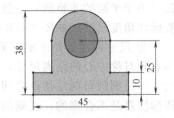

图 2-166　重要尺寸标注为参照尺寸

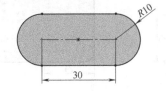

图 2-167　一般情况下的尺寸标注

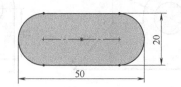

图 2-168　键槽设计中的尺寸标注

2.5 二维草图完全约束

任何一个空间（二维空间或三维空间）都是无限广阔的，空间中的任何一个对象，都必须是唯一确定的。这里的唯一确定包括两层含义：一是对象在空间中的位置必须是唯一确定的；二是对象的形状外形必须是唯一确定的。缺少其中任何一点，都会导致对象不是唯一确定，不唯一确定的对象是无法存在于空间中的！

对于二维空间中的平面草图，也必须是唯一确定于二维空间的，这种唯一确定的草图就叫做完全约束草图。我们绘制的任何一个草图都必须是完全约束的草图，否则绘制的草图就一定是有问题的。

如图 2-169 所示的二维草图，草图中没有对草图形状进行控制的尺寸标注，也没有用来控制草图与坐标轴之间关系的约束或尺寸，所以该草图是一个不确定的草图，是一个不完全约束的草图。在草图中添加如图 2-170 所示的尺寸标注，这样，草图的形状外形是确定的，但是草图与草图原点之间没有任何关系，也就是说草图的位置是不确定的，草图同样是一个不完全约束的草图。

下面继续对该草图进行约束。在草图中添加图 2-171 中框选的两个尺寸标注，用来控制草图与坐标轴之间的距离。这样，草图的位置也就完全确定下来了，再加上之前草图的形状外形已经确定，所以，此时的草图是一个完全约束的草图。或者，我们还可以在草图中添加如图 2-172 所示的两个几何约束，将草图的某些轮廓边线约束到与坐标轴平齐的位置，也可以使草图完全约束。

在 SOLIDWORKS 中判断草图是否完全约束主要有 3 种方法。一是可以从草图形状和草图位置是否完全确定来进行判断。二是看草图中图元颜色的变化：如果草图绘制完成后依然存在蓝色图元，说明草图不完全约束；如果草图中图元全部变成黑色，那么草图就是完全约束的。另外，还可以查看软件底部信息栏中的约束状态：如果显示"欠定义"字符，说明草图没有完全约束；如果显示"完全定义"字符，如图 2-173 所示，说明草图已经完全约束。

> 💡 **注意**：信息栏显示状态经常出现滞后的问题，最好还是根据图元颜色进行判断。

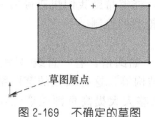

图 2-169　不确定的草图

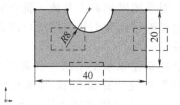

图 2-170　仅仅形状确定的草图

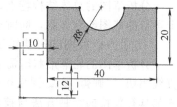

图 2-171　添加尺寸标注

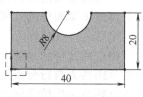

图 2-172　添加几何约束

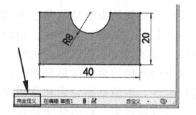

图 2-173　判断草图约束状态

　　如果使用没有完全约束的草图来设计其他的结构，将会导致其他结构不确定！不确定的结构只能存在于理论设计阶段，而无法存在于实际中！因为不确定的东西是没法被制造出来的，所以，任何一个设计人员在使用 CAD 软件进行设计时，一定要保证每个结构中的每个草图完全约束！

2.6　二维草图设计方法与技巧

　　二维草图设计最重要的就是掌握草图设计方法与技巧，即处理好二维草图轮廓绘制、几何约束处理及草图尺寸标注的问题。只有理解了二维草图设计方法与技巧，才能够更高效、更规范地完成二维草图绘制，才能提高产品设计效率。

2.6.1　二维草图绘制一般过程

　　二维草图的绘制贯穿整个产品设计阶段，对产品设计的重要性不言而喻。为了规范而高效地绘制草图，一定要熟悉在 SOLIDWORKS 中进行二维草图绘制的一般过程。在 SOLID-WORKS 二维草图设计环境中进行二维草图绘制的一般过程如下。

　　① 分析草图。分析草图的形状、草图中的约束关系以及草图中的尺寸标注。

　　② 绘制草图大体轮廓。以最快的速度绘制草图大体轮廓，不需要绘制过于细致。

　　③ 处理草图中的几何约束。先删除无用的约束，然后添加有用的约束。

　　④ 标注草图尺寸。按照设计要求或者图纸中的尺寸标注，标注草图中的尺寸。

　　⑤ 整理草图。按照机械制图的规范整理草图中的尺寸标注。

2.6.2　分析草图

　　在开始任何一项工作或项目之前，一定要对这项工作或项目做一定的分析，而不要急于开始工作或项目。这是一个很好的工作习惯，待我们将工作或项目分析清楚了再开始，定会达到事半功倍的效果！

　　草图设计亦是如此，而且对草图的前期分析直接关系到后面草图绘制过程的顺利进行。对草图的分析主要从以下几个方面入手。

　　（1）分析草图的总体结构特点

　　分析草图的总体结构特点，对草图做到心中有数，胸有成竹，能够帮助我们快速得出一个可行的草图绘制方案，同时也能够帮助我们快速完成草图大体轮廓的绘制。

　　（2）分析草图的形状轮廓

　　分析草图的轮廓形状时需要特别注意草图中的一些典型结构。如圆角，有"直线-圆弧-直线相切""圆弧-圆弧-圆弧相切"以及"直线-圆弧-圆弧相切"结构等，这些典型的草图结构都具有独特的绘制方法与技巧，灵活运用这些方法与技巧，能够大大提高草图轮廓绘制效率。

　　（3）分析草图中的几何约束

　　草图中的几何约束就是草图中各图元之间的几何关系。一般比较常见的几何关系有：对称、平行、相等、共线、等半径、相切、竖直和水平等。分析清楚了草图中的几何约束关系才能更快更好地处理草图中的约束问题。

　　草图中的几何约束往往是最难分析也最难把握的。因为草图中的几何约束属于草图中的一种隐性属性，不像草图轮廓和草图尺寸那么明显，需要绘制草图的人自行分析与判断。一般根据产品设计要求、草图结构特点以及草图中标注的尺寸来分析草图中的几何约束，而且分析的结果因人而异。将草图约束到需要的状态，可能有多种添加约束的方法。

在分析草图约束时，逐个分析每个图元的约束关系，当然也要注意一些方法和技巧。例如，一般情况下，圆角不用去考虑其约束，因为圆角的约束是固定的，就是两个相切，除此以外就看圆角半径值是多少就行了。对于一般圆弧，主要看三点：一是圆弧与圆弧相连接的图元之间的关系，一般情况下相切的情况比较多；二是要看圆弧的圆心位置；最后就是圆弧的半径值。掌握这几点就很容易分析草图约束了。

（4）分析草图中的尺寸

首先，通过尺寸分析，能够直观观察出草图整体尺寸大小，便于帮助我们在绘制轮廓时确定轮廓比例。其次，看看草图中哪些地方需要标注尺寸，方便我们快速标注草图尺寸。总之，分析草图的最终目的就是要对草图非常了解，做到胸有成竹，也是为下一步做好铺垫。

2.6.3 绘制草图大体轮廓

草图大体轮廓是指草图的大概形状轮廓。开始绘制草图时，往往不需要绘制得很细致，只需要绘制一个大概的形状。因为在产品最初的设计阶段，工程师一般是没有很精确的形状及尺寸的，有的只是一个大概的图形，甚至一个大概的"想法"，所以，绘制草图时先绘制草图大体轮廓。

（1）草图绘制效率

实际上，做产品结构设计，其中的70%～80%（甚至更多）的时间都是在绘制二维草图。所以，只要二维草图绘制快，那么产品结构设计自然就快。要想提高设计效率，就一定要提高草图绘制速度。经验告诉我们，影响草图绘制速度最主要的原因就是草图轮廓的绘制以及草图约束的处理，其中最能够有效提高草图绘制速度的就是草图轮廓的绘制。所以在绘制草图轮廓时一定要快，不要绘制得过于细致，因为不论草图轮廓绘制多么细致，后面的工作还是要一步一步去做的，所以绘制细致的草图轮廓就没有太大的意义，反而浪费了很多时间。熟练的设计人员对于草图大体轮廓的绘制通常控制在数秒以内。

（2）绘制草图基准及辅助参考线

首先确定草图的尺寸大小基准。这一点对于草图的绘制非常重要，特别是结构复杂的草图。绘制草图轮廓时不注意尺寸大小，会对后面的工作带来很大的影响。

快速确定尺寸大小基准的方法：先在草图中找一个比较有代表性的图元，根据草图中标注的尺寸（或者估算的尺寸）将其绘制在草图平面相应的位置（相对于坐标原点的位置），然后以此基准作为参照绘制草图的大体轮廓。

绘制草图基准参照尽量选择草图中的完整图元，如圆、椭圆、矩形等，并且要注意该基准参照图元相对于坐标轴的位置关系，同时要按照设计草图标注基准参照图元的尺寸。如图2-174所示的连接片截面草图，在绘制大体轮廓时就应该选择草图中直径为55的圆为基准参照图元，如图2-175所示，然后在该基准参照图元的基础上绘制草图大体轮廓，结果如图2-176所示。

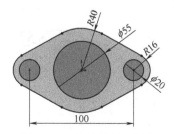
图 2-174 连接片截面草图

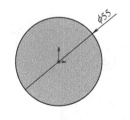
图 2-175 绘制基准参考图元

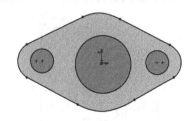
图 2-176 绘制草图大体轮廓

　　如果草图中没有合适的较为完整的图元作为基准参照图元使用，可以根据草图尺寸大小估算一个草图图元作为基准参考图元。如图 2-177 所示的玩具盖截面草图，在绘制大体轮廓时可以根据草图整体宽度为依据绘制如图 2-178 所示的直线（长度为 70）作为基准参照图元，然后在该基准参照图元的基础上绘制草图大体轮廓，如图 2-179 所示。

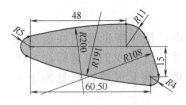

图 2-177　玩具盖截面草图

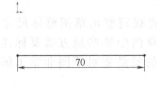

图 2-178　绘制参照图元

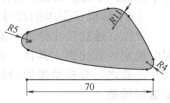

图 2-179　绘制草图大体轮廓

　　为了辅助草图轮廓的绘制或对草图进行特殊尺寸的标注，需要在草图中绘制一些辅助参考线。这个时候就需要先绘制这些辅助参考线，在这个辅助参考线基础上再去绘制草图中的其他结构，这样能够大大提高草图轮廓的准确性，也为后续工作做好铺垫。

　　如图 2-180 所示的吊摆草图，草图中半径为 135 的圆弧的主要作用是对草图结构进行定位。像这种对草图起定位作用的图元一般称为辅助线。在绘制草图时，应该先绘制这些辅助线，如图 2-181 所示，将辅助图元变成构造线，如图 2-182 所示。

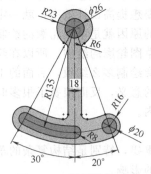

图 2-180　吊摆结构草图

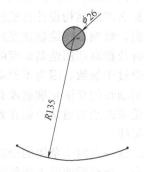

图 2-181　绘制辅助图元

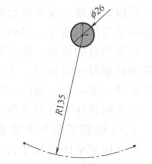

图 2-182　将辅助图元转换成构造线

　　（3）草图大体轮廓的把握

　　虽然是草图的大体轮廓，但是也不能绘制得太"大体"、太"随意"了，否则会给后面的操作带来不必要的麻烦，也会严重影响后面草图的绘制，从而影响草图绘制效率。在绘制草图大体轮廓时一定要注意以下两点：

　　① 一定要控制草图轮廓相对于草图坐标轴或草图主要参考对象之间的位置关系。如图 2-183 所示的垫片截面草图，在绘制该草图大体轮廓时，要注意草图轮廓相对于坐标轴的位置关系。如图 2-184 所示的草图轮廓相对于水平和竖直坐标轴之间的位置关系偏差太大，对草图后期的处理影响很大，而图 2-185 所示的位置关系就比较好。

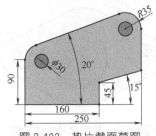

图 2-183　垫片截面草图

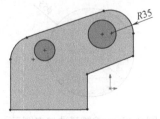

图 2-184　与坐标轴偏差太大

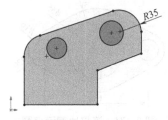

图 2-185　与坐标轴位置合适

② 一定要把握好草图大体轮廓与草图最终结构的相似性。如图 2-186 所示的吊钩截面草图，在绘制该草图大体轮廓时，要注意草图轮廓的相似性，相似性越高，绘制草图就会越顺利。所以在绘制图 2-187 所示的草图大体轮廓时要时刻注意草图与设计草图之间的相似性，如果不注意相似性，草图后期处理会比较困难，如无法添加约束、无法修改标注的尺寸等，特别是圆弧结构比较多的草图。如图 2-188 所示的草图相似性控制不是很好，这样会严重影响草图后期的处理。

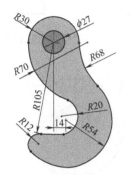 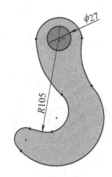 

图 2-186　吊钩截面草图　　　图 2-187　草图相似性控制比较好　　　图 2-188　草图相似性比较差

（4）对称与非对称结构草图的绘制

如果不是对称结构的草图，按照一般的方法来绘制。如果是对称结构的，那么在绘制草图大体轮廓时就有两种方法绘制：一种是使用对称方式来绘制；另一种就是使用一般的方法来绘制。这一点分析很重要，直接关系到草图绘制的总体把握，而且，草图对称与不对称这两种绘制方法存在很大区别。

需要注意的是，对于对称草图，不一定非要按照对称方式来绘制。一般对于复杂的对称草图，特别是圆弧结构比较多或者对称性比较高的草图最好使用对称方式绘制，这样能够大大减少草图绘制工作量，提高草图绘制速度。如图 2-189 所示的垫片截面草图，草图结构比较复杂，而且草图对称性比较好（上下左右分别关于水平中心线和竖直中心线对称），在绘制草图轮廓时就应该使用对称的方式来绘制，先绘制如图 2-190 所示的草图四分之一，然后对草图进行镜向得到完整草图轮廓，结果如图 2-191 所示。

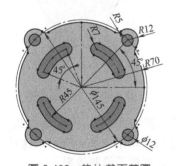 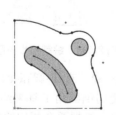 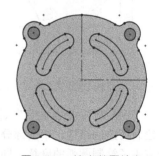

图 2-189　垫片截面草图　　　图 2-190　绘制草图四分之一　　　图 2-191　镜向草图轮廓

而对于一些简单的对称草图，一般是直接来绘制的，然后通过几何约束使草图对称。对简单的草图使用对称方式绘制反而使草图绘制复杂化。如图 2-192 所示的燕尾槽滑盖截面草图，属于结构简单的草图，不用使用对称方式来绘制，应该直接绘制如图 2-193 所示的大体轮廓，然后使用几何约束使草图对称，结果如图 2-194 所示。

另外，对于对称结构的草图，有时根据草图的结构特点，还会采用局部对称的方式来绘制。在绘制如图 2-195 所示的垫片截面草图轮廓过程中，可以先绘制如图 2-196 所示的局部结构，然后对该局部结构进行镜向得到如图 2-197 所示的整个草图轮廓。总之，草图的绘制一定要活学活用。

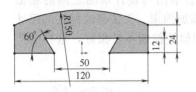

图 2-192　燕尾槽滑盖截面草图

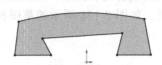

图 2-193　直接绘制大体轮廓

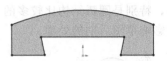

图 2-194　约束草图轮廓对称

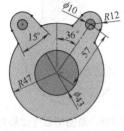

图 2-195　垫片截面草图

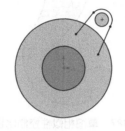

图 2-196　绘制局部镜向部位

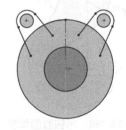

图 2-197　对草图局部进行镜向

（5）典型草图结构的绘制

绘制草图轮廓时需要特别注意草图中的一些典型结构，如"直线-圆弧-直线相切""圆弧-圆弧-圆弧相切"以及"直线-圆弧-圆弧相切"等结构。

对于"直线-圆弧-直线相切"结构，如图 2-198 所示，一般是直接绘制成折线样式（图 2-199），最后使用倒圆角命令绘制中间的圆弧结构，如图 2-200 所示。

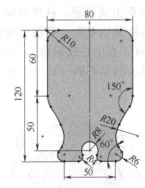

图 2-198　"直线-圆弧-直线相切"结构

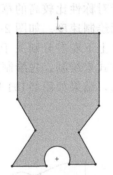

图 2-199　绘制初步轮廓折线

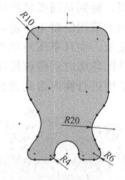

图 2-200　绘制倒圆角

"圆弧-圆弧-圆弧相切"（图 2-201）和"直线-圆弧-圆弧相切"（图 2-202）结构也是如此。先绘制两边的结构，中间部分的圆弧使用倒圆角工具来绘制，如图 2-203 和 2-204 所示。这样既省去了绘制圆弧的麻烦，同时也省去了添加两个相切约束的麻烦，提高了绘制效率。

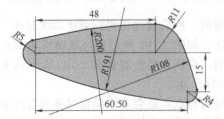

图 2-201　草图中的"圆弧-圆弧-圆弧相切"结构

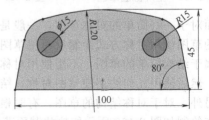

图 2-202　草图中的"直线-圆弧-圆弧相切"结构

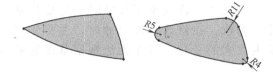

图 2-203　"圆弧-圆弧-圆弧"画法

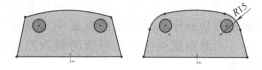

图 2-204　"直线-圆弧-圆弧"画法

2.6.4　处理草图中的几何约束

处理草图中的几何约束就是按照设计要求或者图纸要求，根据之前对草图约束的分析，处理草图中图元与图元之间的几何关系，主要包括以下两部分内容。

（1）删除无用的草图约束

在快速绘制草图大体轮廓时，系统难免会自动捕捉一些约束，这些自动捕捉的约束有些是有用的约束，有些可能是无用的。对于无用的约束一定要删除干净，一个不能留！因为这些无用的约束保留在草图中会出现两个结果：一个是将来有用的约束加不上去；另外一个是有用的尺寸加不上去。总之，会使最终的草图无法完全约束！

（2）添加正确的几何约束

无用的约束处理干净后，就要根据之前分析的结果正确添加有用的几何约束。这一部分可以说是草图绘制过程中最灵活、也最难掌控的一个环节。这一部分处理的好坏也直接影响草图绘制效率的高低，因为草图中的几何约束都是各人根据自己的分析判断出来的，同一个草图可能有很多种添加约束的方法，完全因人而异。总之，只要将草图正确约束到我们需要的状态就可以。这一部分一定要处理好，否则后期会花费大量时间来检查草图约束的问题，从而影响草图绘制效率。

实际上，在处理草图约束时，有时草图中的约束实在是确定不了，这个时候就应该暂时放下，继续后面的操作。一定不要添加没有把握的约束，一旦这个约束错误，对后面的影响就大了。总之，对于没有把握的约束要放在草图的最后去处理。

另外，如果在绘制草图轮廓时绘制了参考辅助线，那么草图中的参考辅助线也要完全约束，否则软件会认为草图没有完全约束。虽然说参考辅助线是否完全约束并不影响草图结果，但是会给审核草图的人员造成误解。

2.6.5　标注草图尺寸

草图绘制的最后是标注草图尺寸，这一步是草图绘制过程中最简单的一个步骤，主要是根据设计要求或者图纸尺寸要求，在相应的位置添加尺寸标注，尺寸标注一般流程如图 2-205 所示，下面具体介绍尺寸标注流程。

① 首先快速标注所有尺寸，而不要急于修改尺寸值，如果标注一个，修改一个，这样效率比较低，而且容易使草图发生很大变化，影响草图进一步的绘制。

② 其次一定要判断完成所有尺寸标注后的草图是否是完全约束的草图。如果是完全约束草图就继续下一步操作，如果草图还没有完全约束，那么一定不要继续下一步的操作，一定要停下来检查草图没有完全

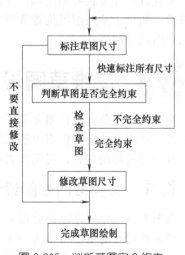

图 2-205　判断草图完全约束

约束的原因，解决草图完全约束的问题后再继续下一步操作。

③ 最后按照设计要求或图纸要求修改草图中的尺寸。修改草图尺寸时一定要注意修改的先后顺序，否则会严重影响对其他尺寸的修改。在修改草图尺寸时，主要要遵循的一个原则就是避免草图因为修改尺寸而发生太大的变化，以至无法观察草图的形状轮廓。

如图 2-206 所示的燕尾槽滑轨截面草图，在绘制该草图过程中，完成尺寸标注后如图 2-207 所示，如果首先修改草图中的 1335.27 尺寸（修改为 120），此时草图结构变化成如图 2-208 所示的结果，因为这个修改使草图变化很大，严重影响对草图的后续操作，所以先修改 1335.27 尺寸是不对的。

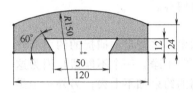

图 2-206　燕尾槽滑盖截面草图

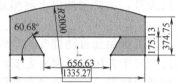

图 2-207　修改草图尺寸前

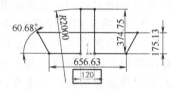

图 2-208　修改草图尺寸后

一般的，如果绘制的草图整体尺寸都比目标草图尺寸大，这时应该先修改小的尺寸；如果绘制的草图比目标草图小，就需要先修改大的尺寸，这样才能保证尺寸的修改不致使草图形状轮廓发生太大的变化。

如图 2-207 所示的草图，现在需要修改草图中的尺寸至图 2-206 所示的结果，因为图 2-207 所示草图中的尺寸比设计尺寸都大，就需要先修改草图中较小的尺寸，所以正确的修改顺序是先修改角度尺寸 60.68、竖直方向的 175.13 和 347.75，最后修改水平方向的 656.63 和 1335.27，最后修改半径尺寸 2000。

另外，如果在修改尺寸过程中遇到修改不了的尺寸，可以先放下来去修改其他能够修改的尺寸，将这些暂时不能修改的尺寸放在最后去修改；如果草图中的尺寸实在是修改不了，可以采用逐步修改的方法来修改，逐步将尺寸修改到最终目标尺寸。

最后草图尺寸标注完成后，还需要整理草图中各尺寸的位置。各尺寸要摆放整齐、紧凑，而且各尺寸位置要和图纸尺寸位置对应，这样有一个好处就是便于以后对草图进行检查与修改，如果不按照图纸位置放置草图尺寸，那么别人在检查或者审核时容易给检查者造成漏标草图尺寸的错觉。

2.7　二维草图设计案例

全书配套视频与资源
微信扫码，立即获取

本章前面章节已经详细介绍了二维草图绘制各项具体内容，下面再通过几个草图设计案例详细讲解二维草图设计，加深读者对于二维草图设计方法与技巧的理解，帮助读者提高二维草图设计实战能力。

2.7.1　锁孔截面草图设计

如图 2-209 所示的锁孔截面草图，草图结构简单且对称，主要由圆、圆弧以及直线构成，像这种特点的草图可以按照 CAD 的绘图思路来进行绘制，就是先绘制辅助草图图元，然后通过修剪的方法得到需要的草图，具体绘制过程请扫描二维码观看视频讲解。

2.7.2 垫块截面草图设计

如图 2-210 所示垫块截面草图,草图结构简单且对称,主要由圆弧和直线构成。这种特点的草图,首先绘制草图大体轮廓,然后处理草图约束,保证草图的对称性,最后标注尺寸并修改,具体绘制过程请扫描二维码观看视频讲解。

2.7.3 滑块截面草图设计

如图 2-211 所示的滑块截面草图,草图结构简单且对称,主要由圆、圆弧和直线构成,而且在草图中还包括直线-圆弧-直线的典型结构。像这种典型的草图结构具有典型的绘制方法,然后处理草图约束并标注草图尺寸,具体绘制过程请扫描二维码观看视频讲解。

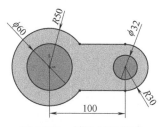

图 2-209 锁孔截面草图

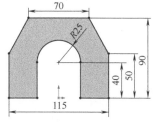

图 2-210 垫块截面草图

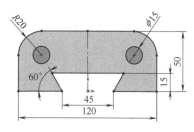

图 2-211 滑块截面草图

2.7.4 铣刀盘截面草图设计

如图 2-212 所示的铣刀盘截面草图,草图属对称结构,草图中存在简单结构拼凑的痕迹,所以可以按照 CAD 绘图思路进行绘制;另外,草图中的局部存在相似结构,为了减小草图轮廓绘制工作量,应该采用阵列草图或其他草图变换工具绘制,提高草图绘制效率,具体绘制过程请扫描二维码观看视频讲解。

2.7.5 水杯轮廓草图设计

如图 2-213 所示的水杯轮廓草图,草图结构划分比较明显,主要由水杯体和手柄两部分构成,而且两部分草图中均包含有"直线-圆弧-直线"的典型草图结构,应该按照典型方法进行绘制。另外,手柄部分属于明显的等距偏移结构,可以使用"等距实体"命令来绘制,具体绘制过程请扫描二维码观看视频讲解。

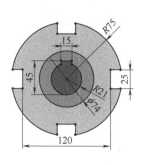

图 2-212 铣刀盘截面草图

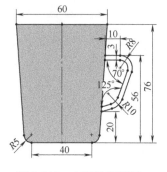

图 2-213 水杯轮廓草图

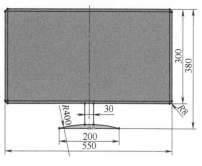

图 2-214 显示器轮廓草图

2.7.6　显示器轮廓草图设计

如图 2-214 所示的显示器轮廓草图，草图结构划分比较明显，按照结构构成关系，受限绘制草图大体轮廓，注意首先绘制参考草图，然后处理草图中的几何约束，保证整个草图的对称性，最后标注尺寸，具体绘制过程请扫描二维码观看视频讲解。

零件设计是 SOLIDWORKS 软件最基本的一项功能，同时也是 SOLIDWORKS 其他功能模块学习与使用的基础。完成零件设计后可以通过组装得到装配产品，可以创建零件工程图，还可以通过产品渲染得到零件效果图，最后还可以使用有限元分析进行强度、刚度及稳定性分析等。

3.1 三维特征设计

三维特征简称特征。特征是零件中最小、最基本的几何单元。任何一个零件都是由若干个特征组成的，如拉伸凸台特征、孔特征、圆角特征、倒角特征、拔模特征等。零件设计的关键就是要掌握各种特征设计工具。下面具体介绍 SOLIDWORKS 中常用三维特征设计工具，为零件设计做准备。

3.1.1 拉伸凸台

在"特征"选项卡中单击"拉伸凸台/基体"按钮 创建拉伸凸台特征。创建拉伸凸台特征就是将一个二维草图沿着一定的方向（默认与草图平面垂直的方向）拉出一定的高度（SOLIDWORKS 中称为深度）形成三维特征，一般用来创建零件中的板块状结构。以如图 3-1 所示的连接板模型为例介绍拉伸凸台特征的创建过程。

步骤 1 选择命令。在"特征"选项卡中单击"拉伸凸台/基体"按钮 ，系统弹出如图 3-2 所示的"拉伸"对话框，提示用户要么选择平面绘制拉伸截面来创建拉伸凸台，要么选择已有的草图创建拉伸凸台。本例使用第一种方法。

步骤 2 选择草图平面。创建拉伸凸台必须要有拉伸截面草图，在图形区选择上视基准面为草图平面，表示要在该平面上绘制拉伸截面草图。

步骤 3 绘制拉伸截面草图。选择草图平面后，系统进入草图环境，创建如图 3-3 所示的草图作为拉伸凸台截面草图，完成草图绘制后，在图形区右上角单击 按钮。

图 3-1 连接板模型

图 3-2 "拉伸"对话框

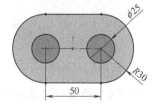

图 3-3 拉伸截面草图

步骤 4 定义拉伸凸台参数。完成草图绘制后，系统弹出如图 3-4 所示的"凸台-拉伸"对话框，在该对话框中定义拉伸凸台参数。

① 定义拉伸开始位置。在对话框中的"从"下拉列表中定义拉伸开始位置，用于定义拉伸是从哪里开始的，默认选择"草图基准面"选项。本例采用系统默认设置，表示将从选择的草图平面开始创建拉伸凸台。

② 定义拉伸深度。在对话框"方向1"区域定义拉伸深度参数，在其下的下拉列表中定义拉伸深度方式。本例选择"给定深度"选项，表示将按照给定的深度值进行拉伸，在其下的"深度"文本框中输入拉伸深度值为10mm，如图3-5所示。

步骤5 完成拉伸凸台创建。在对话框中单击 ✓ 按钮，完成拉伸凸台创建。

3.1.2 拉伸切除

在"特征"选项卡中单击"拉伸切除"按钮 📵 创建拉伸切除。创建拉伸切除与创建拉伸凸台类似，主要区别是拉伸凸台是做"加材料"特征的，而"拉伸切除"是做"减材料"特征的，就是将拉伸出来的几何体从已有的实体中减去，一般用来创建零件中的切槽结构。如图3-6所示的基体模型，需要在该基体模型上创建如图3-7所示的V形槽结构，下面以此为例介绍拉伸切除的创建过程。

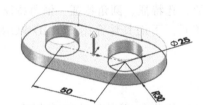

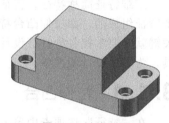

图3-4 "凸台-拉伸"对话框　　图3-5 定义拉伸凸台参数　　图3-6 基体模型

步骤1 打开练习文件 ch03 part \ 3.1 \ 拉伸切除 ex。

步骤2 选择命令。在"特征"选项卡中单击"拉伸切除"按钮 📵，系统弹出如图3-8所示的"拉伸"对话框，提示用户要么选择平面绘制拉伸截面来创建拉伸切除，要么选择已有的草图创建拉伸切除。本例使用第一种方法。

步骤3 选择草图平面。创建拉伸切除必须要有拉伸截面草图，在图形区选择如图3-9所示的模型表面为草图平面，表示要在该平面上绘制拉伸截面草图。

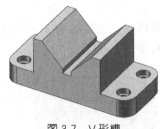

图3-7 V形槽　　　　图3-8 "拉伸"对话框　　　图3-9 选择草图平面

步骤4 绘制拉伸截面草图。选择草图平面后，系统进入草图环境，创建如图3-10所示的草图作为拉伸切除截面草图。完成草图绘制后，在图形区右上角单击 ↳ 按钮。

步骤5 定义拉伸切除参数。完成草图绘制后，系统弹出如图3-11所示的"切除-拉伸"对话框，在该对话框中定义拉伸切除参数。

① 定义拉伸开始位置。在对话框中的"从"下拉列表中定义拉伸开始位置，用于定义拉伸是从哪里开始的，默认选择"草图基准面"选项。本例采用系统默认设置，表示将从选择的草图平面开始创建拉伸切除。

② 定义拉伸深度。在对话框"方向 1"区域下拉列表中选择"完全贯穿"选项，表示将沿着指定方向完全切除材料，如图 3-12 所示。

步骤 6 完成拉伸切除创建。在对话框中单击 ✓ 按钮，完成拉伸切除创建。

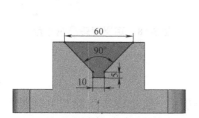

图 3-10 拉伸切除草图

图 3-11 "切除-拉伸"对话框

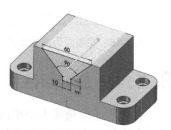

图 3-12 定义拉伸切除参数

3.1.3 旋转凸台

在"特征"选项卡中单击"旋转凸台/基体"按钮 🌀 创建旋转凸台。创建旋转凸台特征就是将一个二维草图绕着一根轴线（SOLIDWORKS 中绘制的中心线或直线）旋转一定的角度形成三维特征，一般用来创建零件中的回转主体结构。以如图 3-13 所示的手柄模型为例介绍旋转凸台特征的创建过程。

步骤 1 选择命令。在"特征"选项卡中单击"旋转凸台/基体"按钮 🌀，系统弹出如图 3-14 所示的"旋转"对话框，提示用户选择平面绘制旋转截面来创建旋转凸台。

步骤 2 选择草图平面。创建旋转凸台必须要有旋转截面草图，在图形区选择前视基准面为草图平面，表示要在该平面上绘制旋转截面草图。

步骤 3 绘制旋转截面草图。选择草图平面后，系统进入草图环境，首先创建如图 3-15 所示的草图作为旋转凸台截面草图，草图中必须要有旋转轴线（中心线），旋转中心线还可以作为草图中标注直径尺寸的参考，完成尺寸标注后使用直线将草图封闭，如图 3-16 所示，完成草图绘制后，在图形区右上角单击 ↳ 按钮。

图 3-13 手柄模型

图 3-14 "旋转"对话框

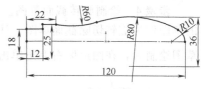

图 3-15 初步旋转截面草图

步骤 4 定义旋转凸台参数。完成草图绘制后，系统弹出如图 3-17 所示的"旋转"对话框，在该对话框中定义旋转凸台参数。

① 定义旋转轴。在对话框中的"旋转轴"区域定义旋转轴，系统默认选择草图中的中心线作为旋转轴，另外，用户也可以选择一般直线作为旋转轴。

② 定义旋转角度。在对话框"方向 1"区域中定义第一个方向的旋转角度，本例选择默

认的"给定深度"选项，表示将按照给定的角度值进行旋转，在其下文本框中采用默认的360°，如图 3-18 所示。

步骤 5 完成旋转凸台创建。在对话框中单击 ✓ 按钮，完成旋转凸台创建。

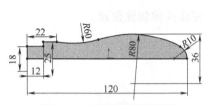

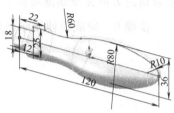

图 3-16　完整旋转截面草图　　图 3-17　"旋转"对话框　　图 3-18　定义旋转凸台参数

3.1.4　旋转切除

在"特征"选项卡中单击"旋转切除"按钮 🔩 创建旋转切除。创建旋转切除与创建旋转凸台类似，主要区别是旋转凸台是做"加材料"特征的，而"旋转切除"是做"减材料"特征的，就是将旋转出来的几何体从已有的实体中减去，一般用来创建零件中的回转腔体结构。如图 3-19 所示的固定支座模型，需要在该模型上创建如图 3-20 所示的回转腔体结构，腔体内部结构如图 3-21 所示，下面以此介绍旋转切除的创建过程。

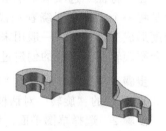

图 3-19　固定支座模型　　　图 3-20　创建旋转腔体　　　图 3-21　腔体内部结构

步骤 1 打开练习文件 ch03 part \ 3.1 \ 旋转切除 ex。

步骤 2 选择命令。在"特征"选项卡中单击"旋转切除"按钮 🔩。

步骤 3 选择草图平面。创建旋转切除必须要有旋转截面草图，在模型树中选择前视基准面为草图平面，表示要在该平面上绘制旋转截面草图。

步骤 4 绘制旋转截面草图。选择草图平面后，系统进入草图环境，创建如图 3-22 所示的草图作为旋转切除截面草图，注意草图中必须要有旋转轴线（中心线）而且要封闭，完成草图绘制后，在图形区右上角单击 ↳ 按钮。

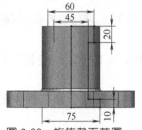

图 3-22　旋转截面草图　　　图 3-23　"切除-旋转"对话框　　图 3-24　定义旋转切除参数

步骤 5 定义旋转切除参数。完成草图绘制后，系统弹出如图 3-23 所示的"切除-旋转"对话框，在该对话框中采用系统默认设置。定义旋转切除参数，如图 3-24 所示。

步骤 6 完成旋转切除创建。在对话框中单击 ✓ 按钮，完成旋转切除创建。

3.1.5 倒角特征

在"特征"选项卡中单击"倒角"按钮 🔘 创建倒角特征。倒角特征就是在两个面的连接部位或端部创建斜面连接结构。设计倒角特征主要有以下几个方面的考虑：

① 为了去除零件上因机加工产生的毛刺；

② 尖锐的棱角结构容易磕碰而损毁结构；

③ 方便产品的装配和拆卸。

如图 3-25 所示的连接轴模型，需要在轴两端创建如图 3-26 所示的倒角结构，倒角尺寸为 5mm，角度为 45°，下面以此为例介绍倒角特征创建过程。

步骤 1 打开练习文件 ch03 part \ 3.1 \ 倒角特征 ex。

步骤 2 选择命令。在"特征"选项卡中单击"倒角"按钮 🔘，系统弹出如图 3-27 所示的"倒角"对话框，用于定义倒角参数。

图 3-25 连接轴模型

图 3-26 创建倒角

图 3-27 "倒角"对话框

步骤 3 定义倒角参数。

① 定义倒角类型。在对话框的"倒角类型"区域定义倒角类型，采用默认的设置，也就是距离和角度类型，表示通过给定距离和角度确定倒角尺寸。

② 选择倒角边线。选择如图 3-28 所示轴两端的边线为倒角对象。

图 3-28 选择倒角边线

③ 定义倒角参数。在对话框的"倒角参数"区域设置倒角距离为 5mm，角度为 45°。

步骤 4 完成倒角特征创建。在对话框中单击 ✓ 按钮，完成倒角特征创建。

3.1.6 圆角特征

在"特征"选项卡中单击"圆角"按钮 🔘 创建圆角特征。圆角特征就是在两个面的连接部位或者端部创建圆弧面连接。设计圆角特征主要有以下几个方面的考虑：

① 为了去除零件上因机加工产生的毛刺；

② 减少结构上的应力集中，提高零件强度；

③ 尖锐的棱角结构容易磕碰而损毁结构；

④ 方便产品的装配和拆卸；

⑤ 在结构上通过倒角能够使结构看上去更美观。

如图 3-29 所示的基体模型，需要在模型各棱边位置创建圆角，圆角结果如图 3-30 所示，圆角半径均为 3mm，下面以此介绍圆角特征创建过程。

步骤 1 打开练习文件 ch03 part \ 3.1 \ 圆角特征 ex。

步骤 2 选择命令。在"特征"选项卡中单击"圆角"按钮，系统弹出如图 3-31 所示的"圆角"对话框，用于定义圆角参数。

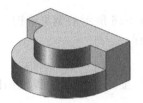

图 3-29 基体模型

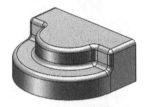

图 3-30 圆角结果

图 3-31 "圆角"对话框

步骤 3 创建圆角一。

① 定义圆角类型。在对话框的"圆角类型"区域定义圆角类型，采用系统默认类型，表示创建恒定半径的圆角。

② 选择圆角边线。选择如图 3-32 所示的模型边线为圆角对象。

③ 定义圆角参数。在对话框的"圆角参数"区域设置圆角半径为 3mm。

④ 完成圆角特征创建。在对话框中单击 ✓ 按钮，完成圆角特征创建。

步骤 4 创建圆角二。参照以上步骤及参数选择如图 3-33 所示的边线创建圆角二。

步骤 5 创建圆角三。参照以上步骤及参数选择如图 3-34 所示的边线创建圆角三。

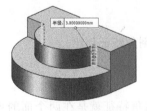

图 3-32 创建圆角一

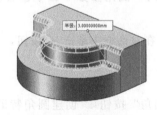

图 3-33 创建圆角二

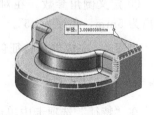

图 3-34 创建圆角三

> **注意**：本例圆角位置比较多，在创建圆角时一定要注意倒圆角的先后顺序，以便提高倒圆角效率并保证倒圆角质量，这也是零件设计中一定要注意的一个设计问题。

3.1.7 参考几何体

参考几何体也叫参考特征（或基准特征）。在零件设计中参考特征属于一种辅助特征工具，主要是用来辅助三维特征的创建，不属于零件结构中的一部分。在零件设计中使用参考特征（如图 3-35 所示）就像盖一栋大楼要使用脚手架（如图 3-36 所示）等建筑工具作为辅助工具一样。

在 SOLIDWORKS 中选择如图 3-37 所示的参考几何体工具创建参考特征。参考特征主要包括基准面、基准轴、坐标系及基准点等。零件设计中基准面和基准轴应用比较广泛，下面主要介绍基准面和基准轴的创建。

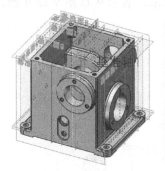  

图 3-35　零件设计中的参考特征　图 3-36　建筑施工中的各种辅助工具　图 3-37　参考几何体

（1）基准面

在 SOLIDWORKS 中新建一个零件文件并进入零件设计环境。系统提供了三个原始基准平面——前视基准面、上视基准面和右视基准面。任何一个零件的设计都是以这三个基准面为基础设计的。但是，如果零件结构比较复杂时，仅使用这三个基准面是无法满足零件设计需要的，这时就需要用户自己根据设计需要创建合适的基准面。

在"特征"选项卡中的"参考几何体"下拉菜单中单击"基准面"按钮 ，用于创建基准面，如图 3-38 所示的定位板模型，需要创建如图 3-39 所示的斜凸台，而创建该斜凸台的关键是首先创建如图 3-40 所示的基准面，该基准面与定位板平面之间的夹角为 30°，下面以此为例介绍基准面的创建。

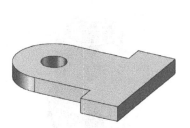 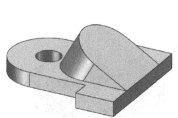 

图 3-38　定位板模型　　　　图 3-39　创建斜凸台　　　　图 3-40　创建基准面

步骤 1 打开练习文件 ch03 part \ 3.1 \ 圆角特征 ex。

步骤 2 选择命令。在"特征"选项卡中的"参考几何体"下拉菜单中单击"基准面"按钮 📖，系统弹出如图 3-41 所示的"基准面"对话框，用于定义基准面参数。

步骤 3 定义基准面参数。

① 选择基准面参考。直接在模型上选择如图 3-42 所示的模型边线和模型表面为基准面参考，表示根据选择的模型边线和表面创建基准面。

② 定义基准面参数。在对话框中选择模型表面的区域单击"角度"按钮，表示创建与所选择的模型表面呈一定夹角的基准面，设置角度值为 30。

③ 完成基准面创建。在对话框中单击 ✔ 按钮，完成基准面创建。

步骤 4 创建斜凸台。在"特征"选项卡中单击"拉伸凸台/基体"按钮 🗔，选择以上创建的基准面为草图平面绘制如图 3-43 所示的拉伸截面草图，在"凸台-拉伸"对话框中的"方向 1"下拉列表中选择"成形到下一面"选项，如图 3-44 所示，表示从草图平面开始，到离该面最近的下一个面创建拉伸凸台，如图 3-45 所示。

图 3-41 "基准面"对话框

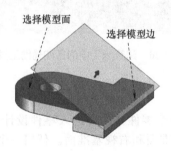

图 3-42 选择基准面参考

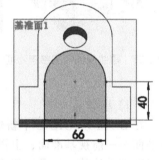

图 3-43 创建拉伸截面草图

（2）基准轴

在"特征"选项卡中的"参考几何体"下拉菜单中单击"基准轴"按钮 ✓，用于创建基准轴。如图 3-46 所示的阀体模型，需要通过模型中"8 字形"凸台两个圆弧面中心轴创建如图 3-47 所示的基准面，这种情况下需要先创建如图 3-48 所示的两个圆弧面基准轴，下面以此为例介绍基准轴的创建。

图 3-44 "凸台-拉伸"对话框

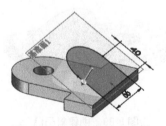

图 3-45 定义拉伸凸台参数

图 3-46 阀体模型

步骤 1 打开练习文件 ch03 part \ 3.1 \ 基准轴 ex。

步骤 2 选择命令。在"特征"选项卡中的"参考几何体"下拉菜单中单击"基准轴"按钮，系统弹出如图 3-49 所示的"基准轴"对话框，用于定义基准轴参数。

图 3-47 创建基准面

图 3-48 创建基准轴

图 3-49 "基准轴"对话框

步骤 3 创建如图 3-50 所示的基准轴 1。在模型上选择如图 3-51 所示的圆弧面为参考，表示通过圆弧面中心创建基准轴。

步骤 4 参照上一步操作选择如图 3-52 所示的圆弧面为参考创建基准轴 2。

图 3-50 创建的基准轴 1

图 3-51 选择基准轴参考

图 3-52 选择基准轴参考

步骤 5 创建基准面。完成以上基准轴的创建后，就可以根据这些基准轴创建基准面。选择"基准面"命令，依次选择如图 3-53 所示的"基准轴 1"和"基准轴 2"为参考，创建通过两个轴的基准面，结果如图 3-54 所示。

图 3-53 选择基准面参考

图 3-54 创建的基准面

3.1.8 异形孔向导

孔结构是零件设计中非常常见的一种结构，在零件中主要起到定位、安装与紧固的作用。在"特征"选项卡中单击"异形孔向导"按钮，用于创建各种孔结构。

如图 3-55 所示的安装板模型，需要在安装板斜面上创建沉头孔，如图 3-56 所示，要求沉头孔与斜面圆柱面同轴，而且是

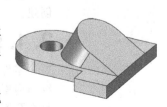
图 3-55 安装板模型

贯通的，如图 3-57 所示。

步骤 1 打开练习文件 ch03 part \ 3.1 \ 异形孔向导 ex。

步骤 2 选择命令。在"特征"选项卡中单击"异形孔向导"按钮 ，系统弹出如图 3-58 所示的"孔规格"对话框，用于定义孔特征参数。

步骤 3 定义孔位置。在"孔规格"对话框中单击"位置"选项卡，弹出"孔位置"对话框（图 3-59），用于定义孔位置，选择如图 3-60 所示的斜面为打孔平面，表示在该面上打孔。为了确定孔位置与斜面圆弧边同心，可以在如图 3-60 所示的圆弧边上晃一下鼠标，此时会出现圆弧中心标记，然后选择圆弧中心，将孔位置定位到圆弧中心位置，如图 3-61 所示。

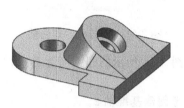
图 3-56 创建沉头孔

图 3-57 沉头孔内部结构

图 3-58 "孔规格"对话框

图 3-59 "孔位置"对话框

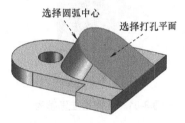
选择圆弧中心　选择打孔平面
图 3-60 选择孔位置参考

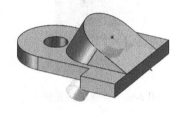
图 3-61 定义孔位置

步骤 4 定义孔类型参数。在"孔规格"对话框中单击"类型"选项卡，如图 3-62 所示，用于定义孔标准类型、孔规格参数及终止条件等参数。

① 定义孔类型。在对话框中"孔类型"区域中单击"沉头孔"按钮，表示要创建沉头孔，然后在"标准"下拉列表中选择"GB"选项，在其下的"类型"下拉列表中选择"内六角花形圆柱头螺钉"类型，如图 3-62 所示。

② 定义孔规格。在对话框中"孔规格"区域的"大小"下拉列表中选择"M20"，表示创建 M20 的标准沉头孔。

③ 定义孔终止条件。在对话框"终止条件"区域的下拉列表中选择"完全贯穿"选项，表示创建完全贯通的沉头孔。

步骤 5 完成孔特征创建。在对话框中单击 ✓ 按钮，完成孔特征创建。

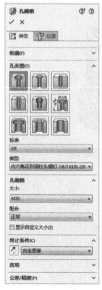
图 3-62 定义孔参数

3.1.9 装饰螺纹线

零件设计中经常需要设计各种螺纹结构。螺纹结构主要包括外螺纹与内螺纹。外螺纹指的是在圆柱面上设计的螺纹结构，内螺纹指的是在孔圆柱面上设计的螺纹结构。在 SOLIDWORKS 中添加螺纹线，将来可以在工程图中显示螺纹线标注。选择下拉菜单"插入"→"注解"→"装饰螺纹线"命令，用于添加装饰螺纹线。

如图 3-63 所示的接头模型，需要在模型小端创建外螺纹，如图 3-64 所示，在模型大端创建内螺纹，如图 3-65 所示，下面介绍具体创建过程。

图 3-63　接头模型

图 3-64　外螺纹

图 3-65　内螺纹

步骤 1　打开练习文件 ch03 part \ 3.1 \ 装饰螺纹线 ex。

步骤 2　选择命令。选择下拉菜单"插入"→"注解"→"装饰螺纹线"命令，系统弹出"装饰螺纹线"对话框，用于添加装饰螺纹线。

步骤 3　在模型小端创建外螺纹。选择如图 3-66 所示的圆柱边线为螺纹参考，表示在该圆柱边线所在的圆柱面上且以该圆柱边线为起始位置创建螺纹线，然后在"装饰螺纹线"对话框中定义螺纹具体参数，包括螺纹线标准类型、大小及深度，如图 3-67 所示。

步骤 4　在模型大端创建内螺纹。选择如图 3-68 所示的圆孔边线为螺纹参考，表示在该圆孔边线所在的圆柱面上且以该圆孔边线为起始位置创建螺纹线，然后在"装饰螺纹线"对话框中定义螺纹具体参数，包括螺纹线标准类型、大小及深度，如图 3-69 所示。

图 3-66　选择外螺纹线参考

图 3-67　定义螺纹线参数

图 3-68　选择内螺纹线参考

步骤 5　编辑螺纹线。创建的螺纹线特征将显示在模型树中相应特征节点下，如图 3-70 所示，选中螺纹线，单击鼠标右键，选择如图 3-71 所示的"编辑特征"命令进行编辑操作。

图 3-69　定义螺纹线参数

图 3-70　螺纹线特征

图 3-71　编辑螺纹线

3.1.10 抽壳特征设计

抽壳特征就是在实体表面上选择一个或多个移除面，系统将这些移除面删除，然后将内部掏空，形成均匀或不均匀壁厚的壳体。在"特征"选项卡中单击"抽壳"按钮 🗔 ，用来创建抽壳特征，在零件设计中用来设计各种壳体结构。

如图 3-72 所示的塑料盖模型，目前模型全部是实心的，如图 3-73 所示，需要创建如图 3-74 所示的壳体，下面以此为例介绍抽壳特征创建过程。

图 3-72　塑料盖模型　　　　图 3-73　实心结构　　　　图 3-74　创建壳本

步骤 1　打开练习文件 ch03 part \ 3.1 \ 抽壳 ex。

步骤 2　选择命令。在"特征"选项卡中单击"抽壳"按钮 🗔 ，系统弹出如图 3-75 所示的"抽壳"对话框，在该对话框中定义抽壳具体参数。

图 3-75　"抽壳"对话框　　　　　　　图 3-76　选择抽壳移除面

步骤 3　定义抽壳。选择如图 3-76 所示的模型表面为移除面，在"抽壳"对话框中的厚度文本框中输入抽壳厚度值 2，单击 ✔ 按钮，完成抽壳。

3.1.11 拔模特征设计

在一些产品的设计中，需要将一些结构的表面设计成斜面结构，特别是注塑件或铸造件，在这些产品适当位置设计斜面结构方便产品在完成注塑或铸造后能够顺利从模具中取出来，保证产品的最终成型，这些斜面结构在工程中称为拔模。

在"特征"选项卡中单击"拔模"按钮 🗔 创建拔模特征。创建拔模特征需要注意拔模特征的四个要素：拔模固定面、拔模面、脱模方向、拔模角度，如图 3-77 所示，这些要素一定要根据设计情况正确选择。

 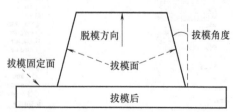

图 3-77　拔模结构示意及拔模四要素

如图 3-78 所示的基础模型，需要在模型四周壁面上创建如图 3-79 所示的拔模结构，拔模角度为 15°，下面以此为例介绍拔模特征创建过程。

步骤 1 打开练习文件 ch03 part \ 3.1 \ 拔模特征 ex。

步骤 2 选择命令。在"特征"选项卡中单击"拔模"按钮 ，系统弹出如图 3-80 所示的"拔模"对话框，用于定义拔模参数。

步骤 3 定义拔模参数。

① 定义拔模类型。在对话框的"拔模类型"区域选择"中性面"选项，表示通过选择中性面进行拔模，其他类型还有"分型线"和"阶梯拔模"类型。

② 定义拔模角度。在对话框"拔模角度"区域定义拔模角度为 15°。

③ 定义拔模中性面（拔模中的固定面）及脱模方向。在模型中选择模型底面为中性面，如图 3-81 所示，表示该面在拔模前后不会发生任何变化，包括位置和角度都不变；单击"中性面"区域的"方向"按钮调整箭头向上，表示模型上部为脱模方向。

④ 定义拔模面。选择模型四周壁面为拔模面进行拔模，如图 3-82 所示。

步骤 4 完成拔模特征创建。在对话框中单击 ✓ 按钮，完成拔模特征创建。

图 3-78 基础模型

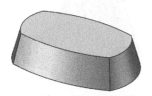

图 3-79 创建拔模

图 3-80 "拔模"对话框

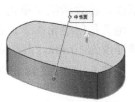

图 3-81 定义中性面

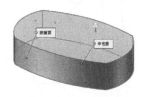

图 3-82 定义拔模面

3.1.12 筋特征设计

筋特征也称加强筋，在零件中主要起支撑作用，用来提高零件结构的强度。特别在一些起支撑作用的零件上，都会在相应的位置设计加强筋，如箱体零件中安装轴承的孔位置，还有支架或拨叉类零件上一般都设计有加强筋，还有一些塑料盖类零件，因为塑料的强度本身有限，所以为了提高塑料盖的强度，一般都会设计加强筋结构。

加强筋类型主要包括两种：一种是"轮廓筋"，指在零件中的开放区域设计的加强筋，在 SOLIDWORKS 中称为平行于草图的加强筋；另一种是网格筋，指在封闭区域设计的加强筋，在 SOLIDWORKS 中称为垂直于草图的加强筋。在"特征"选项卡中单击"筋"按钮 创建这两种加强筋，下面介绍具体操作。

（1）轮廓筋（平行于草图的加强筋）

如图 3-83 所示的支架模型，需要在模型中间位置创建如图 3-84 所示的加强筋，这种加强筋是在模型开放区域创建的，也就是轮廓筋，下面介绍其具体设计过程。

步骤 1 打开练习文件 ch03 part \ 3.1 \ 轮廓筋 ex。

步骤 2 选择命令。在"特征"选项卡中单击"筋"按钮 ⬜。

步骤 3 选择草图平面。创建轮廓筋需要选择合适的平面绘制轮廓筋截面草图。本例选择如图 3-85 所示的"前视基准面"为草图平面。

图 3-83 支架模型

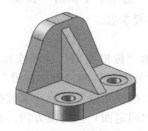

图 3-84 创建轮廓筋

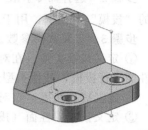

图 3-85 选择草图平面

步骤 4 创建轮廓筋草图。选择草图平面后进入草图环境绘制如图 3-86 所示的轮廓筋草图，完成草图绘制后，在图形区右上角单击 ⬜ 按钮。

步骤 5 定义轮廓筋参数。完成轮廓筋草图绘制后，系统弹出如图 3-87 所示的"筋 1"对话框，在对话框中单击"平行于草图"按钮，表示加强筋沿着平行于草图平面的方向生成，也就是创建轮廓筋，在对话框中设置厚度方式为"对称加厚"，如图 3-88 所示，设置轮廓筋厚度为 10mm，其他参数采用系统默认设置。

步骤 6 完成轮廓筋创建。在对话框中单击 ✓ 按钮，完成轮廓筋特征创建。

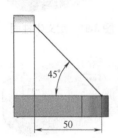

图 3-86 创建筋草图

图 3-87 "筋 1"对话框

图 3-88 定义筋参数

（2）网格筋（垂直于草图加强筋）

如图 3-89 所示的壳体模型，需要在模型内部创建如图 3-90 所示的加强筋，这种加强筋是在模型封闭区域创建的，也就是网格筋，下面介绍其具体设计过程。

步骤 1 打开练习文件 ch03 part\3.1\网格筋 ex。

步骤 2 选择命令。在"特征"选项卡中单击"筋"按钮 ⬜。

步骤 3 选择草图平面。创建网格筋需要选择合适的平面绘制网格筋骨架草图，本例选择如图 3-91 所示的"基准面 1"为草图平面（基准面 1 已提前做好）。

图 3-89 壳体模型

图 3-90 创建网格筋

图 3-91 选择草图平面

步骤 4 创建网格筋骨架草图。选择草图平面后进入草图环境绘制如图 3-92 所示的筋草图，完成草图绘制后，在图形区右上角单击 按钮。

步骤 5 定义网格筋参数。完成网格筋草图绘制后，系统弹出如图 3-93 所示的"筋 1"对话框，在对话框中单击"垂直于草图"按钮，表示加强筋沿着垂直于草图平面的方向生成，也就是创建网格筋，在对话框中设置厚度方式为"对称加厚"，如图 3-94 所示，设置轮廓筋厚度为 1，其他参数采用系统默认设置。

步骤 6 完成网格筋创建。在对话框中单击 按钮，完成网格筋特征创建。

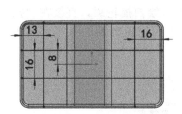

图 3-92　创建筋草图

图 3-93　"筋 1"对话框

图 3-94　定义筋参数

3.1.13　扫描凸台特征

扫描凸台特征就是将一个平面截面沿着一条轨迹曲线扫掠，在空间形成的一种几何特征。创建扫描凸台特征需要具备两大要素：一个是扫描路径，一个是扫描轮廓，两者缺一不可。

在"特征"选项卡中单击"扫描"按钮 ，创建扫描凸台特征。如图 3-95 所示的基础模型，需要在两个圆形凸台之间创建如图 3-96 所示的扫描凸台将其连接，创建这种扫描凸台关键要准备如图 3-97 所示的扫描路径与轮廓，下面介绍其具体设计过程。

图 3-95　基础模型　　　图 3-96　创建扫描凸台　　　图 3-97　扫描凸台两大要素

步骤 1 打开练习文件 ch03 part \ 3.1 \ 扫描凸台 ex。

步骤 2 创建扫描路径。在"草图"选项卡中单击"草图绘制"按钮 ，选择前视基准面为草图平面，绘制如图 3-98 所示的草图作为扫描路径。

步骤 3 创建扫描轮廓。在"草图"选项卡中单击"草图绘制"按钮 ，选择圆形凸台上表面为草图平面，绘制如图 3-99 所示的草图作为扫描轮廓。

步骤 4 创建扫描凸台。在"特征"选项卡中单击"扫描"按钮 ，系统弹出如图 3-100 所示的"扫描"对话框，在对话框中选中"草图轮廓"选项，表示使用创建的草图作为扫描轮廓，然后选择以上创建的扫描路径和扫描轮廓，如图 3-101 所示。

步骤 5 完成扫描凸台特征创建。在对话框中单击 按钮，完成扫描凸台特征创建。

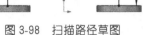

图 3-98　扫描路径草图

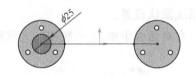

图 3-99　扫描轮廓草图

图 3-100　"扫描"对话框

在创建扫描凸台时，如果扫描轮廓是圆形的，可以不用单独草绘扫描轮廓，直接在"扫描"对话框中选中"圆形轮廓"选项，然后在直径文本框中输入扫描轮廓圆的直径，如图 3-102 所示，同样可以得到圆形轮廓扫描凸台。

图 3-101　定义扫描要素

图 3-102　扫描路径草图

3.1.14　扫描切除特征

扫描切除特征操作与扫描凸台特征的创建是类似的，主要区别是扫描凸台是做"加材料"特征的，而"扫描切除"是做"减材料"特征的，就是将扫描出来的几何体从已有的实体中减去。在"特征"选项卡中单击"扫描切除"按钮 ，创建扫描切除特征。如图 3-103 所示的机盖模型，需要在机盖模型边缘位置创建如图 3-104 所示的机盖密封槽，可以使用扫描切除特征来创建，下面介绍其具体设计过程。

图 3-103　机盖模型

图 3-104　机盖密封槽

步骤 1　打开练习文件 ch03 part \ 3.1 \ 扫描切除 ex。

步骤 2　创建如图 3-105 所示的扫描切除路径。在"草图"选项卡中单击"草图绘制"按钮 ，选择如图 3-105 所示的模型表面为草图平面，绘制如图 3-106 所示的草图作为扫描切除路径。

步骤 3　创建扫描切除。在"特征"选项卡中单击"扫描切除"按钮 ，系统弹出如图

3-107 所示的"切除-扫描"对话框,选中"圆形轮廓"选项,然后在直径文本框中输入扫描轮廓圆的直径值 10。

步骤 4 完成扫描切除特征创建。在对话框中单击 ✓ 按钮,完成扫描切除特征创建。

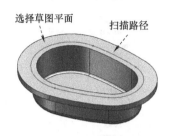

图 3-105 扫描切除路径

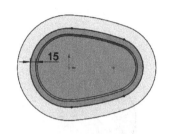

图 3-106 扫描切除路径草图

图 3-107 "切除-扫描"对话框

3.1.15 螺旋扫描特征

零件设计中经常需要设计一些螺旋结构,如弹簧、丝杠等,这种结构需要使用螺旋扫描特征进行设计。在 SOLIDWORKS 中并没有专门创建螺旋扫描特征的工具,还是使用"扫描凸台"和"扫描切除"工具来创建,需要注意的是螺旋扫描特征是一种特殊的扫描特征,创建的关键是螺旋曲线,下面具体介绍螺旋扫描特征设计。

(1)螺旋扫描凸台

如图 3-108 所示的弹簧属于典型的螺旋扫描凸台,首先需要创建如图 3-109 所示的螺旋曲线,因为弹簧截面轮廓是圆形,可以直接使用"圆形轮廓扫描"方式创建。

图 3-108 弹簧

图 3-109 螺旋曲线

步骤 1 打开练习文件 ch03 part \ 3.1 \ 螺旋扫描凸台 ex。

步骤 2 创建如图 3-109 所示的螺旋曲线。

① 选择命令。在"特征"选项卡中的"曲线"下拉菜单中单击"螺旋线/涡状线"按钮,系统弹出如图 3-110 所示的"螺旋线/涡状线"对话框,提示用户要么选择平面绘制螺旋线截面圆,要么直接选择已有的草图作为螺旋线截面圆。

② 绘制截面圆。创建螺旋线必须要绘制一个圆以确定螺旋截面大小,本例选择上视基准面为草图平面,然后绘制如图 3-111 所示的草图圆作为螺旋线截面圆。

③ 定义螺旋线参数。完成螺旋线截面圆绘制后,系统弹出如图 3-112 所示的"螺旋线/涡状线"对话框,在对话框中定义螺旋线参数,在"定义方式"下拉列表中选择"螺距和圈数"选项,在"参数"区域选中"恒定螺距"选项,定义螺距为 15,圈数为 5,起始角度为 270°,其余参数采用系统默认值。

④ 完成螺旋线创建。在对话框中单击 ✓ 按钮,完成螺旋线创建。

步骤 3 创建螺旋扫描凸台。在"特征"选项卡中单击"扫描"按钮 🖋,系统弹出

"扫描"对话框，选中"圆形轮廓"选项，输入扫描轮廓圆直径值 5，如图 3-113 所示。

步骤 4 完成螺旋扫描凸台创建。在对话框中单击 ✓ 按钮，完成螺旋扫描凸台创建。

图 3-110 "螺旋线/涡状线"对话框

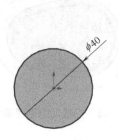
图 3-111 创建截面圆

图 3-112 "螺旋线/涡状线"对话框

（2）螺旋扫描切除

如图 3-114 所示的螺杆模型，创建如图 3-115 所示的螺旋切除结构。首先需要创建如图 3-116 所示的螺旋曲线，然后在螺旋线末端绘制三角形扫描轮廓进行扫描切除，下面具体介绍创建过程。

图 3-113 "扫描"对话框

图 3-114 螺杆模型

图 3-115 螺旋扫描切除

步骤 1 打开练习文件 ch03 part \ 3.1 \ 螺旋扫描切除 ex。

步骤 2 创建如图 3-116 所示的螺旋曲线。

① 选择命令。在"特征"选项卡中的"曲线"下拉菜单中单击"螺旋线/涡状线"按钮，系统弹出"螺旋线/涡状线"对话框。

② 绘制截面圆。选择如图 3-117 所示的模型端面为草图平面，绘制如图 3-118 所示的圆（直径与螺杆外径相等）作为螺旋线截面圆。

图 3-116 螺旋曲线

图 3-117 选择草图平面

图 3-118 绘制截面圆

③ 定义螺旋线参数。完成螺旋线截面圆绘制后，系统弹出"螺旋线/涡状线"对话框，在对话框中定义螺旋线参数，在"定义方式"下拉列表中选择"高度和螺距"选项，在"参

数"区域选中"可变螺距"选项，定义螺旋线参数如图 3-119 所示。

④ 完成螺旋线创建。在对话框中单击 ✓ 按钮，完成螺旋线创建。

💡 **说明:** 本步骤创建的螺旋曲线为"可变螺距"螺旋线，参数表中输入了三行数据，表示将螺旋线在高度方向上分成了两端，从第一行数据到第二行数据，表示螺旋线高度从 0 到 65，螺距都是 3，直径都是 20；从第二行数据到第三行数据，表示螺旋线高度从 65 到 70，螺距都是 3，直径从 20 变成 25，说明直径在变大。螺旋线直径为 20 时，与螺杆直径一致，相当于"缠绕"在螺杆上，直径由 20 变成 25 说明螺旋线慢慢"离开"了螺杆，这样做的目的是使最后的螺旋扫描切除逐渐离开螺杆，这是一种常用的螺纹收尾处理方法，符合实际螺旋结构设计要求。

步骤 3 创建扫描轮廓。在"草图"选项卡中单击"草图绘制"按钮 ▢，选择前视基准面为草图平面，绘制如图 3-120 所示的草图作为扫描轮廓。

图 3-119 定义螺旋线参数

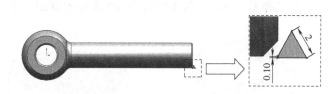

图 3-120 螺旋扫描轮廓

步骤 4 创建螺旋扫描切除。在"特征"选项卡中单击"扫描切除"按钮 ▨，系统弹出"扫描"对话框，选中"草图轮廓"选项，选择以上创建的三角形轮廓草图为扫描轮廓，选择螺旋线为扫描路径进行扫描切除。

3.1.16 放样凸台

放样凸台特征是根据一组二维截面（至少两个截面），经过连续两截面间的拟合在空间形成的几何体特征。如图 3-121 所示的放样凸台特征，说明了两个截面经过拟合得到放样凸台特征的创建原理。放样凸台特征应用非常广泛，主要用于设计不规则的零件结构，而且很难用其他的特征设计工具代替。

在"特征"选项卡中单击"放样凸台/基体"按钮 ▼，用来创建放样特征。如图 3-122

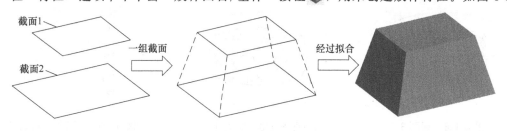

图 3-121 放样凸台特征

所示的花瓶基础模型，可以在模型上用一些假想的切割面去切割模型，如图 3-123 所示，在每个切割面与模型相交位置取一个模型截面，如图 3-124 所示。反过来要创建这样的模型，可以先创建这些切割面，然后在每个切割面上创建模型截面，使用放样凸台工具生成模型。

图 3-122 花瓶基础模型

图 3-123 假想切割面

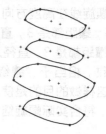
图 3-124 假想截面

步骤 1 打开练习文件 ch03 part \ 3.1 \ 放样凸台 ex。

步骤 2 创建如图 3-125 所示的基准面。以上视基准面为基准，向上依次创建三个基准面（一共四个基准面），每两个基准面之间的距离为 50。

步骤 3 创建放样截面。本例需要创建四个截面，下面从下到上依次创建。

① 选择上视基准面，创建如图 3-126 所示的截面 1。

② 选择基准面 1，创建如图 3-127 所示的截面 2（将截面向外等距 15）。

③ 选择基准面 2，创建如图 3-128 所示的截面 3（将截面向内等距 3）。

④ 选择基准面 3，创建如图 3-129 所示的截面 4（与截面 1 一样大）。

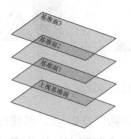
图 3-125 创建基准面

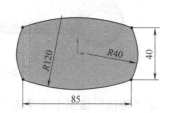
图 3-126 截面 1

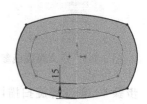
图 3-127 截面 2

步骤 4 创建放样凸台。在"特征"选项卡中单击"放样凸台/基体"按钮 ，系统弹出如图 3-130 所示的"放样"对话框，从下到上依次选择前面创建的四个截面，如图 3-131 所示，在对话框中单击 按钮，完成放样凸台创建。

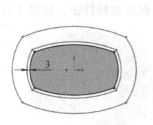
图 3-128 截面 3

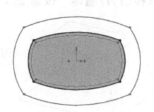
图 3-129 截面 4

图 3-130 "放样"对话框

> **说明**：在选择每个放样截面时，如果鼠标点击的位置不对应，如图 3-132 所示，放样凸台会出现扭曲，如图 3-133 所示，甚至无法生成放样凸台，这一点要特别注意。

图 3-131　选择放样截面

图 3-132　选择位置不对应

图 3-133　放样凸台扭曲

3.1.17　放样切除

放样切除特征操作与放样凸台特征的创建类似，主要区别是放样凸台是做"加材料"特征的，而"放样切除"是做"减材料"特征的，就是将放样出来的几何体从已有的实体中减去。在"特征"选项卡中单击"放样切除"按钮 🛢️，用来创建放样切除特征。如图 3-134 所示的基体模型，现在已完成了如图 3-135 所示线框模型创建，需要根据这些线框模型创建如图 3-136 所示的放样切除特征，下面具体介绍其设计过程。

图 3-134　基体模型

图 3-135　线框模型

图 3-136　放样切除特征

步骤 1　打开练习文件 ch03part \ 3.1 \ 放样切除 ex。

步骤 2　选择命令。在"特征"选项卡中单击"放样切除"按钮 🛢️，系统弹出"切除-放样"对话框，用于定义放样切除参数。

步骤 3　选择轮廓曲线。在对话框中的"轮廓"区域用来定义轮廓曲线，如图 3-137 所示，在如图 3-138 所示的模型上选择两条圆弧曲线为轮廓曲线。

步骤 4　选择引导线。在如图 3-139 所示的"引导线"区域定义引导线。

① 选择第一条引导线。在对话框"引导线"区域列表中单击鼠标右键，在如图 3-140 所示快捷菜单中选择"SelectionManager（B）"命令，系统弹出如图 3-141 所示的快捷工具条，选择如图 3-142 所示曲线为第一条引导线，在快捷工具条中单击 ✅ 按钮结束选择。

② 选择第二条引导线。参照以上步骤选择如图 3-143 所示曲线为第二条引导线。

步骤 5　完成放样切除特征创建。在对话框中单击 ✅ 按钮，完成放样切除特征创建。

图 3-137 定义轮廓曲线

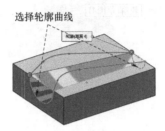

图 3-138 选择轮廓曲线

图 3-139 定义引导线

图 3-140 快捷菜单

图 3-141 快捷工具条

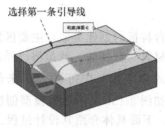

图 3-142 选择第一条引导线

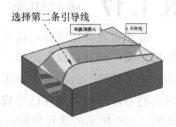

图 3-143 选择第二条引导线

3.1.18 镜向特征

镜向特征就是将特征沿着一个平面做对称复制。使用镜向特征能够大大减少工作量，避免不必要的重复性工作。在"特征"选项卡中单击"镜向"按钮 ◥◣，用于对特征进行镜向操作。如图 3-144 所示的电气盖模型，需要对模型中的圆柱凸台进行镜向操作，得到如图 3-145 所示的模型，下面以此为例介绍镜向特征操作。

步骤 1 打开练习文件 ch03 part \ 3.1 \ 镜向特征 ex。

步骤 2 选择命令。在"特征"选项卡中单击"镜向"按钮 ◥◣，系统弹出如图 3-146 所示的"镜向"对话框，用于镜向特征操作。

图 3-144 电气盖模型

图 3-145 创建镜向特征

图 3-146 "镜向"对话框

步骤 3 选择镜向平面。选择前视基准面为镜向平面。

步骤 4　选择镜向特征。在模型树中选择"凸台-拉伸 2"和"M5 螺纹孔"为镜向对象，系统将选中对象沿着前视基准面进行镜向，如图 3-147 所示。

步骤 5　完成镜向特征。在对话框中单击 ✔ 按钮，完成镜向特征创建。

3.1.19　阵列特征

零件设计中经常需要设计一些具有一定排列规律的零件结构。这些结构如果采用常规方法一个一个设计会花费大量时间，严重影响产品设计效率，最行之有效的方法就是使用阵列特征工具进行设计。SOLIDWORKS 中提供了多种阵列特征工具，如图 3-148 所示，方便用户进行各种阵列操作，下面介绍几种常用的阵列特征工具。

（1）线性阵列

使用线性阵列可以将特征沿着直线方向进行规律复制。线性阵列关键是确定线性阵列方向选择合适的方向参考。线性阵列方向参考可以是模型上的边线或基准轴，也可以是模型表面或基准面平面，还可以是模型中的尺寸。如果选择边线或轴，系统将沿着边线或轴的线性方向进行线性阵列，如果选择模型表面或基准平面作为方向参考，系统将沿着模型表面或基准面的垂直方向进行线性阵列。在"特征"选项卡中的"阵列"下拉菜单中单击"线性阵列"按钮 ▓▓，用来对特征进行线性阵列。

如图 3-149 所示的面板盖模型，需要将其中的直槽口模型进行阵列得到如图 3-150 所示的效果，下面以此为例介绍线性阵列创建过程。

図 3-147　定义镜向操作　　　図 3-148　阵列特征工具　　　図 3-149　面板盖模型

步骤 1　打开练习文件 ch03 part \ 3.1 \ 线性阵列 ex。

步骤 2　选择命令。在"特征"选项卡中的"阵列"下拉菜单中单击"线性阵列"按钮 ▓▓，系统弹出"线性阵列"对话框。

步骤 3　选择阵列特征。在对话框中选中"特征和面"区域，表示对特征或面进行阵列，在特征区域单击，选择"直槽口"（切除-拉伸 1）为阵列特征，如图 3-151 所示。

步骤 4　定义阵列方向 1 参数。在对话框中"方向 1"区域定义方向 1 阵列参数，选择如图 3-152 所示的边线为方向 1 参考，表示沿着该边线方向进行阵列。选中"间距与实例数"选项，然后定义阵列间距为 4，阵列个数为 19，如图 3-153 所示。

步骤 5　定义阵列方向 2 参数。在对话框中"方向 2"区域定义方向 2 阵列参数，选择如图 3-152 所示的边线为方向 2 参考，表示沿着该边线方向进行阵列。选中"间距与实例数"选项，然后定义阵列间距为 10，阵列个数为 4，如图 3-154 所示。

步骤 6　定义可跳过实例。完成阵列操作后，每个阵列副本称为阵列的一个实例。在对话框中展开如图 3-155 所示的"可跳过的实例"区域，用来定义不需要显示出来的阵列实例。在模型上单击不需要显示的实例点，使其变成白色，如图 3-156 所示，这些变成白色的位置将不显示阵列实例，结果如图 3-157 所示。

步骤 7 完成线性阵列。在对话框中单击 ✓ 按钮，完成线性阵列操作。

图 3-150 创建线性阵列

图 3-151 选择阵列特征

图 3-152 选择方向参考

图 3-153 定义方向 1 参数

图 3-154 定义方向 2 参数

图 3-155 定义跳过实例

（2）圆周阵列

使用圆周阵列可以将特征绕着圆柱面中心轴或基准轴进行圆形阵列，圆周阵列特征分布在以中心轴为圆心的圆周上。在"特征"选项卡中的"阵列"下拉菜单中单击"圆周阵列"按钮 🔧，用来对特征进行圆周阵列。

如图 3-158 所示的带轮模型，需要将其中的扇形孔进行圆周阵列，得到如图 3-159 所示的结果，下面以此为例介绍圆周阵列创建过程。

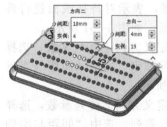

图 3-156 选择跳过实例

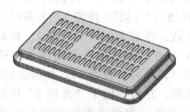

图 3-157 跳过实例结果

图 3-158 带轮模型

步骤 1 打开练习文件 ch03 part \ 3.1 \ 圆周阵列 ex。

步骤 2 选择命令。在"特征"选项卡中的"阵列"下拉菜单中单击"圆周阵列"按钮 🔧，系统弹出"圆周阵列"对话框。

步骤 3 选择阵列特征。在对话框中选中"特征和面"区域，然后选择"切除-拉伸 2"

和"圆角 2"为阵列特征,如图 3-160 所示。

　　步骤4　定义阵列参数。选择带轮模型中心圆柱面为阵列参考,表示绕该面中心轴进行阵列,选中"等间距"选项,角度为默认的 360 度,个数为 5,如图 3-161 所示。

　　步骤5　完成圆周阵列。在对话框中单击 ✓ 按钮,完成圆周阵列操作。

图 3-159　圆周阵列

图 3-160　选择阵列特征

图 3-161　定义阵列参数

　　(3)曲线驱动阵列

　　使用曲线驱动阵列可以将特征沿着曲线进行规律复制。在"特征"选项卡中的"阵列"下拉菜单中单击"曲线驱动的阵列"按钮 ，用来对特征进行曲线驱动阵列。

　　如图 3-162 所示的垫圈模型,需要将垫圈上的孔沿着如图 3-163 所示的曲线进行阵列,得到如图 3-164 所示的阵列结果,下面以此为例介绍曲线阵列创建过程。

图 3-162　垫圈模型

图 3-163　选择延伸位置

图 3-164　曲线阵列结果

　　步骤1　打开练习文件 ch03 part \ 3.1 曲线驱动阵列 ex。

　　步骤2　选择命令。在"特征"选项卡中的"阵列"下拉菜单中单击"曲线驱动的阵列"按钮 ，系统弹出"曲线驱动的阵列"对话框。

　　步骤3　选择阵列特征。选择垫圈模型上的孔特征为阵列特征。

　　步骤4　定义阵列参数。在如图 3-165 所示的"曲线驱动的阵列"对话框中单击"方向1"下的选取区域,在模型上选择如图 3-166 所示的曲线为参考曲线,表示将特征沿着该曲线进行阵列,输入个数为 20,选中"等间距"选项,表示在曲线上等间距阵列 20 个实例,如图 3-166 所示。

　　步骤5　完成曲线阵列。在对话框中单击 ✓ 按钮,完成曲线阵列操作。

　　(4)草图驱动阵列

　　使用草图驱动阵列可以将特征按照草图点位置进行阵列。草图驱动阵列主要用于设计一些无规则的阵列结构,在零件设计中应用非常广泛。在"特征"选项卡中的"阵列"下拉菜单中单击"由草图驱动的阵列"按钮 ，用来对特征进行草图驱动阵列。

　　如图 3-167 所示的机盖模型,需要将模型中的螺纹孔创建到其他各个圆柱凸台上,如图

3-168 所示。因为各个圆柱凸台的分布是无规律的，需要使用草图驱动阵列来设计，关键是要用草图点来确定孔的阵列位置，下面以此为例介绍草图驱动阵列过程。

步骤 1 打开练习文件 ch03 part \ 3.1 \ 草图驱动阵列 ex。

步骤 2 创建草图点。草图驱动阵列的关键是创建草图点，选择如图 3-169 所示的模型表面为草图平面创建如图 3-170 所示的草图点。

步骤 3 选择命令。在"特征"选项卡中的"阵列"下拉菜单中单击"由草图驱动的阵列"按钮 ，系统弹出"由草图驱动的阵列"对话框。

步骤 4 选择阵列特征。选择机盖模型上的 M18 螺纹孔特征为阵列特征。

步骤 5 定义阵列参数。在如图 3-171 所示的"由草图驱动的阵列"对话框中单击"选择"下的选择区域，选择以上创建的草图点为阵列参考，如图 3-172 所示。

步骤 6 完成草图驱动阵列。在对话框中单击 按钮，完成草图驱动阵列操作。

图 3-165　定义曲线阵列

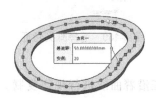

图 3-166　选择曲线

图 3-168　草图驱动阵列

图 3-167　机盖模型

图 3-169　选择草图平面

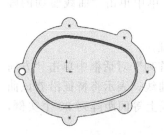

图 3-170　绘制草图点

图 3-171　定义草图驱动阵列

图 3-172　草图驱动阵列结果

（5）填充阵列

使用填充阵列可以将特征在一个封闭的区域里按照一定的排列方式进行复制。在"特征"选项卡中的"阵列"下拉菜单中单击"填充阵列"按钮 ，用来对特征进行填充阵列。填充阵列排列方式包括穿孔、圆形、方形和多边形四种。

如图 3-173 所示的防尘盖模型，现在已经完成了如图 3-174 所示孔及椭圆边界曲线的创建，需要将孔在椭圆曲线边界内部进行阵列，得到如图 3-175 所示的结果，下面以此为例介绍填充阵列过程。

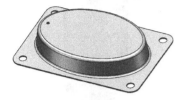

图 3-173 防尘盖模型

图 3-174 孔及椭圆边界

图 3-175 填充阵列

步骤 1 打开练习文件 ch03 part \ 3.1 \ 填充阵列 ex。

步骤 2 选择命令。在"特征"选项卡中的"阵列"下拉菜单中单击"填充阵列"按钮 ，系统弹出"填充阵列"对话框。

步骤 3 定义阵列边界。在对话框中"填充边界"区域单击，选择模型中的椭圆曲线为填充阵列边界，如图 3-176 所示。

步骤 4 选择阵列对象。在对话框中选中"特征和面"区域，然后选择模型中的孔（模型顶部的小孔）为阵列特征，如图 3-176 所示。

步骤 5 定义阵列参数。在对话框中"阵列布局"区域单击"阵列方向"区域，选择如图 3-177 所示的模型边线为阵列方向参考，定义阵列间距为 4，角度为 0 度，距离边界的尺寸为 1，如图 3-178 所示。

步骤 6 完成填充阵列。在对话框中单击 ✓ 按钮，完成填充阵列操作。

图 3-176 定义边界及对象

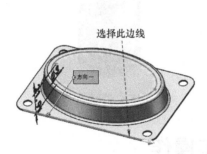

图 3-177 填充阵列结果

图 3-178 定义填充阵列参数

3.1.20 包覆特征

使用包覆特征可以将二维草图图形缠绕到回转面上生成"浮雕""蚀刻"及"刻画"效果。在"特征"选项卡中单击"包覆"按钮 ，用来创建包覆特征。

如图 3-179 所示的回转主体，现在已经完成了如图 3-180 所示草图图形（平面图形）的绘制，需要在回转主体表面（圆柱面）上创建如图 3-181 所示的"浮雕"效果，下面以此为例介绍包覆特征创建过程。

步骤 1 打开练习文件 ch03 part \ 3.1 \ 包覆特征 ex。

步骤 2 选择命令。在"特征"选项卡中单击"包覆"按钮 。

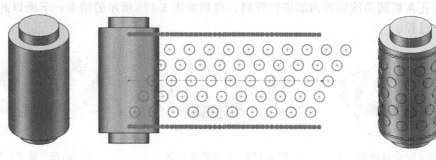

图 3-179　回转主体　　　　　图 3-180　草图图形　　　　　图 3-181　创建包覆

步骤 3　选择包覆图形。在图形区选择草图 3 为包覆草图，此时系统弹出如图 3-182 所示的"包覆 1"对话框，用于定义包覆特征参数。

步骤 4　定义包覆特征。选择回转主体中要生成包覆的圆柱面为包覆面，在"包覆 1"对话框的"包覆类型"区域中选择第一种类型（浮雕类型），定义深度为 0.5。

步骤 5　完成包覆特征。在对话框中单击 ✓ 按钮，完成包覆特征创建。

在如图 3-182 所示的"包覆 1"对话框中的"包覆类型"区域可以设置三种包覆类型：选择第一种"浮雕"类型在回转表面创建凸台效果；选择第二种"蚀刻"类型在回转表面创建凹坑效果，如图 3-183 所示；选择第三种"刻画"类型在回转表面创建刻画效果，如图 3-184 所示。

图 3-182　"包覆 1"对话框　　　图 3-183　"蚀刻"类型　　　图 3-184　"刻画"类型

3.2　特征基本操作

零件设计的关键是三维特征的设计。在实际特征设计中，需要掌握各种特征基本操作，包括特征的编辑、特征设计顺序的处理以及特征失败的处理等，同时这也是零件设计中必须要掌握的"基本功"，下面具体介绍特征基本操作。

3.2.1　特征的编辑

在实际产品设计中，为了对产品结构进行修改与不断改进，经常需要对产品的设计参数，还有特征结构进行编辑与修改，以满足特定的设计需求。

在 SOLIDWORKS 中产品的各种结构都是由一个个特征构成的，所以对产品的修改与改进也就是对产品中的各个特征进行修改与改进，在 SOLIDWORKS 模型树中可以很方便地对特征进行各种编辑与修改。

（1）编辑特征尺寸参数

在零件设计中会使用大量的特征尺寸参数，可以通过修改这些尺寸参数达到修改零件结构的目的。如图 3-185 所示的阀体模型，需要修改模型中的特征参数，得到如图 3-186 所示的模型结果。

步骤 1 打开练习文件 ch03 part \ 3.2 \ 编辑特征。

步骤 2 显示特征尺寸。修改特征参数之前需要显示特征参数。在模型树中选中如图 3-187 所示的"注解"节点，在弹出的快捷菜单中选择"显示特征尺寸"命令，此时模型中显示所有特征参数，如图 3-188 所示。

步骤 3 修改特征尺寸。在模型上双击特征尺寸可以编辑特征尺寸。本例中需要修改阀体零件总高度尺寸（由 110 改为 150），修改 8 字形凸台上部圆弧高度尺寸（由 78 改为 110），修改 8 字形凸台中间圆弧半径尺寸（由 20 改为 50），如图 3-189 所示。

图 3-185 阀体模型

图 3-186 修改特征参数

图 3-187 选择命令

完成尺寸修改后，再次选择如图 3-187 所示的命令，隐藏模型中的特征尺寸。

（2）编辑特征属性

特征属性主要是指在创建特征时需要定义的各项属性，不同的特征具有不同的特征属性。以"拉伸凸台特征"为例，拉伸凸台特征主要包括拉伸深度控制选项（给定深度、两侧对称、成形到下一面等），拉伸深度值（也可以使用上一小节介绍的编辑特征尺寸参数的方式进行修改）等特征属性。

如图 3-190 所示的塑料盖模型，需要对模型进行修改，得到如图 3-191 所示的模型结果，下面以此为例介绍编辑特征属性的操作。

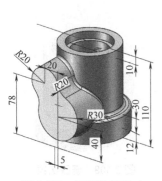

图 3-188 显示特征尺寸

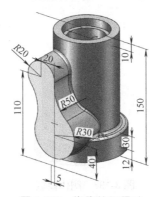

图 3-189 修改特征尺寸

图 3-190 塑料盖模型

步骤 1 打开练习文件 ch03 part \ 3.2 \ 编辑特征属性 ex。

步骤 2 编辑"凸台-拉伸 2"属性。在模型树中选中"凸台-拉伸 2"右键，选择如图 3-192 所示的"编辑特征"命令，系统弹出如图 3-193 所示的"凸台-拉伸 2"对话框，修改特征属性参数（拉伸深度选项及深度值），如图 3-194 所示，在对话框中单击 ✔ 按钮，完成特征属性编辑，结果如图 3-195 所示。

步骤 3 创建倒圆角特征。上一步骤的编辑涉及模型中与"凸台-拉伸 2"相关的倒圆角特征的变化，需要在模型上创建如图 3-196 所示的倒圆角，圆角半径为 1.2mm。

步骤 4 编辑"孔"特征属性。因为模型中的孔是在"凸台-拉伸 2"的基础上创建，且"凸台-拉伸 2"已经被修改，所以孔属性也要做相应的修改，如图 3-197 所示。

（3）编辑特征草图

SOLIDWORKS 中的一些特征是基于二维草图创建的，这样的特征可以通过修改其二维草图的方法对特征结构进行修改。如图 3-198 所示的阀体模型，需要修改模型中的"8 字形"凸台，修改结果如图 3-199 所示。

图 3-191　模型修改结果

图 3-192　选择命令

图 3-193　"凸台-拉伸 2"对话框

图 3-194　编辑特征属性

图 3-195　编辑特征结果

图 3-196　创建倒圆角

图 3-197　编辑孔规格

图 3-198　阀体模型

图 3-199　修改结果

步骤 1 打开练习文件 ch03 part \ 3.2 \ 编辑特征属性 ex。

步骤 2 选择命令。在模型树中选中"凸台-拉伸 1"，单击鼠标右键，选择如图 3-200 所示的"编辑草图"命令，系统显示如图 3-201 所示"凸台-拉伸 1"截面草图。

步骤 3 修改截面草图。修改"凸台-拉伸 1"截面草图如图 3-202 所示，完成草图编辑后直接单击图形区右上角的 按钮退出草图环境。

（4）特征删除

特征的删除就是将设计过程中不需要的特征或错误的特征删除。下面以如图 3-203 所示的模型为例介绍特征删除操作。

步骤 1 打开练习文件 ch03 part \ 3.2 \ 删除特征 ex。

图 3-200 选择命令

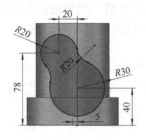

图 3-201 拉伸截面草图

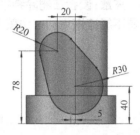

图 3-202 修改截面草图

步骤 2 删除"φ25.5 直径孔"特征。在模型树中选中"φ25.5 直径孔"，单击鼠标右键，选择如图 3-204 所示的"删除"命令，系统弹出如图 3-205 所示的"确认删除"对话框，单击"是"按钮，完成特征删除，结果如图 3-206 所示。

图 3-203 零件模型

图 3-204 选择命令

图 3-205 "确认删除"对话框

步骤 3 删除"凸台-拉伸 2"特征。在模型树中选中"凸台-拉伸 2"，单击鼠标右键，选择如图 3-207 所示的"删除"命令，系统弹出如图 3-208 所示的"确认删除"对话框，单击"是"按钮，完成特征删除，结果如图 3-209 所示。

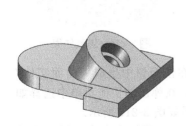

图 3-206 删除结果

图 3-207 选择命令

图 3-208 "确认删除"对话框

此处在删除"凸台-拉伸 2"特征时，因为"凸台-拉伸 2"中使用了拉伸截面草图，默认情况下，系统只会删除选中的特征，而特征中使用的草图是不会被删除的。另外，因为模型中的沉头孔是在"凸台-拉伸 2"特征中的斜面上创建的，两者之间存在父子关系，所以在删除"凸台-拉伸 2"特征的同时，特征上的沉头孔也会被删除。

在删除特征时如果需要将特征中使用的草图也删除，需要在"确认删除"对话框中选中"删除内含特征"选项，如图 3-210 所示，表示将特征内部的草图一起删除，单击"是"按钮，此时删除特征结果如图 3-211 所示。

> 💡 **注意：** 读者在删除特征时一定要谨慎，如果删除特征后文件被保存了，那么删除的特征是不能被恢复的，也就是说是特征删除是不可逆的。

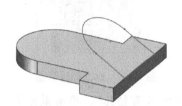

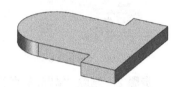

图 3-209　删除结果　　　　图 3-210　"确认删除"对话框　　　　图 3-211　删除特征结果

（5）特征隐藏与显示

在零件设计中经常需要创建各种辅助特征，如基准特征、草图特征、曲线特征等，这些特征在零件设计完成后都需要隐藏起来，从而使模型更加整洁。下面以如图 3-212 所示的模型为例介绍特征隐藏与显示操作。

步骤 1　打开练习文件 ch03 part \ 3.2 \ 隐藏特征 ex。

步骤 2　隐藏"螺旋线/涡状线"特征。在模型树中选中"螺旋线/涡状线"特征，在弹出的快捷菜单中选择如图 3-213 所示的"隐藏"命令，系统将选中的"螺旋线/涡状线"特征隐藏，结果如图 3-214 所示。

> 💡 **说明：** 使用本步骤中的方法可以将模型树中的任何特征对象隐藏，如基准特征、草图特征、曲线特征、曲面特征等，但是不能隐藏某个实体特征。

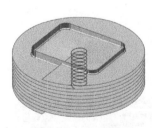

图 3-212　实例模型　　　　图 3-213　选择命令　　　　图 3-214　隐藏结果

步骤 3　隐藏曲面体对象。如果模型中有曲面体，系统将在模型树中生成"曲面实体"节点，专门用来管理模型中的曲面体。选中"曲面实体"节点，在弹出的快捷菜单中选择如图 3-215 所示的"隐藏"命令，系统将所有曲面实体隐藏，结果如图 3-216 所示。

步骤 4　隐藏实体对象。如果模型中有实体（包括独立实体），系统将在模型树中生成

"实体"节点，专门用来管理模型中的实体，选中"实体"节点，在弹出的快捷菜单中选择如图 3-217 所示的"隐藏"命令，系统将所有实体隐藏。

图 3-215　隐藏曲面体

图 3-216　隐藏结构

图 3-217　隐藏实体

如果要显示被隐藏的对象，直接在对象上单击，在快捷菜单中选择如图 3-218 所示的命令，可以将隐藏对象显示出来。

（6）压缩特征

压缩特征就是将特征隐藏使其不显示在模型中，对特征进行压缩后，特征在模型中不可见。压缩的特征对象仍然存在于模型内存中，可以随时恢复显示，这正是压缩特征与删除特征之间的本质区别。下面以如图 3-219 所示的模型为例介绍特征压缩操作。

步骤 1　打开练习文件 ch03 part＼3.2＼压缩特征 ex。

步骤 2　压缩"φ25.5 直径孔"特征。在模型树中选中"φ25.5 直径孔 1"特征，在弹出的快捷菜单中选择如图 3-220 所示的"压缩"命令，系统将选中特征压缩，结果如图 3-221 所示，此时被压缩的对象在模型树中显示为灰色，如图 3-222 所示。

图 3-218　显示对象

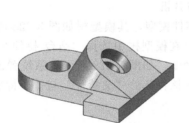

图 3-219　压缩特征模型

图 3-220　选择延伸位置

步骤 3　解除压缩"φ25.5 直径孔 1"特征。在模型树中选中被压缩的"φ25.5 直径孔 1"特征，选择如图 3-223 所示的"解除压缩"命令，系统将压缩特征重新显示。

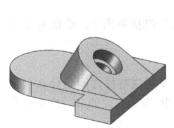

图 3-221　压缩结果

图 3-222　压缩特征显示

图 3-223　选择命令

步骤 4　压缩"凸台-拉伸 2"特征。在模型树中选中"凸台-拉伸 2"特征，在弹出的快捷菜单中选择"压缩"命令，系统将选中特征及其相关联的子特征一起压缩，此时模型树如

图 3-224 所示，压缩结果如图 3-225 所示。

图 3-224　压缩子特征

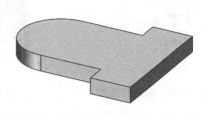

图 3-225　压缩结果

> 💡 **说明**：压缩特征不同于删除特征，压缩特征不管是压缩前还是压缩后都会显示在模型树中，可随时恢复。

3.2.2　特征父子关系

特征父子关系是指特征与特征之间的上下级别的关系。如果特征 B 在创建过程中，借用了特征 A 中的某些参考关系（如点、边或面等），没有特征 A 提供的参考关系，就不可能创建出特征 B，那么就说明特征 A 是特征 B 的父项，特征 B 是特征 A 的子项，特征 A 与特征 B 之间存在父子关系。特征父子关系如图 3-226 所示。

（1）特征父子关系查看与分析

如图 3-227 所示的固定座零件模型，其模型树如图 3-228 所示。如果需要查看零件模型中"凸台-拉伸 2"的父子关系，在模型树中选择"凸台-拉伸 2"，单击鼠标右键，在弹出的快捷菜单中选择"父子关系"命令，如图 3-229 所示，系统弹出如图 3-230 所示的"父子关系"对话框，在该对话框中显示该特征的"父特征"与"子特征"。

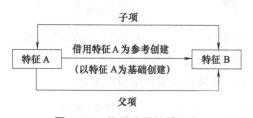

图 3-226　特征父子关系示意

图 3-227　固定座零件模型

在如图 3-230 所示的"父子关系"对话框中显示的"父特征"包括草图 2、前视基准面和凸台-拉伸 1，"子特征"包括草图 3 和切除-拉伸 1。

（2）分析特征父子关系

特征父子关系的根本是要理解特征父子关系的原因，也就是要解决特征之间为什么存在父子关系的问题。下面具体分析如图 3-227 所示固定座零件模型中"凸台-拉伸 2"特征中存在的特征父子关系，理解父子关系之间的内在联系。

在创建"凸台-拉伸 2"过程中，选择的草图平面是"前视基准面"，所以"前视基准面"是"凸台-拉伸 2"的"父特征"；另外"凸台-拉伸 2"是使用"草图 2"通过拉伸凸台工具创建的，所以"草图 2"也是"凸台-拉伸 2"的"父特征"；最后在绘制"草图 2"和定义"凸台-拉伸 2"的拉伸属性时与"凸台-拉伸 1"产生了参考关系，如图 3-231～图 3-233 所示，所以"凸台-拉伸 1"也是"凸台-拉伸 2"的"父特征"，没有这些"父特征"是无法顺利创建出"凸台-拉伸 2"的。

图 3-228　零件模型树

图 3-229　选择命令

图 3-230　"父子关系"对话框

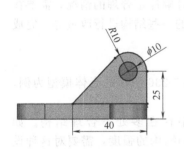

图 3-231　草图 2

图 3-232　定义拉伸属性

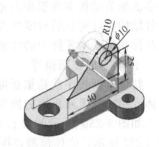

图 3-233　选择终止面

在创建完"凸台-拉伸 2"之后又创建了"切除-拉伸 1"，"切除-拉伸 1"就是在"凸台-拉伸 2"的基础之上做了切除操作，包括"切除-拉伸 1"中的"草图 3"，如图 3-234 和 3-235 所示，所以，"凸台-拉伸 2"是"切除-拉伸 1"和"草图 3"的"父特征"，"切除-拉伸 1"和"草图 3"是"凸台-拉伸 2"的"子特征"。

需要注意的是，特征父子关系并不是绝对的，可以人为根据需要解除特征间的父子关系。解除父子关系就是解除特征间的参考关系。本例中如果想解除"凸台-拉伸 2"与"前视基准面"之间的关系，可以在绘制"凸台-拉伸 2"截面草图前不要选择"前视基准面"为草图平面，可以选择"凸台-拉伸 1"的侧面为草图平面，这样"凸台-拉伸 2"的创建与"前视基准面"之间就没有参考关系，也就解除了父子关系。

图 3-234　切除-拉伸 1

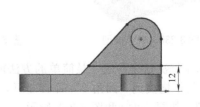

图 3-235　草图 3

（3）理解特征父子关系的意义

理解特征父子关系具有很重要的实际意义，特别是在处理特征再生失败和调整零件结构设计顺序时非常有帮助。

首先，理解特征父子关系对于处理特征生成失败是非常有帮助的。特征生成失败的主要原因就是在编辑与修改特征时，对后面特征的参考造成了影响，导致后面的特征无法找到参照，所以出现再生失败的问题（本部分内容将在本章后面小节中详细介绍）。

其次，理解特征父子关系对于调整零件设计顺序是有帮助的。有时在完成零件设计后，如果设计顺序不太合理，可以根据需要调整特征设计顺序，使设计顺序更合理、更规范。在调整特征设计顺序时，一定要注意特征间的父子关系，如果两个特征之间存在父子关系，那么"子特征"是无法调整到"父特征"之前的，"父特征"也不能调整到"子特征"之后。要特别注意这一点。那么如果非要调整它们间的顺序该怎么办呢？可以先分析它们之间的父子关系，然后解除这些父子关系就可以调整顺序了（本部分内容将在本章后面小节中详细介绍）。

3.2.3 特征重新排序及插入操作

零件设计中一定要注意零件的设计顺序。零件设计顺序体现出设计人员的设计思路及设计过程。对于一些复杂的零件设计，在设计之前只能规划出零件设计的大体设计思路，至于很多的细节结构需要逐步去完成设计，这样难免会出现零件设计顺序不合理的情况，需要在零件结构设计完成后对零件设计顺序进行调整，甚至对零件中的一些结构进行改进等，完成这些操作需要对零件中的特征进行重新排序或插入操作。

（1）特征重新排序

特征重新排序就是重新排列特征的设计顺序。下面以如图 3-236 所示的壳体模型为例，具体介绍特征重新排序的操作过程。

如图 3-236 所示的壳体模型，从模型中不难发现零件中存在多处不合理结构。如图 3-237 所示，壳体模型在拐角位置不是均厚的，这会严重影响结构的强度，需要对这种设计进行改进，以解决这种不合理问题。

壳体模型的模型树如图 3-238 所示。从模型树中可以看出造成这种不合理结构的主要原因是模型设计顺序不合理。模型树中显示是先创建"抽壳"，然后创建两个倒圆角。我们知道，在零件设计中，遇到抽壳和倒圆角同时存在的场合一定要先创建倒圆角，最后创建抽壳，只有这样才能得到均匀壁厚的壳体。

图 3-236　壳体模型

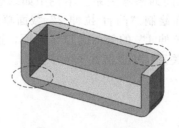

图 3-237　不合理结构

图 3-238　模型树

为了解决这个问题，最简单的方法就是调整模型设计顺序，在模型树中使用鼠标将"抽壳 1"特征拖拽到"圆角 2"后面即可，如图 3-239 所示，此时壳体模型变成均匀壁厚的壳体模型，如图 3-240 和图 3-241 所示。

在重新排序过程中一定要注意特征之间的父子关系，其中"父特征"不能重新排序到"子特征"后面，除非解除特征之间的父子关系。

图 3-239　调整模型顺序

图 3-240　改进后的模型

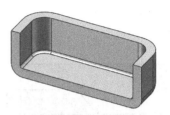

图 3-241　合理的壳体结构

（2）特征插入操作

插入操作就是在创建的特征之间插入一个特征。这也是从零件设计合理化。规范化方面来考虑的。有时在零件设计过程中，需要在某个特征前面进行改进设计，这时就可以直接使用插入操作，在特征前面创建特征。

在 SOLIDWORKS 模型树中最下面有根蓝色的横杠，这根蓝色的横杠就是"插入符号"，拖动该"插入符号"到模型树中某个位置，可以在该位置插入特征。下面继续以如图3-240 所示的壳体模型为例，具体介绍特征插入操作过程。

对壳体模型进行改进，得到如图 3-242 所示的壳体模型。因为这是一个壳体模型，所以改进的关键是对抽壳、倒圆角之前的基础体进行改进。

首先在模型树中拖动"插入符号"到如图 3-243 所示位置，表示设计顺序"退回"到"凸台-拉伸 1"的后面，此时模型中只显示"凸台-拉伸 1"，结果如图 3-244 所示。

图 3-242　改进壳体模型

图 3-243　拖动"插入符号"位置

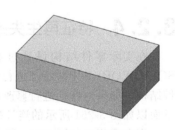

图 3-244　基础模型

接下来选择"拉伸切除"命令，选择"前视基准面"为草图平面，创建如图 3-245 所示的截面草图，然后创建如图 3-246 所示的拉伸切除。

完成拉伸切除创建后需要进行倒圆角设计，因为有些倒圆角已经做好了，直接在模型树上拖动"插入符号"将其显示出来即可。拖动"插入符号"到如图 3-247 所示的位置，此时在模型上显示"圆角 1"，结果如图 3-248 所示。

然后选择"圆角"命令创建如图 3-249 所示的圆角，圆角半径为 10mm。

最后将"插入符号"拖动到模型树最后，如图 3-250 所示，得到最终壳体模型。

由此可见，在零件设计中，特别是零件改进设计中，灵活使用插入操作能够大大提高零件设计效率与改进效率，是零件设计必须要掌握的一种特征操作。

另外，插入操作还有一个非常重要的作用，就是便于后期查看与审查，首先将模型树中的"插入符号"拖动到第一个特征前面，然后一步一步将"插入符号"往下拖动，可以一步一步查看模型的创建过程。无论是对工作还是学习，都非常有帮助，特别是对软件初学者，可以使用这种方法学习别人的设计思路与设计方法。

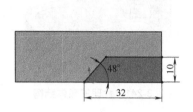

图 3-245 拉伸切除截面草图

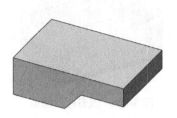

图 3-246 创建拉伸切除

图 3-247 拖动"插入符号"位置

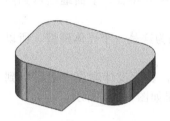

图 3-248 显示圆角 1

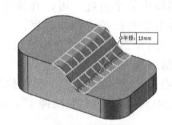

图 3-249 创建倒圆角

图 3-250 拖动"插入符号"

3.2.4 特征再生失败及其解决

在实际零件结构设计过程中，经常会因为各种原因需要对零件结构进行修改。在SOLIDWORKS中对特征进行修改后，系统会对整个零件结构进行再生，得到修改后的零件结构，如果对特征进行修改后无法得到正确的零件结构，这种情况就叫做特征再生失败。下面以如图 3-251 所示的连杆模型为例介绍特征再生失败及其处理。

现在需要对如图 3-251 所示连杆模型中的 U 形凸台结构进行修改，得到如图 3-252 所示的改进结果，在模型树中选中"凸台-拉伸 3"特征编辑草图，如图 3-253 所示。

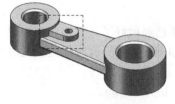

图 3-251 连杆模型

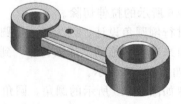

图 3-252 连杆改进

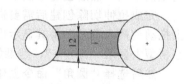

图 3-253 修改截面草图

完成以上草图编辑后，系统弹出如图 3-254 所示的"SOLIDWORKS"对话框，提示再生失败，在对话框中如果单击"继续（忽略错误）"按钮，接受修改。如果单击"停止并修复"按钮，表示停止更新并重新修改。本例单击"继续（忽略错误）"按钮。

此时系统继续弹出如图 3-255 所示的"什么错"对话框，提示再生过程中的失败特征，在对话框中单击"关闭"按钮，完成修改。但是在模型树中显示错误特征，可以看出失败特征是"ϕ4 直径孔 1"下面的"草图 4"，如图 3-256 所示。

图 3-254　"SOLIDWORKS"对话框

图 3-255　"什么错"对话框

图 3-256　模型树中的
失败特征

出现特征再生失败后，如果确定失败特征是不需要的，可以在模型树中直接删除失败特征以解决再生失败的问题，如图 3-257 所示，此时模型结果如图 3-258 所示。

如果确定失败特征是必须要的，需要分析失败原因，然后针对失败原因对特征进行编辑以解决再生失败的问题。

因为在改进之前，模型中的孔与 U 形凸台的圆弧面是同轴的，但是改进后就没有 U 形凸台了，所以创建孔特征所必需的同轴参考也就没有了，所以出现特征再生失败。

在模型树中选中失败特征"ϕ4 直径孔 1"下面的"草图 4"，在快捷菜单中选择如图 3-259 所示的"编辑草图"命令，系统进入草图环境，在草图环境中编辑错误草图。

图 3-257　删除失败特征

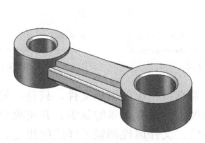

图 3-258　删除失败特征结果

图 3-259　选择"编辑
草图"命令

进入草图环境后显示几何约束，如图 3-260 所示，删除错误的约束，然后重新添加正确的约束及尺寸标注，如图 3-261 所示，完成草图编辑后退出草图环境。此时模型树如图 3-262 所示，失败特征已得到解决！

💡 **说明：**特征再生失败的主要原因一般都是修改导致参照丢失所致，所以在修改特征时，一定要多多考虑特征之间的参照，也就是特征之间的父子关系。

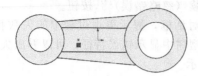

图 3-260 错误的约束

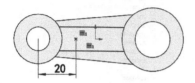

图 3-261 编辑草图

图 3-262 完成失败处理

3.3 零件模板定制

在 SOLIDWORKS 中进行零件设计，首先需要选择"新建"命令，在系统弹出的"新建 SOLIDWORKS 文件"对话框中单击 按钮新建零件文件，如图 3-263 所示，此时系统将以默认的零件模板进行零件设计。用户在"新建 SOLIDWORKS 文件"对话框中单击"高级"按钮，系统弹出如图 3-264 所示的"新建 SOLIDWORKS 文件"对话框，在该对话框中可以自己选择需要的模板文件，包括零件模板、装配模板和工程图模板。

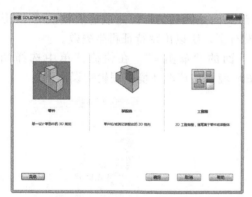

图 3-263 新建零件文件

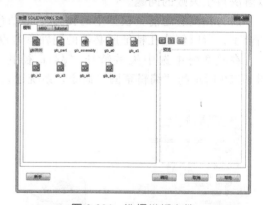

图 3-264 选择模板文件

也就是说新建文件时必须要选择相应的模板文件，只是一般情况下我们都是直接使用系统设置的默认模板，所以对模板文件没有太多的认识，其实模板文件对于新建文件来讲是非常重要的。模板文件对文件环境、文件属性都做了详细的规定，只要选择相应的模板，就可以直接在模板规定的环境及属性中进行文件操作。下面具体介绍零件模板的定制，然后将定制模板设置为软件默认环境，以后默认情况下使用定制的零件模板进行零件设计。

（1）新建零件模板文件

使用系统默认的零件模板（gb _ part）新建一个空白的零件文件作为模板文件。

（2）设置零件模板背景

零件模板中可以根据个人的喜好设置模板背景颜色，这样只要使用该零件模板，其背景颜色就是此处设置的背景颜色。在"前导视图"工具条中选择如图 3-265 所示的命令设置模板背景颜色，本例设置为"单白色"背景。

（3）设置零件模板颜色

默认情况下，在 SOLIDWORKS 中创建的零件模型颜色为白色，用户可以根据个人喜好设置自己喜欢的默认颜色。在"前导视图"工具条中选择如图 3-266 所示的命令，系统弹出如图 3-267 所示的"颜色"对话框，在该对话框中设置外观颜色，这样只要使用该零件模板，其默认颜色就是此处设置的外观颜色。

（4）设置零件模板默认视图

在零件设计环境中有系统提供的三个初始基准面，在零件模板中可以设置这些基准面的视图方位及显示状态。在"前导视图"工具条中选择如图 3-268 所示的命令设置默认的视图方向，然后在模型树中将三个基准面设置为显示状态，如图 3-269 所示，这样只要使用该零件模板，零件环境中将按照此处设置的视图方位显示三个基准面。

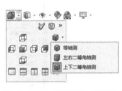

图 3-268 设置模板视图

图 3-265 设置模板背景颜色

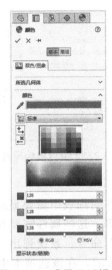

图 3-267 设置模板颜色

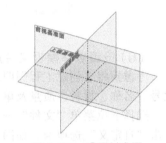

图 3-269 设置基准面

图 3-266 编辑外观命令

（5）设置零件模板文档属性

在零件模板中还可以根据实际设计需要设置模板文档属性。选择下拉菜单"工具"→"选项"命令，系统弹出"系统选项"对话框，在该对话框中单击"文档属性"选项卡，在该选项卡中设置文档属性，在左侧列表中选择"单位"，然后在右侧页面中选择"MMGS"作为模板默认单位系统，如图 3-270 所示。

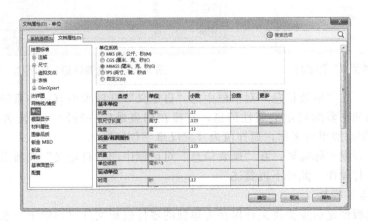

图 3-270 设置模板单位

另外，默认情况下，在 SOLIDWORKS 绘制草图标注尺寸时，尺寸文本显示太小导致看图困难，这也是很多用户反映的一个实际问题。这个问题可以通过在文档属性中设置尺寸文本字体来解决。在如图 3-271 所示的"文档属性"选项卡左侧列表中选择"尺寸"，然后在右侧页面中单击"文本"区域的"字体"按钮，系统弹出如图 3-272 所示的"选择字体"对话框，在该对话框中设置个人喜欢的字体样式。

用户也可以根据实际需要，在"文档属性"选项卡中设置更多的属性，如材料属性、模型显示等，读者可自行操作，此处不再赘述。

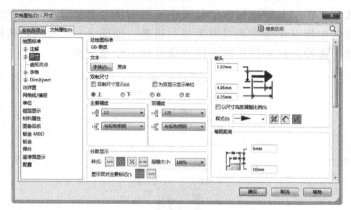

图 3-271　设置模板尺寸

（6）设置零件模板文件属性

考虑到将来创建工程图明细表，在明细表中需要显示每个零件的具体属性信息，如零件代号、名称、材料、质量及单位名称等，这些属性需要在文件属性中设置。

选择下拉菜单"文件"→"属性"命令，系统弹出"摘要信息"对话框，在该对话框中单击"自定义"选项卡，如图 3-273 所示，在该选项卡中定义需要的文件属性。

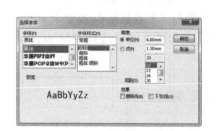

图 3-272　"选择字体"对话框

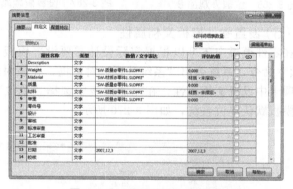

图 3-273　"摘要信息"对话框

默认情况下，在"摘要信息"对话框中的"自定义"选项卡中有一些系统自带的文件属性，如果需要添加更多的自定义属性信息，直接在列表最后一行输入属性名称即可，如图 3-274 所示，本例添加单位名称，属性值为"武汉卓宇创新"。

用户也可以根据实际需要，在"摘要信息"对话框中的"自定义"选项卡中设置更多的属性，读者可自行操作，此处不再赘述。

（7）保存零件模板

完成零件模板创建后需要将文件保存为单独的零件模板文件（不同于一般的零件文件）。选择"保存"命令，在系统弹出的"另存为"对话框中的"保存类型"列表中选择零件模板

图 3-274 添加自定义属性

类型 [Part Template (*.prtdot)]，如图 3-275 所示，此时系统自动将文件保存到默认的模板位置：C:\ProgramData\SolidWorks\SOLIDWORKS 2020\templates。

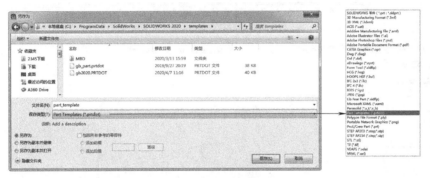

图 3-275 保存零件模板

（8）将零件模板设置为默认模板

完成零件模板的创建及保存后，在"新建 SOLIDWORKS 文件"对话框中单击"高级"按钮，在弹出的对话框中可以单击查看到保存的零件模板文件，如图 3-276 所示。

为了提高自定义模板的使用效率，可以将自定义模板设置为系统默认模板。选择下拉菜单"工具"→"选项"命令，系统弹出如图 3-277 所示的"系统选项"对话框，在该对话框左侧列表中选择"默认模板"，在右侧区域中可以设置默认的零件模板、装配模板和工程图模板。本例需

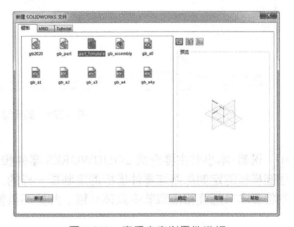

图 3-276 查看自定义零件模板

要设置默认的零件模板，单击"零件"后面的"浏览"按钮，在弹出的对话框中选择保存的零件模板，单击"确定"按钮，完成默认模板设置。

（9）调用零件模板

完成默认模板的设置后，使用"新建"命令，新建零件文件时，系统将默认使用设置得到默认模板，如图 3-278 所示。在该文件中绘制草图及创建零件模型时都是按照模板中设置的文本字体及模型外观颜色进行显示的，结果如图 3-279 和图 3-280 所示。

图 3-277　设置默认模板

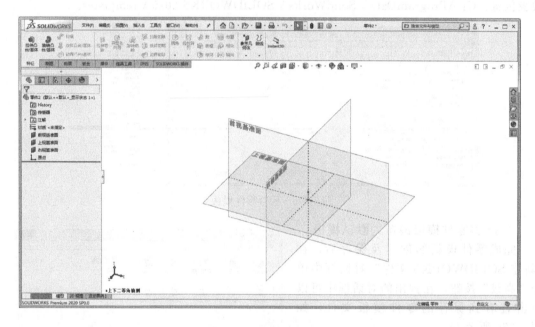

图 3-278　调用零件模板

💡 **说明**：本小节主要介绍 SOLIDWORKS 零件模板的定制过程。实际上，装配模板及工程图模板的定制思路与零件模板的定制是一样的。关于装配模板的定制及工程图模板的定制将在本书后面相应章节中具体介绍，此处不再赘述。

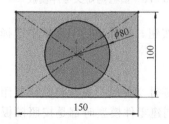

图 3-279　使用模板进行草图绘制

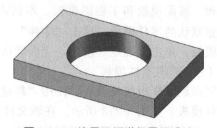

图 3-280　使用模板进行零件设计

3.4 零件设计分析

在零件设计之前，需要首先根据零件结构特点，分析零件设计思路，这也是整个零件设计过程中最重要的一个环节，直接关系到整个零件的设计，接下来具体介绍零件设计思路及设计过程的分析，还有零件设计要求及规范性问题。

3.4.1 零件设计思路

在实际零件设计中，关键要知道如何去分析零件设计思路，有了设计思路我们就知道怎么把零件设计出来。下面具体介绍如何逐步分析零件设计思路。

（1）分析零件类型

零件设计之前，首先要分析零件结构类型，是属于一般实体零件，还是曲面零件或者钣金零件，不同结构类型的零件，其设计思路与设计方法都不一样，而且在软件中还涉及不同工具的操作，如图 3-281 所示，所以分析零件结构类型非常重要。

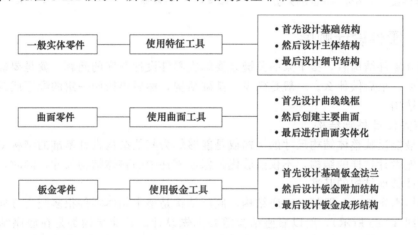

图 3-281 零件结构类型分析示意

（2）划分零件结构

在零件设计中一定要正确划分零件结构，搞清楚零件整体的结构特点及组成关系，这对于零件的分析及设计来讲是非常重要的。要搞清楚零件结构的划分，首先必须要理解零件设计中两个非常重要的概念。

① 对结构的理解。结构是零件中相对比较独立、集中的那一部分几何对象的集合。结构最大的特点就是能够从零件中单独分离出来形成独立的几何体。不管是简单的零件还是复杂的零件，都是由若干零件结构直接组成的。

② 对特征的理解。特征是零件中最小、最基本的几何单元。任何一个零件都是由若干个特征组成的，如拉伸特征、孔特征、圆角特征、倒角特征、拔模特征等。

在软件中，所有的特征都对应一个具体的创建工具，如拉伸特征由拉伸工具来创建，旋转特征由旋转工具来创建，孔特征由孔工具来创建等。每个特征创建完成后都会逐一显示在模型树中，模型中的特征与模型树中的特征是一一对应的关系。

（3）零件设计中结构与特征的关系

零件设计中结构与特征的关系如图 3-282 所示。在零件设计之前，一定要根据零件结构特点合理划分零件结构，然后按照划分的零件结构，逐个结构进行设计，所有结构设计完成后，零件设计也就完成了。也就是说，零件设计的过程就是零件中各个结构的设计过程，零件中各个结构的设计过程也就是结构中所有包含特征的设计过程。

如图 3-283 所示的箱体零件，可以划分为箱体底座、箱体主体以及箱体附属凸台等结构。其中箱体底座结构如图 3-284 所示，箱体底座主要包括底板拉伸特征、底座倒圆角特征以及底座孔特征等。要创建箱体零件，首先要创建箱体底座结构，要创建箱体底座结构就需要将其中包含的所有特征按照一定的顺序创建出来。

图 3-282　零件设计中结构与特征的关系　　　图 3-283　箱体零件　　　图 3-284　箱体底座结构

3.4.2　零件设计顺序

正确划分零件结构后，接下来的关键是要解决零件设计顺序的问题，就是要确定先做什么，再做什么，最后做什么。一般是先设计基础结构，然后再按照一定的顺序或逻辑顺序设计其他主要结构。

（1）首先设计基础结构

零件中最能反映整体结构尺寸的结构或是能够作为其他结构设计基准的结构就叫做零件基础结构。先设计这样的结构，不仅能够优先保证零件中的整体结构尺寸，同时，这些基础结构还是设计其他结构的基准。

例如箱体类零件，一般都有底座结构，底座结构是整个箱体零件很多竖直方向尺寸参数的基准（如图 3-285 所示），所以底座结构需要优先设计。其他结构都是在底座结构上添加得到的，所以这里的底座结构不仅是整个零件的基础结构，也是整个零件尺寸标注的基准，在零件设计中一定要先设计。

（2）然后设计其余结构

零件其余结构的设计就是在基础结构的基础上，按照一定的空间逻辑顺序或主次关系进行具体设计。在具体设计过程中还要充分注意一些典型结构设计的先后顺序，如倒圆角先后顺序，拔模、抽壳与倒圆角先后顺序等。

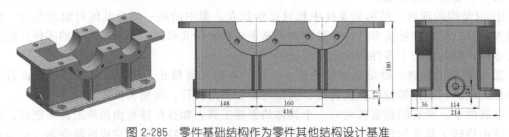

图 2-285　零件基础结构作为零件其他结构设计基准

3.4.3　零件设计要求与规范

零件设计绝对不是一个个几何特征简单叠加的过程，一定不要一味去追求零件的外形结构。设计者要综合考虑多方面的因素，以下总结了在零件设计过程中一定要考虑的几个问题，只有这样才能够设计出符合产品设计要求的零件，才是真正的零件设计！才不会影响后期的设计工作！

1）零件设计要求与规范概述

（1）首先分析零件在软件环境中的位置定位及设计基准

零件设计之前首先分析零件工程图要求（有工程图的直接看工程图，如果没有工程图，也要考虑出工程图的要求），主要看零件主视图、俯视图或左视图定向方位，将这些重要视图方位与软件环境中提供的坐标系对应，以确定零件在软件环境中的位置定位。在 SOLIDWORKS 中，零件主视图对应前视基准面，俯视图对应上视基准面，左视图对应右视基准面（注意是反面），然后根据这些定向方位确定零件设计基准。

另外，在零件设计中要确定正确的位置定位及设计基准，一来方便以后出工程图，二来方便以后在渲染中添加渲染场景及渲染光源。

（2）分析零件结构布局

分析零件结构布局主要就是考虑零件对称性问题。如果是对称结构零件，就要按照对称方法去设计，可以先设计结构一半，然后使用镜向等工具完成另外一半的设计，从而减小工作量，提高工作效率。要特别说明的是，即使不是对称结构的零件（或者不是完全对称的零件），在零件设计基准不确定的情况下也要尽量按照对称方法去设计，这样会给后面的设计或操作带来一些方便。

如轴类零件的设计，在设计基准不明确或没有特殊说明的情况下，就应该按照对称方法进行设计，这样在旋转轴类零件时能够保证零件始终绕着图形区中心旋转，不至于旋转出图形区界面，影响后面的设计操作。

（3）注意零件设计的逻辑性与紧凑性

零件设计的每一步都会体现在软件模型树中，所以模型树能够准确反映零件设计思路及设计过程，同时还要使模型树尽量简洁、紧凑。

零件设计过程要有一定的逻辑性，先设计什么后设计什么都应该有一定的原因及具体考虑。如果零件结构比较复杂，需要使用很多特征进行设计，这个时候就更要注意设计的逻辑性，千万不要东一榔头西一棒子，一会儿设计这个结构中的某个特征，一会儿又去设计另外某个结构中的某个特征，再一会儿又去设计之前某个结构中的某个特征，这样给人的感觉就是逻辑思路很混乱，也极不规范，这也是很多设计人员的一种设计陋习！这样既不方便后期的检查与修改，也不便于设计人员之间的技术交流，所以我们在设计这些结构时，一定要完成一部分结构设计后再去进行其他结构的设计。

零件设计要简洁、紧凑，尽量简化模型树结构，尽量用一个特征去完成更多结构的设计，将更多的设计参数体现到一个特征中，这样会使后期的修改变得简单。例如，零件设计中如果要对多处进行倒圆角，一定要使用尽量少的倒圆角次数完成多处倒圆角设计，这样能够有效简化倒圆角设计，提高倒圆角设计效率，同时也便于以后对倒圆角进行修改。

（4）注意零件中典型结构设计先后顺序

零件设计中经常会涉及到各种典型结构设计顺序的问题，如倒圆角设计顺序，还有就是倒圆角、抽壳与拔模设计顺序。

在倒圆角设计中，特别是需要对多处进行倒圆角设计时，一定要注意倒圆角设计顺序。在零件设计中，总有一些边链能够通过倒圆角实现相切连续，这些位置的倒圆角就要优先设计，待这些边链相切连续后，再去对这些相切边链进行倒圆角，这样既操作方便，又能够得到结构美观的倒圆角结构，同时还能够尽量减少倒圆角次数。

如果在零件设计中，同时需要倒圆角、抽壳与拔模，那么正确的设计顺序应该是先进行拔模，然后进行倒圆角，最后进行抽壳，这样能够得到均匀壁厚的壳体结构，这也是壳体结构设计的基本思路。

（5）零件设计要考虑将来的修改及系列化设计

零件设计之前一定要搞清楚的一个基本问题就是不管什么时候进行的零件设计，我们设计的零件都不可能是最终版本（结果），只是零件设计过程中的一个初级品或中间产物。初步零件设计完成后，还会经过一系列的检验及校核，经过多次反复修改与优化设计才能最终确定下来。所以在设计零件时，一定要便于以后随时进行各种情况的修改。这就需要我们在零件设计过程中时刻考虑以后修改的问题。对于现在设计的结构要多问问自己，这个结构将来会如何修改，如何设计才能快速实现这种修改。设计任何结构时都要尽量想远一点，尽量考虑全面一点。

另外，对于一些标准件或常用件的设计，这类零件往往涉及很多不同规格与型号，在设计过程中更要注意修改的问题，而且是系列化的修改。有的涉及尺寸的修改，有的涉及结构的修改，如果不考虑修改的问题，将来很难从一个型号衍生出其他的型号，也就无法进行系列化设计。

（6）零件设计中所有重要设计参数要直接体现

零件设计中的重要设计参数一定要直接体现在设计中，切记不要间接体现。所谓间接体现就是通过参数之间的数学计算得到设计参数。设计参数直接体现方便以后修改与更新，设计参数间接体现会使修改与更新变得更加烦琐。

零件设计中重要设计参数的直接体现有两种方法：一是将重要的设计参数直接体现在特征草图中，将来可以直接在草图环境中进行修改；二是将重要的设计参数直接体现在特征操控板或对话框中，将来可以直接在特征操控板或对话框中进行修改。

零件设计中直接体现设计参数的同时还要便于以后修改。具体操作就是尽量在一个草图中集中标注尺寸，以后修改时就不用在多个草图中切换修改尺寸。对于后期修改频率大的重要参数，尽量将这些尺寸参数体现在特征操控板中，甚至直接体现在模型的结构树中，以后修改就不用再进入草图环境中修改。

（7）简化草图原则以便提高设计效率

零件设计一定要注意提高设计效率。高效设计一直是产品设计中不断追求的目标。零件设计只是一个最基础的设计环节，零件设计完成后，还有很多后期环节要做，例如有了零件，我们可以做产品装配，可以出工程图，可以做产品渲染，还可以做模具设计、数控加工与编程等。环节越多，越希望提高效率。其实，每一环节都有一些提高效率的方法，但是各个环节的基础都是零件设计。所以一旦提高了零件设计的效率，就会避免很多重复操作，从而提高产品设计效率。

我们知道，零件设计中绝大部分时间都是在进行草图绘制，要想提高零件设计效率，必须要提高草图绘制效率，所以最高效的设计就是不用绘制任何草图完成零件结构设计。当然，这只是一种绝对理想的状态，因为很多三维特征的设计都是基于二维草图设计的。在这种情况下，要提高草图绘制效率，可以将复杂草图进行简化，或将复杂草图分解成若干简单草图，还可以使用三维命令代替草图的绘制（如使用三维倒圆角工具或倒斜角工具代替草图中倒圆角及倒斜角的绘制），另外还可以使用曲面设计工具代替草图绘制。

（8）零件设计中的草图必须完全约束

零件设计中涉及的所有草图都必须完全约束！零件设计中如果包含不完全约束的草图，会影响零件设计后期的修改与更新，给零件设计带来一些不确定因素。草图不完全约束也是设计人员设计能力、设计经验不足或设计不够严谨的体现。

（9）一定不要引入任何垃圾尺寸

零件设计中的任何尺寸参数都必须是有用的（有用的尺寸参数可以理解为在工程图中需

要标注出来的尺寸参数）。这些尺寸参数主要是用来确定零件结构尺寸及位置，必须直接体现在零件设计中。除了这些有用的尺寸参数，其他的任何尺寸参数都是垃圾尺寸（垃圾尺寸可以理解为在工程图中不需要标注出来的尺寸参数），在零件设计中一定要拒绝任何垃圾尺寸，如果出现了垃圾尺寸，一定要想办法消除这些尺寸，保证设计中的尺寸参数不多不少，刚好能够把零件结构确定下来即可。

零件设计不许出现垃圾尺寸主要有两个方面的原因：首先，它会影响零件结构后期的修改与再生，导致再生失败；其次，它会影响后期工作，有的三维软件能够在工程图中自动生成尺寸标注，如果模型中带有垃圾尺寸，在自动生成尺寸标注时，系统同样会把垃圾尺寸也生成出来，由于这些垃圾尺寸不是我们需要的，所以需要花费一定的时间去删除这些垃圾尺寸，影响了工作效率！

（10）零件设计要考虑零件将来的装配

零件设计是产品设计的基础，零件设计完成后都会进行装配，最后得到设计需要的装配产品，所以在零件设计中自然要考虑以后装配的问题，这一点也就是我们说的面向装配的零件设计。具体来讲，零件设计一定要便于装配，二是要考虑装配安装的问题。有些零件结构在装配时需要安装其他的零件，在设计结构时要预留装配空间，保证其他零件能够正常安装。例如在一个面上需要设计一个孔结构，在选择打孔面时一定不要选择安装接触面打孔，否则以后修改孔类型时会得到错误的孔结构。

（11）注意零件设计中各种标准及规范化要求

零件设计中的一些典型结构，如各种标准件、键槽与花键、注塑件及铸造件等，都要考虑相应的标准与规范。

在标准件的设计中，所有的尺寸必须符合标准件尺寸规范，不能随便给一组尺寸参数进行设计，而且最好要进行系列化设计，便于以后随时调用不同规格的标准件。

在键槽及花键的设计中，要按照标准化的尺寸进行设计，否则在之后的装配中找不到合适的键及花键进行配合，影响整个产品设计。

在注塑件及铸造件的设计中，一定要在合适的位置设计相应的拔模结构，方便这些零件在制造过程中从模具中取出。拔模角度也要按照相应的标准进行设计与考虑。

（12）零件设计中注意协同设计规范要求

现在产品设计工作中，绝大多数的设计都需要多人参与。如果每个人都只按照自己的习惯与规范进行设计而不考虑整个团队，那么这种设计效率是很低的。要想提高整个团队的设计效率，这就需要注意协同设计。对设计中的一些方法与要求进行统一，那么相互之间就很容易看懂彼此的设计，也不会产生很大的分歧，有助于整个团队效率的提升。

2）零件设计要求与规范实例

如图 3-286 所示的基座零件工程图，现在要根据该工程图尺寸及结构要求，完成基座零件设计，得到如图 3-287 所示的基座零件。下面具体介绍其设计过程，重点是要注意零件设计要求与规范，理解零件设计要求与规范的重要实际意义。

为了让读者更好理解零件设计的这些要求与意义，在具体介绍这个基座零件设计之前，首先了解一下目前常见的关于该零件设计过程的介绍，然后跟本小节介绍的设计过程进行对比理解，从中理解零件设计要求与规范的重要实际意义。

如图 3-288 所示的是关于该基座零件常见的一种设计过程，按照这个过程完全可以完成零件的设计，但是在这个设计过程中并没有充分考虑零件设计要求与规范的问题，所以会对后期的各项工作带来很大的影响，这在实际设计工作中是绝对不允许的，接下来具体介绍正确的设计过程。

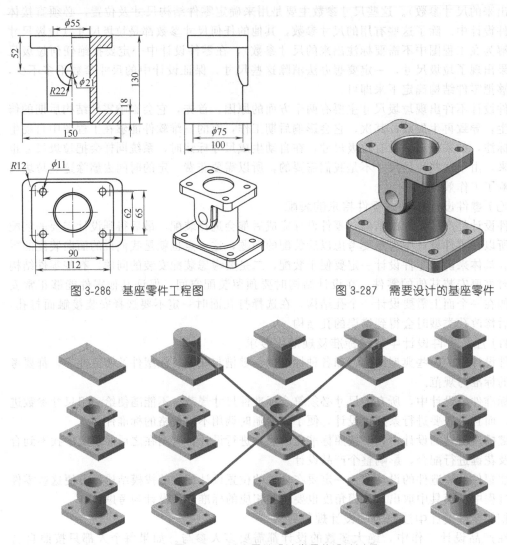

图 3-286　基座零件工程图　　　　　　　　　　图 3-287　需要设计的基座零件

图 3-288　基座零件设计常见的设计过程

（1）分析零件设计思路及设计顺序

首先分析零件整体结构特点。该基座零件属于一般类型零件，给人的初步感觉是由几大部分结构"拼凑"起来的，具体来看主要由底板结构、中间圆柱结构、顶板结构及U形凸台结构四大部分组成。要完成零件的设计，也就是要完成这些组成结构的设计。

搞清楚零件结构组成后，接下来要分析这些组成结构的设计顺序，也就是零件设计过程。从图 3-286 所示的基座零件工程图看，基座零件设计基准为底板结构的底面。一般情况下，零件基准属于哪部分结构，就应该先设计哪部分，所以底板结构应该先设计。U形凸台结构既与中间圆柱结构相连接，又与顶板结构相连接，所以应该在中间圆柱结构及顶板结构设计完成后最后设计；至于中间圆柱结构与顶板结构，它们之间没有明显的设计先后顺序，先设计哪个后设计哪个都可以，但是按照零件设计的一般逻辑，要么是自上而下或自下而上，要么是从左到右或从右到左，前面已经确定了底板结构先设计，所以应该按照自下而上的顺序设计圆柱结构及顶板结构。

综上所述，大致零件设计顺序是首先设计底板结构，然后设计圆柱结构，再设计顶板结构，最后设计 U 形凸台结构。

（2）在 SOLIDWORKS 中进行零件设计

完成零件设计思路及设计顺序分析后，接下来在软件中介绍具体设计过程。

① 底板结构设计 底板结构如图 3-289 所示，该结构非常简单，可以使用多种方法进行设计，而最"方便"、最"高效"的方法就是在上视基准面上绘制如图 3-290 所示的底板草图进行拉伸，即可一次性得到底板结构，如图 3-291 所示。

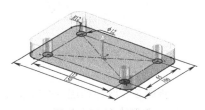

图 3-289 底板结构　　　　　　图 3-290 底板草图　　　　　　图 3-291 底板拉伸

这种设计方法看似方便高效，但是存在很多设计上的问题，主要有以下几点：

a. 在这种设计方法中绘制的草图太复杂，既包括倒圆角又包括圆孔，这不符合零件设计中简化草图提高设计效率的原则。

b. 底板上的倒圆角结构是在底板草图中设计的，这样设计倒圆角不够直观，而且不便于以后修改倒圆角尺寸（需要进入草图环境修改）。

c. 底板上的孔也是在底板草图中设计的，这样只能设计简单光孔，如果将来要想将这些简单光孔改为其他类型的孔（如沉头孔、螺纹孔等），便无法直接进行修改。

综上所述，如果考虑零件设计要求及规范，应该按照如下方法进行底板设计。

步骤 1 设计如图 3-292 所示的底板拉伸结构。根据简化草图的原则，在上视基准面上绘制如图 3-293 所示的拉伸截面草图，然后对其进行如图 3-294 所示的拉伸（注意拉伸方向向上），得到基座底板拉伸结构。

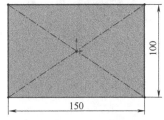
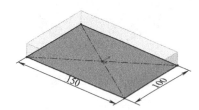

图 3-292 设计底板拉伸结构　　　图 3-293 绘制底板草图　　　图 3-294 创建底板拉伸

步骤 2 设计如图 3-295 所示的底板圆角。考虑到简化草图的原则，应该使用倒圆角命令设计底板倒圆角（圆角半径为 12mm）。使用这种方法设计倒圆角，直接选择如图 3-296 所示的底板拉伸四个角设计倒圆角，能够直观预览倒圆角效果，便于把控倒圆角设计。另外，如果需要修改倒圆角，可直接在模型树中选中倒圆角特征右键，如图 3-297 所示，在快捷菜单中选择"编辑特征"命令修改，修改效率比较高。如果在草图中设计倒圆角，还需要进入草图环境进行修改，修改效率比较低。

💡 说明：底板结构设计中一定要先设计四角圆角结构，再去设计四角的底板孔结构。因为这种底板孔设计，将来很有可能需要将底板孔修改到与四角圆角同轴的位置，如果先设计底板孔再设计底板倒圆角，便无法快速实现这种修改。图 3-288 中介绍的设计方法刚好是相反的，这将无法快速实现底板孔与底板圆角同轴修改。

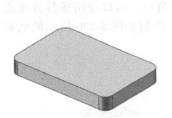
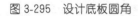

图 3-295　设计底板圆角

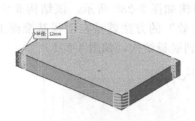

图 3-296　预览底板圆角

图 3-297　编辑底板圆角

步骤 3　设计如图 3-298 所示的底板孔。对于孔的设计，先要正确选择打孔面。打孔面的选择需要从多方面进行考虑。对于该基座零件，可以从装配方面进行考虑，例如底板孔上将来螺栓的装配，如果要装配螺栓，最有可能的一种情况就是从上向下进行装配，如图 3-299 所示，所以此处孔的设计应该按照从上到下的方向进行设计，据此，应该选择如图 3-300 所示的底板上表面作为打孔面设计底板孔。

💡 **说明：**正确选择打孔面对于孔的设计是非常重要的，直接关系到将来孔的修改。对于简单光孔的设计，选择上表面或下表面是一样的，但是如果需要将简单光孔修改为沉头孔或埋头孔类型，打孔面选择错误，将无法快速修改孔结构。

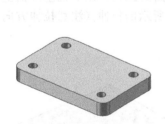

图 3-298　设计底板孔

螺栓装配方向

图 3-299　分析打孔面

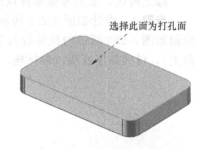

选择此面为打孔面

图 3-300　选择打孔面

步骤 4　底板孔的定位设计。确定打孔面后，接下来要考虑孔的定位设计。基座零件底板孔的设计，首先要保证孔的对称性；其次是孔在两个方向的中心距属于重要的设计参数（基座零件工程图中也标注出来了），一定要直接体现在设计中；最后还要考虑孔位置螺栓的装配，从便于螺栓装配的角度来讲，这些孔必须要用阵列的方法进行设计，因为阵列设计孔，将来在装配螺栓时，只需要装配一个螺栓，其他螺栓可参照孔阵列信息进行快速装配，以提高螺栓装配效率，如图 3-301 所示。

步骤 5　绘制底板孔定位草图。选择打孔面（底板结构的上表面）为草绘平面，绘制如图 3-302 所示的底板孔定位草图，实际上就是四个草图点，用来确定孔的设计位置。注意在草图中保证草图点的对称关系，同时一定要标注两个方向上草图点的距离尺寸（实际上就是两个方向上底板孔的中心距）。

步骤 6　设计如图 3-303 所示的第一个底板孔。在右部工具栏按钮区中选择孔命令工具，然后选择上一步绘制的孔定位草图中的任一草图点作为孔放置参考。

图 3-301　孔的定位设计

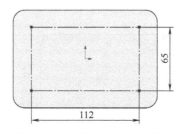

图 3-302　绘制底板孔定位草图

图 3-303　设计第一个底板孔

💡 **说明**：此处孔的设计先在打孔面上绘制孔定位草图，再根据定位草图设计孔结构，主要有三个方面的考虑：一是有效保证孔的设计符合设计要求（孔对称性要求及中心距直接体现在设计中）；二是孔定位草图直接体现在模型树中（如图 3-304），方便随时对孔定位进行直接修改；三是根据定位草图中的草图点可以直接对孔进行阵列设计。

步骤 7　设计如图 3-305 所示的底板孔阵列。使用草图驱动阵列对以上创建的孔按照定位草图点进行阵列，完成孔的阵列设计。

使用孔工具设计孔便于修改孔参数。本例设计的底板孔是简单光孔，如果需要将简单光孔修改为如图 3-306 所示的沉头孔，只需要在"孔规格"对话框中修改孔参数即可，如图 3-307 所示，如果使用拉伸或其他方法设计孔结构，将很难快速修改孔类型。

图 3-304　管理孔定位草图

图 3-305　设计底板孔阵列

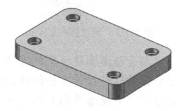

图 3-306　修改底板孔类型

使用这种方法设计的孔，如果要修改孔的位置，直接修改孔定位草图即可。假设现在需要使底板孔与底板倒圆角同轴，可以在孔定位草图中添加草图点与底板倒圆角边线的同心约束，如图 3-307 所示。

💡 **特别注意**：一旦在孔定位草图中添加这些同心约束，系统会提示约束冲突，如图 3-308 所示，因为在添加同心约束之前已经有草图点的尺寸标注，但是定位草图中的这两个尺寸千万不能删除掉，因为这是底板孔设计中非常重要的设计参数，一定要直接体现在设计中。在这种情况下，可以将这些尺寸转换成参考尺寸，如图 3-309 所示，这样既保证了草图点与倒圆角边线的同心约束，又直接体现了底板孔中心距这些重要的设计参数。

② 中间圆柱结构设计　接下来设计如图 3-310 所示的圆柱结构。在设计圆柱结构时，一定要着重考虑基座零件总体高度这个重要设计参数（基座工程图中已经标注了），为了直接体现这个重要设计参数，应该选择底板底面（或上视基准面）作为草绘平面，绘制如图 3-311 所示的圆柱拉伸草图，调整拉伸方向向上，拉伸深度为 130，如图 3-312 所示。

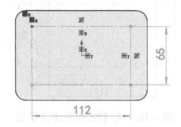

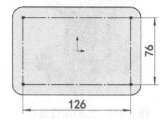

图 3-307　修改孔参数　　　　　　图 3-308　添加同心约束　　　　　图 3-309　添加参考尺寸

> **说明**：此处按照这种方法设计的圆柱结构，圆柱高度即为整个基座零件的总高度，将来要调整基座零件高度，只需要修改圆柱拉伸高度即可。

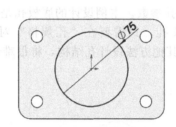

图 3-310　设计圆柱结构　　　　　图 3-311　绘制圆柱拉伸草图　　　　图 3-312　创建圆柱拉伸

对于基座圆柱结构的设计，为了在设计中直接体现基座高度这个重要设计参数，除了以上介绍的这种设计方法以外，还有一种更有效的设计方法。首先根据基座高度要求从基座设计基准（上视基准面）向上偏移 130 得到基座高度基准面，如图 3-313 所示；为了便于理解该基准面的作用，在模型树中对创建的基准面进行重命名，如图 3-314 所示；重命名基准面结果如图 3-315 所示，最后，在设计好的底板与基座高度基准面之间创建如图 3-316 所示的圆柱拉伸，即可得到需要的中间圆柱结构。

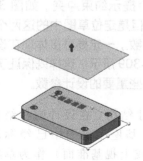

图 3-313　创建基座高　　　　　　图 3-314　模型树中重命　　　　　图 3-315　重命名基准
　　　　　度基准面　　　　　　　　　　　名基准面　　　　　　　　　　面结果

💡 **说明**:采用这种设计方法,直接将基座高度这个重要设计参数体现在模型树中的基座高度基准面上,这样有助于理解基座高度设计,也便于随时高效修改基座高度。对比于前一种设计方案,将基座高度参数"隐藏于"圆柱拉伸中,如果要修改基座高度还要进入圆柱拉伸草图中进行修改,不便于理解这种设计,而且修改效率比较低。

③ 顶板结构设计

步骤1 设计如图 3-317 所示的顶板拉伸。上一步已经完成了圆柱结构的设计,而且在圆柱结构设计中已经直接体现出了基座零件的高度,为了不破坏基座零件高度参数,在设计顶板拉伸时应该选择如图 3-318 所示的圆柱顶面为草绘平面,绘制如图 3-319 所示的顶板拉伸草图,调整拉伸方向向下进行拉伸,拉伸深度为 18,如图 3-320 所示。

步骤2 设计如图 3-321 所示的顶板圆角。顶板圆角的设计与底板圆角设计一样,直接选择顶板拉伸四个角设计倒圆角,倒圆角半径为 12mm。

图 3-316 创建圆柱拉伸

图 3-317 设计顶板拉伸

图 3-318 选择顶板草绘平面

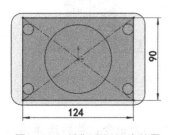

图 3-319 绘制顶板拉伸草图

图 3-320 创建顶板拉伸

图 3-321 设计顶板圆角

步骤3 设计如图 3-322 所示的顶板孔。顶板孔的设计方法与底板孔的设计是一样的,首先根据如图 3-323 所示顶板孔上螺栓装配方向确定打孔面,也就是如图 3-324 所示的顶板结构下表面,然后在打孔面上绘制如图 3-325 所示的顶板孔定位草图,最后根据定位草图设计顶板孔并阵列得到最终顶板孔结构。

图 3-322 设计顶板孔

图 3-323 分析打孔面

图 3-324 选择打孔面

④ 中间腔体结构设计　接下来设计如图 3-326 所示的中间腔体结构。在设计这个腔体结构之前，首先来认识这种结构，这种结构不能简单的看成是光孔结构，应该将其看成腔体结构，而且是属于回转腔体结构。这种回转腔体结构主要出现在阀体零件、箱体零件设计中，要设计这种回转腔体结构，一般使用旋转切除命令进行设计，然后选择前视基准面绘制如图 3-327 所示的回转截面草图进行旋转切除，得到需要的中间腔体结构。

此处之所以要使用旋转切除命令设计这种回转腔体，主要考虑就是便于以后修改。本例设计的回转腔体是最简单的回转腔体（如图 3-328 所示），但是回转腔体经常出现的修改就是在回转腔体两端壁面或中间壁面设计一些如图 3-329 所示的沟槽结构，如果使用前面介绍的孔工具或拉伸工具设计这种回转腔体结构，那将无法实现快速修改，但是使用此处的旋转命令进行设计，将来只需要修改回转截面草图（如图 3-330 所示）即可实现修改回转腔体内部结构的目的。

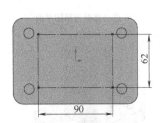

图 3-325　绘制顶板孔定位草图

图 3-326　设计中间腔体

图 3-327　绘制回转草图

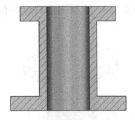

图 3-328　腔体内部结构

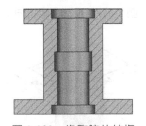

图 3-329　修改腔体结构

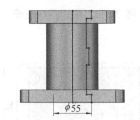

图 3-330　修改回转草图

⑤ U 形凸台结构设计

步骤 1　设计如图 3-331 所示的 U 形凸台主体结构。选择拉伸凸台命令，然后选择如图 3-332 所示的平面为草绘平面，绘制如图 3-333 所示的 U 形凸台拉伸草图，调整拉伸方向指向中间圆柱结构方向，拉伸方式为直到下一个面，得到 U 形凸台主体结构。

图 3-331　设计 U 形凸台主体结构

图 3-332　选择草绘平面

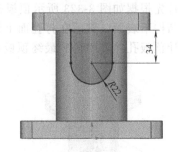

图 3-333　绘制 U 形凸台拉伸草图

步骤 2　设计如图 3-334 所示的 U 形凸台孔结构。因为此处的 U 形凸台孔与 U 形凸台的圆弧面是同轴的关系，为了保证这种同轴关系，在创建孔时需要定义孔中心点与圆弧同心，如图 3-335 所示，定义孔直径为 21mm，定义孔深度方式为直到下一个面。

⑥ **修饰结构设计** 修饰结构一般安排在零件设计最后进行，因为只有将零件主体结构都完成后才能知道哪些地方要进行倒圆角，这样可以对零件中所有倒圆角进行统一规划，集中设计，最重要的是提高了设计效率和修改效率。本例基座需要设计的修饰结构主要包括倒圆角（铸造圆角）和倒斜角，其中倒圆角结构比较多，具体设计时一定要注意正确的设计顺序，否则会影响设计效率及结果的美观性。

步骤 1 设计如图 3-336 所示的倒圆角结构。圆角结构设计主要包括两种圆角，一种是结构倒圆角，另外一种是修饰倒圆角。

图 3-334　设计 U 形凸台孔

图 3-335　定义孔位置

图 3-336　倒圆角结构

所谓结构倒圆角，就是指圆角结构可能作为其他结构设计的参考。这种倒圆角一定要连同具体结构一块设计，如前面介绍的底板与顶板四角的倒圆角就属于结构倒圆角。这些倒圆角有可能作为底板与顶板四角孔的定位参考，所以这些倒圆角应该连同底板结构与顶板结构一块设计。

修饰倒圆角就是零件结构中各种连接位置的倒圆角或零件中的铸造圆角等。这些圆角的特点是数量比较多，而且圆角半径也差不多。这种倒圆角应该在零件设计最后进行，因为只有完成绝大部分结构设计后，才能对这些修饰倒圆角进行统一规划，以便提高倒圆角设计效率并得到符合要求的圆角结构。如基座零件中除了底板与顶板四角倒圆角以外的倒圆角全部属于修饰倒圆角。

步骤 2 圆角结构的设计一定要注意圆角设计顺序，正确规划圆角先后顺序，一方面能够提高圆角设计效率，另一方面还能够得到符合设计要求的圆角结构。基座零件设计中涉及多处圆角设计。正确的设计顺序是先创建如图 3-337 所示的倒圆角，圆角半径为 2mm，然后创建如图 3-338 所示的倒圆角，圆角半径为 2mm，结果如图 3-339 所示。

图 3-337　创建倒圆角一

图 3-338　创建倒圆角二

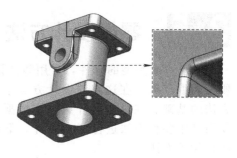

图 3-339　倒圆角结果

💡 **说明**:此处创建如图 3-337 所示的倒圆角后，使基座零件上半部分需要倒圆角的边线相切连续，如图 3-340 所示。一旦这些边线相切连续，再倒圆角时，只需要选择这些相切边线中任一段边线，系统都会自动选择整条相切边线倒圆角，从而提高了圆角设计中边线的选择效率，也就提高了圆角设计效率。另外，在设计此处的圆角结构时如果先选择如图 3-341 所示的边线创建圆角，然后选择如图 3-342 所示的边线创建圆角（与以上介绍的圆角顺序相反），这种情况下将得到如图 3-343 所示的不合理结果。

与图 3-288 中圆角设计相比较，同样的圆角结构，图 3-288 中的方法是进行 5 次圆角设计，将来每次修改都需要修改 5 次，这样会增加圆角设计工作量，影响设计效率和修改效率。

图 3-340　倒圆角后边线　　　　图 3-341　先倒圆角边线　　　　图 3-342　后倒圆角边线
　　　　　相切连续

步骤 3　设计如图 3-344 所示的倒角结构。零件中的倒角结构主要是方便实际产品的装配，所以一般都会在涉及与其他零件装配的位置设计合适的倒角结构，选择如图 3-345 所示的边线创建倒角，倒角尺寸为 2mm。

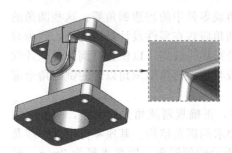

图 3-343　不合理的圆角结果　　　　　图 3-344　设计倒角结构　　　　图 3-345　选择倒角边线

3.5　零件设计方法

对于一般类型的零件，常用零件设计方法有分割法、简化法、总分法、切除法、分段法和混合法。在这六种设计方法中，分割法应用最为广泛，而且经常作为其他几种方法的基础。在具体设计中，要根据零件结构特点，选择合适的方法进行设计，或者使用其中多种方法进行交互设计。下面结合一些具体的零件设计案例详细介绍这几种零件设计方法。

💡 **说明**:本节介绍的所有零件设计方法主要是针对一般类型零件设计，对于钣金零件的设计、曲面零件的设计在一定的情况下也是可以使用的。

全书配套视频与资源
扫微信扫码，立即获取

3.5.1 分割法零件设计

(1)分割法零件设计概述

分析零件结构特点，如果零件结构层次比较明显，给人的感觉好像是若干部分"拼凑"起来的，或者零件中存在相对比较独立、比较集中的结构，这种零件的设计就可以使用分割法进行设计。

分割法零件设计的关键是先根据零件结构特点进行分割，将完整的零件分割为若干零件结构，然后按照一定的设计顺序，逐一设计这些零件结构，最终叠加起来得到需要的零件。分割法零件设计过程如图 3-346 所示。

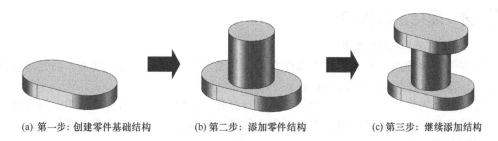

(a) 第一步：创建零件基础结构　　(b) 第二步：添加零件结构　　(c) 第三步：继续添加结构

图 3-346　分割法零件设计过程

如图 3-347 所示的零件模型，其零件结构叠加层次分明，均可以分割拆解为若干独立的零件结构，具有这些特点的零件就特别适合采用分割叠加法进行零件设计，如图 3-287 介绍的基座零件，其中的几大结构（底板结构、中间圆柱结构、顶板结构及 U 形凸台结构）就比较清晰，所以对于基座零件的设计就是使用这种分割法进行的。

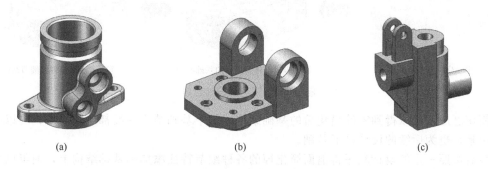

(a)　　　　　　　　　　(b)　　　　　　　　　　(c)

图 3-347　分割法零件设计应用举例

(2)分割法零件设计实例

如图 3-347（c）所示的阀体零件，零件结构层次比较清晰，主要由一些相对独立的结构构成，应该使用分割法进行设计，下面具体介绍其设计思路与设计过程。

首先分析阀体零件结构，主要可以分割为主体结构、左侧支撑结构（包括 U 形凸台、支架和加强筋）、右侧圆柱凸台三大结构，如图 3-348 所示。

然后分析阀体零件设计顺序。根据阀体零件结构特点及工程图尺寸标注，阀体零件底面为设计基准，而底面属于主体结构，所以应该首先设计主体结构，然后按照从左到右的顺序设计支撑结构（包括 U 形凸台、支架和加强筋），最后再设计右侧圆柱凸台及修饰结构即可。

阀体零件结构分析及设计过程详细讲解请扫描二维码观看视频。

(a) 主体结构　　　　　　　　(b) 左侧支撑结构　　　　　　　(c) 右侧圆柱凸台

图 3-348　阀体零件结构分析

3.5.2　简化法零件设计

（1）简化法零件设计概述

分析零件结构特点，如果零件表面存在很多的细节结构，如拔模、倒角、抽壳等，这种零件的设计就可以使用简化法进行设计。

简化法就是先将零件中的各种细节结构进行简化，得到简化后的基础结构；然后将简化掉的细节结构按照一定的设计顺序添加到简化的基础结构上；最终完成整个零件设计，简化法设计过程如图 3-349 所示。

简化法设计的关键是首先要找到零件中的各种细节特征。零件中常见的细节特征包括圆角、倒角、孔、拔模、抽壳、加强筋等，在零件中一旦发现有这些细节特征，首先想到的就是要进行简化。

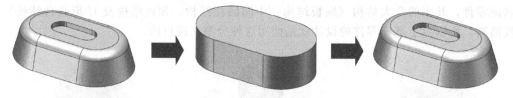

第一步：分析零件中的细节　　　　　第二步：创建简化后的基础结构　　　　第三步：添加各种细节结构

图 3-349　简化法设计过程

简化之后便可以得到零件简化后的基础结构，这个基础结构一般都比较简单，可以很快设计出来，也为后续的设计打下基础。

最后按照一定的设计顺序将前面简化掉的各种细节特征添加到基础结构上，便可以得到最终要设计的零件。在添加这些细节特征时一定要按照正确、合理的顺序进行添加，特别要注意添加倒角的先后顺序及拔模、圆角及抽壳的先后顺序。

简化法经常用于设计一些盖类零件、盒体类零件或与之类似的零件。如图 3-350 所示的

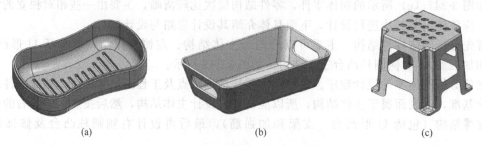

(a)　　　　　　　　　　　　(b)　　　　　　　　　　　　(c)

图 3-350　简化法零件设计应用举例

零件模型，零件结构中包含大量的细节特征，如圆角、孔、拔模、抽壳等，这些类型的零件设计就可以使用简化法进行设计。

（2）简化法零件设计案例

为了让读者更好理解简化法的设计思路与设计过程，下面看一个具体案例。如图 3-350 (c) 所示的塑料凳，零件中包含大量细节结构，如倒圆角、拔模，抽壳等，这种产品应该使用简化法设计，下面具体介绍其设计思路与设计过程。

根据塑料凳结构特点，首先简化零件中的各种细节结构，创建如图 3-351 所示的塑料凳基础结构，然后添加如图 3-352 所示的主要的简化细节结构，最后创建其余细节结构得到最终的塑料凳产品，如图 3-353 所示。

全书配套视频与资源
微信扫码，立即获取

塑料凳结构分析及设计过程详细讲解请看随书视频。

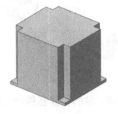 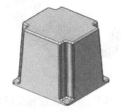 

图 3-351　塑料凳基础结构　　图 3-352　添加主要简化细节结构　　图 3-353　创建其余细节结构

3.5.3　总分法零件设计

（1）总分法零件设计概述

首先分析零件结构特点，如果零件中存在各种结构相互交叉、相互干涉的情况，无法将零件简单的分割成若干结构，这种零件的设计可以使用总分法进行设计。

总分法就是将零件分为大体结构和具体结构。其中大体结构是整个零件的大体外形，可以理解为"总"结构。具体结构就是零件中比较具体的细节，可以理解为"分"结构。在具体设计时，先设计总体结构，然后再设计具体结构，最终完成整个零件的设计，总分法设计过程如图 3-354 所示。

第一步：创建零件基础结构　　　第二步：创建零件主体结构　　　第三步：创建零件细节结构
图 3-354　总分法设计过程

总分法经常用于设计一些箱类零件、泵体类零件、阀体类零件或与之类似的零件，如图 3-355 所示的零件模型，零件结构中包含各种相互交叉、干涉的结构，像这种类型的零件设计就可以使用总分法进行设计。

（2）总分法零件设计案例

如图 3-355 (c) 所示的三通管零件，零件中主要包括竖直管道与水平管道两大结构，且两大结构相互交叉、相互干涉，所以该零件可以使用总分法设计。

根据三通管零件结构特点，首先创建如图 3-356 所示的总体结构，然后创建如图 3-357 所示的相交结构，最后创建如图 3-358 所示的细节结构。

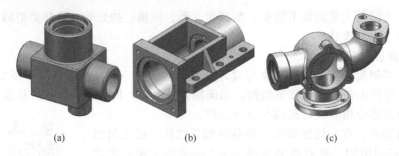

（a）　　　　　　　　（b）　　　　　　　　（c）

图 3-355　总分法零件设计应用举例

三通零件结构分析及设计过程详细讲解请看随书视频。

全书配套视频与资源
微信扫码，立即获取

图 3-356　首先创建总体结构　　　图 3-357　然后创建相交结构　　　图 3-358　最后创建各种细节结构

3.5.4　切除法零件设计

（1）切除法零件设计概述

实际零件的加工制造就是使用各种机械加工方法对零件坯料进行各种"切除（加工）"最终得到需要的零件结构，如图 3-359 所示。基于这一点，我们可以在零件结构设计中运用这种方法来设计零件结构。切除法零件设计具体思路是先设计零件结构的"坯料"，然后使用各种方法对"坯料"进行切除，最终得到需要的零件结构，如图 3-360 所示。

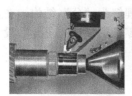

（a）车削加工圆柱面　　　　（b）钻削加工孔　　　　（c）铣削加工平面　　　　（d）镗削加工孔

图 3-359　各种机械加工方法

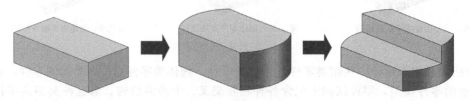

第一步：创建零件"坯料"　　　第二步：在"坯料"上切除实体　　　第三步：在"坯料"上继续切除

图 3-360　切除法零件设计过程

如图 3-361 所示的零件模型，零件结构中包含大量"切割"痕迹，特别适合用切除法进行零件设计，在实际零件结构设计中遇到类似结构零件就可以使用切除法设计。

(a)

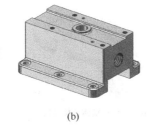
(b)

(c)

全书配套视频与资源
微信扫码，立即获取

图 3-361 切除法零件设计举例

（2）切除法零件设计实例

如图 3-361（b）所示的夹具体零件，下面首先分析其结构特点及设计思路，然后具体介绍其设计过程（注意切除法在该零件设计中的应用）。

根据零件整体结构特点，零件整体比较方正，然后在零件表面上有各种腔体及孔结构，应该使用切除法进行设计。首先创建如图 3-362 所示的基础结构作为毛坯，然后创建如图 3-363 所示的各种切除结构，最后创建如图 3-364 所示的各种细节结构。

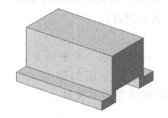

图 3-362 创建基础结构（毛坯）

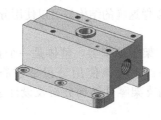

图 3-363 创建切除结构

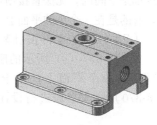

图 3-364 创建细节结构

夹具体零件结构分析及设计过程详细讲解请看随书视频。

3.5.5 分段法零件设计

（1）分段法零件设计概述

分析零件结构特点，如果零件结构是一个"不可分割的整体"，不好进行直接设计，像这种情况就需要对整体结构进行分段设计。

分段法就是将零件中的一些整体结构分割成若干个部分，然后一部分一部分地设计，最终将设计好的各部分拼接起来得到完整零件结构的一种方法。类似于船舶结构设计，直接设计和制造非常难以实现，所以在实际中，是将整体的船舶结构分割成一段一段来进行设计和制造的，如图 3-365 所示。船舶设计这个例子虽然说的是一个复杂的产品，但对于零件设计，这种方法依然适用。分段法经常用来设计整体结构不好直接设计的一些整体零件结构。

分段法零件设计的关键是先分析出零件中的一些整体结构，然后根据整体结构的特点进行正确的

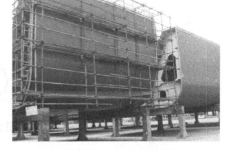

图 3-365 船体的分割与拼接设计与制造

分段并逐段进行设计，各段设计完成后再拼接得到完整的零件结构，分段法设计过程如图 3-366 所示。

第一步：分析整体结构　　　　第二步：对整体结构分段　　　　第三步：拼接分段结构

图 3-366　分段法设计过程

> **注意**：此处介绍的分段法与前面介绍的分割法很容易混淆。其实这两种方法有着本质的区别。分割法是对整个零件中相对独立相对集中的结构（还能继续分割为更小的特征结构）进行拆解，而分段拼接法是对零件中完整的零件结构（不能再继续分割为更小的特征结构）进行分段。

　　如图 3-367 所示的零件模型，这些零件其实都是一个整体，无法分割成其他的零件结构。从整体结构特点分析，这些零件都可以使用扫描方法进行设计，但是仔细观察发现这些零件的扫描轨迹都是空间的，无法直接创建得到。再从局部细节分析，发现其局部结构有的是规则的几何形状，有的是在一个小的平面上。所以像这样的结构就可以使用分段法进行设计。

　　（2）分段法零件设计案例

　　如图 3-367（a）所示的座椅支架零件模型，整体是一个扫描结构且不在一个平面上，但局部是在一个平面上，基于此特点，应该使用分段法进行设计，可以分成如图 3-368～图 3-370 所示的各段进行设计座椅支架零件结构分析及设计过程讲解请看随书视频。

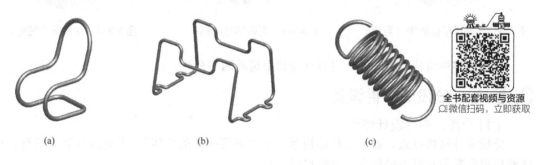

（a）　　　　　　　　　　（b）　　　　　　　　　　（c）

全书配套视频与资源
微信扫码，立即获取

图 3-367　分段法零件设计举例

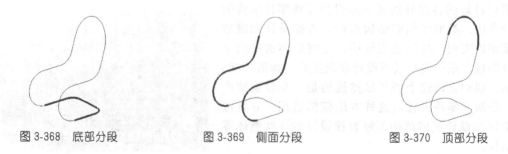

图 3-368　底部分段　　　　　图 3-369　侧面分段　　　　　图 3-370　顶部分段

3.5.6　混合法零件设计

　　（1）混合法零件设计概述

　　实际设计中，以上介绍的这五种设计方法往往并不是单独使用的，而是多种设计方法并行，多种设计方法并行的情况就是混合设计法。

混合法设计的关键是首先分析零件结构特点，找出其中适合不同设计方法的关键结构，然后综合考虑具体的设计方法及设计过程。

如图 3-371 所示的零件模型，从整体结构上分析，根据相对独立、集中的特点可以分割为不同的若干结构；从局部结构分析，均包括空间的扫描结构，就这些空间扫描结构来讲，需要使用分段方法进行设计。这些案例都可以使用混合方法进行设计。

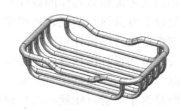

图 3-371　混合法零件设计应用举例

（2）混合法零件设计案例

如图 3-372 所示的弯管接头零件。首先分析零件结构，从零件整体结构来看，该弯管接头零件属于典型的分割零件类型，可以将其分割成如图 3-373 所示的三大零件结构——中间的弯管结构以及两端的圆形法兰结构，其中设计的关键是如图 3-374 所示的中间弯管结构。

中间正交弯管结构在整个零件中已经是一个独立的整体结构，不能再进行进一步的分割，同时该结构还属于典型的空间三维结构，不能采用常规的方法一次性得到，在这种情况下，就应该使用分段法对其进行分段处理。

图 3-372　弯管接头零件　　　　图 3-373　分割零件结构　　　　图 3-374　中间弯管结构

根据中间弯管结构特点，可以将其进行如图 3-375 所示的分段处理，然后使用扫描方法进行设计，考虑到设计的方便，在创建扫描轨迹时进行分段设计，如图 3-376 所示，然后使用两段扫描轨迹进行扫描得到中间弯管扫描。

弯管接头零件结构分析及设计过程详细讲解请看随书视频。

全书配套视频与资源
扫微信扫码，立即获取

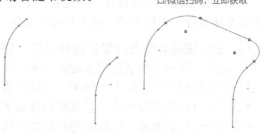

图 3-375　中间弯管结构分段　　　　　　　　　图 3-376　扫描轨迹分段

3.6 根据图纸进行零件设计

3.6.1 根据图纸进行零件设计概述

实际工作中，很多时候还需要我们根据工程图进行零件设计，这也是零件设计中比较简单的一种设计情形，因为我们不用去考虑很多具体的设计问题，直接根据图纸要求进行设计就可以了，所以这种设计的关键就是看懂设计图纸，否则很难完成零件设计。那么如何才算看懂设计图纸呢？这就需要从图纸所包含的设计信息说起。

一般情况下，一张标准合理规范的设计图纸重点要提供两大设计信息：一是零件中的尺寸标注信息；一是零件设计思路与设计顺序信息。对于前者很容易理解，我们根据图纸上标注的尺寸进行设计就可以了。但是对于后者可能就不太好理解了，为什么图纸还会提供设计思路与设计顺序信息呢？不仅如此，这也正是看懂图纸最重要的体现，图纸中的各种尺寸往往是根据零件设计思路进行标注的。先设计哪个结构，需要哪些尺寸标注，主要是按照这样的思路去标注的。所以只要看懂了图纸，看明白了这种设计思路与设计顺序信息，那么自然而然就知道这个零件是如何设计出来的了。很多人在根据图纸进行零件设计时都感到无从下手，其主要原因还是没有看懂设计图纸的这些信息。

当然，如果图纸并不是一张标准合理规范的图纸，其中的尺寸标注都是随心所欲标注的，丝毫不考虑设计思路与设计顺序问题，这也会对零件设计带来很大影响。所以根据图纸进行零件设计，也能从一个侧面检验图纸是否是一张标准、合理、规范的设计图纸。

所以反过来讲，在完成零件设计之后要出零件工程图，在我们设计的工程图中也应该体现零件设计思路与设计顺序信息，这也是一张标准、合理、规范的工程图所必须具有的设计信息，否则就说明设计的图纸存在很大问题。

实际上，很多人在设计零件工程图时，对于其中的尺寸标注总是感觉无从下手，根本搞不清楚应该在什么位置标注哪些尺寸，更不知道为什么要这样标注。其实关于工程图中如何标注尺寸，在机械制图中已经有了明确的规定。在实际设计中，如果能够体现具体的设计思路与设计顺序信息，那么我们设计的工程图将更加完美，更加标准与规范，也能够更好反映设计人员的设计能力及规范化标准化设计的能力！

3.6.2 根据图纸进行零件设计实例

如图 3-377 和图 3-378 所示的夹具支座零件工程图，这是同一个零件的两份工程图。根据这两份工程图中的设计信息均可以完成夹具支座的设计，但是在这两份工程图中一些细节结构的尺寸标注不一样，在具体设计时一定要根据这些尺寸标注反映的设计信息进行准确设计。下面具体介绍根据图纸进行夹具支座零件设计的分析思路及设计过程。

（1）分析图纸信息及设计思路

根据图纸进行零件设计。首先要根据图纸分析零件类型及主要结构特点，从以上提供的夹具支座零件工程图来看，该零件结构如图 3-379 所示。

注意：根据图纸进行零件设计之前，我们只有图纸资料，并没有实实在在的零件模型，这个零件模型是要我们根据零件图纸信息进行设计的，此处图 3-379 所示的零件结构在设计之前只存在于我们大脑中，这是在看懂图纸之后在我们大脑中形成的零件结构，根据这个零件结构可以判断夹具支座零件属于一般类型的零件，与前面小节介绍的基座零件属于同一类型的零件，可以使用分割法进行分析与设计。

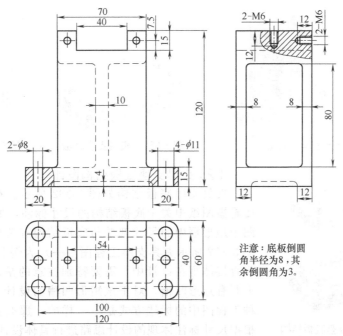

注意：底板倒圆
角半径为8，其
余倒圆角为3。

图 3-377　夹具支座零件工程图（一）

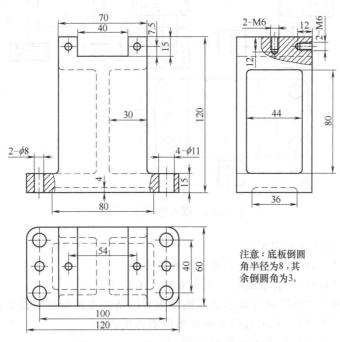

注意：底板倒圆
角半径为8，其
余倒圆角为3。

图 3-378　夹具支座零件工程图（二）

　　根据支座零件结构特点，可以将该零件分割成两大结构，也就是如图 3-380 所示的夹具支座底板结构及如图 3-381 所示的夹具支座主体结构，然后根据工程图中底板高度尺寸 15、支座零件总高度尺寸 120 这两个尺寸可以确定支座零件底板底面为整个零件设计基准面，而底板底面是属于底板结构的，因此，根据设计基准优先设计的原则，正确的设计思路应该是先设计支座底板结构，再设计支座主体结构，下面具体介绍设计过程。

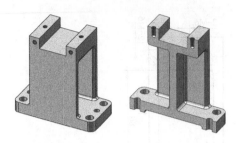

图 3-379　夹具支座零件结构

图 3-380　夹具支座底板

图 3-381　夹具支座主体

图 3-382　夹具支座底板结构

（2）夹具支座底板结构设计

夹具支座底板结构如图 3-382 所示。在具体设计时需要看懂图纸中关于底板结构的尺寸标注，如图 3-383 所示。图中矩形框中的尺寸都是与底板结构有关的尺寸［此处以图 3-377 所示夹具支座工程图（一）为例］，在设计中一定要直接体现在设计中。需要特别注意的是，在底板的底面上开有矩形凹槽，对于该矩形凹槽的设计，以上提供的两种工程图中的标注方式是不一样的，那么具体设计时需要根据尺寸标注体现的设计思路进行具体设计。

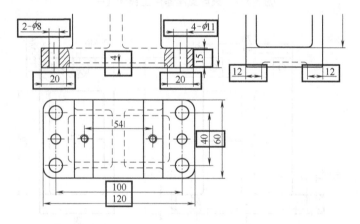

图 3-383　底板结构设计尺寸

图 3-383 中各尺寸含义说明如下：

① 主视图中"2-φ8"表示底板上两个销孔的直径；

② 主视图中"4-φ11"表示底板上四个安装孔的直径；

③ 主视图中两个"20"尺寸表示底板底面矩形凹槽长度两端与底板左右两侧面距离；

④ 主视图中尺寸"4"表示底板底面矩形凹槽深度值；

⑤ 主视图中尺寸"15"表示底板厚度值；

⑥ 左视图中两个"12"尺寸表示底板底面矩形凹槽宽度两端与底板前后两侧面距离；

⑦ 俯视图中尺寸"120"和尺寸"60"分别表示底板的长度和宽度；

⑧ 俯视图中尺寸"100"和尺寸"40"分别表示底板安装孔长度和宽度方向中心距。

步骤 1　创建如图 3-384 所示底板拉伸。创建底板拉伸需要从工程图中读取底板长度尺寸 120、宽度尺寸 60 和高度尺寸 15。选择"拉伸凸台/基体"命令，选择上视基准面为草绘平面，绘制如图 3-385 所示的拉伸截面草图（草图中尺寸 120 为底板长度、尺寸 60 为底板宽度），然后创建如图 3-386 所示底板拉伸，拉伸深度为 15。

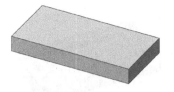

图 3-384　底板拉伸

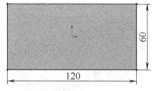

图 3-385　绘制底板拉伸草图

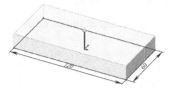

图 3-386　创建底板拉伸

步骤 2　创建如图 3-387 所示的底板倒圆角。创建底板倒圆角需要从工程图中读取底板倒圆角半径尺寸，工程图中有明确说明，底板倒圆角半径为 8。选择圆角命令，选择如图 3-388 所示的四角边线为圆角对象，设置圆角半径为 8。

步骤 3　创建如图 3-389 所示的底板安装孔。创建底板安装孔需要从工程图中读取底板安装孔长度和宽度方向中心距 100 和 40，还需要读取底板安装孔直径 11。

图 3-387　底板倒圆角

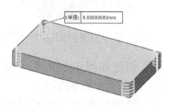

图 3-388　选择倒圆角边线

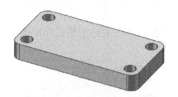

图 3-389　底板安装孔

① 首先创建如图 3-390 所示底板安装孔定位草图。选择底板顶面为草绘平面，绘制如图 3-391 所示的草图（草图中尺寸 100 为底板孔长度方向中心距，尺寸 40 为底板孔宽度方向中心距）。

② 接下来选择以上创建的任一草图点创建一个安装孔，孔直径为 11，深度方式为完全贯穿，然后将创建的孔按照草图点进行草图驱动阵列得到底板安装孔。

步骤 4　创建如图 3-392 所示的底板销孔。底板销孔位置比较特殊，正好处在底板安装孔宽度方向的中间位置，从工程图中读取销孔直径为 8。

图 3-390　底板安装孔定位草图

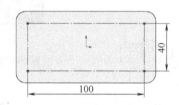

图 3-391　绘制底板安装孔定位草图

图 3-392　底板销孔

① 首先创建如图 3-393 所示底板销孔定位草图点。选择异形孔向导命令，选择底板顶面为打孔平面，绘制如图 3-393 所示的定位草图（草图中两个草图点正好在底板安装孔宽度方向的中间位置），孔直径为 8，深度方式为完全贯穿。

② 使用镜向命令将孔沿着右视基准面进行镜向得到另外一侧的销孔。

步骤 5　创建如图 3-394 所示的底板底面矩形凹槽结构。创建底板底面矩形凹槽需要从工程图中读取底板凹槽相关尺寸，包括前后方向的距离尺寸 12 和左右方向的距离尺寸 20，以及矩形凹槽四角圆角尺寸 8 和矩形凹槽底面圆角尺寸 3。

① 创建如图 3-395 所示的矩形凹槽拉伸切除。选择底板底面为草图平面，绘制如图 3-396 所示的矩形凹槽拉伸草图。草图中的尺寸根据工程图中给出的矩形凹槽相关尺寸进行标注，其中尺寸 12 表示矩形凹槽与底板前后方向的距离尺寸，尺寸 20 表示矩形凹槽与底

板左右方向的距离尺寸。然后创建如图 3-397 所示矩形凹槽拉伸切除，拉伸切除深度为 4（图纸上有明确的标注）。

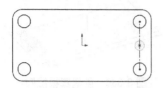

图 3-393　绘制底板销孔定位草图点

图 3-394　底板底面矩形凹槽

图 3-395　矩形凹槽拉伸切除（一）

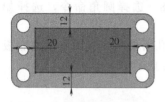

图 3-396　矩形凹槽拉伸草图

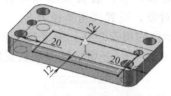

图 3-397　矩形凹槽拉伸切除（二）

图 3-398　矩形凹槽四角圆角

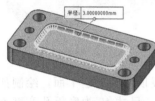

图 3-399　矩形凹槽底面圆角

② 创建如图 3-398 所示的矩形凹槽四角圆角，圆角半径为 8（工程图中有说明）。

③ 创建如图 3-399 所示的矩形凹槽底面圆角，圆角半径为 3（工程图中有说明）。

此处步骤 5 中介绍的底板矩形凹槽设计是按照如图 3-377 所示的夹具支座零件工程图（一）进行的设计。如果按照如图 3-377 所示的夹具支座零件工程图（二）进行设计，关键要读取如图 3-400 所示的矩形凹槽设计尺寸，此时设计方法也应做相应的调整：选择拉伸切除命令，选择前视基准面为草图平面，绘制如图 3-401 所示的矩形凹槽拉伸草图，创建如图 3-402 所示的矩形凹槽拉伸切除即可。

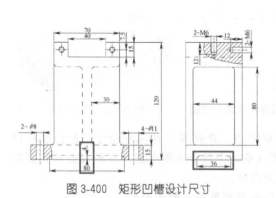

图 3-400　矩形凹槽设计尺寸

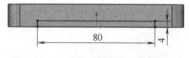

图 3-401　绘制矩形凹槽拉伸草图

图 3-402　创建矩形凹槽拉伸切除

（3）设计夹具支座主体结构

夹具支座主体结构如图 3-403 所示。在具体设计时需要看懂图纸中关于主体结构的尺寸标注，如图 3-404 所示。图中矩形框中的尺寸都是与主体结构有关的尺寸［此处以图 3-377 所示夹具支座工程图（一）为例］，在设计中一定要直接体现在设计中。需要特别注意的是主体中间的肋板结构设计，以上提供的两种工程图中的标注方式是不一样的，那么具体设计时需要根据尺寸标注体现的设计思路进行具体设计。

图 3-404 中各尺寸含义说明如下：

① 主视图中尺寸"70"表示主体左右方向宽度；

② 主视图中尺寸"40"表示主体顶部凹槽宽度；

③ 主视图中尺寸"15"表示主体顶部凹槽深度；

④ 主视图中尺寸"7.5"表示主体正面螺纹孔与顶部凹槽底面定位尺寸；

⑤ 主视图中尺寸"10"表示主体中间肋板厚度；

⑥ 主视图中尺寸"120"尺寸表示夹具支座零件总高度尺寸；

⑦ 左视图中两个"2-M6"尺寸表示夹具支座主体顶部及正面螺纹孔规格尺寸；

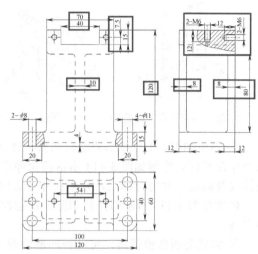

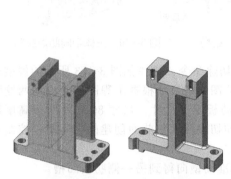

图 3-403　夹具支座主体结构　　　　　图 3-404　支座主体设计尺寸

⑧ 左视图中两个"12"尺寸表示夹具支座主体顶部及正面螺纹孔深度尺寸；

⑨ 左视图中两个"8"尺寸表示主体两侧肋板厚度；

⑩ 左视图中尺寸"80"尺寸表示夹具支座零件总高度尺寸；

⑪ 俯视图中尺寸"54"尺寸表示主体顶部螺纹孔左右方向中心距。

步骤 1　设计如图 3-405 所示的支座主体基础结构。设计支座主体基础结构需要从工程图中读取夹具支座主体总高度尺寸 120 及主体宽度尺寸 70。另外还要注意支座主体前后宽度与支座底板前后宽度一致。

① 创建如图 3-406 所示的支座主体高度基准面。选择基准面命令，选择上视基准面为参考面，向上偏移 120 得到支座主体基准面。

② 创建支座主体拉伸。选择拉伸凸台/基体命令，选择前视基准面为草图平面，绘制如图 3-407 所示的主体拉伸草图。草图中的尺寸根据工程图中给出的主体相关尺寸进行标注，其中尺寸 70 表示主体左右宽度尺寸，草图顶部与前面创建的支座主体高度基准面平齐。然后创建如图 3-408 所示的支座主体拉伸。

  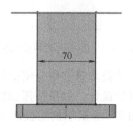

图 3-405　支座主体基础结构　　　图 3-406　支座主体高度基准面　　　图 3-407　绘制主体拉伸草图

步骤 2　设计如图 3-409 所示的肋板结构。肋板结构的设计需要从工程图中读取关于肋板相关尺寸，中间肋板厚度为 10，两侧肋板厚度为 8，肋板高度为 80，除此之外还需要设计相关倒圆角结构。

① 创建如图 3-410 所示的主体中间肋板控制草图。选择草绘命令，选择前视基准面为草图平面，绘制如图 3-411 所示的主体中间肋板控制草图。草图中的尺寸根据工程图中给出的中间肋板宽度尺寸进行标注，其中尺寸 10 表示中间肋板宽度尺寸。为了使草图全约束，约束草图顶部与前面创建的支座主体高度基准面平齐。

图 3-408　创建支座主体拉伸

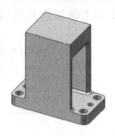

图 3-409　中间肋板结构

图 3-410　主体中间肋板控制草图

② 创建如图 3-412 所示的肋板凹槽。选择拉伸切除命令，选择如图 3-413 所示的模型表面为草图平面，绘制如图 3-414 所示的拉伸草图。草图中的尺寸根据工程图中给出的两侧肋板厚度及高度尺寸进行标注，其中尺寸 8 表示两侧肋板厚度尺寸，尺寸 80 表示肋板高度尺寸。创建如图 3-415 所示的拉伸切除，注意控制拉伸切除深度与前面创建的中间肋板控制草图平齐。

③ 创建肋板凹槽镜向，将肋板凹槽沿着右视基准面镜向得到另一侧肋板凹槽。

④ 创建如图 3-416 所示的肋板凹槽四角圆角，圆角半径为 3（工程图中有说明）。

⑤ 创建如图 3-417 所示的肋板凹槽其余圆角，圆角半径为 3（工程图中有说明）。

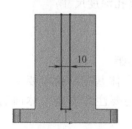
图 3-411　绘制主体中间肋板控制草图

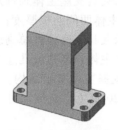
图 3-412　肋板凹槽

图 3-413　选择草图平面

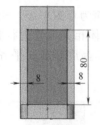
图 3-414　肋板凹槽拉伸草图

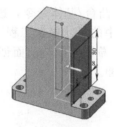
图 3-415　创建肋板凹槽拉伸切除

图 3-416　肋板凹槽四角圆角

此处步骤 2 中介绍的肋板凹槽设计是按照如图 3-377 所示的夹具支座零件工程图（一）进行的设计，如果按照如图 3-378 所示的夹具支座零件工程图（二）进行设计，关键要读取如图 3-418 所示的肋板凹槽设计尺寸，此时设计方法也应做相应的调整：选择拉伸命令，选择如图 3-413 所示的模型表面为草图平面，绘制如图 3-419 所示的肋板凹槽拉伸草图，创建如图 3-420 所示的肋板凹槽拉伸切除即可。

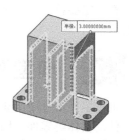

图 3-417　肋板凹槽根部圆角

步骤 3　创建如图 3-421 所示的顶部凹槽。选择拉伸切除命令，选择前视基准面为草图平面，绘制如图 3-422 所示的顶部凹槽拉伸草图。草图中的尺寸根据工程图中给出的两顶部凹槽尺寸进行标注，其中尺寸 40 表示凹槽宽度尺寸，尺寸 15 表示凹槽高度尺寸。创建如图 3-423 所示顶部凹槽拉伸切除（注意设置拉伸深度为两侧完全切除）。

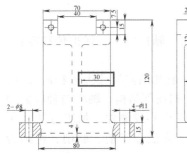

图 3-418　肋板凹槽设计尺寸

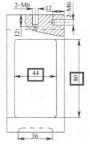

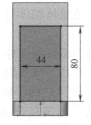

图 3-419　创建拉伸草图

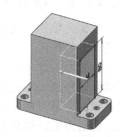

图 3-420　创建拉伸切除

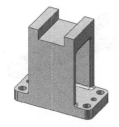

图 3-421　顶部凹槽

图 3-422　绘制顶部凹槽拉伸草图

图 3-423　创建顶部凹槽拉伸切除

步骤 4　设计如图 3-424 所示的主体正面及顶面螺纹孔。主体正面螺纹孔的设计需要从工程图中读取关于正面螺纹孔相关尺寸，两孔间距为 54，与顶部凹槽底面的尺寸为 7.5，螺纹孔规格为 M6，深度为 12，而且两孔关于右视基准面对称。

① 创建主体正面螺纹孔。选择异形孔向导命令，创建如图 3-425 所示的正面孔定位草图，类型为螺纹孔，孔规格为 M6，孔深度为 12，然后将孔沿着右视基准面镜向。

② 创建主体顶面螺纹孔。选择异形孔向导命令，创建如图 3-426 所示的顶面孔定位草图，类型为螺纹孔，孔规格为 M6，孔深度为 12，然后将孔沿着右视基准面镜向。

图 3-424　正面及顶面螺纹孔

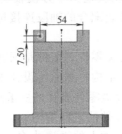

图 3-425　正面孔定位草图

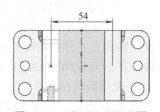

图 3-426　顶面孔定位草图

综上所述，根据图纸进行零件设计的关键是首先看懂图纸设计信息，具体设计思路及设计过程一定要符合图纸设计信息，如果图纸信息发生变化，设计思路及设计信息也应该做相应的调整。

3.7 典型零件设计

机械零件设计中主要包括四种类型的典型零件，分别是轴套类零件、盘盖类零件、叉架类零件及箱体类零件。因为这四种类型零件结构比较典型，所以其设计方法及考虑相对来讲也是比较固定的，我们只要掌握这些典型零件设计方法，就能够很好完成这些零件设计。本节主要介绍这四种典型零件设计方法与技巧。

3.7.1 轴套类零件设计

轴套类零件一般装在轴上或机体腔体孔中，起支承、导向、轴向定位、保护传动零件、传递动力等作用。

轴套类零件多数是由共轴的多段圆柱体、圆锥体构成，一般其轴向尺寸大于径向尺寸，根据设计和加工工艺要求，在各段上常有倒角、键槽、销孔、螺纹等结构，轴段与轴段之间常有轴肩、退刀槽、砂轮越程槽等结构。轴类零件的毛坯多是棒料或锻件，加工方法以车削、磨削为主。轴套类零件的毛坯多是管筒件或铸造件，加工方法以车削、磨削、镗削为主。图3-427所示的是常见轴套类零件。

图 3-427　常见轴套类零件

（1）轴套类零件结构特点分析

欲设计轴套类零件，首先要分析轴套类零件结构特点。轴套类零件不同于前面章节介绍的任何一种一般类型的零件，所以不能使用一般零件设计方法进行设计。轴套类零件属于机械设计中的一种典型零件，一般可以划分为四大结构。

① 轴套主体结构　轴套主体结构是轴套零件的基础结构，就是将轴套上所有细节去掉之后的结构，轴套类零件上的其余结构都是在这个主体结构基础上设计的。

② 轴套沟槽结构　轴套沟槽结构包括各种回转沟槽、退刀槽等。

③ 轴套附属结构　轴套附属结构包括各种键槽、花键、切口、内外螺纹等结构。

④ 轴套修饰结构　轴套修饰结构就是为了方便轴套零件与其他零件安装配合而设计的倒角结构及圆角结构，一般需要在安装配合的轴段连接位置设计。

（2）轴套类零件设计思路

分析轴套类零件结构特点。轴套类零件一般都是回转类零件，在设计中首先使用旋转命令设计轴套类零件的主体结构及沟槽结构，然后再设计轴套类零件上的其他附属结构及修饰结构。在SOLIDWORKS中进行轴套类零件设计的一般思路如下：

① 使用旋转凸台命令设计轴套零件的主体结构；

② 使用旋转切除命令设计轴套零件上的沟槽结构；

③ 使用合适工具设计轴套上其他附属结构；

④ 使用倒斜角或倒圆角命令设计轴套零件上的修饰结构。

（3）轴套类零件设计要求及规范

轴套类零件设计不仅要注意轴套类零件结构要求，更要注意轴套类零件内在要求及规范。下面主要介绍一下轴套类零件设计过程中一定要注意的内在设计要求及规范。

① 主体结构设计要求及规范　轴套类零件一般都是回转零件，在设计中首先使用旋转凸台基体命令设计轴套类零件的主体结构。在绘制轴套类零件主体结构旋转截面时要特别注意以下几点：

首先，在没有特殊说明的情况下，一般是在主视图（SOLIDWORKS 软件中的前视基准面）上绘制旋转截面，方便以后出工程图，因为在机械制图中轴套零件主视图是非常重要的视图，反映轴套零件主体结构。

其次，在机械制图中，轴套零件的主视图一般都是沿轴线水平放置的（特殊情况例外），所以在草绘环境中绘制的轴套截面也应该按照水平方向绘制，如果竖直绘制或者采用其他方位绘制不符合机械制图关于轴套零件工程图的标准规范。

第三，对于轴套类零件设计基准的确定，如果没有比较明确的设计基准或特殊说明，都是取轴套零件总长的中点作为其设计基准。

最后，绘制轴套类零件主体结构旋转截面时，轴套类零件各段轴径一定要直接标注直径值，不能标注轴的半径值，否则不符合轴套零件工程图尺寸标注要求及规范。

另外，轴套零件主体结构中各段的长度要根据具体要求进行计算，千万不要随便设计，特别是涉及与其他轴套上附属零件安装时，一定要保证符合安装尺寸要求，如轴零件上与轴承安装的轴段，轴段长度一般要小于或等于安装轴承的宽度值。

② 沟槽结构设计要求及规范　轴套零件上往往有各种沟槽结构，如回转沟槽、退刀槽等，这些沟槽主要作用如下。

a. 首先，方便加工过程中加工刀具从轴上退出，确保已加工结构的安全。例如在已加工好的轴段上还需要加工螺纹结构，就需要在加工螺纹结构之前，先在轴段上加工退刀槽，再去加工螺纹，此时加工螺纹的刀具就能够方便地从退刀槽位置退出加工，同时确保其他已加工结构的安全。

b. 其次，沟槽结构方便轴套类零件与其他轴套上零件（如齿轮、带轮、轴承等）之间的安装配合，保证安装精度要求，所以凡是涉及要与轴套上零件安装配合的轴段，都要设计相应的沟槽结构。

在实际轴套类零件设计中，沟槽结构很容易与轴套类主体结构搞混淆，所以很多人会错误地将轴套上的沟槽结构与轴套主体结构一块进行设计，这样能够一次性完成轴套主体与沟槽的设计，看似很简便高效，但是存在很多实际问题，所以在实际设计时一定要注意以下 3 个方面：

a. 首先，将轴套主体结构与沟槽一块进行设计会使回转截面草图更加复杂，这不符合零件设计中简化草图的设计原则。

b. 其次，从轴套设计与工艺来讲，轴套主体结构与沟槽结构属于不同结构工艺，在加工过程中使用不同的车刀进行加工，对其进行分开设计，符合对轴套加工工艺的理解。

c. 最后，这些沟槽结构属于轴套上比较细微的特征，在结构分析中应该进行简化，如果将沟槽与轴套主体结构一起设计会影响轴套类零件简化与结构分析。

基于以上原因，在轴套类零件设计中应该将轴套上沟槽结构与轴套主体结构进行分步设计，一般是先设计轴套主体结构，再设计轴套上的沟槽结构。

③ 附属结构设计要求及规范　轴套类零件上附属结构主要包括键槽、花键、螺纹以及各种孔结构，一定要注意这些附属结构标准化设计要求及规范。

下面以键槽设计为例，因为键槽位置将来要安装键零件，而所有的键都属于标准件，其具体尺寸都已经标准化了，一定要根据标准选用。如果不按标准进行设计，将来在安装键零件时找不到合适键零件，会影响整个产品设计。

另外，在绘制键槽截面时（以长圆形键槽为例），需要绘制一个长圆形截面，在进行标注时，一定要标注长圆形的宽度值，标注长圆形圆弧半径是不规范的，因为此处的长圆形宽度就是键槽的宽度值。

最后是键槽的定位尺寸，这个取决于整个轴套零件的尺寸基准，一般要从尺寸基准处开始标注。

④ 修饰结构设计要求及规范　修饰结构主要包括倒角与圆角。轴套类零件上的一些轴段需要安装各种轴上附属结构，如轴承、轴套等，为了方便之后在轴套上安装这些附属结构，需要在配合的轴段位置设计合适的倒角与圆角，方便安装导向，实现精确安装。

这些修饰结构的设计与前面介绍的沟槽结构设计类似，不要与轴套主体一起设计，主要考虑还是简化草图的原则以及方便以后在结构分析中进行结构简化。

（4）轴套类零件设计实例

如图 3-428 所示是一轴零件的设计图纸，根据该设计图纸，完成轴零件的结构设计，在设计中注意轴零件设计思路及典型结构的设计。

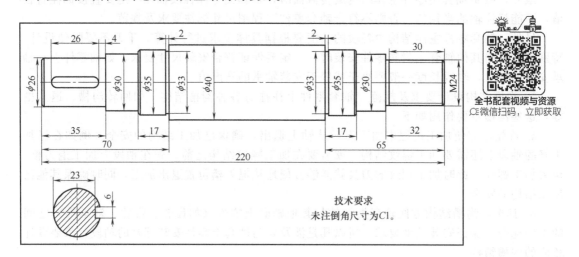

图 3-428　轴零件设计图

根据轴结构特点及前面介绍的轴设计思路，要完成该轴的设计，首先需要设计轴主体结构（轴主体就是轴的基础结构，一般就是将轴上沟槽、附属结构及倒角全部简化后的光轴结构，需要按照轴图纸信息标注各段轴长度及直径尺寸）；然后设计轴上沟槽结构，一共两处沟槽，沟槽宽度为 2，沟槽直径为 33；接着设计轴上附属结构，包括左端的键槽和右端的螺纹，左端键槽尺寸为 26×6，定位尺寸为 4，右端螺纹规格为 M24×30；最后设计轴上倒角结构，所有倒角尺寸为 C1。具体设计过程请参看随书视频。

3.7.2　盘盖类零件设计

盘盖类零件的基本形状为扁平的盘状结构，其主要结构为多个回转体，直径方向尺寸一般大于轴向尺寸，为了与其他结构连接，结构中一般包括一些凸台结构及圆周分布的孔结构。盘盖类零件的毛坯一般为铸件、锻件，然后经过车削加工、磨削加工形成最终的形状，如图 3-429所示的是常见盘盖类零件。

图 3-429　常见盘盖类零件

（1）盘盖类零件结构特点分析

欲设计盘盖类零件，首先要分析盘盖类零件结构特点。盘盖类零件不同于前面章节介绍的任何一种一般类型的零件，所以不能使用一般零件设计方法进行设计。盘盖类零件属于机械设计中的一种典型零件，一般可以划分为三大结构：

① 盘盖主体结构　盘盖主体结构就是盘盖类零件的基础结构，就是将盘盖上所有细节去掉之后的结构，盘盖零件上的其余结构都是在这个主体结构基础上设计的。

② 盘盖附属结构　盘盖类零件附属结构主要包括各种凸台、切口、孔等结构。

③ 盘盖修饰结构　盘盖类零件修饰结构就是为了方便盘盖类零件与其他零件安装配合而设计的倒角结构及圆角结构。

（2）盘盖类零件设计思路

分析盘盖类零件结构特点。盘盖类零件一般都是回转类零件，在设计中首先使用旋转凸台命令设计盘盖类零件的主体结构，然后再设计盘盖类零件上的其他附属结构及修饰结构。在 SOLIDWORKS 中进行盘盖零件设计的一般思路如下：

① 使用旋转凸台命令设计盘盖类零件的主体结构；

② 使用合适工具设计盘盖上的附属结构；

③ 使用倒圆角或倒斜角命令设计盘盖类零件上的圆角及倒角结构。

（3）盘盖类零件设计要求及规范

盘盖类零件设计不仅要注意盘盖类零件结构要求，更要注意盘盖类零件设计要求及规范。下面主要介绍一下盘盖类零件设计过程中一定要注意的设计要求及规范。

① 主体结构设计要求及规范　盘盖类零件主体多为回转结构，在绘制盘盖类零件主体旋转截面时要特别注意，虽然在机械制图中对于盘盖类零件的主视图没有严格的要求，但是确定主视图放置一定要从多个方面（如工作方位、放置与安装方位、图纸幅面等）综合考虑，一般都是沿轴线水平放置的，所以在草绘环境中绘制的盘盖主体旋转截面时，如果没有特殊的考虑，也应该按照水平方向绘制（跟轴套类零件设计类似）。

另外，对于结构复杂的而且带中间腔体的盘盖类零件，在设计盘盖主体结构时，一般将盘盖中间腔体与盘盖主体分开设计，主要考虑就是简化草图原则，提高设计效率。

② 附属结构设计要求及规范　盘盖类零件中比较常见的一种附属结构就是圆周孔结构。一般圆周孔包括均匀分布圆周孔和非均匀圆周孔两种类型。为了规范高效地进行圆周孔设计，需要特别注意这两种圆周孔设计要求及规范。

a. 非均匀分布圆周孔设计。首先选择合适的打孔平面绘制圆周孔定位草图点，然后选择任一定位草图点创建第一个圆周孔，最后使用草图驱动阵列方式将第一个圆周孔按照定位草图点进行阵列，类似于前面章节介绍的基座零件中底板孔的设计。

b. 均匀分布圆周孔设计。这种均匀分布圆周孔在 SOLIDWORKS 直接使用圆周阵列即可，但是要注意阵列参数的正确设置，方便后期修改。

对于盘盖类零件中其他的附属结构，按照一般结构设计要求及规范进行设计即可。

（4）盘盖类零件设计实例

如图 3-430 所示的是法兰盘零件的设计图纸，需要根据该设计图纸，完成法兰盘零件的结构设计，在设计中注意盘盖类零件设计思路、设计方法。

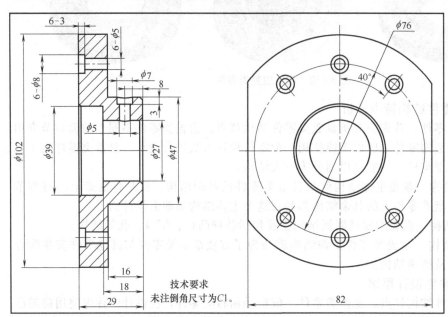

全书配套视频与资源
微信扫码，立即获取

图 3-430　法兰盘零件设计图纸

根据盘盖类零件结构特点及前面介绍的盘盖类零件设计思路，要完成该法兰盘的设计，首先需要设计法兰盘主体结构（法兰盘主体就是法兰盘的基础结构，将法兰盘上两侧切除结构、圆周孔及倒角结构全部去掉后的简化结构）；然后设计法兰盘上附属结构［包括法兰盘两侧切除结构（两侧切除宽度为 82）及圆周孔结构（一共六个沉头孔）］；最后设计法兰盘上倒角结构（所有倒角尺寸为 C1），具体设计过程请参看随书视频。

3.7.3　叉架类零件设计

叉架类零件主要起连接与支承固定作用，如发动机连杆就是连接发动机活塞与曲轴的典型叉架类零件。各种管线支架、轴承及轴支架都是起支承固定作用的叉架类零件。叉架类零件的使用强度及刚度要求比较高，所以其结构中经常有各种肋板、梁等结构，肋板、梁的截面形状有工字形、T 形、矩形、椭圆形等，其毛坯多为铸件、锻件，要经过多种机械加工工序制成。如图 3-431 所示是常见叉架类零件。

图 3-431　常见叉架类零件

（1）叉架类零件结构特点分析

欲设计叉架类零件，首先要分析叉架类零件结构特点。叉架类零件形状结构变化灵活，没有比较固定的结构特点，绝大部分叉架类零件类似于前文介绍的一般类型零件（特别是分割类零件），但是不能单纯按照一般类型零件设计方法进行设计，为了规范高效地进行叉架类零件的设计，一般按照叉架类零件功能进行结构划分。叉架类零件包括以下主要结构：

① 定位结构　叉架类零件中经常会包含各种定位结构，这些定位结构就是为了从不同角度方位对结构进行固定，这些定位结构也是叉架类零件设计的基础与关键。

② 连接结构　连接结构作用就是将各种定位结构连接起来形成一个整体零件。

③ 附属结构　附属结构作用就是增强叉架类零件结构强度并完善叉架类零件功能，需要特别注意的是，附属结构对于叉架类零件来讲不是必须的，根据具体需要确定其设计。

④ 修饰结构　修饰结构主要是叉架类零件上的各种倒角及圆角结构。

（2）叉架类零件设计思路

因为叉架类零件形状结构变化灵活，没有比较固定的结构特点，所以在具体设计中对于设计工具的选择是非常灵活的，在SOLIDWORKS中进行叉架类零件设计的一般思路如下：

① 首先使用合适的工具设计叉架类零件定位结构；

② 然后使用合适工具设计叉架连接结构；

③ 根据需要使用合适工具设计叉架附属结构；

④ 最后使用倒圆角或倒斜角命令设计叉架类零件上的圆角及倒角结构。

（3）叉架类零件设计要求及规范

叉架类零件设计不仅要注意叉架类零件结构要求，更要注意叉架类零件内在设计要求及规范，下面主要介绍一下叉架类零件设计过程中一定要注意的内在设计要求及规范。

① 定位结构设计要求及规范　设计叉架类零件首先一个问题就是其设计方位（定位）的问题，因为支承类型的零件在工作中主要起连接及支承作用，其工作位置一般由与其相连接的零件确定，没有比较固定的放置方位，在设计中一般采用其实际的工作位置来放置即可。

叉架类零件设计中的结构位置关系非常重要，为了保证这些重要的位置定位关系，保证将来在装配中能够符合装配的位置要求，要灵活使用各种基准特征辅助完成设计。

② 附属结构设计要求及规范　叉架类零件中典型结构主要包括加强筋结构。在SOLID-WORKS中提供了两种加强筋设计工具，一种是轮廓筋，另一种是网格筋，需要根据具体结构特点，确定使用哪种工具来进行设计。有时还会使用扫描等特殊方式进行加强筋结构的设计。

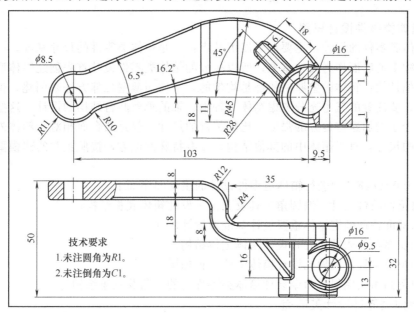

图 3-432　连接臂零件图纸

（4）叉架类零件设计实例

如图 3-432 所示的连接臂零件设计图纸，根据该设计图纸设计连接臂零件。设计前仔细分析具体的设计思路，在设计中注意充分考虑零件的放置及定位，还有结构与结构之间的位置定位关系，另外还要注意结构中加强筋的设计。

全书配套视频与资源
微信扫码，立即获取

根据叉架类零件结构特点及前面介绍的叉架类零件设计思路，要完成该连接臂的设计，首先需要设计连接臂右侧的定位结构，这是整个零件设计的基础，也是关键。这个定位结构主要由两个不同方向的圆柱筒体交叉连接构成。完成该定位结构设计后再设计连接结构，也就是零件中左侧的弯臂结构。这种弯臂结构是 S 形弯臂，可以使用拉伸凸台和拉伸切除方法来设计。最后是连接臂中的加强筋辅助结构及修饰结构的设计。具体设计过程请参看随书视频。

3.7.4 箱体类零件设计

箱体类零件一般起支承、容纳、定位和密封等作用。一般箱体类零件的内外结构形状比较复杂，其上常有空腔、轴孔、内支承壁、肋板、凸台、大小各异的孔等结构，如图 3-433 所示，箱体类零件毛坯多为铸件，需经各种机械加工。

箱体类零件是典型零件中结构最复杂的一种，要考虑的具体问题比较多，包括设计顺序、典型细节设计方法与技巧，还要特别注意设计效率等。

图 3-433　常见箱体类零件

（1）箱体类零件设计思路

对于箱体类零件的设计，主要注意以下几点：一是箱体类零件的尺寸基准，一般都是以箱体底座结构上的底面作为尺寸基准，所以一般的箱体类零件设计首先创建箱体底座，然后创建箱体其他结构；箱体的壁厚一般都是均匀的，常使用薄壁拉伸方法来创建，保证壁厚均匀性；另外，要注意的就是充分考虑箱体上轴承、轴的承载凸台结构的设计，这些结构在箱体设计中是为了增加这些地方的强度，比较关键的尺寸一般是凸台面相对于箱体外表面以及箱体内表面的尺寸，对于箱体中的其他结构，没有特殊的地方，按照正常的建模要求来创建就可以了。

在 SOLIDWORKS 中进行箱体类零件设计的主要顺序如下：

① 使用拉伸凸台工具、倒圆角工具及孔工具设计箱体底板结构；

② 使用基准特征确定箱体重要设计基准及设计尺寸；

③ 使用加厚拉伸或抽壳方式设计箱体主体结构；

④ 使用拉伸工具及圆周孔设计箱体中的各种加厚凸台结构；

⑤ 使用倒圆角或倒斜角命令设计箱体类零件上的圆角及倒角结构。

（2）箱体类零件设计关键点

箱体类零件设计关键是各种结构形位尺寸的设计，主要包括以下两点：

① 箱体高度尺寸设计　合理选择箱体高度设计基准，一般是选择箱体底座底面为整个箱体设计基准，然后以该设计基准设计箱体高度即可直接得到箱体高度尺寸。

② 箱体表面凸台尺寸设计　一般会设计一个草图来控制箱体中凸台的主要设计尺寸，同时方便尺寸的修改。另外也可以先创建好控制尺寸的设计基准，然后根据这些设计基准来设计相应的结构。

（3）箱体类零件典型结构设计

箱体类零件的结构设计主要包括以下典型结构的设计，在具体设计过程中一定要注意相关的设计规范，才能正确设计箱体类零件。

① 箱体类零件的放置定位一般很好确定，箱体底板结构放置在水平面上，也就是上视基准平面，然后依次在箱体底板上叠加设计箱体其余结构。

② 箱体底座的设计要考虑箱体安装平稳性问题，所以箱体底座底面一般都不设计成大平整面，要设计成沟槽结构，按照"小面接触代替大面接触"的原则进行设计，特别是体型尺寸比较大的箱体更应该采用这种思路去设计。

③ 箱体均厚这一结构特点主要有两种方法进行设计：一种是用薄壁拉伸的方式进行设计；另外一种就是用抽壳方式进行设计。前者适用于绝大部分箱体的设计，后者主要用于整体式箱体结构的设计，有时还要考虑使用多个实体方式进行创建。

④ 对于箱体主体的设计还要注意箱体"底部"和"顶部"的设计。箱体"底部"一般要比其他位置厚，保证箱体底部及根部的强度。箱体"顶部"一般要考虑与箱盖的安装配合问题，需要设计相应的安装孔及定位销孔的设计。

（4）箱体类零件设计实例

如图 3-434 所示的齿轮箱零件设计图纸，根据该设计图纸设计齿轮箱零件，设计前仔细分析具体的设计思路，在设计中注意充分考虑零件的放置及定位，特别是箱体主体及箱体周

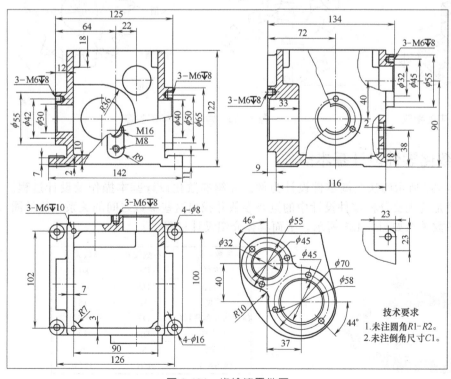

全书配套视频与资源
微信扫码，立即获取

图 3-434　齿轮箱零件图

边各种凸台结构的设计。

　　根据齿轮箱零件结构特点及前面介绍的箱体类零件设计思路，要完成该齿轮箱的设计，首先需要设计箱体底板结构，然后在箱体底板基础上创建箱体主体结构，注意箱体底部与顶部的设计；然后设计箱体四周的各种凸台结构，虽然凸台结构比较多，但是大概的形状都差不多，关键要注意各凸台的准确位置，这种情况下可以先创建必须的关键基准面以确定凸台准确位置；最后设计各种修饰结构，包括倒圆角及倒角，具体设计过程请参看随书视频。

3.8　参数化零件设计

　　零件设计中需要定义大量的尺寸参数，如图 3-435 所示，但是一般零件设计中的参数都是彼此独立的，并不存在参数关联，如果需要对零件进行修改与改进，需要对其中的每个参数单独进行修改，修改效率低而且容易出错。

　　实际上零件设计中的很多参数是存在一定参数关联的，特别是对于一些特殊的零件设计，如齿轮零件设计、管道零件设计等，参数和参数之间往往存在一些联系。如图 3-436 所示的齿轮设计中的参数，其中齿顶圆、分度圆及齿根圆直径都是根据提供的齿轮模数、齿数及压力角等参数计算出来的，像这种零件的设计就必须要考虑这些参数之间的关联，就需要用到参数化设计方法。本小节主要介绍参数化设计操作及设计案例，帮助读者全面理解并掌握参数化零件设计。

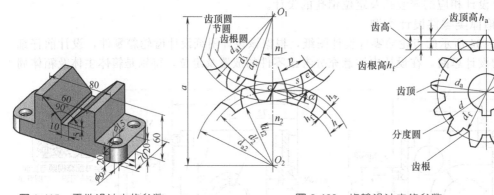

图 3-435　零件设计中的参数　　　　　　　　图 3-436　齿轮设计中的参数

3.8.1　参数化零件设计基本操作

　　下面以如图 3-437 所示的法兰圈零件设计为例。介绍参数化设计基本操作及设计过程。参数化设计的关键是首先要分析零件设计中的重要参数并找出这些参数之间的关系，法兰圈零件模型参数及参数关系如图 3-438 所示，下面具体介绍设计过程。

参数名称	参数代号	参数关系
内径	D1	80
外径	D2	150
厚度	H	15
圆周孔分布圆直径	D3	(D1+D2)/2
孔直径	DH	12
孔个数	N	6
倒角尺寸	CH	H/10

图 3-437　法兰圈零件设计　　　　　　　图 3-438　法兰圈零件模型参数及参数关系

（1）定义模型参数及参数关系

参数化设计的第一步是根据零件参数及参数关系在 SOLIDWORKS 中定义参数及参数关系，选择下拉菜单"工具"→"方程式"命令，系统弹出"方程式、整体变量、及尺寸"对话框，在该对话框中定义零件参数及参数关系，如图 3-439 所示。

完成参数及参数关系定义后，在模型树中会显示如图 3-440 所示的"方程式"节点，在该节点中显示定义的参数及参数结果，非常直观。

图 3-439　"方程式、整体变量、及尺寸"对话框　　　　图 3-440　方程式节点

（2）创建零件并进行参数关联

完成参数及参数关系定义后，接下来可以创建零件模型。在创建模型的过程中将模型参数与前面定义的参数进行关联。

步骤 1　新建零件文件，零件名称为法兰圈。

步骤 2　创建如图 3-441 所示的拉伸凸台。本步骤拉伸凸台关系到法兰圈零件的内径、外径和厚度，在创建中需要关联法兰圈的内径 D1、外径 D2 和厚度 H 三个参数。

① 创建初步的拉伸截面草图。选择"拉伸凸台/基体"命令，选择上视基准面创建如图 3-442 所示的拉伸截面草图（草图中的两个圆任意绘制即可）。

② 关联内径参数。在草图中双击表示内径的小圆直径，系统弹出"修改"对话框，在文本框中输入"="，然后在下拉列表中选择如图 3-443 所示的"全局变量"→"D1（80）"，表示将此处的直径值与 D1 参数进行关联，结果如图 3-444 所示，单击"修改"对话框中的 ✓ 按钮，完成参数关联，结果如图 3-445 所示。

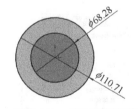

图 3-441　创建拉伸凸台　　　　图 3-442　拉伸截面草图　　　　图 3-443　关联参数

③ 关联外径参数。参照上一步操作对拉伸截面草图中表示外径的大圆直径进行参数关联，使其与 D2 进行参数关联，结果如图 3-446 所示。

④ 关联厚度参数。完成拉伸截面草图中内径和外径参数的关联后退出草图环境，系统弹出"凸台-拉伸"对话框，在该对话框中的深度文本框中输入"="，选择厚度参数 H 进行关联，如图 3-447 所示，关联结果如图 3-448 所示。

步骤 3　创建如图 3-449 所示的孔。一般情况下创建孔结构需要使用"异形孔向导"命

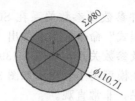

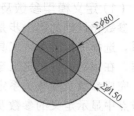

图 3-444　关联参数结果　　　　图 3-445　完成内径参数关联　　　　图 3-446　关联外径参数

令进行设计。考虑到参数关联，因为使用"异形孔向导"命令无法进行参数关联，所以此处使用"拉伸-切除"命令创建孔。本步骤孔结构关系到法兰圈零件的分布圆直径和孔直径，在创建中需要关联法兰圈的内径 D3 和孔直径 DH 两个参数。

图 3-447　关联拉伸深度参数　　　图 3-448　完成拉伸深度参数关联　　　图 3-449　创建孔

① 创建初步的拉伸切除截面草图。选择"拉伸切除"命令，选择"拉伸-凸台"上表面为草图平面，创建初步的切除拉伸截面草图。

② 关联参数。此处需要将草图中表示分布圆直径的构造圆直径与 D3 参数关联，然后将表示圆孔的圆直径与孔直径参数 DH 进行关联，结果如图 3-450 所示。

步骤 4　创建如图 3-451 所示的孔阵列。对上一步常见的拉伸切除孔进行阵列，需要将孔阵列个数与参数 N 进行关联，结果如图 3-452 所示。

步骤 5　创建如图 3-453 所示的倒角特征。选择如图 3-454 所示的模型边线创建倒角，然后将倒角尺寸与参数 CH 进行关联，结果如图 3-455 所示。

完成模型创建及参数关联后，在"方程式"对话框中显示完整的参数信息，结果如图 3-456

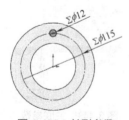

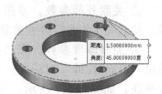

图 3-450　关联参数　　　　　　图 3-451　创建孔阵列　　　　　图 3-452　关联阵列个数参数

图 3-453　创建倒角

图 3-454　定义倒角参数

所示，对话框中"全局变量"区域中显示的是最开始定义的用户参数，"方程式"区域中显示的是模型参数与"全局变量"参数之间的关联关系。

图 3-455 关联倒角参数

图 3-456 全部参数信息

（3）验证参数化设计

完成参数化设计后，如果需要修改零件中的参数，可以直接在"方程式"对话框中修改，本例修改 D1、D2、DH 和 N 四个参数，如图 3-457 所示，完成参数修改后单击对话框中的"确定"按钮，模型会自动更新，结果如图 3-458 所示。

图 3-457 修改参数

图 3-458 修改结果

3.8.2 参数化零件设计实例

如图 3-459 所示的渐开线齿轮轴零件，其中齿轮主要参数如图 3-460 所示，齿轮轴其余尺寸参数如图 3-461 所示，下面具体介绍使用参数化方法进行齿轮轴零件设计。

全书配套视频与资源
ﾛ微信扫码，立即获取

图 3-459 齿轮轴

参数名称	参数代号	参数关系
齿数	Z	14
模数	M	3
压力角	A	20

图 3-460 齿轮主要参数

在 SOLIDWORKS 中进行渐开线齿轮设计的关键主要有两点：一个是齿轮参数之间的关联处理（使用"方程式"命令定义齿轮参数及参数关系）；另一个是渐开线绘制（使用草图环境中的"方程式驱动的曲线"命令来创建）。

在创建齿轮轴过程中，需要定义如图 3-462 所示的齿轮参数及关系，同时需要定义渐开线曲线方程如图 3-463 所示。关于齿轮轴具体设计过程请读者参看随书视频。

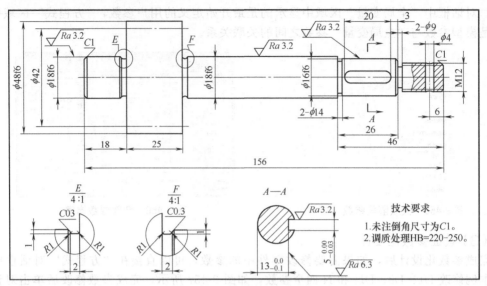

图 3-461　齿轮轴零件图纸

图 3-462　定义齿轮参数

图 3-463　定义渐开线参数

3.8.3　系列化零件设计

对于成系列的零件，如标准件、管道零件等，为了提高设计效率及使用效率，需要使用系列化设计方法进行设计。在 SOLIDWORKS 中进行系列零件设计首先需要根据系列尺寸表添加配置，然后使用设计表对系列配置进行管理。

下面以螺母座系列零件设计为例，详细介绍在 SOLIDWORKS 中进行系列化零件设计的一般过程。如图 3-464 所示是螺母座尺寸，如图 3-465 所示为螺母座系列参数。

本小节打开练习文件 ch03 part\3.8\螺母座进行练习。

（1）添加配置

根据图 3-465 所示的螺母座系列参数可知，螺母座系列中包括 LMZ-1、LMZ-2 和 LMZ-3 三个规格，在 SOLIDWORKS 中需要创建三个配置对这三个规格进行管理。

步骤 1　创建配置 1。在选项卡区中单击"ConfigurationManager"进入配置树，在配置树中显示默认配置，在配置树中显示系统默认配置，如图 3-466 所示；选中默认配置右键，在弹出的快捷菜单中选择"属性"命令，系统弹出如图 3-467 所示的"配置属性"对话框；修改配置名称为 LMZ-1，单击"配置属性"对话框中的 ✓ 按钮，完成第一个配置的创建，结果如图 3-468 所示。

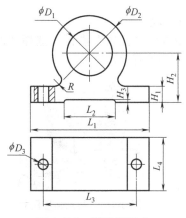

图 3-464 螺母座尺寸

参数名称	LMZ-1	LMZ-2	LMZ-3
L1	90	110	150
L2	38	45	60
L3	70	85	120
L4	40	45	55
D1	35	40	50
D2	56	65	80
D3	8	10	12
H1	12	15	20
H2	37	42	50
H3	2	3	4
R	5	7	9

图 3-465 螺母座系列参数

图 3-466 配置树

图 3-467 修改配置属性

图 3-468 完成第一个配置

步骤 2 创建配置 2。在配置树中选中"螺母座 配置"右键，在快捷菜单中选中"添加配置"命令，如图 3-469 所示；系统弹出"配置属性"对话框，修改配置名称为 LMZ-2，如图 3-470 所示；单击"配置属性"对话框中的 ☑ 按钮，完成第二个配置的创建，结果如图 3-471 所示。

图 3-469 添加配置

图 3-470 定义配置属性

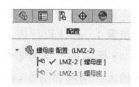

图 3-471 完成第二个配置

步骤 3 创建配置 3。在配置树中选中"螺母座 配置"右键，在快捷菜单中选中"添加配置"命令；系统弹出"配置属性"对话框，修改配置名称为 LMZ-3；单击"配置属性"对话框中的 ☑ 按钮，完成第三个配置的创建，结果如图 3-472 所示。

步骤 4 调整配置顺序。直接拖动配置调整配置顺序，该配置顺序就是将来系列零件设计表中的顺序，结果如图 3-473 所示。

（2）定义配置

完成配置创建后，需要按照系列参数表中的数据定义配置参数。

步骤 1 显示特征尺寸。为了方便定义配置，在模型树中选中"注解"右键，选择"显示特征尺寸"命令，此时在模型上显示所有特征尺寸，如图 3-474 所示。

图 3-472 完成第三个配置

图 3-473 调整配置顺序

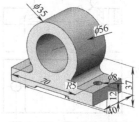

图 3-474 显示特征尺寸

步骤 2 定义第一个配置参数。在配置树中双击第一个配置 LMZ-1 以激活配置，表示编辑该配置，双击模型中的特征尺寸（如 35），系统弹出"修改"对话框，在对话框中不做任何修改，在文本框后面的下拉列表中选择"此配置"选项，如图 3-475 所示，表示将当前尺寸值设置到当前激活的配置中。参照这种方法将所有特征尺寸参数均设置到当前配置中。

步骤 3 定义第二个配置参数。在配置树中双击第二个配置 LMZ-2 以激活配置，按照螺母座系列中的第二列数据修改模型中的所有特征尺寸，如图 3-476 所示，然后在文本框后面的下拉列表中选择"此配置"选项，将当前修改尺寸值设置到激活配置中。

步骤 4 定义第三个配置参数。在配置树中双击第三个配置 LMZ-3 以激活配置，按照螺母座系列中的第三列数据修改模型中的所有特征尺寸，如图 3-477 所示，然后在文本框后面的下拉列表中选择"此配置"选项，将当前修改尺寸值设置到激活配置中。

图 3-475 "修改"对话框

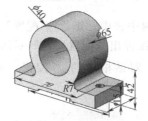

图 3-476 修改配置二结果

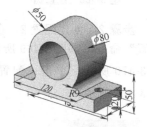

图 3-477 修改配置三结果

（3）插入设计表

完成配置定义后，接下来插入设计表对所有配置进行管理。

步骤 1 插入设计表。选择下拉菜单"插入"→"表格"→"设计表"命令，系统弹出如图 3-478 所示的"系列零件设计表"，采用系统默认设置，单击对话框中的 ✔ 按钮，完成设计表插入，结果如图 3-479 所示。

步骤 2 设置文本格式。默认插入的设计表中没有显示尺寸值，需要设置文本格式，在设计表左上角单击鼠标右键，系统弹出如图 3-480 所示的"单元格格式"对话框，在对话框中选中"数字"选项卡，在"分类"列表中选择"文本"对象，单击"确定"按钮完成设置，结果如图 3-481 所示。

（4）编辑设计表

完成设计表插入后，往往需要根据表格规范性要求对设计表进行必要的编辑操作。

步骤 1 删除"颜色"列。在设计表中选中"颜色"列（C 列），单击鼠标右键，在弹出的快捷菜单中选择"删除"命令，将"颜色"列删除，结果如图 3-482 所示。

图 3-478 "系列零件设计表"对话框

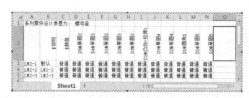

图 3-479 插入设计表

图 3-480 "单元格格式"对话框

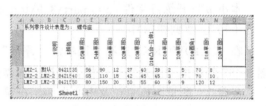

图 3-481 设置文本格式

步骤 2 插入"代号"行。为了将设计表中数据与参数表中的数据对应,便于查看与管理,需要插入代号行。在设计表中选中第 2 行,单击鼠标右键,在弹出的快捷菜单中选择"插入"命令,在表格中插入行,然后在对应列中输入尺寸代号,结果如图 3-483 所示。

图 3-482 删除"颜色"列

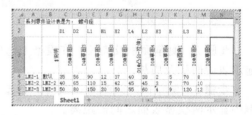

图 3-483 插入尺寸代号

步骤 3 隐藏"说明"行。在设计表中选中"说明"行(第 3 行),单击鼠标右键,在弹出的快捷菜单中选择"隐藏"命令,将"说明"行隐藏,结果如图 3-484 所示。

完成设计表创建后,在图形区空白位置单击,结束设计表创建,此时在配置树中显示创建的"系列零件设计表",结果如图 3-485 所示。如果需要重新编辑设计表,在配置树中选中"系列零件设计表",单击鼠标右键,选择"编辑表格"命令,可以重新编辑设计表。

在设计表中输入新的参数,模型会根据新参数进行更新,得到新规格的零件模型,读者可根据随书视频讲解自行操作,此处不再赘述。

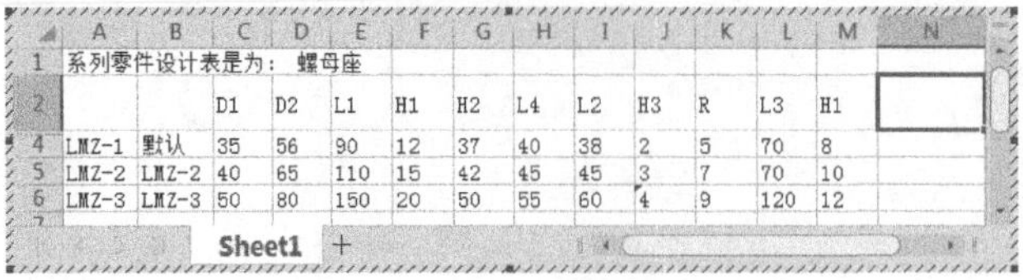

▲	A	B	C	D	E	F	G	H	I	J	K	L	M	N
1	系列零件设计表是为:			螺母座										
2			D1	D2	L1	H1	H2	L4	L2	H3	R	L3	H1	
4	LMZ-1	默认	35	56	90	12	37	40	38	2	5	70	8	
5	LMZ-2	LMZ-2	40	65	110	15	42	45	45	3	7	70	10	
6	LMZ-3	LMZ-3	50	80	150	20	50	55	60	4	9	120	12	

Sheet1 +

图 3-484　隐藏"说明"行　　　　　　　　　　图 3-485　完成系列零件设计表

3.9 零件设计后处理

零件设计完成后考虑到后续工作的方便，一般需要对模型做必要的后处理操作。零件设计后处理操作主要包括模型测量与分析、设置模型颜色与材质、设置模型定向视图、设置模型文件属性等，下面具体介绍这些零件后处理操作方法。

3.9.1 模型测量与分析

零件设计后首先需要通过测量与分析测算零件尺寸及质量属性是否符合设计要求，如果不符合设计要求需要对零件进行改进，保证零件设计正确性。下面以如图 3-486 所示的夹具上盖零件模型为例，介绍模型测量与分析基本操作。

本小节打开练习文件 ch03 part\3.9\top_cover 进行练习。

（1）模型测量操作

在 SOLIDWORKS 选项卡区单击"评估"选项卡，单击"测量"按钮 🔘，系统弹出如图 3-487 所示的"测量"对话框，直接选择需要测量的对象即可得到相应测量结果。

步骤 1　测量圆弧直径及中心坐标。在模型上选中如图 3-488 所示的圆弧边线，此时在结果框中显示圆弧直径及中心坐标。

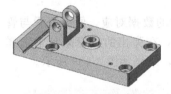
图 3-486　夹具上盖

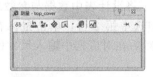
图 3-487　"测量"对话框

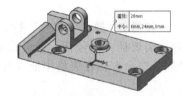
图 3-488　测量直径及中心坐标

步骤 2　测量面积及周长。在模型上选中如图 3-489 所示的模型表面，此时在结果框中显示表面面积及周长。

步骤 3　测量面之间距离。在模型上选中如图 3-490 所示的两个模型表面，此时在结果框中显示两模型表面之间的距离。

步骤 4　测量圆弧之间距离。在模型上选中如图 3-491 所示的两个圆弧边线，此时在结果框中显示两圆弧之间的距离。默认测量两圆弧之间的中心距离，在结果显示框下拉列表中

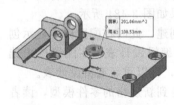
图 3-489　测量面积及周长

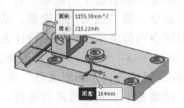
图 3-490　测量面之间距离

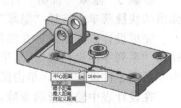
图 3-491　测量圆弧之间距离

选择其余选项可以测量圆弧之间的最小距离或最大距离，另外也可以在"测量"对话框中如图 3-492 所示的位置设置圆弧条件。

步骤 5 测量直线之间距离。在模型上选中如图 3-493 所示的两条模型边线，此时在结果框中显示两边线之间的距离。

（2）质量属性分析

在 SOLIDWORKS 选项卡区单击"评估"选项卡，单击"质量属性"按钮 ，系统弹出"质量属性"对话框，系统会根据设置的材质密度自动计算质量属性参数，包括质量、体积、表面积、重心等，如图 3-494 所示。

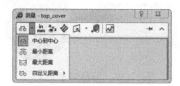

图 3-492 设置圆弧条件

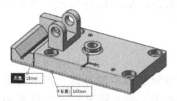

图 3-493 测量直线之间距离

图 3-494 "质量属性"对话框

3.9.2 设置模型外观颜色

零件设计完成后根据实际情况或个人喜好设置模型外观颜色便于查看及区分（将来在装配产品中便于区分），同时也是为后期零件产品渲染做准备。下面以如图 3-495 所示的模型为例介绍设置模型外观颜色的操作过程。

步骤 1 打开文件。打开练习文件 ch03 part\3.9\cylinder。

步骤 2 设置零件颜色。选择下拉菜单"编辑"→"外观"→"颜色"命令，系统弹出如图 3-496 所示的"颜色"对话框，在该对话框中"所选几何体"区域默认选中整个零件模型，表示设置整个零件模型的外观颜色，在下拉列表中选择"标准"选项，选择合适的颜色，单击对话框中的 ✓ ，结果如图 3-497 所示。

图 3-495 示例模型

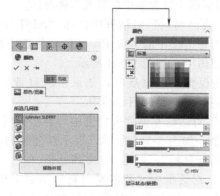

图 3-496 "颜色"对话框

图 3-497 设置结果

步骤 3 设置面颜色。在"颜色"对话框"所选几何体"区域单击"选取面"按钮，然后选择如图 3-498 所示的模型表面，表示设置选中面颜色。

步骤 4 设置特征颜色。在"颜色"对话框"所选几何体"区域单击"选择特征"按钮，然后选择如图 3-499 所示的包覆特征，表示设置选中特征颜色。

图 3-498　设置面颜色

图 3-499　设置特征颜色

完成外观颜色设置后，在导航器区中单击"DisplayManager"选项卡，如图 3-500 所示，在该选项卡中显示添加的外观颜色，选中一种外观颜色，单击鼠标右键，在系统弹出的如图 3-501 所示的快捷菜单中可对外观颜色进行编辑操作。

3.9.3　设置模型材质

完成零件设计后，考虑到后期质量自动计算、工程图明细表质量计算、产品渲染及有限元结构分析，需要根据实际情况设置模型材质，下面以如图 3-502 所示的法兰盘模型为例介绍设置模型材质的操作过程。

图 3-500　显示管理器

图 3-501　编辑外观颜色

图 3-502　法兰盘模型

步骤 1 打开文件。打开练习文件 ch03 part\3.9\flange。

步骤 2 选择命令。选择下拉菜单"编辑"→"外观"→"材质"命令，系统弹出如图 3-503 所示的"材料"对话框，该对话框中包含系统自带的多种材料。

步骤 3 设置模型材质。在"材料"对话框中选择"AISI 304"材料，在对话框右侧列表中可以查看材料属性，单击对话框中的"应用"按钮，将选中材料添加到模型中，添加材质后，材质名称将显示在模型树中，如图 3-504 所示。

步骤 4 定义新材料。在设置模型材质时，如果系统自带的材质无法满足实际设计需要，可以定义新材料，然后将新材料添加到模型中。

① 新建类别。在"材料"对话框左侧列表中选中"自定义材料"，单击鼠标右键，在快捷菜单中选择"新类别"命令，如图 3-505 所示，表示新建材料类别用来管理新建的材料。设置"新类别"名称为"我的新材料"，如图 3-506 所示。

② 新建材料。在"材料"对话框中"我的新材料"节点上单击鼠标右键，在快捷菜单中选择"新材料"命令，如图 3-507 所示，然后在右侧"属性"选项卡中设置材料属性参数，包括材料名称、密度、弹性模量等，如图 3-508 所示。

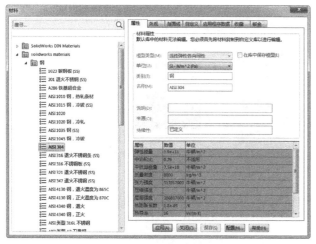

图 3-503　"材料"对话框

图 3-504　显示材质

图 3-505　添加新类别

图 3-506　设置"新类别"

图 3-507　新建材料

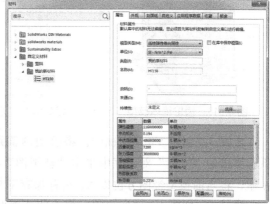

图 3-508　定义材料属性

③ 定义材料外观。在"材料"对话框中单击"外观"选项卡，在该选项卡中设置材质外观，结果如图 3-509 所示。

④ 保存新材料。完成新材料定义后，在对话框中单击"保存"按钮，将材料保存在系统材料库中，方便以后随时调用。

3.9.4　模型定向视图

零件设计完成后，为了方便随时从各个角度查看模型，也是为了方便交流，需要创建模型定向视图。另外，创建模型定向还便于以后创建工程图视图及产品渲染。下面以如

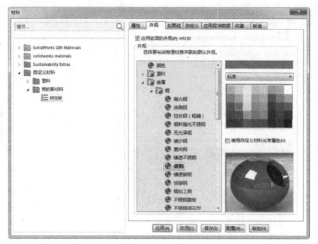

图 3-509　定义材料外观

图 3-510 所示的齿轮箱体模型为例介绍模型定向视图操作。

步骤 1　打开文件。打开练习文件 ch03 part\3.9\gear_box。

步骤 2　创建 V1 定向视图。将模型调整到如图 3-510 所示的视图方位，按空格键，系统弹出如图 3-511 所示的"方向"对话框，在该对话框中可以选择系统自带的定向视图对模型进行摆放与查看。在"方向"对话框中单击"新视图"按钮 ，系统弹出如图 3-512 所示的"命名视图"对话框，输入视图名称"V1"，单击"确定"按钮，将当前模型视图方位以 V1 名称保存下来，如图 3-513 所示。

图 3-510　齿轮箱体模型

图 3-511　"方向"对话框

图 3-512　"命名视图"对话框

步骤 3　创建 V2 定向视图。将模型调整到如图 3-514 所示的视图方位，按空格键，在系统弹出的"方向"对话框中单击"新视图"按钮，输入视图名称"V2"，单击"确定"按钮，将当前模型视图方位以 V2 名称保存下来。

步骤 4　创建 V3 定向视图。模型调整到如图 3-515 所示的视图方位，按空格键，在系

图 3-513　完成 V1 视图创建

图 3-514　调整 V2 视图方位

图 3-515　调整 V3 视图方位

统弹出的"方向"对话框中单击"新视图"按钮 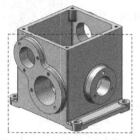，输入视图名称"V3"，单击"确定"
按钮，将当前模型视图方位以 V3 名称保存下来。

步骤 5 创建 V4 定向视图。模型调整到如图 3-516 所示的视图方位，按空格键，在系
统弹出的"方向"对话框中单击"新视图"按钮 ，输入视图名称"V4"，单击"确定"
按钮，将当前模型视图方位以 V4 名称保存下来。

步骤 6 创建 V5 定向视图。模型调整到如图 3-517 所示的视图方位，按空格键，在系
统弹出的"方向"对话框中单击"新视图"按钮 ，输入视图名称"V5"，单击"确定"
按钮，将当前模型视图方位以 V5 名称保存下来，如图 3-518 所示。

图 3-516 调整 V4 视图方位　　　图 3-517 调整 V5 视图方位　　　图 3-518 完成视图创建

3.9.5 模型文件属性

完成零件模型最终设计后，需要设置零件模型的文件属性，便于后面直接出工程图自动
填写标题栏或生成明细表信息。如图 3-519 所示的支座零件，代号为 ZHZ，材料为"合金
钢"，质量自动计算，单位名称为"武汉卓宇创新"，下面介绍模型
文件属性设置。

步骤 1 打开文件。打开练习文件 ch03 part\3.9\bracket。

步骤 2 添加材料。选择下拉菜单"编辑"→"外观"→"材质"
命令，在系统弹出的"材料"对话框中选择"合金钢"材料添加到
零件模型中，如图 3-520 所示。

步骤 3 设置文件属性。选择下拉菜单"文件"→"属性"命令，
系统弹出"摘要信息"对话框，在对话框中单击"自定义"选项

图 3-519 支座零件

图 3-520 添加材料　　　　　　图 3-521 设置文件属性

卡，选项卡中的属性信息比较多也比较全。一般根据实际情况（出工程图需要）设置需要的文件属性，本例只需要设置"质量""材料""名称""代号"及单位名称，如图 3-521 所示。

　　步骤 4　保存零件模型文件。选择"保存"命令，保存零件模型文件。

3.10　零件设计案例

　　前面小节系统介绍了零件设计方法及设计要求与规范，为了加深读者对零件设计的理解，并更好地应用于实践，下面通过两个具体案例详细介绍零件设计。

3.10.1　泵体零件设计

　　根据如图 3-522 所示的泵体零件设计图纸要求，在 SOLIDWORKS 中进行泵体零件结构设计，重点要注意设计要求及规范的实际考虑。

　　由于书籍写作篇幅限制，详细设计过程可参看随书视频讲解。

全书配套视频与资源
微信扫码，立即获取

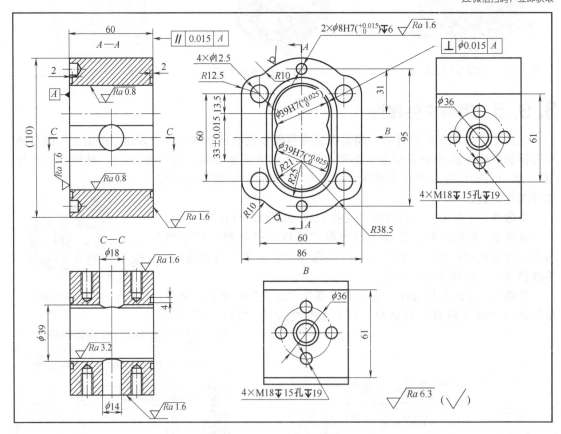

图 3-522　泵体零件设计图纸

3.10.2　安全盖零件设计

　　根据如图 3-523 所示的安全盖零件设计图纸要求，在 SOLIDWORKS 中进行安全盖零件结构设计，重点要注意设计要求及规范的实际考虑。

　　由于书籍写作篇幅限制，详细设计过程可扫描二维码观看视频讲解。

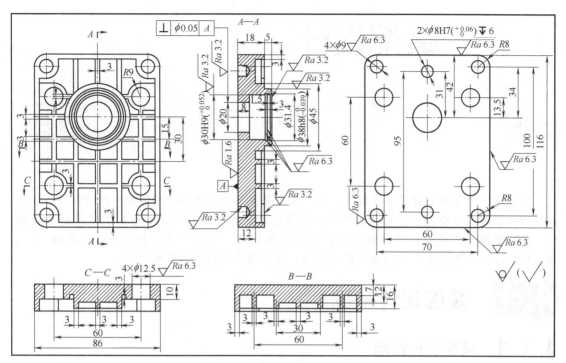

图 3-523 安全盖零件设计图纸

第4章

装配设计

 微信扫码，立即获取
全书配套视频与资源

装配设计就是将做好的零件按照实际位置关系进行组装得到完整装配产品的过程，属于产品设计中非常重要的一个环节。同时，装配设计还是学习和使用其他高级功能的必备条件，如果没这个必备条件将很难学习和掌握动画仿真、管道设计、电气设计等高级功能。SOLIDWORKS 提供了专门的装配设计模块，便于用户进行产品装配设计。

4.1 装配设计基础

4.1.1 装配设计作用

装配设计在实际产品设计中是一个非常重要的环节，直接关系到整个产品功能的实现及产品最终价值的体现。在软件学习及使用过程中，装配设计更是一个承上启下的过程。通过装配设计，可以检验前面零件设计是否合理。更重要的是，装配设计是后期很多工作展开的基础。完成装配设计后，可以在此基础上进行仿真动画设计、整体结构分析、整体效果渲染，如果没有前面的装配，要完成后面的这些内容，要么学习起来很费劲，要么严重影响使用效率。总的来讲，装配设计作用主要体现在以下几个方面。

（1）装配设计在零件设计中的作用

一般的零件设计主要是在零件设计环境进行设计，但是在实际设计中，还涉及到很多特殊且结构复杂的零件，考虑到设计的方便与修改的方便，我们可以在装配设计环境中直接进行设计与修改，实际上这也是零件设计的一种特殊方法。

（2）装配设计在工程图设计中的作用

产品设计中经常需要出产品总装图纸，而且会在产品总装图中生成各零部件的材料明细表，并且在装配视图中标注零件序号，这就需要在出图之前，先做好产品的装配设计，然后将产品装配结果导入到工程图中出图，最终生成零部件材料明细表和零件序号，所以装配设计直接决定着产品总装出图！

（3）装配设计在自顶向下设计中的作用

在 SOLIDWORKS 中并没有专门的自顶向下设计模块，要进行产品自顶向下设计，必须在装配设计环境中进行。从这一点来讲，学习装配设计对自顶向下设计的作用是不言而喻的。另外，自顶向下设计中框架搭建、骨架模型及控件等各种级别的建立都需要使用装配设计中的一些工具来完成，所以装配设计的掌握与运用直接关系到自顶向下设计的掌握与运用！

（4）装配设计在动画与运动仿真中的作用

在动画与运动仿真中，首先要设计动画仿真模型，这需要借助装配设计或自顶向下设计来完成，然后要根据动画仿真要求进行机构装配，也就是在产品装配连接位置添加合适的运动副关节，保证机构有合适的自由度，这也是动画仿真的必要条件，这项工作同样需要在装配设计环境中进行。

（5）装配设计在产品高级渲染中的作用

产品高级渲染中，经常需要对整个装配产品进行渲染，这个需要在装配环境中进行。另外，即使渲染对象不是装配产品，单个零件的渲染也需要在装配环境中进行渲染构图的设计，即按照渲染视觉效果要求，将单个零件进行必要的摆放，也就是我们生活中说的摆拍或摆姿势。这样做的目的主要是增强渲染的层次感与真实感。所以装配构图直接影响着最终渲染视觉效果！

（6）装配设计在管道设计中的作用

在管道设计中，首先需要准备管道系统文件。管道系统文件的设计一般借助装配设计或自顶向下设计来完成。另外，管道设计中很多管道线路的设计与管路元件的添加原理都与装配设计原理类似，学习并掌握装配设计有助于我们对管道设计的理解与掌握！

（7）装配设计在电气设计中的作用

在电气设计中，首先需要准备电气系统文件。电气系统文件的设计一般借助装配设计或自顶向下设计来完成。另外，电气设计中很多电气线路的设计与电气元件的添加原理都与装配设计原理类似，学习并掌握装配设计有助于我们对电气设计的理解与掌握！

（8）装配设计在结构分析中的作用

结构分析中除了对零件结构进行分析外，还经常需要对整个产品装配结构进行分析。如果是对装配结构进行分析，首先需要考虑装配简化的问题，就是将复杂的装配问题简化成简单的装配，这将有助于装配结构的分析，而这项工作主要是在装配设计中进行的！

综上所述，装配设计不仅涉及产品设计的各个环节，同时还关系到 SOLIDWORKS 软件的进一步学习与应用（基本贯穿整个 SOLIDWORKS 软件的学习与使用），是一个非常重要的基础应用模块，一定要引起学习上的重视！否则会影响整个产品设计工作及对软件高级模块的学习与掌握！

4.1.2 装配设计环境

前面已经了解到了装配设计的作用，也意识到了学习装配设计的重要性。正因为这个原因，目前很多 CAD 软件都提供了装配设计功能。SOLIDWORKS 也提供了专门进行装配设计的模块及装配设计工具。下面介绍 SOLIDWORKS 装配设计用户界面，为后面进一步学习装配设计打好基础。

在 SOLIDWORKS 快捷按钮区中单击"新建"按钮 ，系统弹出"新建 SOLIDWORKS文件"对话框，在该对话框中单击 按钮新建装配文件，如图 4-1 所示，此时系统进入 SOLID-WORKS 装配设计环境，用于产品装配设计。

此处打开 ch04 asm\4.1\01\universal_asm文件直接进入 SOLIDWORKS 装配设计环境。SOLIDWORKS 装配设计用户界面（图 4-2）与零件设计界面非常相似，主要区别是装配模型树及选项卡区提供的命令不一样。

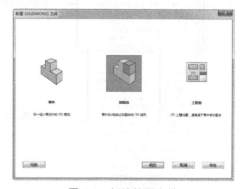

图 4-1　新建装配文件

（1）装配模型树

装配模型树体现产品装配结构。如图 4-3 所示，模型树中最上面一级文件为产品总装配文件，其下文件为装配中的零部件。装配总文件是由装配中的零部件装配而成的（本例中的

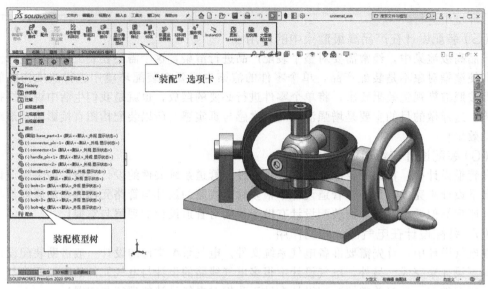

图 4-2　SOLIDWORKS 装配设计用户界面

universal 是由 base_part 和 connector_pin 等多个零件装配而成的）。装配模型树最下面是装配设计中所使用的配合类型。

装配模型树还体现产品装配设计顺序。装配产品按照从上到下的顺序依次装配，本例装配顺序是先装配 base_part 零件，然后再装配 connector_pin 零件及其余零件。

在装配模型树单击每个零部件前面的▶符号，可以展开零件模型树，查看零件特征信息，如图 4-4 所示，方便以后对装配中的零部件进行编辑与修改。

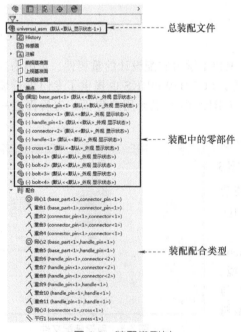

图 4-3　装配模型树

图 4-4　展开零件模型树

（2）"装配"选项卡

"装配"选项卡如图 4-5 所示，其中提供了装配设计常用的命令工具，如"插入零部件"

"配合""爆炸视图"等。

图 4-5　"装配"选项卡

4.1.3　装配设计过程

为了让读者尽快熟悉 SOLIDWORKS 装配设计基本思路及过程，下面以如图 4-6 所示的装配模型为例详细介绍产品装配的一般过程，帮助读者理解 SOLIDWORKS 装配设计基本思路及过程，熟悉装配设计环境及常用装配工具。

装配设计之前首先要分析装配结构，理解装配组成关系，特别是装配中零件与零件之间的装配位置关系，这是在 SOLIDWORKS 中进行装配设计的重要依据。本例装配模型主要由如图 4-7 所示的底座（base_part）及轴（axle）两个零件装配而成。在装配中需要保证轴与底座孔的"同轴"关系，同时还需要保证轴端面与底座端面的"重合"关系，如图 4-8 所示。下面根据此处的装配分析在 SOLIDWORKS 中进行装配设计。

图 4-6　装配模型

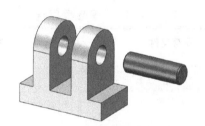

图 4-7　装配零件构成

此两面重合

图 4-8　分析装配关系

（1）新建装配文件

在 SOLIDWORKS 快捷按钮区中单击"新建"按钮 ▯，系统弹出"新建 SOLID-WORKS 文件"对话框，在该对话框中单击▯按钮新建装配文件，进入装配设计环境后关闭所有对话框，在快捷按钮区中单击"保存"按钮 ▯，系统弹出如图 4-9 所示的"另存为"对话框，在该对话框中设置保存位置及保存名称（joint_asm），单击"保存"按钮。

> **说明**：在新建装配文件后一般不要急着开始装配。首先要考虑装配文件管理问题，就是要将装配好的文件保存在哪个位置。一般情况下需要将装配文件与各个零件保存在一起，便于以后管理与打开。新建装配文件后先进行保存，方便在装配设计过程中直接从设置的保存文件夹中调取零部件进行装配，在完成最终装配设计后再次单击"保存"按钮，系统自动将装配文件与零件保存在此处设置的文件夹中。这是实际装配设计中非常重要的设计习惯，读者一定要注意理解！

（2）装配基础零件（底座零件 base_part）

完成装配文件新建后，首先装配基础零件。所谓基础零件就是在整个装配设计中需要第一个装配的零件。本例需要先装配底座（base_part）零件，该零件将作为整个装配产品的"装配基准"，决定着其他所有零件的位置定位。对于基础零件的装配，一般情况下需要将零件的原点与装配原点重合，然后固定在装配环境中，下面具体介绍。

在"装配"选项卡中单击"插入零部件"按钮 ▯，系统弹出如图 4-10 所示的"插入零部件"对话框及如图 4-11 所示的"打开"对话框，在"打开"对话框中选择需要装配的零件（base_part），单击"打开"按钮，然后直接单击"插入零部件"对话框中的✔按钮，系统将选择零件的原点与装配原点重合并固定，如图 4-12 所示。

> **说明**：完成基础零件装配后，模型树中零件前面括号中显示"固定"表示零件是固定在装配环境中的，模型与装配原点之间无法移动。

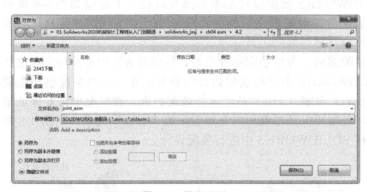

图 4-9　保存文件

图 4-10　"插入零部件"对话框

图 4-11　选择装配零件

图 4-12　完成基础零件装配

（3）装配其余零件（轴零件 axle）

完成基础零件装配后，需要根据实际装配位置关系装配其余零件。本例需要装配轴（axle）零件，根据装配之前的分析，要想将轴零件装配到需要的位置，需要保证轴与底座孔之间的"同轴"关系及轴端面与底座端面的"重合"关系，下面具体介绍。

步骤 1　插入轴（axle）零件。在"装配"选项卡中单击"插入零部件"按钮🗂，从弹出的"打开"对话框中选择轴（axle）零件为装配零件，在如图 4-13 所示的位置单击放置轴零件，完成插入零件操作。

> **说明**：在装配设计中，从第二个零件的装配开始一般不能直接在"插入零部件"对话框中单击✔按钮，否则系统还是将零件原点与装配原点重合。因为从第二个零件开始，需要根据实际装配位置关系进行装配，所以在插入零件后，一般是任意放置一个位置，然后通过添加装配配合关系将零件装配到需要的位置。

步骤 2　初步调整零件。完成零件插入后，为了方便后期添加装配配合，更是为了提高装配效率，需要将零件调整到适合装配的姿态。在"装配"选项卡中单击"旋转零部件"按钮  ，系统弹出如图 4-14 所示的"旋转零部件"对话框，然后使用鼠标左键将零件旋转到如图 4-15 所示的姿态，为添加装配配合做准备。

> **说明：**完成零件插入后建议读者不要急着添加装配配合关系。如果插入零件当前姿态与需要装配的最终位置差距比较大，即使选择的配合对象和配合类型是正确的，也有可能得到错误的装配结果，所以需要先调整初始位置，这样能够提高装配效率。

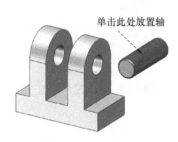

单击此处放置轴

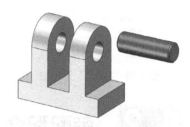

| 图 4-13　插入零部件 | 图 4-14　"旋转零部件"对话框 | 图 4-15　已经完成的结构 |

步骤 3　添加装配配合。在 SOLIDWORKS 中进行装配设计是基于在零件之间添加合适的装配配合实现的。所谓装配配合就是指零件与零件之间的位置关系。在"装配"选项卡中单击"配合"按钮  ，系统弹出如图 4-16 所示的"配合"对话框，使用该对话框添加装配配合。根据之前的分析，本例需要添加一个"同轴"配合和一个"重合"配合。

① 添加"同轴"配合。选择轴上圆柱面与底座孔圆柱面，在系统弹出的如图 4-17 所示的快捷工具条中单击"同轴心"按钮，表示约束选择的两个圆柱面"同轴"装配，结果如图 4-18 所示。

② 添加"重合"配合。选择轴上任意端面与底座上对应一侧的端面，在系统弹出的如图 4-19 所示的快捷工具条中单击"重合"按钮，表示约束选择的两个端面"重合"装配，结果如图 4-6 所示。

③ 结束配合添加。添加所有需要的配合后，在"配合"对话框中单击 ✓ 按钮，结束配合添加，在装配模型树中展开"配合"节点，如图 4-20 所示。

> **说明：**完成配合添加后，在模型树中轴零件前面括号中显示"-"，表示轴零件还没有完全约束。因为本例只添加了两个配合关系，表示轴零件只受到两个"限制"，而这两个"限制"不足以将轴完全约束住，此时轴零件在底座孔中是可以转动的。但是就本例或类似装配来讲，这种转动并不影响实际装配效果，所以此处添加两个装配配合足够了，如果一定需要将轴零件完全约束，还需要添加更多的约束，此处不再赘述。

（4）保存装配文件

完成装配设计后，在快捷按钮区中单击"保存"按钮  保存装配文件。因为在新建装配文件后已经保存过文件，所以此处单击"保存"按钮后，系统将装配文件自动保存在前面设置的文件夹中。此时装配文件与零件文件保存在同一个文件夹中，方便后期管理。此后在拷贝装配文件时一定要将装配文件连同零件文件一起拷贝，如果只拷贝装配文件，其他文件会因为丢失造成打开失败！

图 4-16 "配合"对话框

图 4-17 定义"同轴心"配合

图 4-19 定义"重合"配合

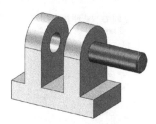

图 4-18 完成同轴配合

图 4-20 完成配合添加

4.2 装配配合类型

装配配合关系是指零部件之间的几何关系，如同轴约束、重合约束等。在 SOLID-WORKS 装配设计环境中的"装配"选项卡中单击"配合"按钮，系统弹出"配合"对话框，使用该对话框添加装配配合关系。

使用"配合"对话框可以添加三种配合类型：在"配合"对话框中展开"标准配合"区域，用于添加标准配合，如图 4-21 所示；在"配合"对话框中展开"高级配合"区域，用于添加高级配合，如图 4-22 所示；在"配合"对话框中展开"机械配合"区域，用于添加机械配合，如图 4-23 所示。其中标准配合和高级配合主要用于产品装配设计，而机械配合主要用于动画与运动仿真设计。本节主要介绍标准配合和高级配合，机械配合将在本书第11 章详细介绍。

图 4-21 标准配合类型

图 4-22 高级配合类型

图 4-23 机械配合类型

4.2.1 标准配合

标准配合是装配设计中最常用的一类配合类型，主要包括重合、平行、垂直、相切、同轴心、锁定、距离和角度类型，下面具体介绍。

（1）重合配合

重合配合用于约束两个对象（可以是点、线或面）重合或对齐。在SOLIDWORKS装配设计中重合配合的使用频率是最高的。在"配合"对话框中"标准配合"区域单击"重合"按钮，用于添加重合配合。

如图4-24所示的模型，选择图中两个模型表面为配合对象，在"配合"对话框中"标准配合"区域单击"重合"按钮，或在弹出的快捷工具条中单击"重合"按钮，约束两面重合对齐，结果如图4-25所示，重合配合特点如图4-26所示，此时两面重合对齐，零件方向彼此相反。

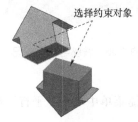

图 4-24 选择配合对象

图 4-25 重合配合结果

图 4-26 重合配合特点

在添加重合配合时，选择如图4-24所示的配合对象后，在"标准配合"区域最下面单击"同向对齐"按钮 🔧，或在快捷工具条中单击"反向"按钮，此时同向配合结果如图4-27所示，同向重合配合特点如图4-28所示，此时两面重合对齐，零件方向是相同的。

如图4-29所示的导轨与滑块装配，现在已经完成了导轨的装配，需要在此基础上继续装配滑块，像这种装配需要使用重合配合进行装配，下面具体介绍。

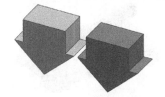

图 4-27 同向重合配合结果

图 4-28 同向重合配合特点

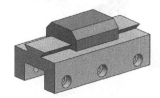

图 4-29 导轨与滑块装配

步骤1 打开练习文件 ch04 asm\4.2\01\01\coincide_02。

步骤2 定义第一个重合配合。选择如图4-30所示的配合对象，在快捷菜单中单击"重合"按钮，系统添加反向重合配合，结果如图4-31所示。

步骤3 定义第二个重合配合。选择如图4-32所示的配合对象，在快捷菜单中单击"重合"按钮，系统添加反向重合配合，结果如图4-33所示。

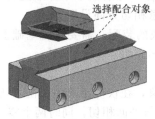

图 4-30 选择配合对象

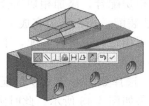

图 4-31 配合结果

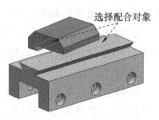

图 4-32 选择配合对象

步骤4 定义第三个重合配合。选择如图 4-34 所示的配合对象（滑块零件的前视基准面和装配环境中的前视基准面，也可以是导轨零件中的前视基准面），在快捷菜单中单击"重合"按钮，系统添加同向重合配合，结果如图 4-29 所示。

（2）平行配合

平行配合用于约束两个对象（线或面）平行，在"配合"对话框中"标准配合"区域单击"平行"按钮，用于添加平行配合。

如图 4-35 所示的底座与横梁装配，需要使横梁与底座平面平行，像这种装配需要使用平行配合进行装配，下面具体介绍。

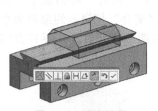

图 4-33 配合结果

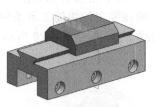

图 4-34 选择配合对象

图 4-35 底座与横梁装配

步骤1 打开练习文件 ch04 asm\4.2\01\02\parallel。

步骤2 定义平行配合。选择如图 4-36 所示的配合对象，在快捷菜单中单击"平行"按钮，系统添加平行配合，结果如图 4-37 所示。

（3）垂直配合

垂直配合用于约束两个对象（线或面）垂直。在"配合"对话框中"标准配合"区域单击"垂直"按钮，用于添加垂直配合。

如图 4-38 所示的底座与竖梁装配，需要使竖梁与底座平面垂直，像这种装配需要使用竖直配合进行装配，下面具体介绍。

选择配合对象

图 4-36 选择配合对象

图 4-37 平行配合结果

图 4-38 底座与竖梁装配

步骤1 打开练习文件 ch04 asm\4.2\01\03\vertical。

步骤2 定义垂直配合。选择如图 4-39 所示的配合对象，在快捷菜单中单击"垂直"按钮，系统添加垂直配合，结果如图 4-40 所示。

（4）相切配合

相切配合用于约束两个圆弧面或圆弧面与平面相切。在"配合"对话框中"标准配合"区域单击"相切"按钮，用于添加相切配合，添加相切配合时注意相切方向设置。

如图 4-41 所示的 V 形块与圆柱装配，现在已经完成了 V 形块的装配，需要在此基础上继续装配圆柱，像这种装配需要使用相切约束进行装配，下面具体介绍。

步骤1 打开练习文件 ch04 asm\4.2\01\04\tangent。

步骤2 定义第一个相切配合。选择如图 4-42 所示的配合对象，在快捷菜单中单击"相切"按钮，系统添加相切配合，结果如图 4-43 所示。此时圆弧面与平面相切，同时两个零

图 4-39 选择配合对象

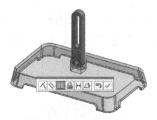

图 4-40 垂直配合结果

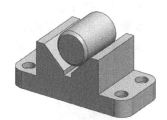

图 4-41 V 形块与圆柱装配

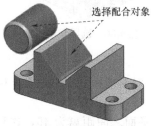

图 4-42 选择配合对象

图 4-43 同向相切

图 4-44 反向相切

件朝向是相反的，这种配合称为同向相切配合，添加相切配合时，在快捷工具条中单击"反向"按钮，调整相切方向，结果如图 4-44 所示，这种配合称为反向相切。

步骤 3 定义第二个约束配合。参照上一步操作，选择圆柱面与 V 形块另外一些的平面添加相切配合，结果如图 4-45 所示。

（5）同轴心配合

使用同轴心配合将零件中的两个圆柱面（圆弧面）或基准轴同轴。这种配合主要用于轴孔装配，如轴与轴上零件的装配，还有螺栓螺母与孔的装配等。在"配合"对话框中"标准配合"区域单击"同轴心"按钮，用于添加同轴心配合。

如图 4-46 所示的固定底座与销轴装配，需要约束销轴与底座上的小孔同轴装配，像这种装配需要使用同轴心配合进行装配，下面具体介绍。

步骤 1 打开练习文件 ch04 asm\4.2\01\05\coaxial。

步骤 2 定义同轴心配合。选择如图 4-47 所示的配合对象，在快捷菜单中单击"同轴心"按钮，系统添加同轴心配合，结果如图 4-48 所示。

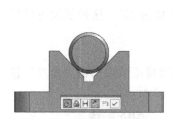

图 4-45 继续添加相切配合

图 4-46 底座与销轴装配

图 4-47 选择配合对象

（6）锁定配合

使用锁定配合可以将两个零件绑定在一起，相当于将两个零件"合并"为一个零件。在"配合"对话框中"标准配合"区域单击"锁定"按钮，用于添加锁定配合。

如图 4-49 所示的底座和轴装配模型，需要对两个零件进行锁定，使其绑定在一起，这种装配可以使用锁定配合来处理，下面具体介绍。

步骤 1　打开练习文件 ch04 asm\4.2\01\06\lock。

步骤 2　定义锁定配合。选择如图 4-50 所示的配合对象，在快捷菜单中单击"锁定"按钮，系统添加锁定配合，使两个零件绑定在一起，结果如图 4-51 所示。

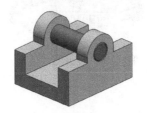

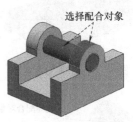

图 4-48　同轴心配合结果　　　　图 4-49　底座和轴装配模型　　　　图 4-50　选择配合对象

（7）距离配合

距离配合用于定义两个对象之间具有一定的距离。在"配合"对话框中"标准配合"区域单击"距离"按钮，用于添加距离配合。

如图 4-52 所示的底座和平板模型，需要定义平板平面与底座平面之间距离为 45，这种装配可以使用距离配合来处理，下面具体介绍。

步骤 1　打开练习文件 ch04 asm\4.2\01\07\distance。

步骤 2　定义距离配合。选择如图 4-53 所示的配合对象，在快捷菜单中单击"距离"按钮，在文本框中输入距离值 45，系统添加距离配合，结果如图 4-54 所示。

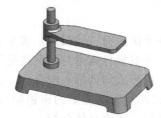

图 4-51　锁定配合结果　　　　图 4-52　底板和平板模型　　　　图 4-53　选择配合对象

（8）角度配合

使用角度配合定义两个对象之间具有一定的角度。在"配合"对话框中"标准配合"区域单击"角度"按钮，用于添加角度配合。

如图 4-55 所示的底座和斜板装配模型，需要定义两板之间夹角为 25°，这种装配可以使用角度配合来处理，下面具体介绍。

步骤 1　打开练习文件 ch04 asm\4.2\01\08\angle。

步骤 2　定义角度配合。选择如图 4-56 所示的配合对象，在快捷菜单中单击"角度"按钮，在文本框中输入角度值 25，系统添加角度配合，结果如图 4-57 所示。

图 4-54　定义距离配合　　　　图 4-55　底板和斜板装配模型　　　　图 4-56　选择配合对象

4.2.2 高级配合

高级配合主要用于比较特殊的场合，帮助用户提高装配效率，主要包括轮廓中心、对称、宽度、路径配合、线性/线性耦合、限制距离和限制角度类型。

（1）轮廓中心配合

使用轮廓中心配合可以将选中的轮廓边或面约束到另外一个轮廓面的中心位置。在"配合"对话框中"高级配合"区域单击"轮廓中心"按钮，用于添加轮廓中心配合。

如图 4-58 所示的吊钩组装配模型，现在已经完成了如图 4-59 所示的装配，需要将吊钩装配到底板方形凸台中心位置。

步骤 1 打开练习文件 ch04 asm\4.2\02\01\contour_center。

图 4-57 定义角度配合　　　图 4-58 吊钩组装配模型　　　图 4-59 已经完成的装配

步骤 2 定义轮廓中心配合。在"配合"对话框中"高级配合"区域单击"轮廓中心"按钮，表示定义轮廓中心配合，如图 4-60 所示，选择如图 4-61 所示的配合对象（吊钩模型下部圆形端面和底板方形凸台表面），此时吊钩模型下部圆形端面与底板方形凸台表面中心对齐，结果如图 4-62 所示。

💡 **说明**：在定义轮廓中心配合时，在对话框中选中如图 4-60 所示的"锁定旋转"选项，表示添加配合后模型是不能旋转的，约束了模型的旋转运动。

选择配合对象

图 4-60 定义轮廓中心配合　　　图 4-61 选择配合对象　　　图 4-62 轮廓中心配合结果

步骤 3 继续定义轮廓中心配合。参照上一步操作，约束另外一个吊钩与底板上的方形凸台轮廓中心配合对齐，此处不再赘述。

（2）对称配合

使用对称配合约束两个零件的表面关于某个基准面对称。在"配合"对话框中"高级配合"区域单击"对称"按钮，用于添加对称配合。

如图 4-63 所示的螺母套筒装配模型，现在已经完成了如图 4-64 所示的装配，需要约束两边螺母关于中间基准面对称，如图 4-65 所示。

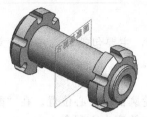

图 4-63　螺母套筒装配模型

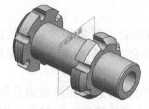

图 4-64　已经完成的装配

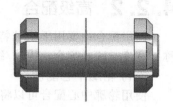

图 4-65　装配特点

步骤 1　打开练习文件 ch04 asm\4.2\02\02\symmetry。

步骤 2　定义对称配合。在"配合"对话框中"高级配合"区域单击"对称"按钮，表示定义对称配合，如图 4-66 所示。首先选择装配环境中的右视基准面为对称面，然后选择如图 4-67 所示的两个螺母内侧表面为配合对象，结果如图 4-63 所示。

（3）宽度配合

使用宽度配合约束一个零件中的两个面处在另外一个零件的两个面中间。在"配合"对话框中"高级配合"区域单击"宽度"按钮，用于添加宽度配合。在定义宽度配合时，选择的第一个零件中的两个面称为"宽度"对象，选择的另外一个零件中的两个面称为"薄片"对象。

如图 4-68 所示的滚轮装配模型，现在已经完成了如图 4-69 所示的装配，需要将滚轮约束到支架内侧的中间位置，如图 4-70 所示。

图 4-66　定义对称配合

图 4-67　选择配合对象

图 4-68　滚轮装配模型

步骤 1　打开练习文件 ch04 asm\4.2\02\03\width。

步骤 2　定义宽度配合。在"配合"对话框中"高级配合"区域单击"宽度"按钮，表示定义宽度配合，如图 4-71 所示。首先选择如图 4-72 所示的支架内侧两个表面为"宽度"对象，然后选择如图 4-73 所示的滚轮外侧两个表面为"薄片"对象，此时约束滚轮处在支架中间位置，结果如图 4-68 所示。

（4）路径配合

使用路径配合约束点在曲线上，使点只能按照一定的方式在曲线上运动。在"配合"对话框中"高级配合"区域单击"路径配合"按钮，用于添加路径配合。

如图 4-74 所示的路径配合模型，现在已经完成了如图 4-75 所示的装配，需要将滑块约束到底板曲线上，使滑块能够在底板曲线上沿着曲线切线方向运动。

图 4-69　已经完成的装配

图 4-70　装配特点

图 4-71　定义宽度配合

图 4-72　选择宽度对象

图 4-73　选择薄片对象

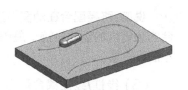

图 4-74　路径配合模型

步骤 1　打开练习文件 ch04 asm\4.2\02\04\path。

步骤 2　定义路径配合。在"配合"对话框中"高级配合"区域单击"路径配合"按钮，表示定义路径配合，下面具体介绍路径配合定义及调试。

① 定义初步的路径配合。选择如图 4-76 所示的配合对象（滑块上的点和底板曲线），结果如图 4-77 所示，此时系统将选择的点约束到曲线上，如图 4-78 所示，完成配合后，使用鼠标拖动模型会发现模型运动极不规则，如图 4-79 所示，需要继续对模型进行约束。

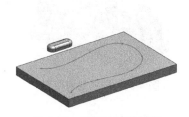

图 4-75　已经完成的装配

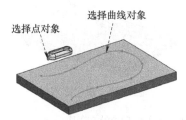

图 4-76　选择配合对象

图 4-77　选择配合结果

② 定义滚转控制。为了控制路径配合在曲线上运动时不会发生滚转，需要进行滚转控制，在"路径配合"区域的"滚转控制"下拉列表中选择"上向量"选项，如图 4-80 所示，然后选择如图 4-81 所示的底板表面为"上向量"参考，同时选中"Y"选项，表示模型上显示的坐标系的 Y 轴始终与选中的平面垂直，完成"上向量"设置结果如图 4-82 所示，此时拖动滑块模型将不再发生反转，但是滑块的运动还是不规则的。

步骤 3　继续添加路径配合。完成以上定义后滑块的运动还是不规则的，需要继续添加路径配合对滑块进行约束，选择如图 4-83 所示的配合对象（滑块上另外一侧的点和底板曲线），此时系统将选择的点约束到曲线上，如图 4-84 所示，完成配合后，使用鼠标拖动模型会发现模型运动符合运动要求。

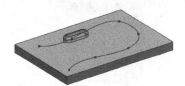

图 4-78　选择配合对象

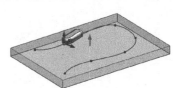

图 4-81　选择上向量参考

图 4-79　模型运动不规则

图 4-80　定义路径配合

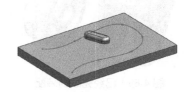

图 4-82　"上向量"设置结果

> **说明：** 路径配合在动画与运动仿真中应用非常广泛，特别是相机动画经常使用路径配合约束相机的运动轨迹，是创建相机动画的关键，具体操作将在本书第 11 章介绍，此处不展开讲解。

（5）线性/线性耦合配合

使用线性/线性耦合配合约束两个零件对象关联，使两个零件按照一定的方向及比例相互关联运动。在"配合"对话框中"高级配合"区域单击"线性/线性耦合"按钮，用于添加线性/线性耦合配合。

如图 4-85 所示的导轨滑块模型，模型中包括两个滑块（滑块 A 和滑块 B），要求两个滑块能够按照 1∶1 的方式关联运动，类似于拖动运动，如滑块 A 运动带动滑块 B 运动，且两者运动比例为 1∶1。

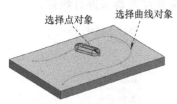

图 4-83　选择配合对象

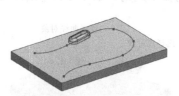

图 4-84　配合结果

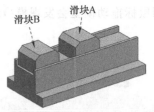

图 4-85　导轨滑块模型

步骤 1　打开练习文件 ch04 asm\4.2\02\05\linear。

步骤 2　定义线性/线性耦合配合。在"配合"对话框中"高级配合"区域单击"线性/线性耦合"按钮，如图 4-86 所示，表示定义线性/线性耦合配合，选择如图 4-87 所示的两个滑块表面为配合对象，设置比例为 1∶1，完成线性/线性耦合配合定义，此时使用鼠标拖动任何一个滑块模型，另外一个滑块都会一起关联运动。

（6）限制距离配合

使用限制距离配合约束选定对象在一定的距离范围之内运动。在"配合"对话框中"高级配合"区域单击"限制距离"按钮，用于定义限制距离配合。

如图 4-88 所示的手柄滑槽模型，需要定义模型中手柄只能在一定的距离范围内运动，最大距离位置如图 4-89 所示，最小距离位置如图 4-90 所示。

步骤 1　打开练习文件 ch04 asm\4.2\02\06\distance_limit。

选择配合对象

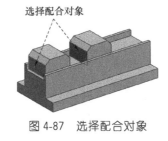

图 4-87　选择配合对象

图 4-89　最大距离位置

图 4-86　定义线性/线性耦合配合

图 4-88　手柄滑槽模型

图 4-90　最小距离位置

步骤 2　定义限制距离配合。在"配合"对话框中"高级配合"区域单击"限制距离"按钮，如图 4-91 所示，表示定义限制距离配合。选择手柄零件中的右视基准面和装配环境中的右视基准面为配合对象，如图 4-92 所示，在"限定距离"文本框中输入 0，表示初始值为 0，然后设置最大距离为 25，最小距离为−25，完成限制距离配合定义。

（7）限制角度配合

使用限制角度配合约束选定对象在一定的角度范围之内运动。在"配合"对话框中"高级配合"区域单击"限制角度"按钮，用于定义限制角度配合。

如图 4-93 所示的球阀模型，需要定义模型中手柄只能在一定的角度范围内运动，最大角度位置如图 4-94 所示，最小角度位置如图 4-95 所示。

图 4-92　选择配合对象

图 4-94　最大角度位置

图 4-91　定义限制距离

图 4-93　球阀模型

图 4-95　最小角度位置

步骤 1　打开练习文件 ch04 asm\4.2\02\07\angle_limit。

步骤 2　定义限制角度配合。在"配合"对话框中"高级配合"区域单击"限制角度"按钮，如图 4-96 所示，表示定义限制角度配合。选择手柄零件中的前视基准面和装配环境中的前视基准面为配合对象，如图 4-97 所示。在"限定角度"文本框中输入 0，表示初始值为 0，然后设置最大角度为 45 度，最小角度为−45 度，完成限制角度配合定义。

图 4-96 定义限制角度

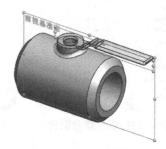

图 4-97 选择配合参考

4.3 装配设计方法

实际上，装配设计从方法与思路上来讲主要包括两种：一种是顺序装配；另外一种是模块装配。

顺序装配就是装配中的零件是依次进行装配，如图 4-98 所示。顺序装配中各个零件之间有明确的时间先后顺序。

模块装配是先根据装配结构特点划分装配中的子模块（也叫子装配），在装配时先进行子模块装配（各个模块可以同时进行装配，提高了装配效率），最后进行总装配，如图 4-99 所示。

在具体装配设计之前，先要分析整个装配产品结构特点。如果装配结构比较简单，而且在装配产品中没有相对独立、集中的装配子结构，这种产品就应该使用顺序方法进行装配；如果装配产品中有相对独立、集中的装配子结构，需要划分装配子模块（子装配），这种产品就应该使用模块方法进行装配。下面通过两个具体实例介绍这两种装配设计方法。

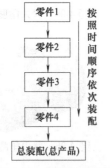

图 4-98 顺序装配示意

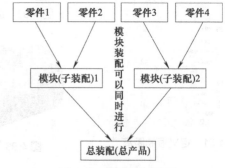

图 4-99 模块装配示意

4.3.1 顺序装配实例

如图 4-100 所示的轴承座，主要由底座、上盖、轴瓦、楔块及螺栓装配而成，如图 4-101 所示，装配结构简单，不存在相对独立、集中的装配子结构，直接使用顺序装配方法进行依次装配即可。在装配过程中要灵活使用各种高效装配操作以提高装配设计效率，下面具体介绍其装配过程。

（1）新建装配文件

步骤 1 设置工作目录 F：\SOLIDWORKS_jxsj\ch04 asm\4.3\01。

步骤 2 新建装配文件，文件名称为 Bearing _ asm。

（2）创建轴承座装配

步骤 1 装配底座零件。底座是整个轴承座装配的基础，需要首先进行装配，导入底座零件（base _ down），直接固定在装配原点，如图 4-102 所示。

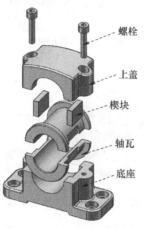
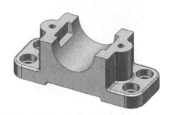

螺栓
上盖
楔块
轴瓦
底座

图 4-100　轴承座　　　　图 4-101　轴承座结构组成　　　　图 4-102　装配底座

步骤 2 装配下部轴瓦零件。导入轴瓦零件（bearing_bush），调整零件初始位置，然后使用同轴心配合和重合配合进行装配，如图 4-103 所示。

步骤 3 装配楔块零件。导入楔块零件（wedge_block），调整零件初始位置，然后使用重合配合进行装配，如图 4-104 所示。

步骤 4 装配上部轴瓦零件。导入轴瓦零件（bearing_bush），调整零件初始位置，然后使用同轴心配合和重合配合进行装配，如图 4-105 所示。

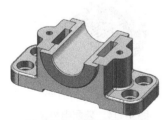
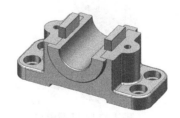

图 4-103　装配下部轴瓦　　　　图 4-104　装配楔块　　　　图 4-105　装配上部轴瓦

步骤 5 装配上盖零件。导入上盖零件（top _ cover），调整零件初始位置，使用同轴心配合和重合配合进行装配，结果如图 4-106 所示。

步骤 6 装配螺栓零件。导入螺栓零件（bolt），调整零件初始位置，使用同轴心配合和重合配合进行装配，结果如图 4-107 所示。

4.3.2　模块装配实例

如图 4-108 所示的传动系统，主要由安装板、电机、电机带轮、设备、设备带轮、键及皮带装配而成。其中如图 4-109 所示的电机模块（电机子装配）在整个装配中属于相对比较独立、集中的装配子结构，包括电机、电机带轮及键，如图 4-110 所示。图 4-111 所示的设备模块（设备子装配）同样属于比较独立、集中的装配子结构，包括设备、设备带轮及键，如图 4-112 所示。这种装配产品应该使用模块方法进行装配，下面具体介绍其装配过程。

图 4-106　装配上盖

图 4-107　装配螺栓

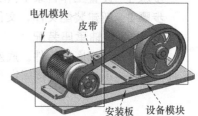

图 4-108　传动系统

图 4-109　电机子装配

图 4-110　电机子装配组成

图 4-111　设备子装配

（1）创建电机模块子装配

步骤 1　设置工作目录 F:\solidworks_jxsj\ch04 asm\4.3\02。

步骤 2　新建装配文件，文件名称为 motor_asm。

步骤 3　装配电机零件。电机是整个电机子装配的基础，需要先进行装配。导入电机零件（motor），直接固定在装配原点，如图 4-113 所示。

步骤 4　装配电机键零件。导入电机键零件（motor_key），使用同轴心配合和重合配合进行装配，如图 4-114 所示。

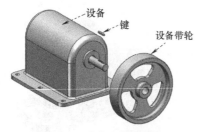

图 4-112 设备子装配组成

图 4-113　装配电机

图 4-114　装配电机键

步骤 5　装配电机带轮零件。导入电机带轮零件（motor_wheel），使用同轴心配合和重合配合进行装配，结果如图 4-115 所示。

步骤 6　保存并关闭电机子装配。

（2）创建设备模块子装配

步骤 1　新建装配文件，文件名称为 equipment_asm。

步骤 2　装配设备零件。设备是整个设备子装配的基础，需要先进行装配。导入设备零件（equipment），直接固定在装配原点，如图 4-116 所示。

步骤 3　装配设备键零件。导入设备键零件（equipment_key），使用同轴心配合和重合配合进行装配，如图 4-117 所示。

图 4-115　装配电机带轮

图 4-116　装配设备

图 4-117　装配设备键

步骤 4　装配设备带轮零件。导入设备带轮零件（equipment_wheel），使用同轴心配合和重合配合进行装配，结果如图 4-118 所示。

步骤 5　保存并关闭设备子装配。

（3）创建传动系统总装配

步骤 1　新建装配文件，文件名称为 drive_system。

步骤 2　装配安装板零件。安装板是整个总装配的基础，需要先进行装配。导入安装板零件（install_board），直接固定在装配原点，如图 4-119 所示。

步骤 3　装配电机子装配。导入电机子装配（motor_asm），使用重合配合和同轴心配合进行装配，如图 4-120 所示。

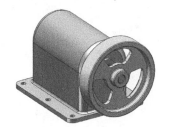

图 4-118　装配设备带轮

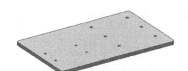

图 4-119　装配安装板

图 4-120　装配电机子装配

步骤 4　装配设备子装配。导入设备子装配（equipment_asm），使用重合配合和同轴心配合进行装配，结果如图 4-121 所示。

步骤 5　装配皮带。导入皮带零件（belt），使用重合配合和同轴心配合装配，如图 4-122 所示。

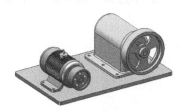

图 4-121　装配设备子装配

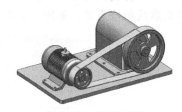

图 4-122　装配皮带

步骤 6　保存并关闭传动系统总装配。

4.4　高效装配操作

掌握装配设计基本思路与装配方法后，接下来要考虑的就是提高装配效率。在实际产品设计中，需要装配的零部件往往比较多，装配效率低会严重影响产品设计效率。下面主要介绍提高装配效率的一些操作。

4.4.1 装配模板定制

在装配设计之前应选择合适的装配模板进行产品装配设计，保证装配文件的统一性及规范性，便于下游工作的开展。在 SOLIDWORKS 中创建装配模板的具体操作与本书第 3 章介绍的零件模板创建过程是类似的，下面具体介绍。

（1）新建装配模板文件

使用系统默认的装配模板（gb_assembly）新建一个空白的装配文件作为模板文件。

（2）设置装配模板背景

装配模板中可以根据个人的喜好设置模板背景颜色，这样只要使用该装配模板，其背景颜色就是此处设置的背景颜色。在"前导视图"工具条中选择如图 4-123 所示的命令设置模板背景颜色。本例设置为"单白色"背景。

（3）设置装配模板默认视图

装配设计环境中有系统提供的三个初始基准面，在装配模板中可以设置这些基准面的视图方位及显示状态。在"前导视图"工具条中选择如图 4-124 所示的命令设置默认的视图方向，然后在模型树中将三个基准面设置为显示状态，如图 4-125 所示。这样只要使用该装配模板，装配环境中将按照此处设置的视图方位显示三个基准面。

图 4-123 设置模板背景颜色

图 4-124 设置模板视图

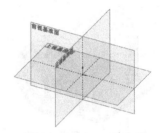

图 4-125 设置基准面

（4）设置装配模板文档属性

装配模板中还可以根据实际设计需要设置模板文档属性。选择下拉菜单"工具"→"选项"命令，系统弹出"系统选项"对话框，在该对话框中单击"文档属性"选项卡，在该选项卡中设置文档属性，在左侧列表中选择"单位"，然后在右侧页面中选择"MMGS"作为模板默认单位系统，如图 4-126 所示。

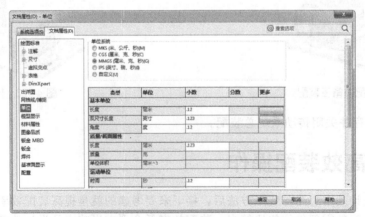

图 4-126 设置模板单位

另外，默认情况下，在 SOLIDWORKS 绘制草图标注尺寸时，尺寸文本显示太小导致看图困难，这也是很多用户反映的一个实际问题。这个问题可以通过在文档属性中设置尺寸文本字体来解决。在如图 4-127 所示的"文档属性"选项卡左侧列表中选择"尺寸"，然后在右侧页面中单击"文本"区域的"字体"按钮，系统弹出如图 4-128 所示的"选择字体"对话框，在该对话框中设置个人喜欢的字体样式及大小。

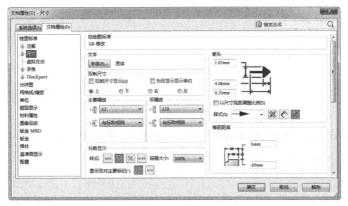

图 4-127　设置模板尺寸

（5）设置装配模板文件属性

考虑到将来创建装配工程图的方便，如装配代号、名称及单位名称等，这些属性需要在文件属性中设置。

选择下拉菜单"文件"→"属性"命令，系统弹出"摘要信息"对话框，在该对话框中单击"自定义"选项卡，如图 4-129 所示，在该选项卡中定义需要的文件属性。

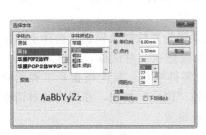

图 4-128　"选择字体"对话框

图 4-129　"摘要信息"对话框

默认情况下，在"摘要信息"对话框中的"自定义"选项卡中有一些系统自带的文件属性，如果需要添加更多的自定义属性信息，直接在列表最后一行输入属性名称即可，如图 4-130 所示。本例添加单位名称，属性值为"武汉卓宇创新"。

💡 **说明**：用户也可以根据实际需要，在"摘要信息"对话框中的"自定义"选项卡中设置更多的属性，读者可自行操作，此处不再赘述。

（6）保存装配模板

完成装配模板创建后需要将文件保存为单独的装配模板文件（不同于一般的装配文件），选择"保存"命令，在系统弹出的"另存为"对话框中的"保存类型"列表中选择装配模板类型［Assembly Template（*.asmdot）］，如图 4-131 所示，此时系统自动将文件保存到默

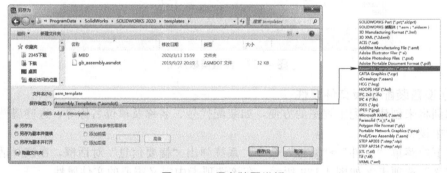

图 4-130　添加自定义属性

认模板位置：C:\ProgramData\SOLIDWORKS\SOLIDWORKS 2020\templates。

图 4-131　保存装配模板

（7）将装配模板设置为默认模板

完成装配模板的创建及保存后，在"新建 SOLIDWORKS 文件"对话框中单击"高级"按钮，在弹出的对话框中可以单击查看到保存的装配模板文件。

为了提高自定义模板的使用效率，可以将自定义模板设置为系统默认模板。选择下拉菜单"工具"→"选项"命令，系统弹出如图 4-132 所示的"系统选项"对话框，在该对话框左侧列表中选择"默认模板"，在右侧区域中可以设置默认的零件模板、装配模板和工程图模板。本例需要设置默认的装配模板，单击"装配体"后面的"浏览"按钮，在弹出的对话框中选择保存的装配模板，单击"确定"按钮，完成默认模板设置。

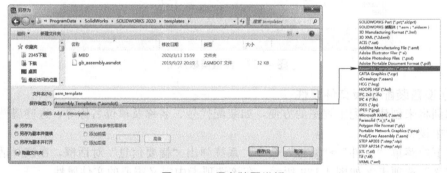

图 4-132　设置默认模板

（8）调用装配模板

完成默认模板的设置后，使用"新建"命令，新建装配文件时，系统将默认使用设置的默认模板，如图 4-133 所示。

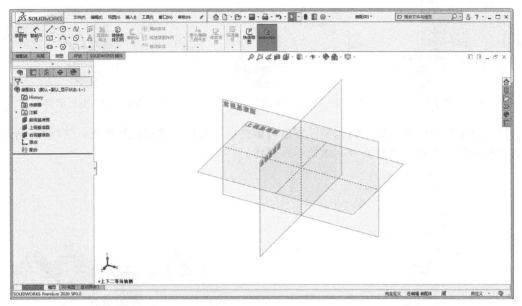

图 4-133　调用装配模板

4.4.2　装配调整

装配设计中，导入装配零部件后如果初始位置与最终装配的位置差异比较大，这种情况下即使选择的配合参考及类型是正确的，也有可能得到错误的装配结果，所以导入零部件后首先要调整零部件初始位置，为添加配合做准备，同时提高装配设计效率，在 SOLID-WORKS 中对装配零部件调整主要包括移动零部件和旋转零部件，下面具体介绍。

（1）移动零部件

在装配中导入零部件后，如果零部件位置与最终需要装配的位置比较远，可以使用平移操作将零部件平移到比较近的位置再进行装配。

在 SOLIDWORKS 装配设计环境中，如果导入的零部件没有完全约束，可以直接使用鼠标拖动零部件平移到任何位置。另外，还可以在"装配"选项卡中单击"移动零部件"按钮 ，然后使用鼠标拖动零部件进行平移。

（2）旋转零部件

在装配中导入零部件后，如果零部件位置与最终需要装配的位置不是很对应，可以先对零部件进行旋转操作，旋转到合适位置后再进行装配。

如图 4-134 所示的轴承座，现在已经完成了底座零件的装配，接下来要装配轴瓦零件到如图 4-135 所示的位置，下面具体介绍其装配调整过程。

步骤 1　打开练习文件 ch04 asm\4.4\02\adjust。

步骤 2　导入装配零件。在"装配"选项卡中选择"插入零部件"命令，选择轴瓦零件导入到装配环境，导入轴瓦零件后零件初始位置如图 4-136 所示。

步骤 3　调整零部件。在"装配"选项卡中单击"旋转零部件"按钮 ，系统弹出如图 4-137 所示的"旋转零部件"对话框，采用系统默认设置，按住鼠标左键选中轴瓦零件进行旋转，将轴瓦零件调整到如图 4-138 所示的方位为后续装配做准备。

图 4-134　轴承座　　　　图 4-135　底座与轴瓦装配　　　　图 4-136　导入轴瓦零件

完成以上零部件调整后，轴瓦零件方位与最终要装配的位置就比较接近，这样再进行装配就比较方便。读者可自行练习，此处不再赘述。

图 4-137　旋转零部件

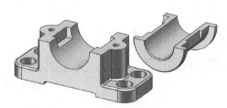

图 4-138　旋转轴瓦零件

4.4.3　复制装配

在装配设计中如果需要将相同的零部件重复装配到其他位置，这种情况下可以先装配其中一个零件，然后将这个零件进行复制并添加合适的配合关系，这样做会大大节省重复导入零部件的时间，从而提高装配效率。复制装配包括两种方式：一般复制装配和随配合复制。

（1）一般复制装配

如图 4-139 所示的螺栓垫块装配，现在已经完成了如图 4-140 所示第一个螺栓的装配，需要在其他沉头孔位置分别装配螺栓，下面以此为例介绍复制装配操作过程。

步骤 1　打开练习文件 ch04 asm\4.4\03\copy_asm。

步骤 2　一般复制装配。按住 Ctrl 键，然后使用鼠标按住已经装配好的螺栓进行拖动，系统将选中螺栓进行复制，继续这个操作复制需要的所有螺栓，结果如图 4-141 所示。此时在模型树中将显示复制的螺栓文件，如图 4-142 所示。此时复制的螺栓是不带配合关系的，所以需要在每个螺栓与装配的沉头孔位置添加配合关系对螺栓进行装配。

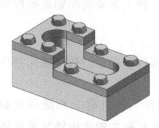

图 4-139　螺栓垫块装配

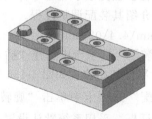

图 4-140　已经完成的装配

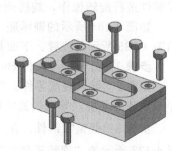

图 4-141　复制螺栓

> **说明：**使用这种操作复制的零部件不带配合关系，后续需要用户添加合适的配合关系进行装配，也就是说这种复制只是节省了重复导入零部件及调整零部件的时间。

（2）随配合复制

在复制零部件时如果想连同配合关系一起进行复制装配，可以使用"随配合复制"命令来完成，下面继续使用本例模型介绍随配合复制的操作过程。

步骤1 选择命令。在模型树中选中要复制的螺栓零件，单击鼠标右键，在弹出的快捷菜单中选择如图 4-143 所示的"随配合复制"命令，系统弹出如图 4-144 所示的"随配合复制"对话框，在该对话框中显示复制源文件。

步骤2 选择配合参考。在"随配合复制"对话框中单击"下一步"按钮 ⊙，系统弹出如图 4-145 所示的对话框，在该对话框中定义需要复制位置的配合参考。本例在装配第一个螺栓时使用

图 4-142 复制螺栓结果

了一个同轴心配合和一个重合配合，如果要将该螺栓复制装配到其他的位置，为了保证装配配合的正确性，也需要选择相应的同轴心配合和重合配合，而且要按照第一个螺栓装配时选择配合的顺序进行定义。

图 4-143 选择命令

图 4-144 复制对象

图 4-145 定义配合

① 定义同轴心配合。选择如图 4-146 所示的沉头孔圆柱面为同轴心参考，表示在复制螺栓零件时，螺栓圆柱面将与现在选择的沉头孔圆柱面同轴。

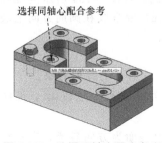

图 4-146 选择同轴心配合参考

图 4-147 选择重合配合参考

图 4-148 完成配合定义

② 定义重合配合。选择如图 4-147 所示的沉头孔端面为重合参考，表示在复制螺栓零件时，螺栓螺帽下端面将与现在选择的沉头孔端面重合。

步骤 3 完成复制装配。完成配合定义结果如图 4-148 所示，单击对话框中的 ✓ 按钮，完成第一个复制装配，参照这个方法完成其余孔位的复制装配。

4.4.4 阵列装配

阵列装配就是按照一定的规律将零部件进行复制装配，其具体操作类似于零件设计中的特征阵列。特征阵列的操作对象是零件特征，阵列装配的操作对象是装配产品中的零部件。下面主要介绍几种常用的阵列装配操作，其他的阵列方式读者可以参考第 3 章中有关特征阵列小节的讲解。

（1）线性零部件阵列

线性零部件阵列就是将零部件沿着线性方向按照一定方式进行复制装配，如图 4-149 所示的称重磅上的托盘与钢圈的装配。现在已经装配了钢圈托盘与第一个钢圈，如图 4-150 所示，还要继续叠加装配 10 个钢圈，下面介绍具体操作。

步骤 1 打开练习文件 ch04 asm\4.4\04\01\linear_asm。

步骤 2 选择阵列对象。在模型树中单击选择已经装配的第一个法兰圈为阵列对象。

步骤 3 选择阵列命令。在"装配"选项卡中单击"线性零部件阵列"按钮，系统弹出如图 4-151 所示的"线性阵列"对话框。

步骤 4 定义阵列参数。在模型上选择如图 4-152 所示的底部圆盘表面为方向参考，表示沿着该面垂直方向进行线性阵列，定义阵列间距为 10，阵列个数为 10，结果如图 4-153 所示，单击对话框中的 ✓ 按钮，完成线性零部件阵列操作。

图 4-149　法兰圈装配　　　　图 4-150　已经完成的装配　　　　图 4-151　"线性阵列"对话框

（2）圆周零部件阵列

圆形阵列是将零部件沿着环形方向按照一定方式进行快速复制。如图 4-154 所示的碟和杯子装配，现在已经装配了碟与第一个杯子，如图 4-155 所示，现在要继续在圆周方向上装配 5 个杯子，下面以此为例介绍圆周零部件阵列操作。

步骤 1 打开练习文件 ch04 asm\4.4\04\02\circle_asm。

步骤 2 选择阵列对象。在模型树中单击选择已经装配的第一个杯子为阵列对象。

步骤 3 选择阵列命令。在"装配"选项卡中单击"圆周零部件阵列"按钮，系统弹出如图 4-156 所示的"圆周阵列"对话框。

步骤 4 定义阵列参数。在模型上选择如图 4-157 所示的圆形表面为方向参考，表示沿着该圆形面中心轴线方向进行圆周阵列，定义阵列个数为 6，结果如图 4-158 所示，单击对

图 4-152 选择方向参考

图 4-153 定义阵列参数

图 4-154 碗碟装配

话框中的 ✔ 按钮，完成圆周零部件阵列操作。

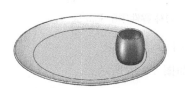

图 4-155 已经完成的装配

图 4-156 "圆周阵列"对话框

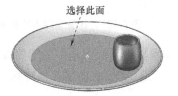

图 4-157 选择阵列参考

（3）特征驱动零部件阵列

特征驱动阵列就是将零部件按照装配中已有零部件中的阵列信息进行参照装配，这是所有阵列方式中最快捷的一种，在装配中灵活使用这种方式能极大提高装配效率。

如图 4-159 所示的泵体装配，现在已经完成了如图 4-160 所示的装配，需要继续在该装配中完成其余孔位螺栓装配。装配之前注意到泵体与端盖零件中的孔均是使用阵列方式设计的，如图 4-161 和图 4-162 所示，也就是说这些零件具有阵列信息，这种情况下要在孔位置装配螺栓就可以使用特征驱动阵列将螺栓按照孔阵列信息进行自动装配。

图 4-158 定义阵列参数

图 4-159 泵体装配

图 4-160 已经完成的装配

步骤 1 打开练习文件 ch04 asm\4.4\04\03\ref_asm。

步骤 2 对端盖上的螺栓（bolt_m8）进行阵列。对端盖上的螺栓（bolt_m8）进行阵列可以参考端盖上如图 4-161 所示的孔阵列进行特征驱动阵列。

① 选择阵列对象。在模型树中选择端盖上的螺栓（bolt_m8）为阵列对象。

② 选择阵列命令。在"装配"选项卡中单击"阵列驱动零部件阵列"按钮 🔡，系统弹出如图 4-163 所示的"阵列驱动"对话框。

③ 选择驱动阵列参考。在"阵列驱动"对话框中单击"驱动特征或零部件"区域的文本框，表示要选择驱动参考，然后在模型树中选择端盖零件中如图 4-161 所示的孔阵列为驱

图 4-161　端盖零件中的孔阵列

图 4-162　泵体零件中的孔阵列

动参数，系统将选中的螺栓按照该阵列信息进行阵列装配，如图 4-164 所示。

④ 完成驱动零部件阵列。在对话框中单击 ✓ 按钮，结果如图 4-165 所示。

图 4-163　定义阵列驱动参数　　　图 4-164　定义驱动阵列　　　图 4-165　螺栓阵列结果

步骤 3　对泵体上的螺栓（bolt_m16）进行阵列。对泵体上的螺栓（bolt_m16）进行阵列可以参考泵体上如图 4-162 所示的孔阵列进行特征驱动阵列。首先选择泵体上的螺栓为阵列对象，然后选择泵体上如图 4-162 所示的孔阵列为驱动参考，如图 4-166 所示，系统将选中的螺栓按照该阵列信息进行阵列装配，如图 4-167 所示。

4.4.5　镜向装配

对于装配设计中的对称结构可以使用镜向方式快速装配，从而大大提高镜向结构的装配效率。在"装配"选项卡中单击"镜向零部件"按钮 ，用于对零部件进行镜向装配。需要注意的是，在 SOLIDWORKS 中通过镜向零部件可以得到对称位置的相同零部件，也可以创建选中零部件的对称零件（相当于产生了新零件）。

如图 4-168 所示的夹具底座装配，现在已经完成了如图 4-169 所示的装配，需要对其中的垫块及垫块上的四个螺栓进行镜像装配，下面具体介绍。

步骤 1　打开练习文件 ch04 asm\4.4\05\symmetry_asm。

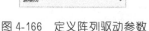

图 4-166 定义阵列驱动参数

图 4-167 定义驱动阵列

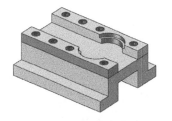

图 4-168 夹具底座装配

步骤 2 对垫块进行镜向装配。本例中两侧的垫块零件关于中间的前视基准面完全对称，从完成后的零件结构来看，这两个垫块属于完全不同的两个零件，只是两个零件关于前视基准面对称，这种情况使用镜向零部件操作最为方便。

① 选择命令。在"装配"选项卡中单击"镜向零部件"按钮 ，系统弹出如图 4-170 所示的"镜向零部件"对话框

② 选择镜向基准面。选择前视基准面为镜向基准面，如图 4-171 所示。

③ 选择镜向对象。选择垫块零件为镜向对象，如图 4-171 所示。

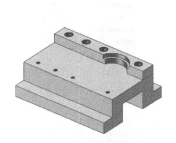

图 4-169 已经完成的装配

图 4-170 "镜向零部件"对话框

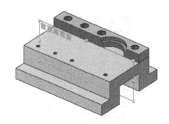

图 4-171 选择镜向基准面及镜向对象

④ 定义镜向参数。完成镜向基准面和镜向对象的选择后，单击对话框中的"下一步"按钮 ，系统弹出如图 4-172 所示的对话框，在该对话框中定义具体的镜向方式。因为本步骤需要创建选中零部件的镜向副本，需要在对话框中单击"创建相反方位版本"按钮 ，此时显示预览如图 4-173 所示，这正好是需要的结果。

⑤ 完成镜向零部件操作。单击对话框中的 按钮，完成镜向零部件操作，结果如图 4-174 所示，此时得到的镜向零件与源零件完全对称，如图 4-175 所示。

步骤 3 对垫块螺栓进行镜向装配。本例中两侧的螺栓关于中间的前视基准面完全对称，而且都是完全一样的螺栓，这种情况使用镜向零部件操作能够极大提高装配效率。

① 选择命令。在"装配"选项卡中单击"镜向零部件"按钮 ，系统弹出如图 4-176 所示的"镜向零部件"对话框

② 选择镜向基准面。选择前视基准面为镜向基准面，如图 4-177 所示。

③ 选择镜向对象。选择垫块上四个螺栓零件为镜向对象，如图 4-177 所示。

图 4-172　定义镜向参数

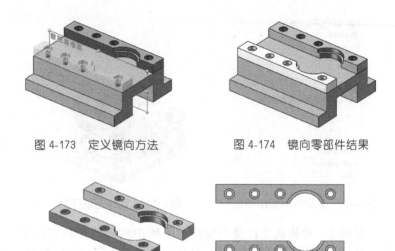

图 4-173　定义镜向方法　　图 4-174　镜向零部件结果

图 4-175　镜向零部件特点

④ 定义镜向参数。单击对话框中的"下一步"按钮 ⊕，系统弹出如图 4-178 所示的"镜向零部件"对话框。因为本步骤需要创建选中零部件关于前视基准面对称的副本，需要在对话框中单击 ⊪ 按钮，此时显示预览如图 4-179 所示。

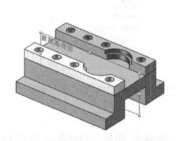

图 4-176　"镜向零部件"对话框　图 4-177　选择镜向基准面及镜向对象　　图 4-178　定义镜向参数

⑤ 完成镜向零部件操作。单击对话框中的 ✓ 按钮，完成镜向零部件操作，结果如图 4-180 所示，此时得到的镜向零件与源零件关于前视基准面对称，而且都是完全相同的零件。

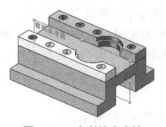

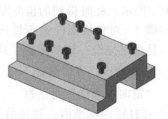

图 4-179　定义镜向方法　　　　　　　图 4-180　镜向零部件结果

4.5 装配编辑操作

装配设计完成一部分或全部完成后，有时需要根据实际情况对装配中的某些零部件对象进行编辑与修改。SOLIDWORKS 中提供了多种装配设计编辑操作，下面具体介绍。

4.5.1 重命名零部件

实际装配设计中经常需要修改装配零部件名称，包括总装配文件名称修改及装配中各零部件名称修改。本例打开练习文件 ch04 asm\4.5\01\motor_asm，如图 4-181 所示，模型树如图 4-182 所示，此时模型树中文件名称均为英文名称，需要将总装配文件及各零部件名称改为中文名称，如图 4-183 所示。

图 4-181 电动机装配

图 4-182 模型树

图 4-183 重命名文件名称

（1）重命名总装配文件

总装配文件名称的修改主要有两种方法：第一种方法是直接在文件夹中修改总装配文件名称，如图 4-184 所示；第二种方法是打开总装配文件然后使用"另存为"命令修改总装配文件名称，修改总装配文件名称结果如图 4-185 所示。

图 4-184 重命名总装配文件

图 4-185 重命名总装配结果

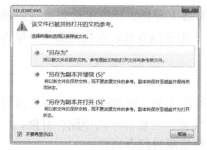

图 4-186 "SOLIDWORKS"对话框

图 4-187 另存为文件

（2）重命名零部件文件

重命名零部件文件需要先在装配设计环境中打开零部件，然后选择"另存为"命令，系统弹出如图 4-186 所示的"SOLIDWORKS"对话框，在该对话框中选择"另存为"命令，系统弹出如图 4-187 所示的"另存为"对话框，输入新的文件名称，单击"保存"按钮，完成零件重命名，结果如图 4-188 所示，使用这种方法修改其余零件名称。

4.5.2　装配常用操作

装配设计中需要掌握一些常用装配操作。下面接着上一节电动机模型为例介绍装配常用操作。在模型树中选中电动机带轮对象，系统会弹出如图 4-189 所示的快捷菜单，使用该快捷菜单用于执行装配常用操作。

图 4-188　重命名结果

（1）打开零件

在快捷菜单中单击"打开零件"按钮，系统将打开选中零件，如图 4-190 所示。

（2）在当前位置打开零件

在快捷菜单中单击"在当前位置打开零件"按钮，系统将按照当前装配中的方位打开选中零件，如图 4-191 所示。

图 4-189　快捷菜单

图 4-190　打开零件

图 4-191　在当前位置打开零件

（3）隐藏零部件

在快捷菜单中单击"隐藏"按钮，系统将隐藏选中零件，如图 4-192 所示。选中隐藏零件。在快捷菜单中单击"显示"按钮，系统将显示被隐藏的零件。

（4）更改透明度

在快捷菜单中单击"更改透明度"按钮，系统将选中零件设置为透明显示，如图 4-193 所示，使用该操作可将装配中外层零件设置为透明显示，方便查看装配内部零件。

（5）压缩零部件

在快捷菜单中单击"压缩零件"按钮，系统将压缩选中零件。压缩零件效果与隐藏零件效果是一样的，在装配环境中不再显示压缩零部件。选中压缩零件，在快捷菜单中单击"解除压缩"按钮，系统将恢复被压缩的零件。

（6）查看配合

在快捷菜单中单击"查看配合"按钮，系统弹出如图 4-194 所示的窗口，在该窗口中显示选中零件包含的装配配合，便于用户了解零件配合关系。在窗口中选中配合对象，此时在模型上显示对应配合对象，如图 4-195 所示，还可以快速编辑配合属性。

图 4-192 隐藏零件

图 4-193 更改透明度

图 4-194 查看配合

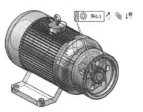

图 4-195 查看配合参考

4.5.3 编辑零部件

当装配产品中的零部件结构或尺寸不对时，可以对其进行编辑与修改，如图 4-196 所示的泵体装配，需要编辑端盖零件尺寸，本例打开练习文件 F:\SOLIDWORKS_jxsj\ch04asm\4.5\03\edit 进行练习，在 SOLIDWORKS 中包括两种编辑方法：一种是直接打开零部件进行编辑；另一种是直接在装配环境进行编辑。

（1）直接打开零部件进行编辑

直接打开零部件进行编辑就是先打开要编辑的零部件，可以在文件夹中打开，也可以在装配环境中打开，打开后再编辑零部件即可。

如图 4-196 所示的泵体装配，需要编辑装配中的端盖零件（包括端盖主体尺寸及孔规格参数），如图 4-197 所示。使用这种方法编辑时，需要首先打开端盖零件，因为端盖主体使用旋转凸台命令创建的。端盖主体旋转截面草图如图 4-198 所示，如果需要编辑端盖尺寸，可以修改端盖主体旋转截面草图，如图 4-199 所示。这种编辑方法是在独立的零件环境中进行编辑，无法看到该零件与其他零件之间的装配关系，所以必须要知道准确的尺寸才能快速完成编辑操作。

图 4-196 泵体装配

图 4-197 编辑端盖

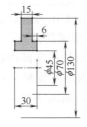

图 4-198 端盖旋转截面

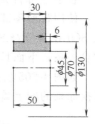

图 4-199 修改端盖旋转截面

（2）直接在装配环境进行编辑

直接在装配环境中编辑零部件就是先在装配中"激活"要编辑的对象，"激活"后对零部件进行编辑，在编辑过程中可以参考装配中的其他非激活零部件。

对于如图 4-196 所示的泵体装配，如果要编辑其中的端盖零件，可以在装配模型树中选中端盖零件，在快捷菜单中单击"编辑零件"按钮 ，相当于"激活"选中零件，表示对选中零件进行编辑，此时选中的零件在模型树中显示为蓝色，如图 4-200 所示。

展开端盖零件模型树，选中"旋转 1"特征对象，在弹出的快捷菜单中单击"编辑草图"按钮，系统进入草图环境。编辑端盖零件旋转截面草图，如图 4-201 所示。这种编辑方法可以同时看到装配中其他零部件的结构，方便在编辑时参考其他零件。

在端盖零件模型树中选中孔特征，在弹出的快捷菜单中单击"编辑特征"按钮，系统弹出如图 4-202 所示的"孔规格"对话框，编辑孔规格参数，结果如图 4-203 所示。修改端盖最终结果如图 4-204 所示，端盖主体尺寸及孔规格均得到了修改。

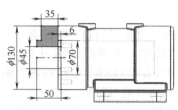

图 4-200　选择命令　　　　图 4-201　修改旋转截面草图　　　　图 4-202　修改孔规格

以上介绍了编辑零件的两种方法：第一种方法是直接打开零部件进行编辑，这种方法可以在独立的零件环境中进行编辑，但是在独立的环境中无法参考其他零件对象，所以这种编辑方法具有一定的盲目性，不够高效；第二种方法是直接在装配环境中进行编辑，这种方法在编辑时可以参考装配中其他非编辑对象，所以这种编辑方法比较准确、高效。因此在实际装配设计过程中，尽量使用第二种方法编辑零件。

4.5.4　替换零部件

替换零部件是指在不改变已有装配结构的前提下使用新的零件替换装配产品中旧的零件。使用替换零部件操作不用推翻以前的装配文件重新做，从而提高了整个产品设计效率。在 SOLIDWORKS 中替换零部件不仅要替换零件结构，更重要的是，替换零件涉及的装配配合关系，下面具体介绍替换零部件操作。

如图 4-205 所示的轴承座装配，其中上盖零件为旧版本零件，现在需要使用新上盖零件替换原来的旧上盖零件，如图 4-206 所示，包括零件中的装配配合关系。

图 4-203　泵体装配　　　　图 4-204　端盖修改结果　　　　图 4-205　轴承座装配

替换零部件之前必须先分析一下将要替换的零件与其他零件之间涉及的装配配合关系。在替换零部件时，关键要完整替换这些装配配合关系，否则将直接导致零部件替换失败。本例要替换的零件是轴承座中的上盖零件，在模型树中选中上盖零件，在快捷菜单中单击"查看配合"按钮 ⊗，系统弹出如图 4-207 所示的窗口，其中显示上盖零件与其他零部件之间的配合关系。

了解替换零件中的装配配合关系后，接下来具体介绍替换零部件操作。

步骤 1　打开练习文件 ch04 asm\4.5\04\bearing_asm。

旧上盖零件　　新上盖零件

图 4-206　轴承座中上盖零件替换

图 4-207　查看配合关系

步骤 2　选择命令。在模型树中选中要被替换的零件（top_cover），单击鼠标右键，在弹出的快捷菜单中选择"替换零部件"命令，系统弹出"替换"对话框，用于定义零部件替换。

步骤 3　选择替换零件。在"替换"对话框中单击"使用此项替换"区域下的"浏览"按钮，选择 top_cover_new 零件为替换零件，如图 4-208 所示，表示用此处选择的零件替换上一步选择的旧零件，单击对话框中的 ✔ 按钮。

此处完成替换零件选择后，系统弹出如图 4-209 所示的"配合的实体"对话框，在该对话框中显示替换操作涉及的配合对象，同时弹出如图 4-210 所示的快捷工具条及图 4-211 所示的预览窗口，还有如图 4-212 所示的"什么错"对话框，在快捷工具条中显示遗失的配合数量，本例为 4。单击 ➡ 按钮切换遗失的配合，此时在如图 4-211 所示的预览窗口中可以查看相应的配合参考，在"什么错"对话框中显示有问题的装配配合关系，如果直接关闭这些对话框，替换零件结果如图 4-213 所示。

图 4-208　"替换"对话框

图 4-209　配合实体

图 4-210　快捷工具条

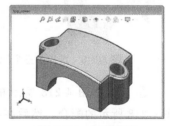

图 4-211　预览窗口

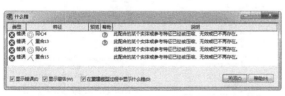

图 4-212　"什么错"对话框

图 4-213　错误替换结果

步骤 4　处理错误的配合关系。为了保证零部件替换成功，需要逐一处理替换过程中出

189

现错误的配合关系。一般思路是按照旧零件中显示出来的配合参考从新零件中重新选择替代参考对象，下面按照快捷工具条中的顺序处理错误的配合关系。

① 定义如图 4-214 所示的第一个配合替换。在快捷工具条中单击 ➡ 按钮切换到如图 4-214 所示的配合，然后在零件中选择如图 4-214 所示的面为替换参考对象即可。

② 定义如图 4-215 所示的第二个配合替换。在快捷工具条中单击 ➡ 按钮切换到如图 4-215 所示的配合，然后在零件中选择如图 4-215 所示的面为替换参考对象即可。

③ 定义如图 4-216 所示的第三个配合替换。在快捷工具条中单击 ➡ 按钮切换到如图 4-216 所示的配合，然后在零件中选择如图 4-216 所示的面为替换参考对象即可。

④ 定义如图 4-217 所示的第四个配合替换。在快捷工具条中单击 ➡ 按钮切换到如图 4-217 所示的配合，然后在零件中选择如图 4-217 所示的面为替换参考对象即可。

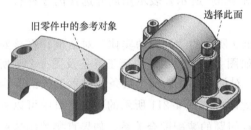

图 4-214 定义第一个配合替换

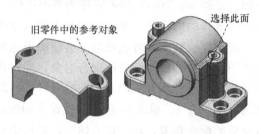

图 4-215 定义第二个配合替换

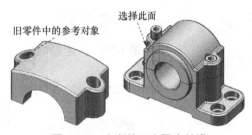

图 4-216 定义第三个配合替换

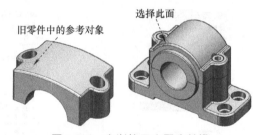

图 4-217 定义第四个配合替换

⑤ 定义如图 4-218 所示的第五个配合替换。在快捷工具条中单击 ➡ 按钮切换到如图 4-218 所示的配合，然后在零件中选择如图 4-218 所示的面为替换参考对象即可。

完成错误配合关系处理后，此时"配合的实体"对话框如图 4-219 所示，显示所有错误配合均完成定义，单击对话框中的 ✔ 按钮，完成替换，结果如图 4-220 所示。

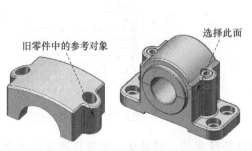

图 4-218 定义第五个配合替换

图 4-219 完成配合替换

图 4-220 替换结果

4.6 大型装配处理

实际产品设计中经常需要处理一些大型复杂的装配模型。这些大型复杂的装配模型涉及的零件数量比较多，占用的系统内存比较大，对电脑硬件的要求也比较大，遇到这种情况就需要对装配模型进行必要的处理，以提高计算机运行速度，使模型操作更顺畅，最终提高工作效率。下面以如图 4-221 所示的挖掘机模型为例介绍大型装配处理。

学习本小节内容，读者可打开练习文件 ch04 asm\4.6\excavator_asm 进行练习。

4.6.1 轻化处理

正常情况下打开的装配文件，如图 4-222 所示。在模型树中可以看到每个子装配文件及零部件的完整信息，如图 4-223 所示。此时可以对这些文件进行正常的编辑操作，但这种情况装配文件占用的系统内存也是最大的。为了使装配模型占用的系统内存更小，在 SOLID-WORKS 中可以设置零部件的"轻化"样式。

图 4-221 挖掘机模型

图 4-222 正常打开文件

在模型树中选中挖掘机底盘文件（CHASSIS_ASSY）右键，在快捷菜单中选择"设置为轻化"命令，系统将选中装配设置为轻化显示，结果如图 4-224 所示，此时模型树中有一部分信息没有显示在模型树中。

图 4-223 模型树显示完整信息

图 4-224 设置装配轻化

图 4-225 设置零件轻化

在模型树中选中挖掘机底盘下面的支架零件（MAIN_FRAME）右键，在快捷菜单中选择"设置为轻化"命令，系统将选中零件设置为轻化显示，结果如图4-225所示，此时模型树中只显示三个基准面，不能对零件模型进行编辑。

4.6.2 大型装配体设置

对于大型装配体的处理，SOLIDWORKS提供了专门的显示模式。设置大型装配体显示模式后，装配模型将以一种简化的方式显示在图形区，此时模型占用的系统内存更少，使用鼠标旋转模型会更加顺畅，工作更高效，下面具体介绍设置操作。

选择下拉菜单"工具"→"选项"命令，系统弹出如图4-226所示的"系统选项"对话框，在该对话框中选中"装配体"，在右侧页面中设置大型装配体模式，设置大型装配体模式后，在"装配"选项卡中单击"大型装配体设置"按钮 ，装配模型将按照大型装配体模式显示，如图4-227所示。

图 4-226　设置大型装配体显示模式　　　　　图 4-227　大型装配体显示模式

4.6.3 打开模式

打开大型装配体模型时，在"打开"对话框中可以设置打开模式，使用这些模式可以将大型装配体模型按照设置的模式打开，主要包括三种模式。

（1）"还原"模式

"还原"模式是一种正常的模式，使用这种模式打开的装配文件，可以对所有的模型文件进行正常的编辑与修改，同时，这种模式占用的系统内存更大，模型运行更缓慢，对于简单的装配模型系统默认以这种模式打开。

（2）"轻化"模式

"轻化"模式是将装配体中所有的模型文件以轻化方式打开，如果是大型复杂的装配体模型，系统将默认以这种方式打开。在"打开"对话框中的"模式"区域设置为"轻化"模式，如图4-228所示，单击"打开"按钮，系统按照轻化模式打开文件，结果如图4-229所示。

（3）"大型设计审阅"模式

"大型设计审阅"模式是一种极简化的模式，这种模式相当于一种浏览方式。在"打开"对话框中的"模式"区域设置为"大型设计审阅"模式，如图4-230所示，单击"打开"按钮，系统弹出如图4-231所示的"大型设计审阅"对话框。在该对话框中介绍大型设计审阅模式能够实现的功能，单击"确定"按钮，系统进入"大型设计审阅"界面，如图4-232所示。在该界面中可以打开需要查看的零部件对象，还可以对零部件进行简单的编辑操作。

图 4-228　设置"轻化"打开模式

图 4-229　轻化打开结果

图 4-230　设置"大型设计审阅"打开模式

图 4-231　"大型设计审阅"对话框

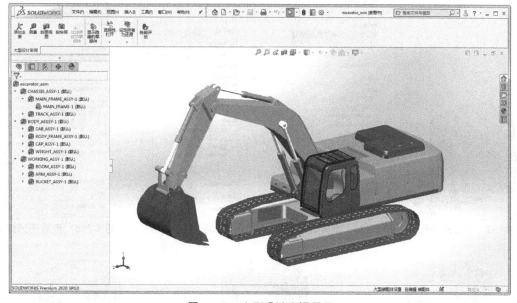

图 4-232　大型设计审阅界面

4.7　装配干涉分析

装配设计完成后，设计人员往往比较关心装配中是否存在干涉，如果存在干涉问题，必要时需要编辑装配产品以解决干涉问题，在 SOLIDWORKS 中使用"干涉检查"命令检查装配模型中是否存在干涉问题。

如图 4-233 所示的轴承座，完成装配后需要分析其中是否存在干涉问题。首先进行干涉分析，找出装配中存在干涉的位置，然后对干涉位置进行改进，以解决干涉问题，下面具体介绍干涉分析及改进过程。

步骤 1 打开练习文件 ch04 asm\4.7\bearing_asm。

步骤 2 选择命令。在装配环境中展开"评估"选项卡，在"评估"选项卡中单击"干涉检查"按钮，系统弹出"干涉检查"对话框，在该对话框中设置干涉检查。

步骤 3 设置干涉选项。在"干涉检查"对话框的"选项"区域设置干涉检查选项，用于设置系统如何进行干涉检查。本例选中"使干涉零件透明"选项，如图 4-234 所示，表示如果存在干涉情况，出现干涉的零件将透明显示在装配模型中。

步骤 4 设置非干涉零部件。在"干涉检查"对话框的"非干涉零部件"区域设置非干涉零部件选项，用于设置干涉分析后不存在干涉情况的零件的显示方式。本例选中"线架图"选项，如图 4-234 所示，表示没有干涉的零件将以线框图显示。

步骤 5 计算干涉。在"干涉检查"对话框中单击"计算"按钮，系统根据设置开始计算模型中的干涉情况，此时在对话框中的"结果"区域显示干涉情况，包括干涉体积数据，如图 4-235 所示，本例一共出现四处干涉结果。

步骤 6 查看干涉结果。在"干涉检查"对话框中的"结果"区域展开每处干涉，系统将展开干涉结果，此时显示每处干涉是由哪些零件干涉造成的，如图 4-236 所示。另外，在"结果"区域选中每处干涉结果，在模型上将按照选项设置显示干涉结果，干涉的零件透明显示，非干涉的零件线框显示，如图 4-237～图 4-240 所示。

图 4-233 轴承座装配

图 4-234 设置干涉选项

图 4-235 干涉结果

图 4-236 查看干涉结果

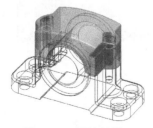

图 4-237 干涉结果一

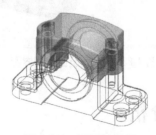

图 4-238 干涉结果二

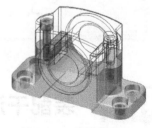

图 4-239 干涉结果三

从干涉结果分析，模型中有四处干涉，干涉 1 和干涉 2 是楔块与上盖零件之间的干涉，干涉 3 和干涉 4 是螺栓与底座上的螺纹孔之间干涉。其中螺栓与螺纹孔之间的干涉是正常的，在"结果"区域选中干涉 3 和干涉 4，然后单击"忽略"按钮，忽略这两处干涉。干涉 1 和干涉 2 主要是由楔块与上盖尺寸不对造成的，这种干涉需要处理。在装配环境中编辑楔块截面草图尺寸，如图 4-241 所示，完成编辑后再进行干涉检查，干涉情况得到解决，如图 4-242 所示。

图 4-240　干涉结果四

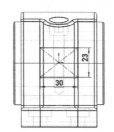

图 4-241　编辑楔块截面草图尺寸

图 4-242　无干涉结果

4.8　装配爆炸视图

装配设计完成后，为了更清晰表达产品装配结构及装配零部件关系，可以创建装配爆炸视图，也就是将装配中各个零部件按照一定的装配位置关系拆解开。在 SOLIDWORKS 中使用"爆炸视图"工具创建装配爆炸视图。

4.8.1　创建装配爆炸图

如图 4-243 所示的齿轮泵装配产品，需要创建如图 4-244 所示的装配爆炸视图，用于表达齿轮泵中各零部件之间的装配位置关系，下面具体介绍创建过程。

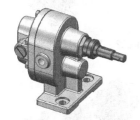

图 4-243　齿轮泵装配产品

图 4-244　齿轮泵装配爆炸视图

步骤 1　打开练习文件 ch04 asm\4.8\PUMP_ASM。

步骤 2　选择命令。在"装配体"选项卡中单击"爆炸视图"按钮 ，系统弹出"爆炸"对话框，在该对话框中定义爆炸视图步骤。

步骤 3　创建如图 4-245 所示的爆炸步骤 1。选择如图 4-246 所示的螺栓、垫圈及定位销作为爆炸对象，此时在"爆炸"对话框中显示选中的对象，如图 4-247 所示。同时在模型上显示移动坐标轴，选中 X 轴并沿着 X 轴负方向移动选中的零部件到如图 4-248 所示的位置，单击对话框中的"完成"按钮，完成爆炸步骤 1 的创建。此时在"爆炸"对话框中的"爆炸步骤"区域显示创建好的第一个爆炸步骤，如图 4-249 所示。

说明：在创建爆炸步骤时，用户还可以在"爆炸"对话框中指定移动方向及移动距离，对零部件进行精确移动。但是实际创建爆炸视图时一般不要求很精确的距离，关键是要保证每一步的移动距离要适中，确保爆炸视图的视觉效果最重要。

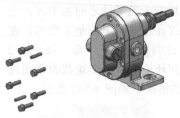

图 4-245　创建爆炸步骤 1

图 4-246　选择零部件对象

图 4-247　"爆炸"对话框

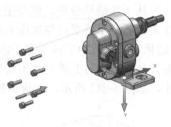

图 4-248　移动零部件

图 4-249　完成爆炸步骤 1

步骤 4　创建其余爆炸步骤。参照步骤 3 所示操作按顺序创建如图 4-250～图 4-256 所示的爆炸步骤，注意选择合适的爆炸对象并移动合适的距离，保证爆炸视图效果。

步骤 5　完成爆炸视图创建。在"爆炸"对话框中单击 ✅ 按钮，完成爆炸视图创建。

图 4-250　创建爆炸步骤 2

图 4-251　创建爆炸步骤 3～步骤 7

图 4-252　创建爆炸步骤 8

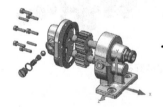

图 4-253　创建爆炸步骤 9

图 4-254　创建爆炸步骤 10

图 4-255　创建爆炸步骤 11

4.8.2　爆炸视图基本操作

完成爆炸视图创建后，在配置树中生成"爆炸视图"配置，如图 4-257 所示。也就是说，在 SOLIDWORKS 中，爆炸视图实际上是装配体的一种显示状态，这种状态以配置的形式保存在配置树中，方便用户对爆炸视图进行管理与编辑。在配置树中选中创建的爆炸视图，单击鼠标右键，系统将弹出如图 4-258 所示的快捷菜单，在该菜单中选择不同的命令将对爆炸视图执行不同的操作。

（1）查看装配过程动画

在如图 4-258 所示的快捷菜单中选择"动画解除爆炸"命令，系统将按照创建爆炸视图相反的顺序将各零部件进行组装并以动画的形式播放出来，用户看到的相当于装配产品的装配过程动画。此时系统会弹出如图 4-259 所示的"动画控制器"对话框，用于控制动画的播放，单击对话框中的"保存动画"按钮，系统弹出如图 4-260 所示的"保存动画到文件"对话框，用于设置动画文件的保存。

图 4-256　创建爆炸步骤 12

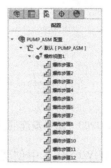

图 4-257　爆炸视图配置

图 4-258　快捷菜单

（2）解除爆炸

如果想恢复到爆炸之前的状态，需要解除爆炸视图。在如图 4-258 所示的快捷菜单中选择"解除爆炸"命令，系统将压缩爆炸视图，如图 4-261 所示。装配模型恢复到爆炸之前的状态，如图 4-262 所示。

图 4-259　"动画控制器"对话框

图 4-260　"保存动画到文件"对话框

图 4-261　解除爆炸视图

（3）恢复爆炸

解除爆炸视图后，在配置树中选中爆炸视图，单击鼠标右键，在弹出的快捷菜单中选中"爆炸"命令，如图 4-263 所示，系统重新显示爆炸视图状态。

（4）查看装配拆卸动画

解除爆炸视图后，在配置树中选中爆炸视图右键，在弹出的快捷菜单中选中"动画爆炸"命令，查看装配拆卸动画，同样可以保存动画视频。

（5）编辑爆炸视图

在如图 4-258 所示的快捷菜单中选择"编辑特征"命令，系统弹出如图 4-264 所示的"爆炸视图"对话框，在该对话框中可以重新编辑爆炸视图，在对话框中的"爆炸步骤"区域拖动蓝色的横杠可以回滚爆炸步骤，类似于使用模型树中的蓝色横杠调整特征插入顺序。

4.8.3　创建爆炸直线操作

为了更形象表现装配爆炸视图中各零件之间的装配位置关系，可以在零件之间创建连接

图 4-262　恢复爆炸之前的状态

图 4-263　激活爆炸视图

图 4-264　编辑爆炸视图

线，该连接线称为爆炸直线。在 SOLIDWORKS 中创建爆炸直线有两种方法：在"装配体"选项卡中单击"爆炸直线草图"按钮，用于手动创建爆炸直线；在"装配体"选项卡中单击"插入/编辑智能爆炸直线"按钮，用于自动创建爆炸直线。其中手动方法效率低下，实际中一般使用自动方法创建爆炸直线。

使用上一节齿轮泵模型为例介绍如图 4-265 所示爆炸直线操作，因为齿轮泵中零部件比较多，装配关系也比较多，最好使用自动方法创建爆炸直线。

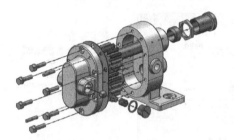

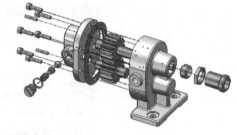

图 4-265　爆炸直线

在"装配体"选项卡中单击"插入/编辑智能爆炸直线"按钮，系统弹出如图 4-266 所示的"智能爆炸直线"对话框，此时在模型上显示如图 4-267 所示的爆炸直线，在对话框中单击按钮完成爆炸直线的创建，如图 4-268 所示。

完成爆炸直线创建后，在配置树中显示的"3D 爆炸 1"即为爆炸直线，在配置树中选中爆炸直线对象，单击鼠标右键，在弹出的快捷菜单中选择"隐藏"命令，系统将隐藏模型中的爆炸直线。读者可自行操作，此处不再赘述。

图 4-266　"智能爆炸直线"对话框

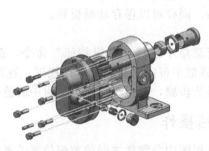

图 4-267　定义智能爆炸直线

图 4-268　完成爆炸直线创建

4.9　装配设计案例：夹具装配设计

前面小节系统介绍了装配设计操作及知识内容，为了加深读者对装配设计的理解并更好的应用于实践，下面通过具体案例详细介绍装配设计。

如图 4-269 所示的夹具装配，其内部组成结构如图 4-270 所示，首先根据提供的夹具相关零件完成夹具装配设计，然后创建如图 4-271 所示的夹具分解视图。

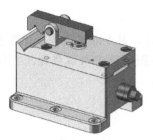
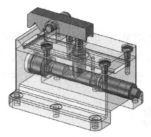

图 4-269　夹具装配　　　　图 4-270　夹具组成结构　　　　图 4-271　夹具分解视图

夹具装配设计说明：

① 设置工作目录：F:\solidworks_jxsj\ch04 asm\4.9\01。

② 选择装配方法：夹具结构比较简单，其中不涉及集中、独立的子结构，所以采用顺序装配方法进行夹具装配。

③ 具体装配过程：由于书籍写作篇幅限制，本书不详细写作装配过程，读者可扫码观看视频讲解，视频中有详尽的夹具装配设计讲解。

第5章

工程图

微信扫码，立即获取
全书配套视频与资源

工程图是实际产品设计及制造过程中非常重要的工程技术文件，其专业性及标准化要求非常高。SOLIDWORKS 提供了专门的工程图设计环境，在工程图环境中可以创建工程图视图、工程图标注等内容。本章主要介绍工程图设计方法与技巧。

5.1 工程图基础

学习工程图之前，首先要了解工程图的具体作用及用户环境，同时还需要了解在 SOLIDWORKS 中创建工程图的基本思路及操作过程，为后面具体学习工程图打好基础。

5.1.1 工程图作用

在 SOLIDWORKS 中，工程图主要包括以下几个方面的作用。

（1）定制工程图标准模板

工程图是一种非常重要的工程技术文件。在工程图设计过程中，首先必须要注意不同行业、不同企业的标准与规范。不同行业、不同企业对设计的工程图中的标准与规范都有细致的要求，包括图纸幅面、图框样式、标题栏格式、材料明细表格式、各种视图样式及标注样式等都有严格的要求。这些要求整合到一块就是我们常说的工程图模板，在模板中将这些要求都设置好，然后在出图时直接调用即可，这样极大方便了工程图设计，也提高了工程图设计效率。SOLIDWORKS 工程图环境中提供了定制工程图模板的方法及各种工具，从而方便定制各种要求的工程图模板。

（2）根据三维模型快速生成各种工程图视图

在工程图中为了清晰表达各种结构，需要创建各种工程图视图。对于各种视图的创建，在二维 CAD 软件中一般比较麻烦，效率也比较低。SOLIDWORKS 工程图模块中提供了各种工程图视图创建工具，包括基础视图、投影视图、各种剖视图、断面图等。另外，还可以使用工程图中的草绘工具设计各种特殊的工程图视图，极大提高了创建工程图视图的效率。

（3）添加各种工程图标注

工程图设计中需要根据产品设计要求进行各种技术标注。SOLIDWORKS 提供了两种标注方法：自动标注和手动标注。自动标注就是根据设计好的三维模型自动显示设计中的各种标注信息。手动标注非常灵活方便，可以作为自动标注的补充。另外，SOLIDWORKS 提供了各种工程图标注工具，如尺寸标注、公差标注、基准标注、形位公差标注、粗糙度标注、焊接符号标注及注释标注等。

（4）创建工程图表格文件及编辑

工程图中包括的各种表格，如孔表、系列化零件设计表，还有各种属性表都可以使用 SOLIDWORKS 工程图中提供的表格工具进行设计与编辑。另外还提供了管理表格的工具，方便表格的存储和调用。

（5）根据装配模型属性信息快速生成材料明细表

对于装配工程图的设计，需要根据零部件信息生成材料明细表。这在二维 CAD 软件中是很麻烦的，需要用户逐一填写，极不方便，同时效率低下。在 SOLIDWORKS 工程图设计中，可以自动根据各零部件属性信息自动生成材料明细表，而且材料明细表的样式与格式都可以提前定制好，极大方便了材料明细表的生成。

（6）创建各种类型工程图

工程图根据不同的行业、不同的企业甚至不同的产品可以分为很多类型，如零件工程图、装配工程图、钣金工程图、焊接工程图、管道工程图、电气线束工程图等。在 SOLID-WORKS 工程图设计环境中，根据用户需要，可以方便设计以上各种类型的工程图。需要注意的是，要设计不同类型的工程图，必须先设计好相应的三维模型。例如，要设计钣金工程图，需要先在钣金设计环境中进行钣金件的设计；要设计管道工程图，需要先在管道设计环境中完成管道系统的设计，其他类型同样如此！

5.1.2　工程图环境

打开工程图文件：ch05 drawing\5.1\01\base_box，进入 SOLIDWORKS 工程图环境，如图 5-1 所示。SOLIDWORKS 工程图环境与零件设计环境及装配设计环境类似，主要区别就是工程图环境是二维设计环境，包括选项卡区、绘图树、标尺及绘图模板等，下面介绍这些区域的主要功能。

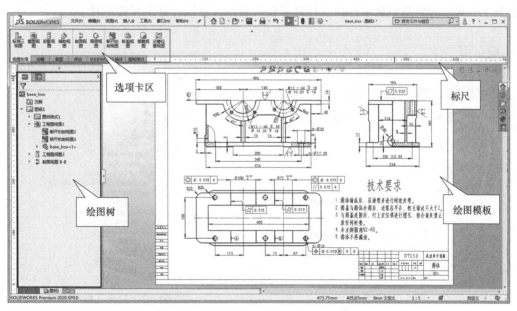

图 5-1　SOLIDWORKS 工程图用户界面

（1）选项卡区

选项卡区内都是工程图常用的功能命令按钮，是工程图环境中最重要的区域。

在选项卡区单击"视图布局"，系统进入"视图布局"选项卡，主要用来创建各种工程图视图，如图 5-2 所示。

在选项卡区单击"注解"，系统进入"注解"选项卡，主要用来创建各种工程

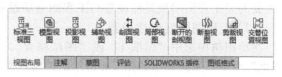

图 5-2　"视图布局"选项卡

图标注及插入工程图表格等，如图 5-3 所示。

图 5-3 "注解"选项卡

在选项卡区单击"草图"，系统进入"草图"选项卡，类似于零件设计环境中的"草图"选项卡，如图 5-4 所示。

图 5-4 "草图"选项卡

在选项卡区单击"图纸格式"，系统进入"图纸格式"选项卡，主要用来创建工程图格式，包括标题块及自动边界等，如图 5-5 所示。

（2）绘图树

绘图树如图 5-6 所示，主要用来管理工程图格式、工程图视图及各种标注等，是工程图设计中非常重要的功能区。另外，在绘图树中选中视图下的零部件，单击鼠标右键，在弹出的如图 5-7 所示的快捷菜单中选择"打开零件"命令，可以打开工程图零件。

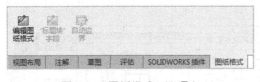

图 5-5 "图纸格式"选项卡

图 5-6 绘图树

图 5-7 打开工程图零件

5.1.3 工程图设置

工程图是一项非常重要的工程技术文件，涉及大量的工程图标准化及规范化设置，其中最重要的是工程图图纸属性设置与工程图选项设置。

（1）工程图图纸属性设置

在绘图树中选中"图纸 1"或"图纸格式"，单击鼠标右键，在弹出的快捷菜单中选择"属性"命令，系统弹出如图 5-8 所示的"图纸属性"对话框。在该对话框中设置图纸属性，包括图纸名称、图纸比例、投影类型（投影视角）及图纸大小等。

投影类型也就是投影视角，是图纸属性中最重要的属性之一，决定了出图的基本规则，投影视角包括"第一视角"和"第三视角"两种。我国国家标准（GB）规定使用"第一视角"，如图 5-9 所示；欧美国家标准一般是"第三视角"，如图 5-10 所示。

图 5-8 "图纸属性"对话框

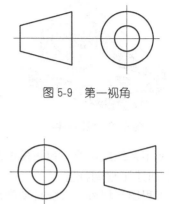

图 5-9 第一视角

图 5-10 第三视角

（2）工程图选项设置

在工程图环境中选择下拉菜单"工具"→"选项"命令，系统弹出"系统选项"对话框，在该对话框中选中"文档属性"选项卡，展开"文档属性"页面，如图 5-11 所示，在该页面中设置工程图各项设置，包括注解设置、尺寸设置、视图设置等。

图 5-11 设置工程图选项

5.1.4 创建工程图过程

为了让读者能够尽快熟悉 SOLIDWORKS 工程图创建过程，下面通过一个具体案例详细介绍在 SOLIDWORKS 中创建工程图的一般过程及基本操作。

如图 5-12 所示的零件，需要创建如图 5-13 所示的零件工程图，工程图中主要包括工程图视图（主视图、俯视图及左视图）及工程图标注两项内容。

（1）新建工程图文件

步骤 1 打开练习文件 ch05 drawing\5.1\02\part。

步骤 2 新建工程图。在顶部工具条中单击"新建"按钮，在弹出的"新建 SOLID-WORKS"对话框中单击■按钮，如图 5-14 所示，然后单击"确定"按钮，完成工程图新

图 5-12　绘图零件

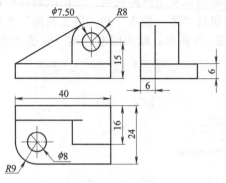

图 5-13　零件工程图

建，系统使用系统默认的工程图模板进入工程图环境。

（2）创建工程图视图

进入工程图环境后，系统自动弹出如图 5-15 所示的"模型视图"对话框，在该对话框中定义工程图视图。创建工程图视图一定要有出图模型，如果软件中已有打开的模型，系统自动以打开的零件模型出图，在如图 5-15 所示的"模型视图"对话框中的"打开文档"区域显示打开的零件模型。本例使用该打开的零件模型出图，如果没有打开的模型，可以单击"浏览"按钮打开要出图的零件模型。

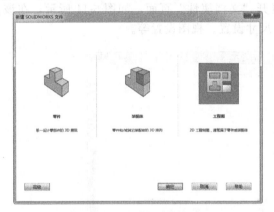

图 5-14　新建工程图文件

图 5-15　"模型视图"对话框

步骤 1　定义视图方向。在如图 5-15 所示的"模型视图"对话框中单击"下一步"按钮，系统弹出如图 5-16 所示的"模型视图"对话框，在对话框"方向"区域定义视图方位。本例首先创建主视图，主视图正好与零件模型前视图方位一致，在"方向"区域单击"前视"按钮，选中"预览"按钮可以查看视图效果。

步骤 2　定义视图选项。为了得到符合规范要求的工程图视图，需要在"模型视图"对话框中设置工程图视图选项，特别是显示样式及视图比例，如图 5-17 所示。

① 设置选项。在"选项"区域选中"自动开始投影视图"选项，表示创建完视图后，系统自动开始创建"投影视图"。

② 设置显示样式。在工程图中一般使用"消除隐藏线"方式作为工程图视图显示样式，在"显示样式"区域单击"消除隐藏线"按钮。

③ 设置视图比例。在"比例"区域选中"使用自定义比例"选项，在下拉列表中选择 2∶1 作为视图比例。

步骤 3 创建初步工程图视图。在工程图合适位置单击创建主视图，然后在主视图下方合适位置单击创建俯视图，在主视图右侧合适位置单击创建左视图，得到初步的工程图视图，结果如图 5-18 所示。

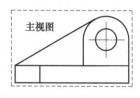

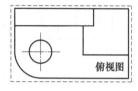

图 5-16 定义视图方向 　　图 5-17 定义视图选项 　　　图 5-18 创建工程图视图

步骤 4 编辑视图样式。得到初步的工程图视图后发现视图中显示大量相切边线，本例需要设置不显示这些相切边线。选中主视图，单击鼠标右键，在弹出的快捷菜单中选择"切边"→"切边不可见"命令，如图 5-19 所示，系统将不显示相切边。使用相同的方法设置俯视图与左视图相切边不可见。结果如图 5-20 所示。

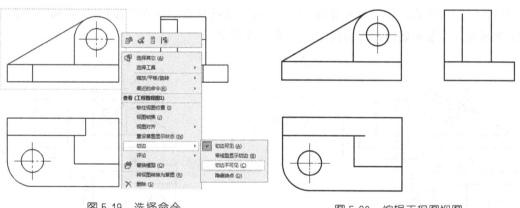

图 5-19 选择命令 　　　　　　图 5-20 编辑工程图视图

（3）标注工程图尺寸

完成工程图视图创建后，需要根据设计要求标注工程图尺寸，下面介绍标注工程图尺寸及尺寸样式的操作方法。

步骤 1 标注工程图尺寸。在工程图环境中展开"注解"选项卡，单击"智能尺寸"按钮，在工程图各视图中标注需要的尺寸，如图 5-21 所示。

💡 **说明**：在 SOLIDWORKS 中标注工程图尺寸有两种方法：一种是手动标注尺寸；另一种是自动标注尺寸。其中手动标注尺寸方法与草图中标注尺寸方法是一样的。此处使用手动方法标注尺寸。关于自动标注尺寸将在本章后面小节介绍。

步骤 2 编辑工程图尺寸。标注工程图尺寸后发现这些尺寸存在不规范的问题，需要对标注的尺寸进行编辑，包括字体样式、箭头样式及引线样式等。

① 设置字体样式。选择下拉菜单"工具"→"选项"命令，系统弹出"系统选项"对话

框，在该对话框中选中"文档属性"选项卡，在左侧页面选中"尺寸"对象，表示要设置尺寸样式，在右侧页面中单击"字体"按钮，在弹出的"选择字体"对话框中设置字体样式，本例设置字体为"黑体"，字高为 6mm。

② 设置箭头样式。在文档属性页面的"箭头"区域设置尺寸箭头样式，设置箭头宽度为 2mm，箭头长度为 8mm，箭头线长度为 12mm，如图 5-22 所示，单击"确定"按钮，完成尺寸字体及箭头样式设置，结果如图 5-23 所示。

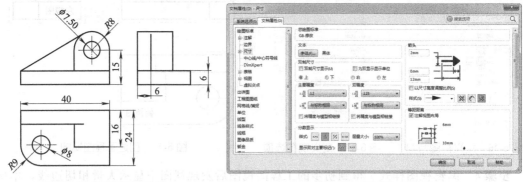

图 5-21　标注工程图尺寸　　　　　　　　　　　　图 5-22　设置文档属性

③ 设置引线样式。完成尺寸字体及箭头样式设置后发现尺寸 15 和尺寸 16 的箭头朝外，需要将箭头方向设置朝内。选中尺寸，在弹出的"尺寸"对话框中展开"引线"选项卡，表示设置尺寸引线样式，在"尺寸界线/引线显示"区域单击"里面"按钮 ⤡，如图 5-24 所示，表示将尺寸箭头朝向设置为内侧，如图 5-25 所示。

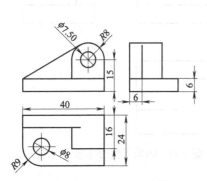

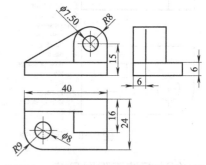

图 5-23　设置工程图尺寸样式　　图 5-24　设置尺寸　　图 5-25　设置工程图尺寸引线样式结果
　　　　　　　　　　　　　　　　引线样式

④ 设置文字位置。此时工程图中半径尺寸及直径尺寸的文字位置不符合要求。选中工程图中的半径尺寸及直径尺寸，在弹出的"尺寸"对话框中展开"引线"选项卡，选中"自定义文字位置"区域，表示要设置文字位置，单击"折断引线，水平文字"按钮 ⤢，如图 5-26 所示，将尺寸文本方向设置为水平，如图 5-27 所示。

💡 **说明**：在设置标注尺寸样式时，因为要设置的尺寸数量比较多，一个一个设置效率比较低，可以先设置一个，然后在"注解"选项卡中单击"格式涂刷器"按钮 🖌，将尺寸样式复制到其余尺寸上，类似于"格式刷"工具。

（4）保存工程图

完成工程图创建后，单击"保存"按钮，系统弹出如图 5-28 所示的"另存为"对话框，

图 5-26 设置文字位置

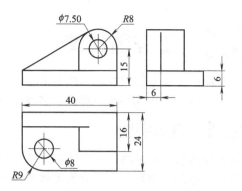

图 5-27 设置工程图文字位置结果

在该对话框中设置工程图名称及保存格式，单击"保存"按钮，完成工程图保存。

完成工程图保存后，在文件夹中包含零件文件与工程图文件，如图 5-29 所示。在实际工作中，模型文件要与工程图文件始终保存在同一个文件夹中管理，特别是拷贝文件时要一起拷贝，单独拷贝工程图文件将无法正常打开工程图文件。

（5）创建工程图总结

在创建工程图文件前首先要新建工程图文件。在 SOLIDWORKS 中新建工程图文件有多种方法。本例是通过单击"新建"按钮，在弹出的"新建 SOLIDWORKS"对话框中单击![icon]按钮新建工程图文件。另外，还可以直接在零件设计环境中选择下拉菜单"文件"→"从零件制作工程图"命令，在图形区右侧弹出如图 5-30 所示的"视图调色板"窗口，在该窗口中自动生成零件各个视图方位，使用鼠标将需要的视图直接拖放到图纸中创建工程图视图。读者可自行操作，此处不再赘述。

本例只涉及尺寸标注，其余标注类型将在本章后面小节具体介绍。

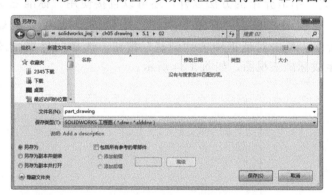

图 5-28 保存工程图

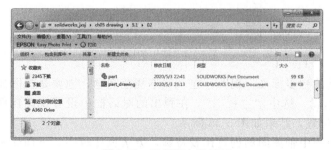

图 5-29 工程图文件管理

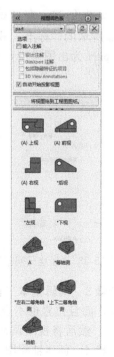

图 5-30 视图调色板

5.2 工程图视图

工程图中最重要的内容之一就是工程图视图。工程图视图主要作用是从各个方位表达零部件结构。SOLIDWORKS中提供了多种工程图视图工具，下面具体介绍。

5.2.1 基本视图

基本视图包括主视图、投影视图（俯视图及左视图等）及轴测图等，这是工程图中最常见也是最基本的一种视图。下面使用如图 5-31 所示的 V 形块零件为例介绍基本视图的创建，结果如图 5-32 所示，包括主视图、俯视图、左视图及轴测图的创建。

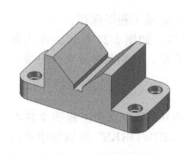

图 5-31　V 形块零件

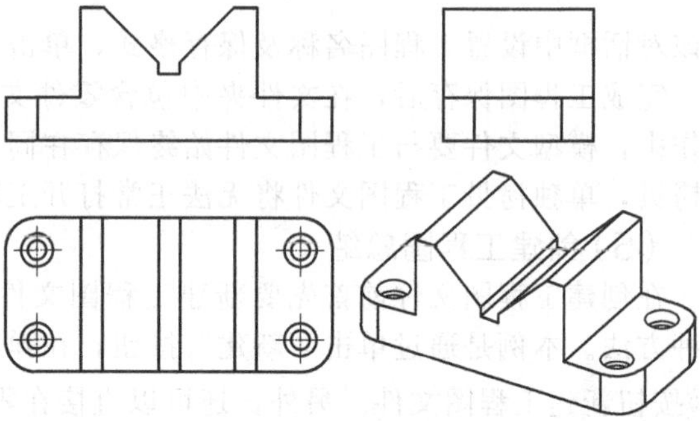

图 5-32　基本视图

步骤 1　打开练习文件 ch05 drawing\5.2\01\base_view。

步骤 2　创建基本三视图。基本视图中的主视图、俯视图及左视图称为基本三视图。创建基本三视图的方法有很多，除了上一小节介绍的方法以外，还可以直接使用"标准三视图"命令来创建。在"视图布局"选项卡中单击"标准三视图"按钮，系统弹出如图 5-33 所示的"标准三视图"对话框，单击对话框中的"浏览"按钮，选择文件夹中的base_part 为出图模型，此时自动生成标准三视图，如图 5-34 所示。

图 5-33　"标准三视图"对话框

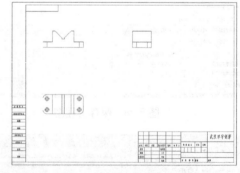

图 5-34　初步的标准三视图

步骤 3　编辑基本三视图。创建的初步标准三视图存在一些不规范问题，主要是视图比例太小，而且位置也不合适，需要编辑。选中"主视图"，在弹出的对话框中设置视图比例为 1∶1，然后将视图调整到合适的位置，结果如图 5-35 所示。

步骤 4　创建轴测图。在基本视图中轴测图的创建比较特殊，方法也比较多。下面介绍一种常用的方法，就是先创建视图定向，然后使用视图定向创建轴测图。

① 创建视图定向。在零件设计环境中将模型调整到创建轴测图的视图定向，如图 5-36 所示，然后按空格键将当前视图定向保存下来，如图 5-37 所示。

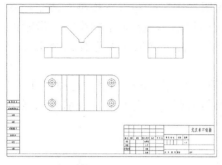

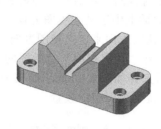

图 5-35　最终标准三视图　　　　　图 5-36　调整模型视图定向　　　　图 5-37　保存视图定向

② 创建轴测图。在"视图布局"选项卡中单击"模型视图"按钮 ，系统弹出如图 5-38 所示的"模型视图"对话框，在该对话框的"方向"区域选中"A"视图或选中"当前模型视图"选项，表示使用创建的 A 视图定向或当前的模型视图创建轴测图，然后设置视图属性，如图 5-39 所示，在合适位置单击放置轴测图，如图 5-40 所示。

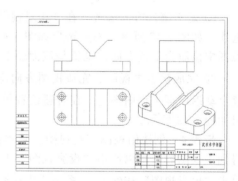

图 5-38　定义视图方向　　　图 5-39　定义视图属性　　　　　图 5-40　放置轴测图

5.2.2　相对视图

在创建工程图视图时，如果模型结构不规则，或者模型设计不规范，很可能没有合适的视图方位创建工程图视图。如图 5-41 所示的连接臂零件，需要创建如图 5-42 所示的基本视图（主视图、俯视图及左视图），但是在创建工程图视图之前发现零件中并没有合适的视图定向，如图 5-43 所示，这种情况下需要使用"相对视图"工具来创建。

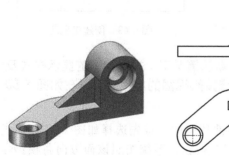

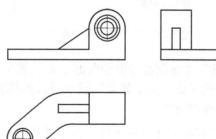

图 5-41　连接臂零件　　　　　图 5-42　创建基本视图　　　　图 5-43　视图方位

步骤 1 打开模型文件 ch05 drawing\5.2\02\link_part。

步骤 2 打开练习文件 ch05 drawing\5.2\02\contraire_view。

步骤 3 创建主视图。选择下拉菜单 "插入"→"工程图视图"→"相对于模型" 命令，系统弹出如图 5-44 所示的 "相对视图" 对话框，切换到零件环境，系统弹出如图 5-45 所示的 "相对视图" 对话框，在该对话框中定义主视图方向，定向视图方向时需要选择两个正交方向的面来定义。下面按照主视图方向来定义视图方向。

① 定义第一方向参考。在 "相对视图" 对话框的 "第一方向" 下拉列表中选择 "前视" 选项，如图 5-45 所示，然后选择如图 5-46 所示的模型表面为第一方向参考，表示在工程图视图中该面为前视方向，也就是该面朝前放置。

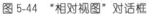

图 5-44 "相对视图" 对话框　　图 5-45 定义第一方向参考　　图 5-46 选择第一方向参考

② 定义第二方向参考。在 "相对视图" 对话框的 "第二方向" 下拉列表中选择 "上视" 选项，如图 5-47 所示，然后选择如图 5-48 所示的模型表面为第二方向参考，表示在工程图视图中该面为上视方向，也就是该面朝上放置。

③ 完成初步主视图。完成视图方向定义后，在 "相对视图" 对话框中单击 ✔ 按钮，系统自动返回至工程图环境，在合适位置单击放置主视图，然后设置主视图相切边不可见，结果如图 5-49 所示。

步骤 4 创建俯视图与左视图。基本视图中俯视图及左视图均与主视图存在投影关系，得到主视图后，可以使用 "投影视图" 工具创建俯视图与左视图。在 "视图布局" 选项卡中单击 "投影视图" 按钮 ⊟，系统弹出如图 5-50 所示的 "投影视图" 对话框，在主视图下方合适位置单击放置俯视图，在主视图右侧合适位置单击放置左视图。

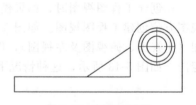

图 5-47 定义第二方向参考　　图 5-48 选择第二方向参考　　图 5-49 创建主视图

💡 **说明**：使用 "投影视图" 命令创建投影视图时，默认情况下，投影视图的显示样式及比例都是按照主视图的设置来显示的，如果需要设置投影视图的属性，可以在如图 5-50 所示的 "投影视图" 对话框中设置。

本例在创建主视图时，还有另外一种方法。在零件环境中，首先选择如图 5-51 所示的模型表面，然后在弹出的快捷工具条中单击 "正视于" 按钮，系统按照该面方向将模型摆正，如图 5-52 所示，然后将该视图定向保存起来，最后在工程图环境中使用该保存的视图

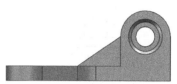

图 5-50 "投影视图"对话框　　　图 5-51 选择方向参考　　　图 5-52 创建视图定向

定向创建主视图。读者可自行练习这种方法，此处不再赘述。

5.2.3 全剖视图

在工程图视图中，对于非对称的视图，如果外形结构简单而内部结构比较复杂，这种情况下为了清楚表达零件结构，需要创建全剖视图。

如图 5-53 所示的阀体零件，现在已经完成左视图的创建，需要创建主视图，同时在主视图中创建全剖视图，如图 5-54 所示。

步骤 1 打开练习文件 ch05 drawing\5.2\03\full_section_view。

步骤 2 定义剖视图类型。在"视图布局"选项卡中单击"剖面视图"按钮 ⇄ ，系统弹出如图 5-55 所示的"剖面视图辅助"对话框，在对话框中的"切割线"区域单击 ↕ 按钮，表示创建竖直方向的切割线，也就是在竖直方向进行剖切。

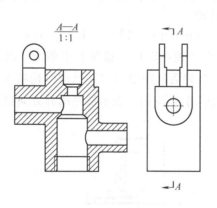

图 5-53 阀体零件　　　图 5-54 全剖视图　　　图 5-55 "剖面视图辅助"对话框

步骤 3 定义剖切位置。在视图中如图 5-56 所示的边线中点位置单击以确定剖切位置，在弹出的快捷工具条中单击 ✔ 按钮，生成全剖视图预览。

步骤 4 定义全剖视图属性。完成剖切位置定义后，系统弹出如图 5-57 所示的"剖面视图"对话框，在该对话框中设置全剖视图属性，设置视图名称为 A，其余参数使用默认设置，单击 ✔ 按钮，得到如图 5-58 所示的初步全剖视图。

步骤 5 定义全剖视图视图标签及切割符号。双击视图标签，系统弹出如图 5-59 所示的

"格式化"工具条，在该工具条中设置字体（黑体）及字号（7号字）；选中切割符号，在弹出的"剖面视图"对话框中设置切割线字体（黑体7号字）。

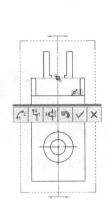  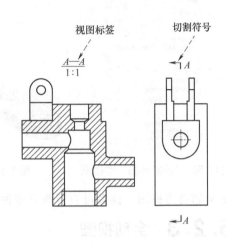

图5-56　定义剖切位置　　　图5-57　定义全剖视图属性　　　图5-58　初步全剖视图

图5-59　"格式化"工具条

5.2.4　半剖视图

在工程图视图中，对于对称的视图，如果外形结构简单，内部结构复杂，可以考虑创建半剖视图来表达视图结构。如图5-60所示的支座零件，现在已经完成俯视图的创建，需要继续创建如图5-61所示的半剖视图。

步骤1　打开练习文件 ch05 drawing \ 5.2 \ 04 \ half _ view。

步骤2　定义剖视图类型。在"视图布局"选项卡中单击"剖面视图"按钮 ↕，系统弹出"剖面视图辅助"对话框，在对话框中单击"半视图"选项卡，如图5-62所示，表示创建半视图，在"半剖面"区域单击 按钮，表示按照图标方向创建半剖视图。

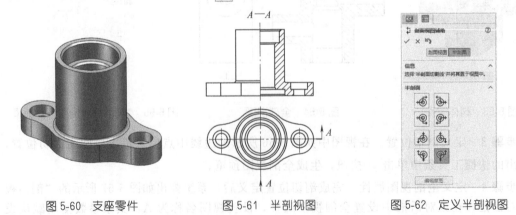

图5-60　支座零件　　　　　　图5-61　半剖视图　　　　　　图5-62　定义半剖视图

步骤3　定义剖切位置。在视图中如图5-63所示的圆心位置单击以确定剖切位置，在弹出的快捷工具条中单击 ✓ 按钮，生成半剖视图预览，在合适位置单击放置视图。

5.2.5 阶梯剖视图

阶梯剖视图将不在同一平面上的结构放在同一个剖切面上表达，这样增强视图可读性，同时能够有效减少视图数量。如图 5-64 所示的模板零件，现在已经完成俯视图的创建，需要在主视图上创建阶梯剖视图，将模板零件上不同位置上的孔使用同一个剖切面进行表达，如图 5-65 所示，下面具体介绍创建过程。

图 5-63　定义半剖视图位置　　　　图 5-64　模板零件　　　　图 5-65　阶梯剖视图

步骤 1　打开练习文件 ch05 drawing\5.2\05\step_view。

步骤 2　定义剖视图类型。在"视图布局"选项卡中单击"剖面视图"按钮 ⇄，系统弹出"剖面视图辅助"对话框，在对话框中的"切割线"区域单击 ⊡ 按钮，如图 5-66 所示，表示创建水平方向的切割线，也就是在水平方向进行剖切。

步骤 3　定义剖切位置。在视图中首先在左下角沉头孔圆心位置单击，在弹出的快捷工具条中单击 ⊡ 按钮，表示创建凹槽偏移剖切（相当于阶梯剖切），然后按照如图 5-67 所示的顺序单击以确定剖切线位置，在弹出的快捷工具条中单击 ✓ 按钮，生成阶梯剖视图预览，在合适位置单击放置阶梯剖视图。

图 5-66　定于剖切类型

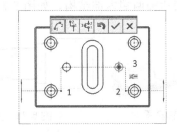

图 5-67　定义剖切位置

5.2.6　旋转剖视图

对于盘盖类型的零件，为了将盘盖类零件上不同角度位置的孔放在同一个剖切面上进行表达，就需要创建旋转剖视图。如图 5-68 所示的端盖零件，现在已经完成基本视图创建，需要在左视图上创建旋转剖视图，将端盖零件上不同角度上的孔（沉头孔和销孔）使用同一个剖切面进行表达，如图 5-69 所示。

步骤1 打开练习文件 ch05 drawing\5.2\06\revolved_section_view。

步骤2 定义剖视图类型。在"视图布局"选项卡中单击"剖面视图"按钮 ⟲，系统弹出"剖面视图辅助"对话框，在对话框中的"切割线"区域单击 按钮，如图 5-70 所示，表示创建对齐切割线，也就是创建旋转剖视图。

步骤3 定义剖切位置。在视图中首先在主视图中心位置单击确定旋转剖中心，然后选择如图 5-71 所示的销孔中心，表示旋转剖经过点，在合适位置单击放置旋转剖视图。

图 5-68 端盖零件

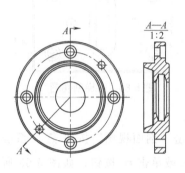

图 5-69 旋转剖视图

图 5-70 定义剖切类型

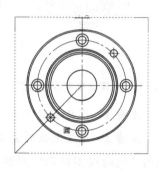

图 5-71 定义剖切位置

5.2.7 局部剖视图

在工程图视图中，如果需要表达视图的局部内部结构，这种情况下需要创建局部剖视图，这样既增强视图可读性，又能够减少视图数量，下面具体介绍局部剖视图的创建。如图 5-72 所示的传动轴套零件，现在已经完成主视图的创建（图 5-73），需要在主视图两端创建局部剖视图以表达轴两端内部结构，如图 5-74 所示。下面具体介绍操作过程。

图 5-72 传动轴套零件

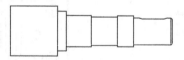

图 5-73 主视图

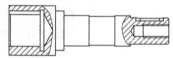

图 5-74 局部剖视图

步骤1 打开练习文件 ch05 drawing\5.2\07\partial_section_view。

步骤2 创建俯视图。在创建局部剖视图时需要定义局部剖视图的深度，为了方便深度定义，需要在主视图下方创建俯视图，如图 5-75 所示，后期在完成局部剖视图创建后再将此处创建的俯视图隐藏。

步骤3 选择命令。在"视图布局"选项卡中单击"断开剖视图"按钮 。

步骤4 绘制剖切范围。在需要剖切的位置绘制封闭的样条线区域，如图 5-76 所示。剖切区域一定要完全封闭，否则无法创建局部剖视图。

步骤5 定义剖切深度。完成剖切区域绘制后，系统弹出如图 5-77 所示的"断开的剖视图"对话框，在对话框中选中"预览"选项，然后选择如图 5-78 所示的边线为深度参考，表示剖切深度为选择边线的中点位置，单击 ✓ 按钮完成局部剖视图创建。

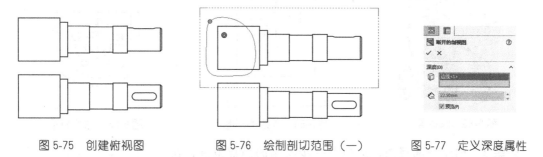

图 5-75 创建俯视图 　　　 图 5-76 绘制剖切范围（一）　　　 图 5-77 定义深度属性

步骤6 创建另外一侧的局部剖视图。参照以上操作，绘制如图 5-79 所示的剖切范围并选择如图 5-80 所示的边线为深度参考，得到另外一处局部剖视图。

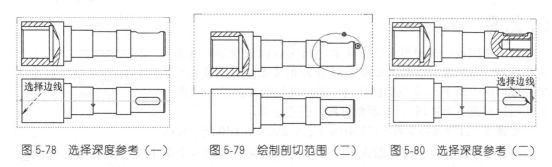

图 5-78 选择深度参考（一）　　 图 5-79 绘制剖切范围（二）　　 图 5-80 选择深度参考（二）

完成局部剖视图创建后，如果需要重新修改局部剖切范围，可以在绘图树中展开"工程图视图1"节点，选中需要修改的局部剖视图，单击鼠标右键，在弹出的如图 5-81 所示的快捷菜单中选择"编辑草图"命令，表示要编辑局部剖视图的剖切范围，如图 5-82 所示。

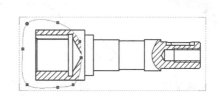

图 5-81 选择命令 　　　　　　　　　　 图 5-82 编辑剖切范围

5.2.8 局部视图

在工程图视图中，如果只需要表达视图的局部外形结构，这种情况下需要创建局部视图，这样既增强视图可读性，又能够节省图纸篇幅。如图 5-83 所示的阀体零件，现在已经完成如图 5-84 所示视图的创建，需要在此基础上创建如图 5-85 所示的局部视图。

步骤1 打开练习文件 ch05 drawing\5.2\08\partial_view。

步骤2 绘制局部视图范围。选中创建的视图，然后使用草图工具中的样条曲线绘制如图 5-86 所示的封闭样条区域作为局部视图范围。

图 5-83　阀体零件

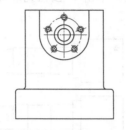

图 5-84　创建的视图

图 5-85　局部视图

步骤 3　创建局部视图。选中上一步绘制的局部范围，在"视图布局"选项卡中单击"剪裁视图"按钮 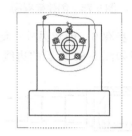 ，完成局部视图的创建。

5.2.9　辅助视图

辅助视图也叫向视图，是指从某一指定方向做投影，从而得到特定方向的视图效果。如图 5-87 所示的支架零件，现在已经完成如图 5-88 所示主视图的创建，需要继续创建如图 5-89 所示的辅助视图（向视图），下面介绍具体创建过程。

图 5-86　绘制局部
视图范围

步骤 1　打开练习文件 ch05 drawing\5.2\09\auxilliary_view。

步骤 2　创建初步的辅助视图。在"视图布局"选项卡中单击"辅助视图"按钮 ，系统弹出如图 5-90 所示的"辅助视图"对话框，采用系统默认设置，选择如图 5-91 所示的模型斜边为辅助视图参考，表示辅助视图沿着与该边垂直的方向创建辅助视图（向视图），结果如图 5-91 所示，此时辅助视图与主视图之间存在斜投影关系。

图 5-87　支架零件

图 5-88　主视图

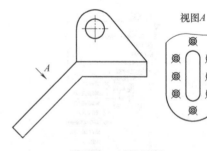

图 5-89　辅助视图

步骤 3　移动辅助视图。创建的辅助视图只能在与主视图斜投影方向移动，如果需要将辅助视图移动到其他的位置，可解除辅助视图与主视图之间的投影对齐关系。选中创建的辅助视图，单击鼠标右键，在快捷菜单中选择"视图对齐"→"解除对齐关系"命令，解除辅助视图与主视图之间的对齐关系，然后将辅助视图移动到合适位置，如图 5-92 所示。

步骤 4　旋转辅助视图。创建辅助视图后，为了方便以后标注视图尺寸往往需要将辅助视图摆正。选中辅助视图，单击鼠标右键，在弹出的快捷菜单中选择"缩放/平移/旋转"→"旋转视图"命令，系统弹出如图 5-93 所示的"旋转工程视图"对话框，设置旋转角度为45°，单击"应用"按钮，完成视图旋转，结果如图 5-94 所示。

步骤 5　剪裁辅助视图。创建辅助视图时往往只需要表达视图的局部，这种情况下可以使用"剪裁视图"命令剪裁辅助视图，结果如图 5-89 所示。

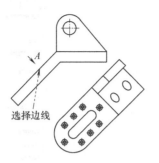

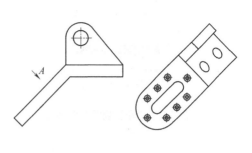

图 5-90 "辅助视图"对话框　图 5-91 创建初步辅助视图　　图 5-92 移动辅助视图

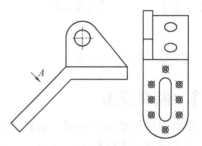

图 5-93 "旋转工程视图"对话框　　　　图 5-94 旋转辅助视图

5.2.10 局部放大视图

局部放大视图用于将视图中尺寸相对较小且较复杂的局部结构进行放大，从而增强视图可读性。如图 5-95 所示的轴零件，现在已经完成如图 5-96 所示主视图的创建，需要在主视图下方创建如图 5-97 所示的局部放大视图，下面介绍具体操作。

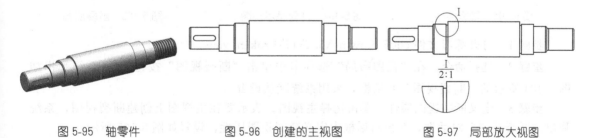

图 5-95 轴零件　　　　图 5-96 创建的主视图　　　　图 5-97 局部放大视图

步骤 1 打开练习文件 ch05 drawing\5.2\10\detailed_view。

步骤 2 选择命令。在"视图布局"选项卡中单击"局部视图"按钮 $\widehat{C}_A$，系统弹出如图 5-98 所示的"局部视图"对话框，采用系统默认设置。

步骤 3 定义放大区域。在主视图中如图 5-99 所示的位置绘制圆作为放大区域。

步骤 4 定义放大视图属性。定义放大区域后，系统弹出如图 5-100 所示的"局部视图 Ⅱ"对话框，在该对话框中设置局部放大视图属性参数，在"局部视图图标"区域设置放大视图标注样式。

步骤 5 定义放大视图比例。在"局部视图 Ⅱ"对话框中的"比例"区域单独设置放大视图比例，默认情况下按照父视图 2 倍进行放大。

图 5-98　"局部视图"对话框

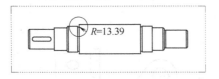

图 5-99　定义局部区域

图 5-100　定义放大视图

5.2.11　断裂视图

对于工程图中细长结构的视图，如果要反映整个零件的结构，往往需要使用大幅面的图纸来绘制，为了既节省图纸幅面，又可以反映整个零件结构，一般使用断裂视图来表达。断裂视图是指将视图中选定两个位置之间的部分删除，将余下的两部分合并成一个截断视图。如图 5-101 所示的轴零件，现在已经完成如图 5-102 所示基本视图创建，需要在此基础上创建如图 5-103 所示的断裂视图，下面介绍具体创建过程。

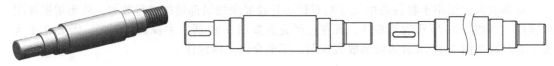

图 5-101　轴零件　　　　　　　图 5-102　创建基本视图　　　　　图 5-103　断裂视图

步骤 1　打开练习文件 ch05 drawing\5.2\11\broken_view。

步骤 2　选择命令。在"视图布局"选项卡中单击"断裂视图"按钮，系统弹出如图 5-104 所示的"断裂视图"对话框，采用系统默认设置。

步骤 3　定义断裂视图属性。单击选择主视图，表示要在主视图上创建断裂视图，系统弹出"断裂视图"对话框，在该对话框中定义断裂视图属性，设置如图 5-105 所示。

步骤 4　定义断裂线位置。在如图 5-106 所示位置单击以确定断裂位置。

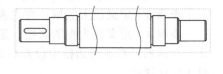

图 5-104　"断裂视图"对话框　　图 5-105　定义断裂视图属性　　图 5-106　定义断裂位置

5.2.12 移出断面图

移出断面图主要用于表达零件断面结构，这样既可以简化视图，又能清晰表达视图端面结构。在 SOLIDWORKS 中创建移出断面图与创建全剖视图方法类似。如图 5-107 所示的传动轴套零件，现在已经完成如图 5-108 所示主视图的创建，需要在主视图下方创建如图 5-109 所示的移出断面图，以便表达零件两端键槽结构，下面介绍具体创建过程。

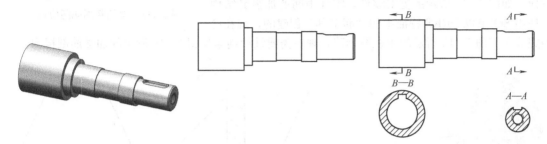

图 5-107　传动轴套零件　　　　图 5-108　创建主视图　　　　图 5-109　移出断面图

步骤 1　打开练习文件 ch05 drawing\5.2\12\section_view。

步骤 2　定义剖视图类型。在"视图布局"选项卡中单击"剖面视图"按钮，系统弹出"剖面视图辅助"对话框，在对话框中的"切割线"区域单击 按钮，表示创建竖直方向的切割线，也就是在竖直方向进行剖切。

步骤 3　定义剖视图位置。在主视图中如图 5-110 所示的位置单击以确定剖视图位置，在弹出的快捷工具条中单击 按钮生成剖视图预览，然后在"剖面视图 A—A"对话框中的"剖面视图"区域选中"横截剖面"选项，如图 5-111 所示，表示只显示剖视图断面效果，在合适位置单击，得到如图 5-112 所示的初步断面视图。

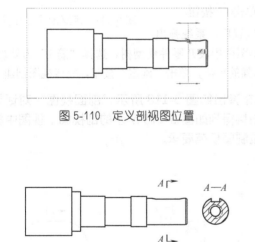

图 5-110　定义剖视图位置

图 5-112　创建初步断面视图　　　　图 5-111　定义视图属性

步骤 4　移动断面视图。选中创建的断面视图，单击鼠标右键，在弹出的快捷菜单中选择"视图对齐"→"解除对齐关系"命令，解除断面视图与主视图之间的投影对齐关系，然后将断面视图移动到合适的位置，如图 5-113 所示。

步骤 5 创建另外一侧断面视图。参照以上方法创建传动轴套另外一侧的断面图，读者可自行操作，此处不再赘述。

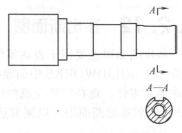

图 5-113 移动断面视图位置

5.2.13 特殊视图（加强筋剖视图）

机械制图中规定加强筋结构是不用剖切的，SOLID-WORKS 中对于加强筋剖视图有专门的创建方法，而且非常方便。如图 5-114 所示的支架零件，零件中间的加强筋结构是使用 SOLIDWORKS 特征中的"筋工具"创建的，现在已经完成了如图 5-115 所示的主视图创建，现在需要继续创建如图 5-116 所示的加强筋剖视图。

图 5-114 支架零件

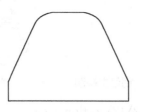

图 5-115 创建的主视图

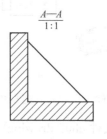

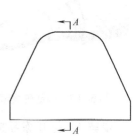

图 5-116 加强筋剖视图

步骤 1 打开练习文件 ch05 drawing\5.2\13\rib_view。

步骤 2 定义剖视图类型。在"视图布局"选项卡中单击"剖面视图"按钮 ⇅，系统弹出"剖面视图辅助"对话框，在对话框中的"切割线"区域单击 按钮，表示创建竖直方向的切割线，也就是在竖直方向进行剖切。

步骤 3 定义剖视图位置。在主视图中如图 5-117 所示的位置单击以确定剖视图位置，在弹出的快捷工具条中单击 ✔ 按钮。

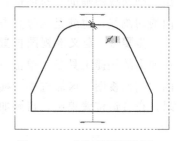

图 5-117 定义剖视图位置

步骤 4 定义剖面视图位置。定义剖切视图位置后，系统弹出如图 5-118 所示的"剖面范围"对话框，然后在绘图树中展开零件模型树，选择"筋1"为处理对象，表示在创建剖视图过程中不剖切此处选择的加强筋特征，单击"确定"按钮，完成视图创建。

💡 **说明**：此处在创建加强筋剖视图时，如果在弹出如图 5-118 所示"剖面视图"对话框中不选择加强筋特征，直接单击"确定"按钮将得到如图 5-119 所示的剖视图，视图中将加强筋也做了剖切，这种剖视图是不符合机械制图规范要求。

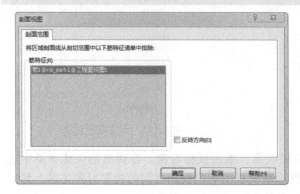

图 5-118 "剖面视图"对话框

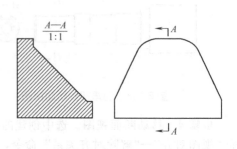

图 5-119 错误的加强筋剖视图

5.3　装配体视图

对于装配产品出图，需要首先创建装配体视图。其实，装配体视图的创建与前面介绍的零件视图的创建是类似的，但是有几点需要特别注意，一是装配体剖切视图及分解视图，还有一个是交替位置视图，这几种视图主要存在于装配视图，接下来主要介绍装配体剖切视图、分解视图及交替位置视图的创建。

5.3.1　装配剖切视图

装配体中经常需要创建装配体剖切视图，其创建方法与零件中的剖切视图创建方法是类似的，但是有一点需要特别注意，在创建装配体剖切视图时，需要处理装配体中不用剖切的对象，如装配体中的轴、标准件（螺栓、螺母、垫圈等）等都不用剖切，否则不符合工程图出图要求，下面介绍装配剖切视图的具体创建。

如图 5-120 所示的轴承座装配，现在已经完成了如图 5-121 所示的俯视图的创建，需要在此基础上创建如图 5-122 所示的主视图半剖视图。

图 5-120　轴承座

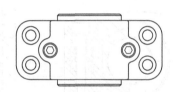

图 5-121　创建俯视图

步骤 1　打开练习文件 ch05 drawing\5.3\01\asm_view。

步骤 2　定义剖视图类型。在"视图布局"选项卡中单击"剖面视图"按钮 ⇅，系统弹出"剖面视图辅助"对话框，在对话框中单击"半视图"选项卡，表示创建半视图，在"半剖面"区域单击 按钮，表示按照图标方向创建半剖视图。

步骤 3　定义剖切位置。在俯视图中如图 5-123 所示的中心位置单击以确定剖切位置，在弹出的快捷工具条中单击 ✓ 按钮，此时生成半剖视图预览。

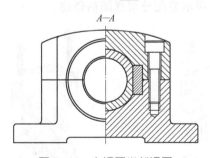

图 5-122　主视图半剖视图

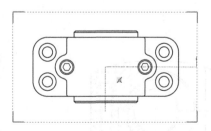

图 5-123　定义剖切位置

步骤 4　定义不剖切零件。完成剖切位置定义后，系统弹出如图 5-124 所示的"剖面视图"对话框，展开工程图模型树，在模型树中选择剖切位置的螺栓零件为不剖切零件，如图 5-124 所示，在"剖面视图"对话框中单击"确定"按钮，得到如图 5-125 所示的装配半剖视图，视图中螺栓零件没有做剖切。

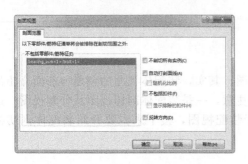

图 5-124 "剖面视图"对话框

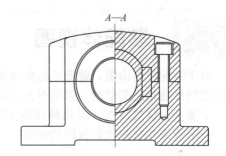

图 5-125 创建初步的装配半剖视图

步骤 5 绘制螺纹线。完成半剖视图的创建后发现视图中螺栓连接的螺纹线不对，需要添加螺纹线。首先使用草图直线命令绘制如图 5-126 所示的螺纹线，然后使用"线型"工具条设置螺纹线中的线型，使其符合螺纹线出图要求。

步骤 6 编辑剖面线。装配中涉及多个不同的零件，为了便于区分，一般将接触的两个零件的剖面线设置为相反角度。双击零件中的剖面线，系统弹出如图 5-127 所示的"区域剖面线/填充"对话框，在该对话框中设置各个零件的剖面线，如图 5-128 所示。

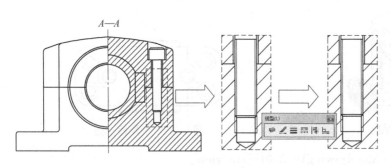

图 5-126 绘制剖切螺纹线

图 5-127 定义剖面线

5.3.2 装配分解视图

装配体视图与零件视图最大的区别就是装配体需要创建分解视图以表达装配体中零部件装配组成关系，增强可读性，而零件视图因为是单个零件。所以不用创建分解视图。下面接着使用上一小节的轴承座模型为例介绍如图 5-129 所示装配分解视图的创建。

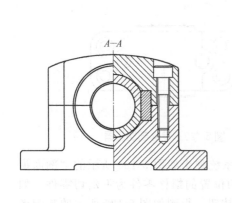

图 5-128 编辑剖面线结果

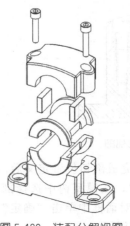

图 5-129 装配分解视图

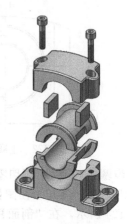

图 5-130 装配爆炸图

步骤 1 打开练习文件 ch05 drawing\5.3\01\exp_view。

步骤 2 创建爆炸视图。创建装配分解视图的关键是要提前做好装配爆炸视图。本例轴承座模型中已经做好了爆炸视图，结果如图 5-130 所示，爆炸配置如图 5-131 所示。

步骤 3 创建轴测图。创建分解视图一般是在轴测图方位来创建的，所以需要提前创建轴测视图。在装配环境中将模型调整到如图 5-132 所示的视图方位，然后将该视图方位保存下来，如图 5-133 所示，为后面创建轴测视图做准备。

图 5-131　爆炸视图配置　　　　图 5-132　调整视图方位　　　　图 5-133　保存视图方位

步骤 4 创建分解视图。使用"模型视图"命令创建轴测视图，在"模型视图"对话框中的"参考配置"区域选中"在爆炸或模型断开状态下显示"选项，如图 5-134 所示，在下拉列表中选择提前创建的爆炸视图配置，比例为 1∶2，单击 ✓ 按钮完成装配分解视图的创建。

5.3.3　交替位置视图

在创建装配体视图时，如果需要表达装配体的一些特殊位置或运动位置，需要使用交替位置视图来创建。如图 5-135 所示的拖动机构模型，现在需要创建如 5-136 所示的交替位置视图，下面以此为例介绍交替位置视图的创建。

步骤 1 打开练习文件 ch05 drawing\5.3\02\alternate_position。

步骤 2 选择命令。在"视图布局"选项卡中单击"交替位置视图"按钮 🔲，系统弹出如图 5-137 所示的"交替位置视图"对话框，提示用户选择一个视图来创建交替位置视图，选择创建的主视图为视图对象，单击 ✓ 按钮。

图 5-134　定义分解视图

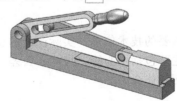

图 5-135　拖动机构模型

图 5-137　"交替位置视图"对话框

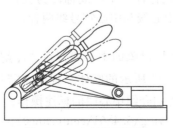

图 5-136　交替位置视图

图 5-138　新建配置

步骤 3　创建第一个位置配置。选择视图对象后，系统弹出如图 5-138 所示的"交替位置视图"对话框，在对话框中选中"新配置"选项，使用默认的配置名称，单击✔按钮，完成第一个位置配置的创建，该配置将来用来管理第一个交替位置。

步骤 4　创建第一个交替位置视图。完成第一个位置配置创建后，系统自动切换到装配环境，同时弹出如图 5-139 所示的"移动零部件"对话框，使用鼠标将模型拖动到如图 5-140 所示的位置，单击✔按钮完成第一个交替位置视图的创建，如图 5-141 所示。

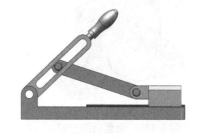
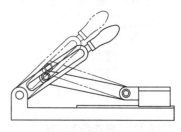

图 5 139　移动零部件　　　图 5-140　拖动零件位置　　　图 5-141　创建第一个交替位置视图

步骤 5　创建第二个交替位置视图。参照以上步骤，创建如图 5-142 所示的第二个配置，将模型拖动到如图 5-143 所示的位置得到如图 5-144 所示的第二个交替位置视图。

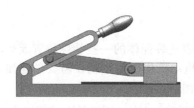
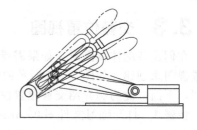

图 5-142　新建配置　　　图 5-143　拖动零件位置　　　图 5-144　创建第二个交替位置视图

5.4　工程图标注

工程图标注属于工程图中非常重要的技术信息，实际产品的设计与制造都要严格按照工程图标注信息来完成。工程图标注主要包括中心线、尺寸、公差、基准、形位公差、表面粗糙度、焊接符号、文本注释等，下面具体介绍。

5.4.1　中心线标注

工程图标注中首先要创建中心线标注，中心线标注为其他各项工程图标注做准备。在SOLIDWORKS中中心线标注包括中心线和中心符号线两种，下面具体介绍。

（1）中心线

"中心线"命令用来标注两个线性对象的中心线，在"注解"选项卡中单击"中心线"按钮 ，用来标注中心线。如图 5-145 所示的阀体工程图，需要标注主视图中回转腔体中心线，如图 5-146 所示。下面以此为例介绍中心线的标注操作。

步骤 1　打开练习文件 ch05 drawing\5.4\01\centerline01。

步骤 2　选择命令。在"注解"选项卡中单击"中心线"按钮 ▣⊟，系统弹出如图 5-147 所示的"中心线"对话框，提示用户如何标注中心线。

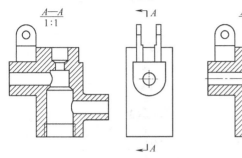

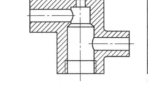

图 5-145　阀体工程图　　　　　　图 5-146　标注中心线　　　　　图 5-147　"中心线"对话框

步骤 3　标注中心线。选择如图 5-148 所示的两条边线，表示要标注这两条边线中间的中心线，结果如图 5-149 所示。完成中心线标注后，选中中心线，使用鼠标拖动中心线两个端点可以调整中心线长度。按照这个方法标注其余中心线。

步骤 4　自动标注中心线。在"中心线"对话框中选中"选择视图"选项，然后选择所有的工程图视图，系统自动标注所有的中心线。读者自行操作，此处不再赘述。

（2）中心符号线

"中心符号线"命令用来标注圆弧边线的中心线，需要注意的是，如果模型是在 SOLIDWORKS 软件中创建的，这种情况下系统会自动标注中心符号线，如果模型是从外部文件导入的，系统无法识别这些孔，这种情况下需要手动标注中心符号线。在"注解"选项卡中单击"中心符号线"按钮 ⊕，用来手动标注中心符号线。

如图 5-150 所示的模板工程图，此处模板零件是从 STEP 导入到 SOLIDWORKS 软件中的，需要标注沉孔、销孔及直槽口中心符号线，结果如图 5-151 所示。

步骤 1　打开练习文件 ch05 drawing\5.4\01\centerline02。

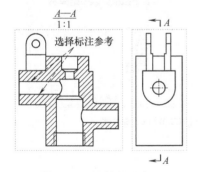

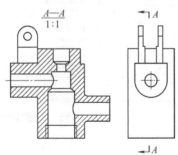

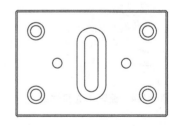

图 5-148　选择标注参考　　　　　图 5-149　标注中心线　　　　　图 5-150　已经完成的结构

步骤 2　选择命令。在"注解"选项卡中单击"中心符号线"按钮 ⊕，系统弹出如图 5-152 所示的"中心符号线"对话框，用于定义中心符号线属性。

步骤 3　标注中心符号线。选择需要标注中心符号线的圆弧边线，系统在圆弧边线位置标注中心符号线，单击 ✔ 按钮，标注结果如图 5-153 所示。

步骤 4　编辑中心符号线。初步标注的中心符号线并不符合工程图标注规范。选中四个沉孔中心符号线，系统弹出如图 5-154 所示的"中心符号线"对话框，取消选中"使用文档默认值"选项，表示不使用系统设置的中心符号线样式，设置符号大小为 5。

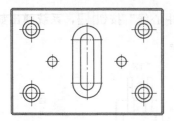

图 5-151　标注中心符号线

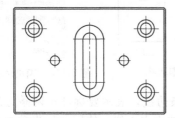

图 5-153　初步标注的中心符号线

图 5-152　定义中心符号线

（3）设置中心线样式

　　为了提高标注中心线和中心符号线的效率，在标注之前可以设置标注样式。选择下拉菜单"工具"→"选项"命令，系统弹出"系统选项"对话框，在该对话框中单击"文档属性"选项卡，在左侧列表中选中"中心线/中心符号线"对象，然后在右侧页面中设置中心线及中心符号线的样式，如图 5-155 所示。

图 5-154　编辑中心符号线

图 5-155　设置中心线/中心符号线样式

5.4.2　尺寸标注

　　尺寸标注方法主要包括两种：一种是自动尺寸标注（使用"模型项目"命令进行尺寸标注）；另外一种是手动尺寸标注（使用"智能尺寸"命令进行尺寸标注）。另外，在标注尺寸过程中一定要注意尺寸关联性问题。

　　（1）自动尺寸标注

　　如果绘图模型是在 SOLIDWORKS 中创建的，模型中会自带各种尺寸数据，在"注解"选项卡中单击"模型项目"按钮　，用于自动标注模型尺寸。

　　如图 5-156 所示的 V 形块零件，该零件是在 SOLIDWORKS 中创建的，这种情况下可以直接使用"模型项目"命令自动标注尺寸，如图 5-157 所示。

步骤 1 打开练习文件 ch05 drawing\5.4\02\auto_dim。

步骤 2 选择命令。在"注解"选项卡中单击"模型项目"按钮![按钮]，系统弹出如图 5-158 所示的"模型项目"对话框，用于自动标注尺寸。

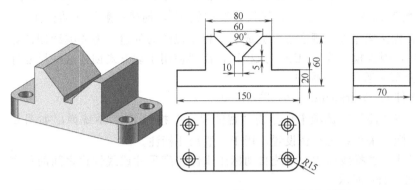

图 5-156　Ｖ形块零件　　　　图 5-157　自动尺寸标注　　　　图 5-158　模型项目

步骤 3 标注主视图尺寸。在"模型项目"对话框中的"来源/目标"区域的"来源"下拉列表中选择"整个模型"选项，表示要标注选中视图中的所有尺寸标注；选择主视图，表示要在主视图中自动标注尺寸；最后选择主视图底边，此时在主视图中自动标注所有尺寸，结果如图 5-159 所示。

> 💡 **说明**：此处在标注主视图尺寸时，如果在"模型项目"对话框中的"来源/目标"区域的"来源"下拉列表中选择"所选特征"选项，如图 5-160 所示，表示只标注选择特征的尺寸，结果如图 5-161 所示。

步骤 4 标注俯视图及左视图尺寸。参照以上步骤，分别选择俯视图及左视图自动标注俯视图及左视图中的尺寸。读者自行操作，此处不再赘述。

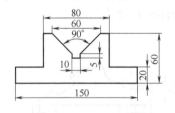

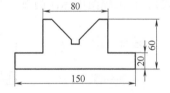

图 5-159　标注主视图尺寸　　　图 5-160　标注所选特征　　　图 5-161　标注特征尺寸

通过以上介绍不难看出，自动标注尺寸非常高效，能够根据模型中已有的尺寸信息快速完成尺寸标注，但是一定要满足两个必要条件：

① 首先，模型必须是在 SOLIDWORKS 软件中创建的，从其他格式文件导入到 SOLIDWORKS 的模型都是无参数模型，没有尺寸信息便无法使用这种自动标注方法。

② 其次，工程图中需要标注的尺寸必须存在于模型中，模型中没有的尺寸参数无法通过自动标注显示在工程图中。这其实对前期的模型设计提出了更高的要求，就是在模型设计过程中必须要考虑将来出图的问题，模型设计不规范都会影响到后期的工程出图。

（2）手动尺寸标注

如果绘图模型不是在 SOLIDWORKS 软件中创建的，而是从其他外部文件导入进来的，此时模型中没有尺寸参数；另外，模型即使是在 SOLIDWORKS 中创建的，但是如果模型设计不规范，没有包含工程图标注所需的尺寸参数，在这些情况下都需要手动标注尺寸。同时，手动标注最大的特点就是非常灵活，用户想标注哪里的尺寸都可以，所以掌握手动尺寸标注是非常重要的。在"注解"选项卡中展开"智能尺寸"菜单，如图 5-162 所示，选择这些命令用于手动尺寸标注。

① 一般尺寸标注　一般尺寸标注包括线性尺寸、角度尺寸、圆弧半径及直径尺寸、圆弧间距尺寸。在"注解"选项卡中单击"智能尺寸"按钮 ✎，创建一般尺寸的标注。

如图 5-163 所示的安装支架零件，现在已经完成了工程图视图的创建，需要继续创建如图 5-164 所示的尺寸标注，因为模型为 STEP 导入模型，需要使用手动方式创建这些尺寸标注，下面以此为例具体介绍一般尺寸的标注。

步骤 1　打开练习文件 ch05 drawing\5.4\02\dim_01。

步骤 2　选择命令。在"注解"选项卡中单击"智能尺寸"按钮 ✎，系统弹出如图 5-165 所示的"尺寸"对话框，采用系统默认设置，用于一般尺寸标注。

步骤 3　标注线性尺寸。选择线性边，系统自动标注线性长度尺寸或线性边之间的距离尺寸，标注线性尺寸如图 5-166 所示。

步骤 4　标注角度尺寸。选择成夹角的两条边线，标注角度尺寸，如图 5-167 所示。

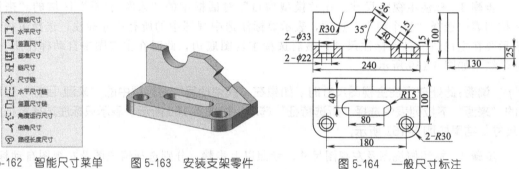

图 5-162　智能尺寸菜单　　图 5-163　安装支架零件　　图 5-164　一般尺寸标注

步骤 5　标注半径尺寸。创建如图 5-168 所示的半径尺寸标注（注意半径尺寸标注样式），在工程图中标注圆弧（非整圆）或倒圆角尺寸一般需要标注半径尺寸。

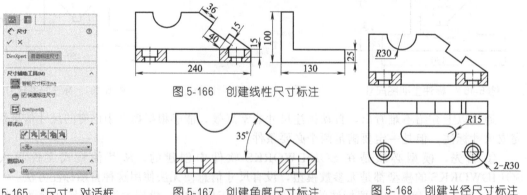

图 5-165　"尺寸"对话框　　图 5-167　创建角度尺寸标注　　图 5-168　创建半径尺寸标注

图 5-166　创建线性尺寸标注

a. 创建初步的半径尺寸标注。选择圆弧（非整圆）或倒圆角对象，完成初步的半径尺寸标注，结果如图 5-169 所示。

b. 设置半径尺寸标注样式。实际工程图中半径尺寸一般需要标注成如图 5-164 所示的样式。选中标注的半径尺寸，系统弹出"尺寸"对话框，在对话框中单击"引线"选项卡，在"自定义文字位置"区域设置标注文字位置，本例选择"水平位置"，如图 5-170 所示。

在"尺寸"对话框中单击"数值"选项卡，在"标注尺寸文字"区域设置标注前缀文字，如图 5-171 所示，这些都是常用尺寸样式设置。

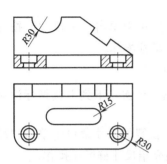

图 5-169 创建初步半径尺寸

图 5-170 设置文字位置

图 5-171 编辑尺寸文字

步骤 6 标注直径尺寸。直径尺寸标注包括两种方式：一种是圆形直径标注，另一种是线性直径标注。下面具体介绍这两种直径尺寸标注操作。

a. 创建如图 5-172 所示的圆形直径尺寸标注。在俯视图中选择圆孔圆弧边线创建初步的直径尺寸，然后设置文字位置及文本前缀。

b. 创建如图 5-173 所示的线性直径标注。在主视图中选择沉孔圆柱边线创建初步的线性尺寸，然后添加文本前缀。

步骤 7 创建如图 5-174 所示的圆弧间距尺寸标注。选择需要标注的两个圆弧对象，或圆弧与直线对象，在标注圆弧间距尺寸后选中尺寸，在弹出的"尺寸"对话框中单击"引线"选项卡，在"圆弧条件"中通过设置圆弧条件修改圆弧间距标注，如图 5-175 所示，最终标注结果如图 5-176 所示。

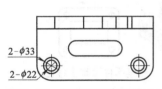

图 5-172 标注圆形直径尺寸

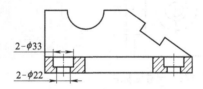

图 5-173 标注线性直径尺寸

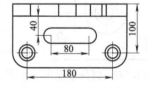

图 5-174 标注圆弧间距尺寸

② 基准尺寸标注 基准尺寸标注如图 5-177 所示，在智能尺寸菜单中单击"基准尺寸"按钮 ，创建基准尺寸标注。

图 5-175 设置圆弧条件

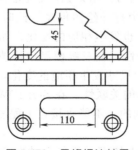

图 5-176 最终标注结果

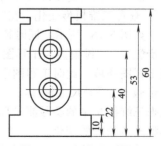

图 5-177 基准尺寸标注

步骤 1 打开练习文件 ch05 drawing\5.4\02\dim_02。

步骤 2 选择命令。在智能尺寸菜单中单击"基准尺寸"按钮 🔲。

步骤 3 创建基准尺寸标注。首先选择视图底边为公共边，然后依次从下到上选择标注对象，系统自动完成所选对象的基准尺寸标注。

③ 链尺寸标注 链尺寸标注如图 5-178 所示，在智能尺寸菜单中单击"链尺寸"按钮 🔲，创建链尺寸标注。下面继续使用上一小节模型介绍链尺寸标注操作。

步骤 1 选择命令。在智能尺寸菜单中单击"链尺寸"按钮 🔲。

步骤 2 创建链尺寸标注。首先选择视图底边为起始边，然后依次从下到上选择标注对象，系统自动完成所选对象的链尺寸标注。

④ 尺寸链标注（坐标标注） 尺寸链标注如图 5-179 所示，在智能尺寸菜单中单击"尺寸链"按钮 🔲，创建尺寸链标注。下面继续使用上一小节模型介绍尺寸链标注操作。

步骤 1 选择命令。在智能尺寸菜单中单击"尺寸链"按钮 🔲。

步骤 2 创建尺寸链标注。首先选择视图底边为起始边，然后依次从下到上选择标注对象，系统自动完成所选对象的尺寸链标注。

（3）工程图关联性

在 SOLIDWORKS 中创建工程图是根据已有的三维模型创建的，一旦模型发生变化，工程图文件也会发生相应的变化，即工程图与绘图模型存在关联性。如图 5-180 所示的底座零件模型及工程图，下面以此为例介绍三维模型与工程图之间的关联。

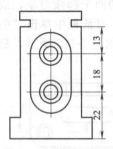

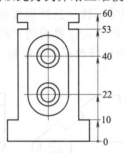

图 5-178　链尺寸标注　　图 5-179　尺寸链标注　　图 5-180　底座零件及其工程图

步骤 1 打开练习文件 ch05 drawing\5.4\02\dim_correlation。

步骤 2 自动尺寸标注与三维模型的关联性。在 SOLIDWORKS 中创建的自动尺寸标注可以直接在工程图中修改尺寸值，同时驱动三维模型发生相应的变化。

① 创建自动尺寸标注。使用"模型项目"命令创建如图 5-181 所示的尺寸标注。

② 修改自动尺寸标注。双击自动尺寸标注，系统弹出"修改"对话框，在对话框中修改尺寸值（本例将高度尺寸 50 修改为 60），结果如图 5-182 所示。

③ 查看三维模型变化。在工程图中打开绘图模型，此时的三维模型已经发生了相应的变化，如图 5-183 所示，同时特征草图也发生相应的变化，如图 5-184 所示。

步骤 3 三维模型与工程图的关联性。在三维模型中修改尺寸值，如图 5-185 所示，切换至工程图环境，此时工程图中的视图尺寸发生相应的变化，如图 5-186 所示。

步骤 4 手动尺寸标注与三维模型的关联性。在 SOLIDWORKS 中创建的手动尺寸标注是根据三维模型中的实际测量尺寸得到的，不能直接在工程图中修改尺寸值，也无法驱动三维模型发生相应的变化。

① 创建手动尺寸标注。在工程图中使用"智能尺寸"命令，手动创建如图 5-187 所示的左侧"25"尺寸。

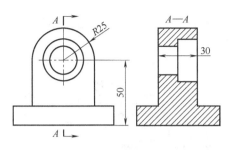

图 5-181 创建自动尺寸标

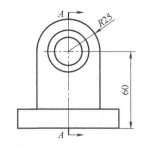

图 5-182 修改自动尺寸标注

图 5-183 查看三维模型

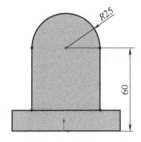

图 5-184 查看特征草图

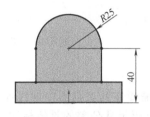

图 5-185 修改特征尺寸

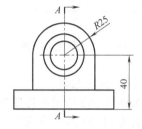

图 5-186 视图尺寸变化

② 修改手动尺寸标注。单击手动尺寸标注，系统弹出"尺寸"对话框，此时对话框的"主要值"区域的尺寸值是灰色的，无法修改尺寸值，如图 5-188 所示。

③ 修改尺寸覆盖值。如果一定要在工程图中修改手动尺寸标注，可以在"尺寸"对话框的"主要值"区域选中"覆盖数值"选项，在其下的文本框中输入覆盖值 30，如图 5-189 所示，此时工程图尺寸如图 5-190 所示。注意：覆盖值不能驱动三维模型变化。

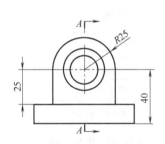

图 5-187 手动标注尺寸

图 5-188 "尺寸"对话框

图 5-189 修改覆盖值

综上所述，在工程图中标注尺寸时，尽量使用自动标注，这样便于以后随时修改尺寸参数，不用频繁在工程图与三维模型中切换，提高工程图工作效率。

（4）设置尺寸标注样式

为了提高尺寸标注效率，在标注之前可以设置尺寸标注样式。选择下拉菜单"工具"→"选项"命令，系统弹出"系统选项"对话框，单击"文档属性"选项卡，在左侧列表中选中"尺寸"对象，然后在右侧页面中设置尺寸标注样式，如图 5-191 所示。

5.4.3 尺寸公差

在工程图中涉及加工及配合的位置都需要标注尺寸公差，在 SOLIDWORKS 中尺寸公差需要在已有的尺寸标注上进行标注。

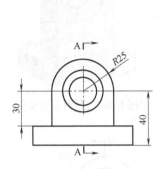

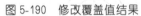

图 5-190　修改覆盖值结果

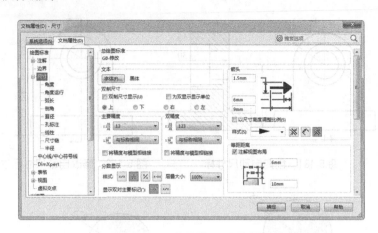

图 5-191　设置尺寸标注样式

（1）标注公差

如图 5-192 所示的透盖零件，需要在其工程图中标注如图 5-193 所示的尺寸公差（包括线性公差与轴孔配合公差），下面介绍尺寸公差的具体标注。

步骤 1　打开练习文件 ch05 drawing\5.4\03\tolerance。

步骤 2　标注线性公差。单击尺寸"70"，系统弹出"尺寸"对话框，在对话框中的"公差/精度"区域设置公差类型及公差值。

① 标注公差。设置公差方式为"双边"，上公差为 0.25，下公差为 0，如图 5-194 所示，标注公差结果如图 5-195 所示。

图 5-192　透盖零件

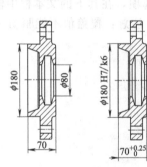

图 5-193　标注尺寸公差

图 5-194　定义公差

② 编辑公差文字。在对话框中单击"其他"选项卡，在"公差字体大小"区域取消选中"使用文档大小"选项和"使用尺寸大小"选项，选中"字体比例"选项，设置字体比例为 0.5，如图 5-196 所示，编辑公差文字结果如图 5-197 所示。

步骤 3　标注配合公差。单击尺寸"φ180"，系统弹出"尺寸"对话框，在对话框中的"公差/精度"区域设置公差类型及公差值，具体设置如图 5-198 所示，结果如图 5-199 所示。参照这个设置标注其余配合公差，读者自行操作，此处不再赘述。

（2）设置公差样式

为了提高公差标注效率，在标注公差之前可以设置公差标注样式。选择下拉菜单"工具"→"选项"命令，系统弹出"系统选项"对话框，单击"文档属性"选项卡，在左侧列表中选中"尺寸"对象，然后在右侧页面中单击"公差"按钮，系统弹出如图 5-200 所示的"尺寸公差"对话框，在该对话框中设置公差样式。

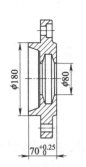

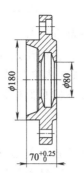

图 5-195　标注公差结果　　图 5-196　编辑公差文字　　图 5-197　编辑公差文字结果　　图 5-198　标注配合公差

5.4.4　基准标注

基准标注主要用于配合形位公差的标注。如图 5-201 所示的阀体工程图，需要标注两个基准 A 和 B，下面以此为例介绍基准标注的操作方法。

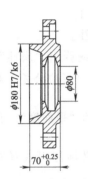

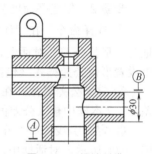

图 5-199　标注配合公差结果　　　图 5-200　"尺寸公差"对话框　　　图 5-201　标注基准

步骤 1　打开练习文件 ch05 drawing\5.4\04\datum。

步骤 2　标注基准 A。在"注解"选项卡中单击"基准特征"按钮，系统弹出如图 5-202 所示的"基准特征"对话框，设置符号为 A，其余采用系统默认设置，单击视图底部边线为标注对象，在合适位置单击放置基准符号，单击✓按钮完成基准 A 标注。

步骤 3　标注基准 B。在"注解"选项卡中单击"基准特征"按钮，系统弹出"基准

图 5-202　定义基准　　　　　　　图 5-203　设置基准标注样式

特征"对话框，设置符号为 B，其余采用系统默认设置，单击"φ30"尺寸界线为标注放置对象，在合适位置单击放置基准符号，单击 ✓ 按钮完成基准 B 标注。

为了提高基准标注效率，在标注之前可以设置基准标注样式。选择下拉菜单"工具"→"选项"命令，系统弹出"系统选项"对话框，单击"文档属性"选项卡，在左侧列表中选中"基准点"对象，然后在右侧页面中设置基准样式，如图 5-203 所示。

5.4.5 形位公差

形位公差是形状公差和位置公差总称，也叫几何公差，用来指定零件的尺寸和形状与精确值之间所允许的最大偏差。零件的形位公差共 14 项，其中形状公差 6 个（直线度、平面度、圆度、圆柱度、线轮廓度及面轮廓度），位置公差 8 个（倾斜度、垂直度、平行度、位置度、同轴度、对称度、圆跳动及全跳动）。

（1）平面度与位置度标注

平面度公差是实际表面对平面所允许的最大变动量，用以限制实际表面加工误差所允许的变动范围。位置度公差是被测要素的实际位置相对于理想位置所允许的最大变动量。下面介绍如图 5-204 所示工程图的平面度与位置度的标注。

步骤 1 打开练习文件 ch05 drawing\5.4\05\geometry_tolerance_01。

步骤 2 创建平面度公差标注。在主视图上表面创建平面度公差标注。

① 选择命令。在"注解"选项卡中单击"几何公差"按钮 回回，系统弹出"属性"对话框与"形位公差"对话框，在"属性"对话框中定义形位公差属性，在"形位公差"对话框中设置形位公差样式（包括引线样式、文本样式等）。

② 定义公差属性。在"属性"对话框中的"符号"下拉列表中选择"平面度"，在"公差 1"文本框中输入公差值为 0.02，如图 5-205 所示。

③ 定义引线类型。在"形位公差"对话框中的"引线"区域定义标注引线样式，如图 5-206 所示，对话框中设置表示在形位公差左侧使用折弯引线标注。

④ 定义公差放置。选择主视图上部边线为标注参考，在合适位置单击放置公差并将公差符号移动到合适的位置，单击 ✓ 按钮完成平面度公差标注。

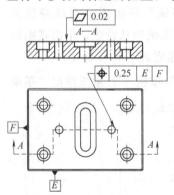

图 5-204　平面度与位置度

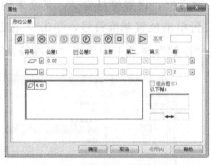

图 5-205　定义平面度公差

图 5-206　定义标注引线样式

步骤 3 创建位置度公差标注。在俯视图销孔上创建位置度公差标注。

① 选择命令。在"注解"选项卡中单击"几何公差"按钮 回回。

② 定义公差属性。在"属性"对话框中的"符号"下拉列表中选择"位置度"，在"公差 1"文本框中输入公差值为 0.25，如图 5-207 所示。

③ 定义引线类型。在"形位公差"对话框中的"引线"区域定义标注引线样式，如

图 5-206 所示，对话框中设置表示在形位公差左侧使用折弯引线标注。

④ 定义公差放置。选择俯视图中销孔圆孔边线为标注参考，在合适位置单击放置公差并将公差符号移动到合适的位置，单击 ✓ 按钮完成位置度公差标注。

（2）圆柱度与同轴度标注

圆柱度公差是实际圆柱面对理想圆柱面所允许的最大变动量，用以限制实际圆柱面加工误差所允许的变动范围。同轴度公差是被测实际轴线相对于基准轴线所允许的变动量，用以限制被测实际轴线偏离由基准轴线所确定的理想位置所允许的变动范围。下面介绍如图 5-208 所示工程图的圆柱度与同轴度标注。

图 5-207　定义位置度公差

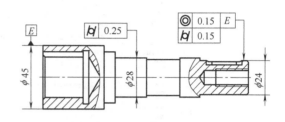

图 5-208　标注圆柱度与同轴度

步骤 1　打开练习文件 ch05 drawing\5.4\05\geometry_tolerance_02。

步骤 2　创建圆柱度公差标注。在主视图中 φ28 的轴段上创建圆柱度公差标注。

① 选择命令。在"注解"选项卡中单击"几何公差"按钮 。

② 定义公差属性。在"属性"对话框中的"符号"下拉列表中选择"圆柱度"，在"公差 1"文本框中输入公差值为 0.25，如图 5-209 所示。

③ 定义引线类型。在"形位公差"对话框中的"引线"区域设置合适的引线。

④ 定义公差放置。选择主视图中 φ28 的轴段边线为标注参考，在合适位置单击放置公差并将公差符号移动到合适的位置，单击 ✓ 按钮完成圆柱度公差标注。

步骤 3　创建同轴度及圆柱度公差标注。在主视图中 φ24 的轴段上创建同轴度及圆柱度公差标注，而且要求两个公差关联标注。

① 选择命令。在"注解"选项卡中单击"几何公差"按钮 。

② 定义公差属性。在"属性"对话框中的"符号"下拉列表中选择"同轴度"，在"公差 1"文本框中输入公差值为 0.15，然后继续在下面的"符号"下拉列表中选择"圆柱度"，在"公差 1"文本框中输入公差值为 0.15，如图 5-210 所示。

图 5-209　定义圆柱度公差

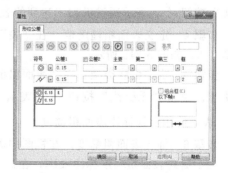

图 5-210　定义同轴度与圆柱度

③ 定义引线类型。在"形位公差"对话框中的"引线"区域设置合适的引线。

④ 定义公差放置。选择主视图中 $\phi24$ 的轴段边线为标注参考，在合适位置单击放置公差并将公差符号移动到合适的位置，单击 ✓ 按钮完成同轴度及圆柱度公差标注。

（3）设置形位公差样式

为了提高形位公差标注效率，在标注之前可以设置形位公差标注样式。选择下拉菜单"工具"→"选项"命令，系统弹出"系统选项"对话框，单击"文档属性"选项卡，选中"形位公差"对象，在右侧页面中设置形位公差标注样式，如图 5-211 所示。

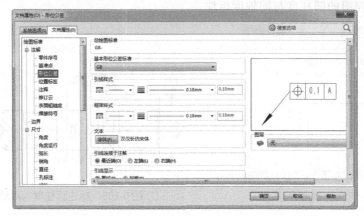

图 5-211　设置形位公差样式

5.4.6　表面粗糙度标注

表面粗糙度是指加工表面具有的较小间距和微小峰谷的不平度，其两波峰或两波谷之间的距离（波距）很小（在 1mm 以下），属于微观几何形状误差；表面粗糙度越小，则表面越光滑。下面介绍如图 5-212 所示工程图的表面粗糙度标注。

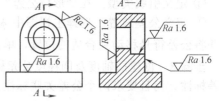

图 5-212　标注表面粗糙度

步骤 1　打开练习文件 ch05 drawing\5.4\06\roughness。

步骤 2　选择命令。在"注解"选项卡中单击"表面粗糙度"按钮 ✓，系统弹出如图 5-213 所示的"表面粗糙度"对话框，在该对话框中定义表面粗糙度属性。

步骤 3　定义表面粗糙度。在"表面粗糙度"对话框中的"符号"区域单击"要求切削加工"按钮 ✓，表示通过机加工达到的表面粗糙度。

步骤 4　定义表面粗糙度值。在"表面粗糙度"对话框中的"符号布局"区域设置粗糙度值 1.6，如图 5-213 所示。

步骤 5　定义引线类型。在"表面粗糙度"对话框中的"引线"区域定义表面粗糙度引线类型。单击"无引线"按钮 ✓，表示不使用引线标注表面粗糙度；单击"引线"按钮 ✓，表示使用引线标注表面粗糙度。

步骤 6　标注表面粗糙度。在视图中需要标注表面粗糙度的位置单击放置粗糙度。

为了提高表面粗糙度标注效率，在标注之前可以设置表面粗糙度标注样式。选择下拉菜单"工具"→"选项"命令，系统弹出"系统选项"对话框，单击"文档属性"选项卡，选中

"表面粗糙度"对象，设置表面粗糙度标注样式，如图 5-214 所示。

5.4.7 注释文本

注释文本主要用来标注工程图中的文本信息，常用的注释文本包括带引线的注释文本（如特殊文本说明）和不带引线的注释文本（如技术要求）。下面介绍如图 5-215 所示工程图的注释文本标注（包括左视图指引线注释文本及技术要求）。

步骤 1 打开练习文件 ch05 drawing\5.4\07\text。

步骤 2 选择命令。在"注解"选项卡中单击"注释"按钮 **A**，系统弹出如图 5-216 所示的"注释"对话框，在该对话框中定义注释文本样式。

图 5-213 定义表面粗糙度

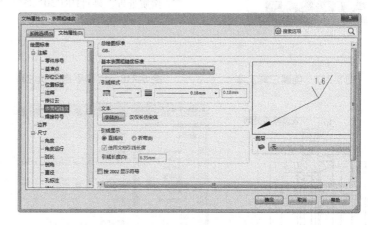

图 5-214 设置表面粗糙度标注样式

步骤 3 创建不带引线的注释文本（技术要求）。在"注释"对话框的"引线"区域单击"无引线"按钮，然后在放置注释的位置单击，创建如图 5-217 所示的注释文本，注意在"格式化"工具条中设置文本样式，包括字体与字高，最终结果如图 5-218 所示。

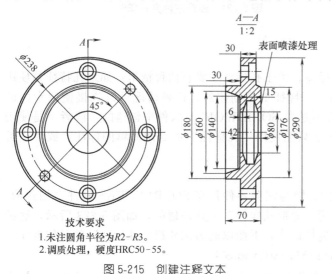

图 5-215 创建注释文本

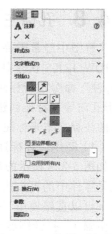

图 5-216 "注释"对话框

步骤 4 创建带引线的注释文本（技术要求）。在"注释"对话框的"引线"区域单击"引线"按钮及"引线靠左"按钮，如图 5-219 所示，然后选择如图 5-220 所示的边线为标注参考，在合适位置单击放置注释，结果如图 5-220 所示。

为了提高注释文本效率，在标注之前可以设置注释文本样式。选择下拉菜单"工具"→"选项"命令，系统弹出"系统选项"对话框，单击"文档属性"选项卡，选中"注释"对象，设置注释文本样式，如图 5-221 所示。

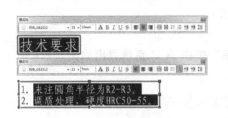

技术要求

1.未注圆角半径为$R2-R3$。
2.调质处理，硬度HRC50-55。

图 5-217　创建注释文本　　　图 5-218　创建不带引线注释　　　图 5-219　定义注释样式

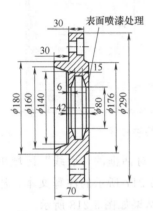

图 5-220　创建引线注释

图 5-221　设置注释文本样式

5.4.8　孔标注

工程图中经常需要对各种孔进行标注。关于孔标注主要有两种情形：如果孔特征是使用SOLIDWORKS 软件中的"异形孔向导"特征工具创建的，这种情况可以直接使用专门的"孔标注"命令进行标注；如果孔特征不是在 SOLIDWORKS 软件中创建的，或者不是使用"异形孔向导"特征创建的，这种情况下只能使用"孔标注"命令做简单的标注，或使用带引线的注释文本来标注。

（1）使用"孔标注"

如图 5-222 所示的端盖零件工程图，因为端盖零件是在 SOLIDWORKS 软件中创建的，特别是零件中的沉头孔及销孔均是使用"异形孔向导"工具创建的，如图 5-223 所示，这种情况下可以直接使用"孔标注"命令进行标注，下面以此为例介绍"孔标注"的具体操作。

步骤 1　打开练习文件 ch05 drawing\5.4\08\hole01。

步骤 2　创建沉头孔标注。在"注解"选项卡中单击"孔标注"按钮⊔∅，选择主视图中的沉头孔圆弧边，在合适位置单击放置孔标注，此时系统弹出如图 5-224 所示的"尺寸"对话框，在该对话框中设置标注属性，包括标注样式及符号等。

步骤 3　创建销孔标注。在"注解"选项卡中单击"孔标注"按钮⊔∅，选择主视图中的销孔圆弧边，在合适位置单击放置孔标注。

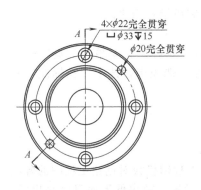

图 5-222　创建孔标注

图 5-223　端盖模型树

图 5-224　"尺寸"对话框

（2）使用"带引线注释"

如图 5-225 所示的模板零件工程图，因为模板零件为导入零件，模型树如图 5-226 所示，这种情况下可以使用"孔标注"命令进行初步标注，或使用带引线注释进行标注。

步骤 1　打开练习文件 ch05 drawing\5.4\08\hole02。

步骤 2　创建沉头孔标注。在"注解"选项卡中单击"孔标注"按钮，选择主视图中的沉头孔圆弧边，在合适位置单击放置孔标注，此时得到如图 5-227 所示的初步孔标注，选中孔标注，在弹出的"尺寸"对话框中设置孔标注信息，如图 5-228 所示。

步骤 3　创建销孔标注。在"注解"选项卡中单击"注释"按钮，在"注释"对话框

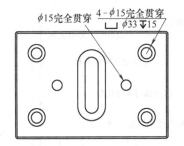

图 5-225　创建孔标注

图 5-226　模板模型树

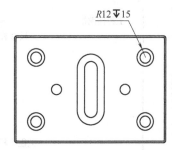

图 5-227　创建初步的孔标注

图 5-228　设置孔标注信息

图 5-229　设置孔标注样式

的"引线"区域单击"引线"按钮 ✏ 及"引线靠右"按钮 ↘，选择需要标注的销孔边线为标注参考，在合适位置单击放置注释，输入销孔标注信息，完成销孔标注。

（3）设置孔标注样式

为了提高孔标注效率，在标注之前可以设置孔标注样式，选择下拉菜单"工具"→"选项"命令，系统弹出"系统选项"对话框，单击"文档属性"选项卡，选中"孔标注"对象，在右侧页面中设置孔标注样式，如图 5-229 所示。

5.5 工程图模板

在实际工程图设计之前，需要选择合适的工程图模板。工程图模板对创建工程图的各项标准样式均做了相应的规定。如果按照前面小节介绍的逐项设置，效率低下而且容易出错，同时不便于标准化、规范化管理，所以在实际出图之前都需要根据企业具体要求定制工程图模板，将来可以直接使用定制的工程图出图。

创建工程图模板与前面章节介绍的创建零件模板及装配模板的基本思路是差不多的，但是也有很多不一样的地方，下面以如图 5-230 所示的 A3 模板为例介绍工程图模板定制及设置操作，具体要求如图 5-230 所示。

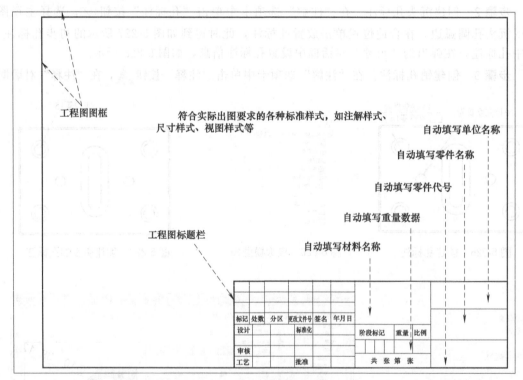

图 5-230　A3 模板定制要求

5.5.1 新建模板文件

创建工程图模板之前，可以首先使用系统自带的比较接近的一种工程图模板新建一张空白的工程图文件作为新的模板文件。本例要创建的工程图模板为 A3 模板，所以在如图 5-231 所示的"新建 SOLIDWORKS 文件"对话框中选择"gb_a3"模板作为新的模板文件，进入工程图环境后，此时图纸界面如图 5-232 所示。

此时的图纸格式不符合模板定制要求，需要全部删除，然后重新创建图框及标题栏。在绘图树中选中"图纸格式"节点，单击鼠标右键，在弹出的快捷菜单中选择"编辑图纸格式"命令，系统进入图纸格式编辑环境，此时图纸界面如图 5-233 所示（可以看到图纸中已有的图纸格式及属性信息），框选图纸界面中的所有对象直接删除，得到一张完全空白的 A3 白纸，后面就是要在该 A3 白纸上定制工程图模板。

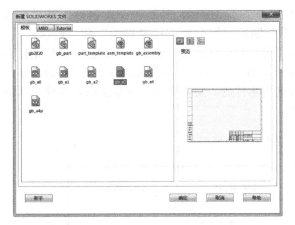

图 5-231 选择 gb_a3 模板

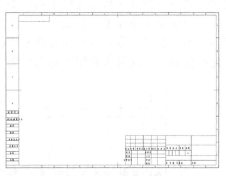

图 5-232 新建工程图

5.5.2 创建图框

根据国标要求，A3 模板图框尺寸如图 5-234 所示，其实就是两个矩形，外框矩形尺寸与图纸大小尺寸一致（420×297），内框矩形与外框矩形左侧间距为 25，其余方向间距为 5，下面具体介绍 A3 模板图框创建过程。

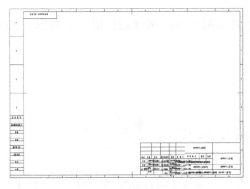

图 5-233 编辑图纸格式

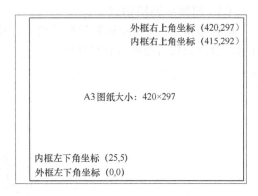

图 5-234 创建工程图图框

💡 **注意：**创建工程图图框时一定要在"编辑图纸格式"环境中创建。如果不在"编辑图纸格式"环境，在绘图树中选中"图纸格式"节点，单击鼠标右键，在弹出的快捷菜单中选择"编辑图纸格式"命令，系统进入"编辑图纸格式"环境。

步骤 1 创建外框矩形。选择"矩形"命令绘制一个任意矩形，然后选择矩形左下角顶点，设置顶点坐标为（0,0），选择矩形右上角顶点，设置顶点坐标为（420,297），最后选择矩形四条边设置为"固定约束"，完成外框矩形创建。

步骤 2 创建内框矩形。选择"矩形"命令绘制一个任意矩形，然后选择矩形左下角顶点，设置顶点坐标为（25,5），选择矩形右上角顶点，设置顶点坐标为（415,292），最后选择矩形四条边设置为"固定约束"，完成内框矩形创建。

步骤3 设置内框线型。选择内框矩形，使用"线型"工具条设置线粗为0.5。

5.5.3 创建标题栏

根据国标要求，最新工程图标题栏格式如图5-235所示，标题栏主要包括标题栏格式（标题栏表格）与标题栏属性两大内容。其中标题栏属性包括"固定属性"和"链接属性"两种。固定属性就是指标题栏中固定的文本注释，如标记、设计、审核等。链接属性是指标题栏中会根据出图模型变化而变化的文本注释，如单位名称、零件名称（图样名称）、零件代号（图样代号）等，这些属性将来直接与出图零件的"文件属性"信息关联，以便自动填写这些信息，下面具体介绍该标题栏的创建。

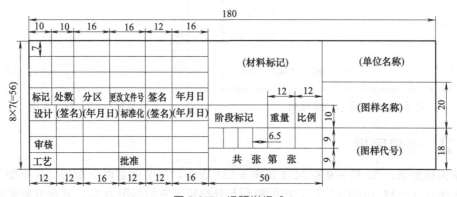

图 5-235 标题栏格式

（1）创建标题栏格式

根据如图5-235所示标题栏格式尺寸，使用草图绘制工具绘制标题栏格式，如图5-236所示，绘制完成后隐藏所有尺寸标注。

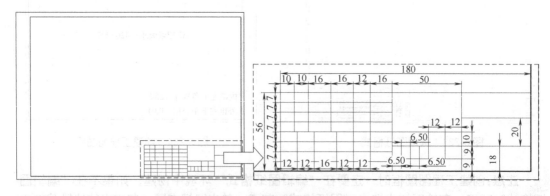

图 5-236 创建标题栏格式尺寸

（2）添加固定属性

步骤1 添加"标记"属性。使用"注释"命令，在如图5-237所示的标题栏单元格中添加"标记"注释，字体为"仿宋_GB2313"，字高为3.5。

步骤2 设置注释居中对齐。添加的所有固定属性都需要设置到单元格居中对齐。按住Ctrl键选择添加的注释文本及上下（左右）两条表格线，单击鼠标右键，在弹出的快捷菜单中选择"对齐"→"在直线之间对齐"命令，表示将注释对齐到两条表格线中间位置。

步骤3　添加其余固定属性。参照以上步骤添加其余固定属性，结果如图 5-238 所示。读者自行操作，此处不再赘述。

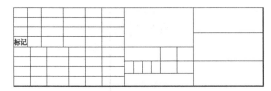

图 5-237　添加注释文本

图 5-238　添加其余注释文本

（3）添加链接属性

本例图纸模板中需要添加单位名称、零件名称、零件代号、材料名称、重量等链接属性，便于后期使用模板时能够自动填写这些属性信息。

步骤1　添加"单位名称"属性。将来自动检索文件属性中的单位名称。

① 选择命令。选择"注释"命令，系统弹出如图 5-239 所示的"注释"对话框，在对话框中单击"链接到属性"按钮，系统弹出"链接到属性"对话框。

② 定义属性来源。在"链接到属性"对话框中选中"此处发现的模型"选项，在其下拉列表中选择"图纸属性中指定的工程图视图"选项。

③ 定义属性名称。在"属性名称"下拉列表中设置属性名称，也就是具体要检索的信息，该下拉列表中包含系统自带的各种属性名称，如图 5-240 所示。

图 5-239　"注释"对话框

图 5-240　添加链接属性

④ 自定义属性名称。如果没有合适的属性名称，用户还可以自定义属性，在对话框中单击"文件属性"按钮，系统弹出如图 5-241 所示的"摘要信息"对话框，在该对话框中添加"单位名称"属性，属性值为"武汉卓宇创新"。完成文件属性定义后返回到如图 5-242 所示的"链接到属性"对话框，在对话框"属性名称"下拉列表中选择刚定义的"单位名称"属性。

图 5-241　添加属性信息

图 5-242　选择属性名称

⑤ 放置链接属性。将属性名称放置到如图 5-243 所示的单元格，完成属性添加，根据需要调整属性格式，包括对齐、字体及字高等。

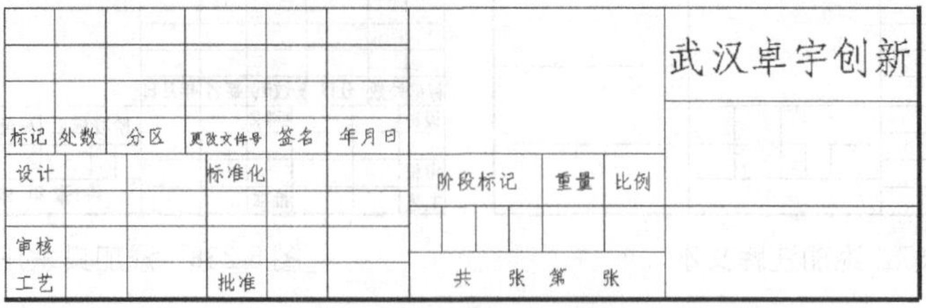

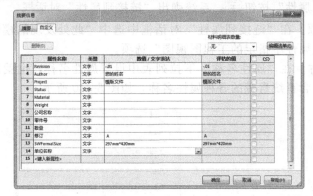

图 5-243 完成属性链接

💡 **说明:** 在自定义链接属性时，如果设置属性值，表示该属性值是固定的，以后只要使用这个模板，系统会直接检索该属性值；如果希望链接属性随文件属性变化，在自定义链接属性时不需要定义属性值，如图 5-244 所示，此时链接结果如图 5-245 所示。

图 5-244 不定义属性值

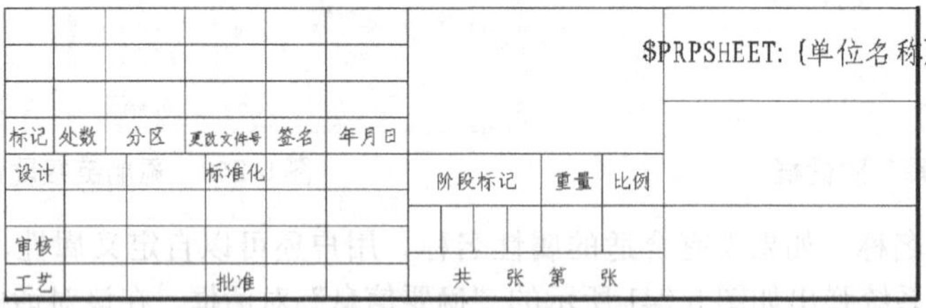

图 5-245 链接属性结果

步骤 2 添加其余属性。参照以上步骤添加其余链接属性，结果如图 5-246 所示。

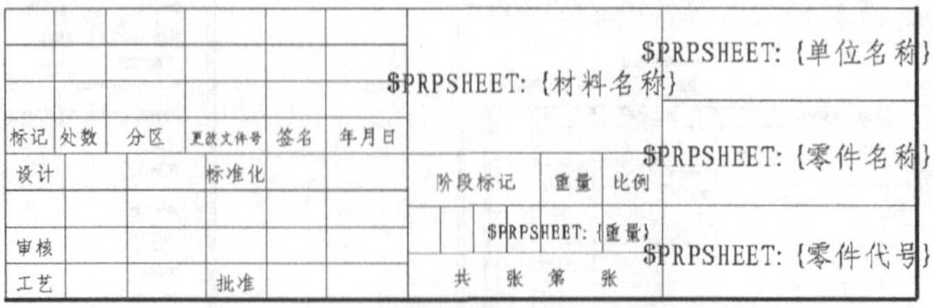

图 5-246 添加其他链接属性

步骤 3 完成图纸格式编辑。完成图框及标题栏定义后，单击界面右上角的 ⬛↵ 按钮退出图纸格式编辑环境，结果如图 5-247 所示，此时只能看到图框、标题栏及固定属性，定义

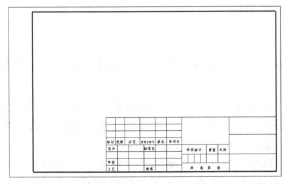

图 5-247　图纸格式结果

的链接属性只能在编辑图纸格式环境中看到，将来只有检索到具体属性信息后才能在图纸中显示属性名称。

5.5.4　设置模板属性

工程图模板中一定要根据实际出图要求设置模板属性，这样能够极大提高出图效率，不用在创建工程图时逐步去设置这些属性，下面具体介绍模板属性的设置。

步骤 1　设置图纸属性。在绘图树中选中"图纸 1"节点，在弹出的快捷菜单中选择"属性"命令，系统弹出如图 5-248 所示的"图纸属性"对话框，在该对话框中设置图纸属性，特别注意设置"投影类型"属性，本例选择"第一视角"选项。

步骤 2　设置注解样式。选择下拉菜单"工具"→"选项"命令，系统弹出"系统选项"对话框，在对话框中单击"文档属性"选项，在左侧列表中选择"注解"对象，然后在右侧页面中设置注解样式，包括字体、依附位置等，如图 5-249 所示。

图 5-248　"图纸属性"对话框

图 5-249　设置注解样式

步骤 3　设置尺寸样式。选择下拉菜单"工具"→"选项"命令，系统弹出"系统选项"对话框，在对话框中单击"文档属性"选项，在左侧列表中选择"尺寸"对象，然后在右侧页面中设置尺寸样式，包括字体、箭头样式等，如图 5-250 所示。根据实际需要，在该对话

图 5-250　设置尺寸样式

框中设置更多的样式。读者自行操作，此处不再赘述。

5.5.5 保存与调用工程图模板

完成工程图模板定制后，需要首先将模板文件保存下来，然后设置默认模板，便于后期随时调用定制模板，具体操作如下。

步骤 1 保存模板。选择"保存"命令，系统弹出"另存为"对话框，设置保存类型为"工程图模板（*.drwdot）"，系统自动将保存位置设置到专门的模板位置，设置模板名称为 GB_A3_2020，如图 5-251 所示，单击"保存"按钮，完成模板保存。

步骤 2 查看模板。保存模板后，单击"新建"按钮，系统弹出"新建 SOLIDWORKS 文件"对话框，单击"高级"按钮，在模板列表中可以查看保存的模板文件，如图 5-252 所示。

图 2-251 保存模板文件

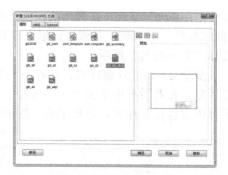

图 2-252 查看模板文件

步骤 3 设置默认模板。为了方便在新建工程图时能够默认调用定制的模板，需要设置默认模板，选择"工具"→"选项"命令。系统弹出"系统选项"对话框，选择"默认模板"对象，在右侧页面的"工程图"中设置默认工程图模板，如图 5-253 所示。

图 5-253 设置默认模板

步骤 4 调用定制模板。下面使用文件夹中的齿轮箱模型验证模板调用。

① 打开模型文件。打开文件夹中的齿轮箱零件，如图 5-254 所示，选择下拉菜单"文件"→"属性"命令，系统弹出如图 5-255 所示的"摘要信息"对话框，在该对话框中查看零件属性信息，包括单位名称、零件名称、零件代号等。

② 新建工程图文件。新建工程图文件，系统默认使用设置的工程图模板创建工程图，任意创建如图 5-256 所示的三视图，此时在标题栏中根据零件模型文件属性自动将属性填写到对应的标题栏单元格中，结果如图 5-256 所示。

图 2-254 齿轮箱零件

图 2-255 "摘要信息"对话框

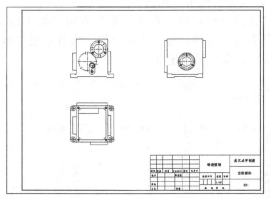

图 5-256 调用模板结果

5.6 工程图明细表

装配体工程图中为了方便管理各个零部件的基本信息，包括零件名称、零件代号、零件材料、零件重量等，需要在装配工程图中创建零件明细表。下面以如图 5-257 所示的轴承座装配模型为例，介绍创建明细表的操作方法，明细表结果如图 5-258 所示。

图 5-257 轴承座装配

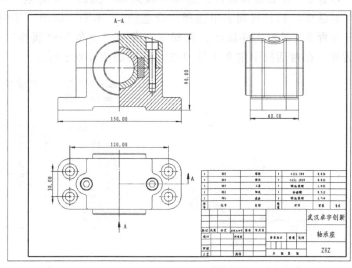

图 5-258 轴承座装配图与明细表

💡 **说明：**本例文件中已经完成了装配体主要视图的创建，需要在此基础上创建轴承座明细表，另外，本例使用的工程图模板是上一节设置的工程图模板，所以在定义零件属性时，属性名称一定要跟工程图模板中的属性名称一致。

5.6.1 定义零件属性

创建明细表之前，首先需要定义各个零件的文件属性，包括零件名称、零件代号、零件材料、零件重量、单位名称等，下面介绍零件属性的定义。

（1）定义基座零件属性

步骤 1 打开文件 ch05 drawing\5.6\base_down，如图 5-259 所示。

步骤 2 设置材料属性。选择下拉菜单"编辑"→"外观"→"材质"命令，系统弹出"材料"对话框，从材料列表中选择"铸造碳钢"，单击"应用"按钮。

步骤 3 设置文件属性。选择下拉菜单"文件"→"属性"命令，系统弹出"摘要信息"对话框，在对话框中定义文件属性，包括零件名称、零件代号、零件材料、零件重量及单位名称，结果如图 5-260 所示，单击"确定"按钮，完成属性定义。

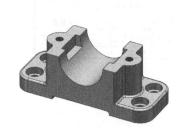

图 5-259 基座零件

图 5-260 设置基座零件属性

（2）定义轴瓦零件属性

步骤 1 打开文件 ch05 drawing\5.6\bearing_bush，如图 5-261。

步骤 2 设置材料属性。选择下拉菜单"编辑"→"外观"→"材质"命令，系统弹出"材料"对话框，从材料列表中选择"合金钢"，单击"应用"按钮。

步骤 3 设置文件属性。选择下拉菜单"文件"→"属性"命令，系统弹出"摘要信息"对话框，在对话框中定义文件属性，结果如图 5-262 所示。

图 5-261 轴瓦零件

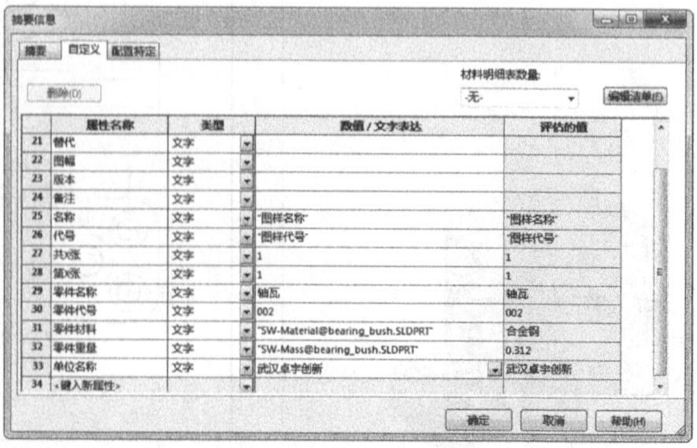

图 5-262 设置轴瓦零件属性

（3）定义上盖零件属性

步骤 1 打开文件 ch05 drawing\5.6\top_cover，如图 5-263 所示。

步骤 2 设置材料属性。选择下拉菜单"编辑"→"外观"→"材质"命令，系统弹出"材料"对话框，从材料列表中选择"铸造碳钢"，单击"应用"按钮。

步骤 3 设置文件属性。选择下拉菜单"文件"→"属性"命令，系统弹出"摘要信息"对话框，在对话框中定义文件属性，结果如图 5-264 所示。

图 5-263 上盖零件

图 5-264 设置上盖零件属性

（4）定义楔块零件属性

步骤 1 打开文件 ch05 drawing\5.6\wedge_block，如图 5-265。

步骤 2 设置材料属性。选择下拉菜单"编辑"→"外观"→"材质"命令，系统弹出"材料"对话框，从材料列表中选择"AISI 1020"，单击"应用"按钮。

步骤 3 设置文件属性。选择下拉菜单"文件"→"属性"命令，系统弹出"摘要信息"对话框，在对话框中定义文件属性，结果如图 5-266 所示。

（5）定义螺栓零件属性

步骤 1 打开文件 ch05 drawing\5.6\bolt，如图 5-267 所示。

步骤 2 设置材料属性。选择下拉菜单"编辑"→"外观"→"材质"命令，系统弹出"材料"对话框，从材料列表中选择"铸造碳钢"，单击"应用"按钮。

步骤 3 设置文件属性。选择下拉菜单"文件"→"属性"命令，系统弹出"摘要信息"对话框，在对话框中定义文件属性，结果如图 5-268 所示。

图 5-265 楔块零件

图 5-266 设置楔块零件属性

（6）定义轴承座装配体属性

步骤 1 打开文件 ch05 drawing\5.6\bearing_asm。

图 5-267　螺栓零件

图 5-268　设置螺栓零件属性

步骤 2　设置文件属性。选择下拉菜单"文件"→"属性"命令，系统弹出"摘要信息"对话框，在对话框中定义文件属性，包括零件名称、零件代号、零件重量及单位名称，结果如图 5-269 所示，单击"确定"按钮，完成属性定义。

> **说明：**定义装配体属性主要是考虑将来需要在装配工程图中显示装配体的主要属性信息，包括装配体名称、装配体代号、装配体总重量等，但是为了与使用的工程图模板中的属性信息对应，装配体名称用"零件名称"代替，装配体代号用"零件代号"代替，装配体重量用"零件重量"代替。

在定义零部件属性时，因为本例轴承座中各个零件都已经做好了，创建零件使用的模板中并没有需要的文件属性名称，所以需要一个一个去定义每个零件的属性，这样效率比较低，为了提高设置零件属性的效率，最好是在做零件之前先选择合适的零件模板，确保零件模板中有需要的属性信息，这样再去定义零件属性时就比较方便。

5.6.2　创建材料明细表

完成零件及装配属性定义后，接下来使用明细表工具创建明细表。

步骤 1　打开练习文件 ch05 drawing\5.6\bearing_drawing。

步骤 2　设置定位点。插入明细表之前需要首先定义明细表定位点，在绘图树中选中"图纸 1"节点，单击鼠标右键，在弹出的快捷菜单中选择"编辑图纸格式"命令，系统进入"编辑图纸格式"环境，选择如图 5-270 所示的顶点，单击鼠标右键，在快捷菜单中选择"设定为定位点"→"材料明细表"命令，表示将该点设置为明细表定位点，然后退出编辑环境。

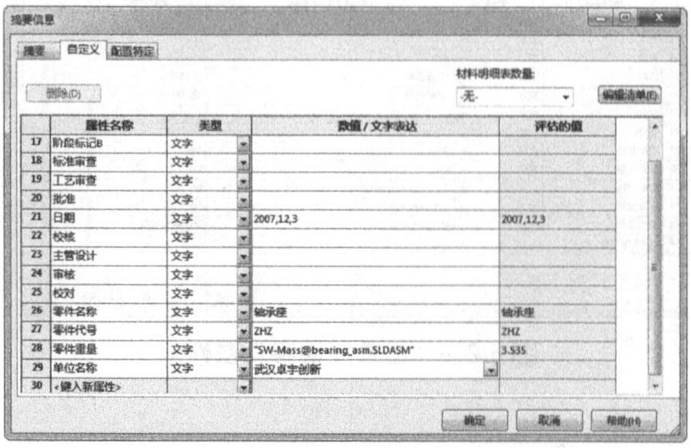

图 5-269　设置轴承座装配体属性

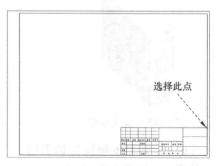

选择此点

图 5-270　定义定位点

步骤3 插入明细表。在"注解"选项卡中单击"表格"菜单中的"材料明细表"按钮 ，系统弹出如图5-271所示的"材料明细表"对话框，提示用户选择一个视图创建材料明细表，选择主视图为参考对象，系统弹出如图5-272所示的"材料明细表"对话框，在该对话框中设置明细表属性，选中"附加到定位点"选项，表示将材料明细表定位到上一步设置的定位点上，其他选项采用系统默认设置，单击 ✔ 按钮，完成材料明细表插入，结果如图5-273所示，此时明细表位置不符合要求。

图 5-271 "材料明细表"对话框（一）

图 5-272 "材料明细表"对话框（二）

图 5-273 插入材料明细表

5.6.3 编辑材料明细表

初步插入的材料明细表一般不符合工程图规范要求，需要对插入的明细表格式进行编辑，使材料明细表符合工程图标准要求，下面继续使用上一小节模型为例介绍。

步骤1 编辑位置。选中插入的材料明细表，然后在表格左上角位置单击，系统弹出如图5-274所示的"材料明细表"对话框，在对话框中的"恒定边角"区域单击"右下"按钮 ，表示将材料明细表右下角与之前设置的定位点对齐，如图5-275所示。

图 5-274 设置表格位置

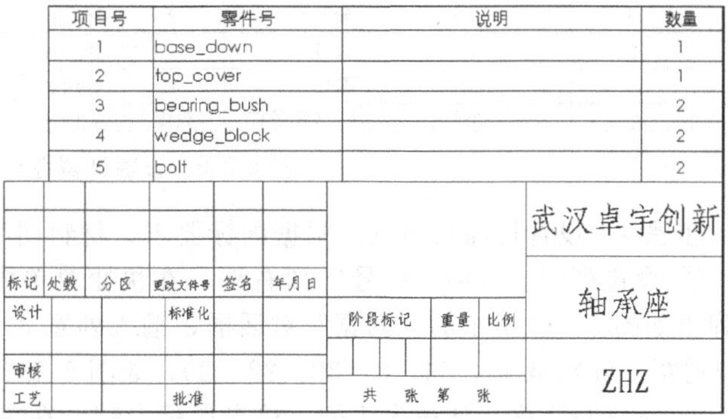

项目号	零件号	说明	数量
1	base_down		1
2	top_cover		1
3	bearing_bush		2
4	wedge_block		2
5	bolt		2

图 5-275 调整表格位置结果

步骤2 定义表头。默认情况下，插入的材料明细表表头在上，如图5-275所示，这不符合明细表国标要求，需要将材料明细表表头设置到下方。选中创建的材料明细表，然后在如图5-276所示的位置单击，在弹出的快捷工具条中单击"表格标题在下"按钮 ，表示将材料明细表表头设置到下方，结果如图 5-277 所示。

项目号	零件号	说明	数量
1	base_down		1
2	top_cover		1
3	bearing_bush	在此处单击	2
4	wedge_block		2
5	bolt		2

图 5-276　定义表头

5	bolt		2
4	wedge_block		2
3	bearing_bush		2
2	top_cover		1
1	base_down		1
项目号	零件号	说明	数量

图 5-277　定义表头结果

步骤 3　编辑列属性。默认情况下，插入的材料明细表内容不符合国标要求，需要设置材料明细表列属性，还需要根据国标要求插入表格列并调整列顺序。

① 编辑"序号"列。在明细表中双击第一列表头，将"项目号"改为"序号"。

② 编辑"零件名称"列。在如图 5-278 所示的材料明细表位置双击，在系统弹出的"列类型"下拉列表中选择"自定义属性"选项，然后在"属性名称"下拉列表中选择"零件名称"表示将该列属性设置为自定义的零件名称，结果如图 5-279 所示。

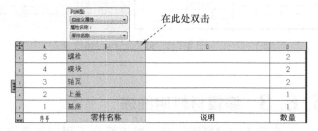

图 5-278　定义列属性

③ 插入"零件代号"列。一般"零件代号"在"序号"和"零件名称"之间。首先选中"序号"列，单击鼠标右键，在弹出的快捷菜单中选择"插入"→"右列"命令，表示在"序号"列右边插入列，然后使用上一步操作编辑列属性，列属性为"零件代号"。

④ 编辑其余列。参照以上步骤编辑其余列属性，最终结果如图 5-279 所示。

5	005	螺栓	2	AISI 304	0.026	
4	004	楔块	2	AISI 1020	0.045	
3	002	轴瓦	2	合金钢	0.312	
2	003	上盖	1	铸造碳钢	1.002	
1	001	基座	1	铸造碳钢	1.766	
序号	零件代号	零件名称	数量	零件材料	零件重量	说明

图 5-279　设置列属性结果

步骤 4　设置行高与列宽。根据国标要求，材料明细表的行高与列宽均有尺寸要求。

① 设置列宽。选中"序号"列右键，在快捷菜单中选择"格式化"→"列宽"命令，系统弹出如图 5-280 所示的"列宽"对话框，输入列宽 8，相同方法从左到右设置第 2 列到第 7 列列宽，分别是 40，44，8，38，22，20，如图 5-281 所示。

② 设置行高度。选中表头列，单击鼠标右键，在快捷菜单中选择"格式化"→"行高度"命令，系统弹出如图 5-282 所示的"行高度"对话框，输入行高度 10，相同方法再设置其余行高度，行高度为 7，结果如图 5-281 所示。

步骤 5　修改表头文本。双击各列表头，修改表头文本，依次为"序号""代号""名称""数量""材料""重量"及"备注"。

图 5-280 设置列宽

图 5-282 设置行高度

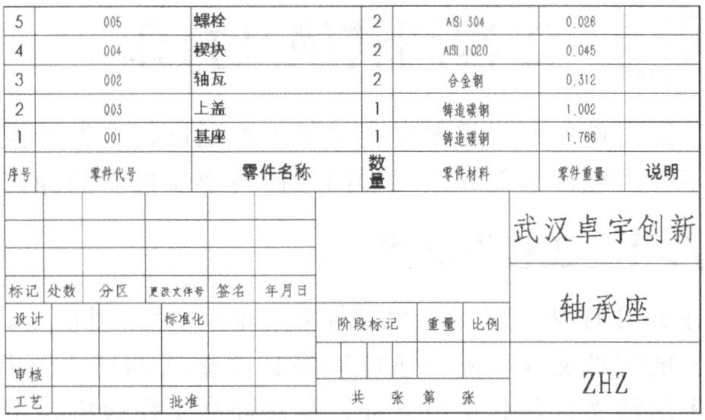

5	005	螺栓	2	ASI 304	0.026	
4	004	楔块	2	AISI 1020	0.045	
3	002	轴瓦	2	合金钢	0.312	
2	003	上盖	1	铸造碳钢	1.002	
1	001	基座	1	铸造碳钢	1.766	
序号	零件代号	零件名称	数量	零件材料	零件重量	说明

图 5-281 设置列宽与行高度结果

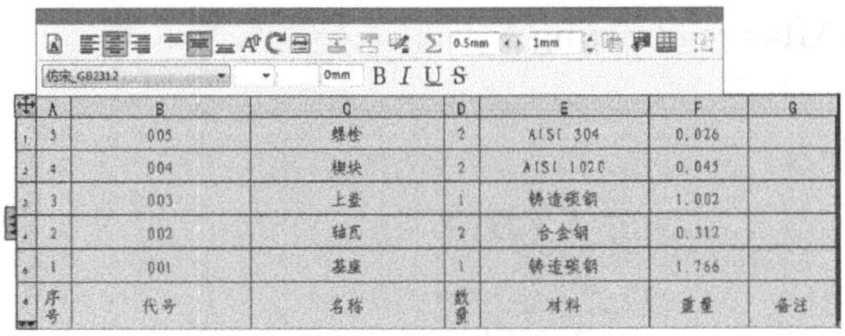

图 5-283 设置表格字体

步骤6 设置表格字体。在表格左上角单击，系统弹出快捷工具条，在工具条中取消"使用文档字体"按钮，在字体下拉列表中设置表格字体为"仿宋_GB2313"，如图 5-283 所示，最终材料明细表如图 5-284 所示。

5	005	螺栓	2	AISI 304	0.026	
4	004	楔块	2	AISI 1020	0.045	
3	003	上盖	1	铸造碳钢	1.002	
2	002	轴瓦	2	合金钢	0.312	
1	001	基座	1	铸造碳钢	1.766	
序号	代号	名称	数量	材料	重量	备注

图 5-284 材料明细表结果

5.6.4 保存明细表模板及调用

完成材料明细表创建后，为了避免以后重复设置材料明细表，同时也是为了提高创建明细表的效率，可以将本次做好的明细表保存为明细表模板，方便以后随时调用。

步骤1 保存材料明细表。在材料明细表左上角单击鼠标右键，在弹出的快捷菜单中选择"另存为"命令，将创建好的明细表保存到指定的位置，如图 5-285 所示。

步骤2 调用材料明细表。在插入材料明细表时，在"材料明细表"对话框中的"表格模板"区域单击按钮，调用保存的明细表模板，如图 5-286 所示。

图 5-285 保存材料明细表模板

图 5-286 "材料明细表"对话框

5.7 工程图转换及打印

实际工作中经常需要对完成的工程图进行文件转换及打印，下面以如图 5-287 所示的法兰盘零件工程图为例介绍工程图文件转换及打印的操作方法。

5.7.1 工程图转换

在 SOLIDWORKS 中完成工程图创建后，用户可以将 SOLIDWORKS 工程图转换成其他格式的图纸文件，同时还可以将其他格式的图纸文件转换到 SOLIDWORKS 中，从而实现各种图纸文件的共享与互补，最终提高工作效率，下面具体介绍工程图转换的操作。

（1）将 SOLIDWORKS 工程图转换为 DWG 文件

步骤 1 打开练习文件 ch05 drawing\5.7\flange_drawing。

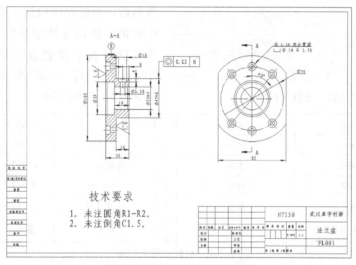

图 5-287 法兰盘零件工程图

步骤 2 转换 DWG 文件。选择"另存为"命令，系统弹出"另存为"对话框，在该对话框的"保存类型"下拉列表中设置保存文件类型为 DWG，采用系统默认的文件名称，如图 5-288 所示，单击"保存"按钮，完成工程图文件转换，如图 5-289 所示。

图 5-288 另存为文件

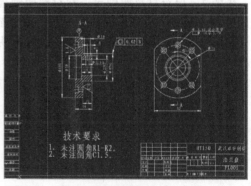

图 5-289 转换 DWG 文件

（2）将 DWG 文件转换为 SOLIDWORKS 工程图

接下来介绍将如图 5-290 所示的 DWG 文件转换到 SOLIDWORKS 中，得到如图 5-291

所示的 SOLIDWORKS 工程图文件。

步骤 1　打开练习文件 ch05 drawing\5.7\vice.dwg。

步骤 2　设置输入类型。打开文件时，系统弹出如图 5-292 所示的"DXF/DWG 输入"对话框，在对话框中选中"生成新的 SOLIDWORKS 工程图"选项，表示将 DWG 文件转换到新的 SOLIDWORKS 工程图中，单击"下一步"按钮。

步骤 3　设置图层映射。设置输入类型后，系统弹出如图 5-293 所示的"工程图图层映射"对话框，在该对话框中设置显示图层，选中"所有所选图层"选项，然后选中除"隐藏层"以外的所有图层，具体设置如图 5-294 所示，单击"下一步"按钮。

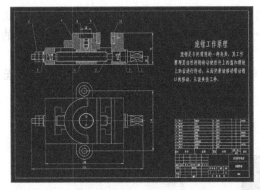

图 5-290　DWG 文件

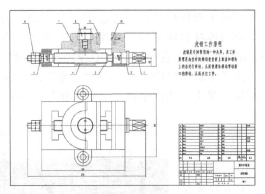

图 5-291　转换到 SOLIDWORKS 文件

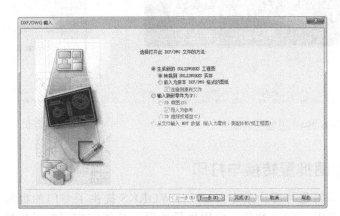

图 5-292　"DXF/DWG 输入"对话框

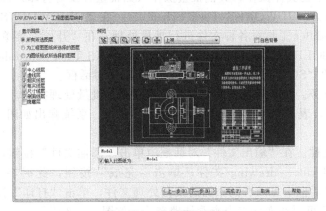

图 5-293　设置图层映射

步骤4 设置文档属性。设置图层映射后，系统弹出如图 5-294 所示的"文档设定"对话框，在该对话框中设置转换到 SOLIDWORKS 工程图的具体属性，包括单位、图纸幅面、文件模板、工程图比例等，具体设置如图 5-294 所示，单击"完成"按钮。

> **说明**：此步骤在设置文档属性时一定要注意，"文档设定"对话框中预览窗口中的红色矩形框为转换区域范围，设置文档属性时一定要将转换的工程图都设置到红色矩形框内部，否则无法转换完整的工程图文件。

5.7.2 工程图打印

完成工程图创建后，考虑到实际管理与存档的方便，需要将工程图文件打印成纸质文件，电脑连接打印机后，选择下拉菜单"文件"→"打印"命令，系统弹出如图 5-295 所示的"打印"对话框，在该对话框中设置打印属性。

正式工程图打印之前，在"打印"对话框中单击"预览"按钮预览打印效果，如果预览没问题，单击对话框中的"确定"按钮完成打印。

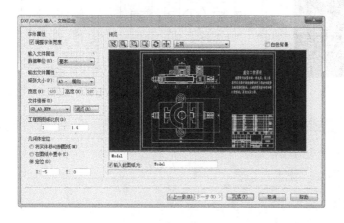

图 5-294　设置图层映射

图 5-295　"打印"对话框

5.7.3 工程图批量转换与打印

为了提高工程图转化与打印效率，SOLIDWORKS 提供了专门的批量处理工具，使用时不需要启动 SOLIDWORKS 软件。使用批量处理工具能够实现批量转换及批量打印，下面介绍批量转换 PDF 的具体操作，其他批量操作（如批量转换与打印）都是类似的。

步骤1 启动 SOLIDWORKS Task Scheduler。在 SOLIDWORKS 中使用 SOLID-WORKS Task Scheduler 工具对各种文件进行批量处理，在"开始"菜单中选择"SOLID-WORKS 2020"→"SOLIDWORKS 工具"→"SOLIDWORKS Task Scheduler"命令，系统弹出如图 5-296 所示的"SOLIDWORKS Task Scheduler"对话框。

步骤2 定义任务。定义任务就是要确定具体做什么批量处理操作。在对话框左侧列表中单击"输出文件"，表示要将文件批量输出为其他文件，系统弹出如图 5-297 所示的"输出文件"对话框。

步骤3 添加文件。在"输出文件"对话框中单击"添加文件"按钮，选择文件夹中的 flange _ drawing 和 vice _ drawing 文件，单击"完成"按钮，此时在"SOLIDWORKS Task Scheduler"对话框中可以看到添加的批量处理文件，单击"打印"按钮，系统开始批量处理，处理完成后可以在文件夹中查看处理文件，如图 5-298 所示。

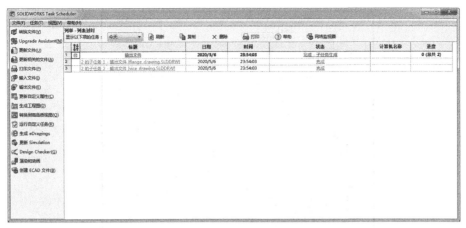

图 5-296 "SOLIDWORKS Task Scheduler" 对话框

图 5-297 "输出文件" 对话框

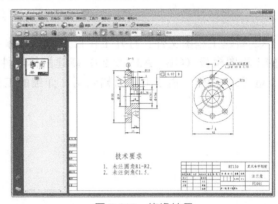

图 5-298 转换结果

5.8 工程图案例：缸体零件工程图

全书配套视频与资源
♀微信扫码，立即获取

前面小节系统介绍了工程图操作及相关知识内容，为了加深读者对工程图的理解并更好地应用于实践，下面通过具体案例详细介绍工程图设计。

如图 5-299 所示的缸体零件，使用文件夹中提供的 A3 工程图模板新建工程图文件，然后创建工程图视图及标注，工程图结果如图 5-300 所示。

图 5-299 缸体零件

缸体工程图设计说明：

① 设置工作目录：F:\solidworks_jxsj\ch05 drawing\5.8。

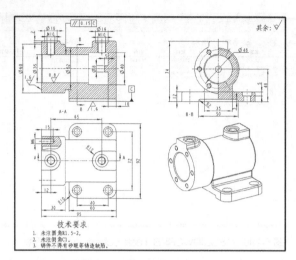

图 5-300　缸体零件工程图

　　② 新建工程图文件：打开工作目录中的缸体零件模型 pump_body，使用工作目录中提供的工程图模板（GB_A3_2020）新建缸体零件工程图文件。

　　③ 具体操作：由于书籍篇幅限制，详细的工程图设计过程可参看随书视频。

第6章

曲面设计

微信扫码，立即获取
全书配套视频与资源

SOLIDWORKS 曲面设计功能主要用于曲线及曲面造型设计，主要用来完成一些复杂的产品设计。SOLIDWORKS 提供多种曲线设计工具，如交叉曲线、投影曲线、分割线等，同时还提供了多种曲面设计工具，如扫描曲面、放样曲面、边界混合曲面、填充曲面等，使用这些曲线及曲面工具能够帮助用户完成各种曲面产品造型设计。

6.1 曲面设计基础

学习曲面设计之前首先需要了解曲面设计的一些基本问题。本节从曲面设计的应用、思路及用户界面三个方面系统介绍曲面设计，为后面进一步学习和使用曲面做好准备。

6.1.1 曲面设计应用

曲面设计非常灵活、应用非常广泛，能够帮助我们解决很多实际问题。但是在学习与理解曲面应用方面，有相当一部分人一直都存在一种误解，认为学习曲面设计的主要作用就是做曲面造型设计，如果自己的工作不涉及曲面造型就没有必要学习曲面设计，这种认识和理解是大错特错的！

虽然曲面设计最主要的作用是用来进行曲面造型设计，但是在学习与使用曲面设计的过程中我们会接触到更多的设计思路与方法，而这些设计思路与方法在一般零件设计的学习过程中是接触不到的。实际上，在实际工作中，适当运用一些曲面设计方法，能够帮助我们更高效地解决一些实际问题。

如图 6-1 所示的弯管接头零件模型，其中设计的关键是中间扫描结构的设计，创建扫描结构需要扫描轨迹与截面，就该结构来说，扫描截面很简单，就是一个圆，但是扫描轨迹是一条三维的空间轨迹，应该如何设计呢？如果没有接触曲面知识，相信大部分人都会使用分段法进行设计（在本书第 3 章有详细介绍）。首先将扫描结构按照每段所在的平面分成几段，然后逐段创建轨迹，其中还需要创建大量基准特征，这种设计方法不仅烦琐，而且修改也不方便。如果使用曲面设计中的相交功能，我们只需要根据结构特点创建两个正交方向的分解草图，然后使用相交就能直接得到这条三维空间轨迹曲线，这种设计方法操作简单，而且便于以后修改，提高了设计效率！

这个案例只是一个很简单的案例，这种设计思路和方法也只是强大曲面设计功能中的冰山一角，总的来讲，曲面设计应用主要涉及以下几个方面。

（1）一般零件设计应用

在一般零件设计中有很多规则结构，也有很多不规则结构。其中一些不规则的结构很多都需要使用曲面方法进行设计。另

图 6-1 弯管接头零件模型

外，在一般零件设计中灵活使用曲面方法进行处理，能够帮助我们更高效完成设计。

（2）曲面造型应用

使用曲面设计功能能够灵活设计各种流线型的曲面造型，这也是曲面设计最本质的应用，是其他设计方法不可替代的。

（3）自顶向下应用

自顶向下设计是产品设计及系统设计中最为有效的一种设计方法，在自顶向下设计中需要设计各种骨架模型与控件，这些骨架模型与控件均需要使用曲面方法进行设计。

（4）管道设计及电气设计应用

在管道设计与电气设计中，需要设计各种管道路径或电气路径，这是管道设计与电气设计中最为重要的环节，其中很多复杂路径的设计都需要使用曲面设计方法来完成。

（5）模具设计应用

模具设计中需要设计各种分型面，分型面的好坏直接关系到最终的模具分型及整套模具的设计，分型面的设计也是借助曲面设计方法来完成的！

6.1.2 曲面设计思路

由于曲面自身的特殊性，曲面设计思路与一般零件设计思路存在很大差异，下面就以一般零件设计与曲面设计思路做一个对比，帮助读者理解曲面设计的基本思路。

对于一般零件的设计，根据其不同的结构特点，可以采用不同的方法进行设计，这个问题在本书第 3 章有详细介绍，但是不管用什么方法进行一般零件的设计，其本质都类似于搭积木的思路，如图 6-2 所示。

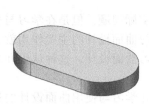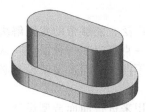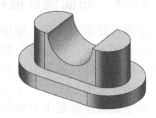

图 6-2　一般零件设计思路

对于曲面设计，根据曲面结构的不同，同样也有很多设计方法，其中最典型的方法就是线框设计法，一般是先创建曲线线框，然后根据曲线线框进行初步曲面设计，最后将曲面转换成实体并进行后期细节设计，如图 6-3 所示。

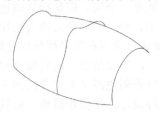

图 6-3　曲面设计思路

6.1.3 曲面设计用户界面

SOLIDWORKS 中并没有专门进行曲面设计的模块，在 SOLIDWORKS 零件设计环境中展开"曲面"选项卡，在"曲面"选项卡中提供了曲线及曲面设计工具。此处打开练习文件：ch06 surface\6.1\hair_dryer，熟悉曲面设计环境及曲线、曲面设计工具，如图 6-4 所示。

> 💡 **说明**：如果零件设计环境中没有"曲面"选项卡，可以在选项卡区空白位置单击鼠标右键，在弹出的菜单中选择"选项卡"→"曲面"命令，在选项卡区显示"曲面"选项卡。

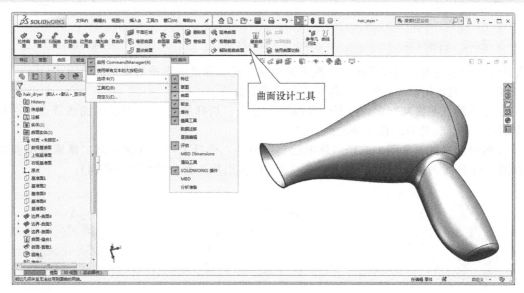

图 6-4　曲面设计环境及工具

6.2　曲线线框设计

曲线是曲面设计的基础，是曲面设计的灵魂。SOLIDWORKS 提供了多种曲线设计方法，方便用户进行曲线线框设计。曲面设计所需的曲线主要包括两种类型的曲线：平面曲线和空间曲线。下面具体介绍这两种曲线的设计。

6.2.1　平面曲线

平面曲线是指在平面上绘制的曲线。在零件设计环境的"草图"选项卡中单击"草图绘制"按钮 📐，系统进入二维草图设计环境，用于绘制各种平面曲线（草图）。

如图 6-5 所示的曲面模型，在设计中需要创建如图 6-6 所示的曲线线框。因为这些曲线都是平面曲线，可以使用"草绘"工具创建，下面具体介绍这种平面曲线的创建。

> 💡 **说明**：在曲线线框中，一般将最能反映曲面轮廓外形的曲线称为轮廓曲线，与轮廓曲线相连接的另外一个方向的曲线称为截面曲线。本例中较长的两条曲线就是轮廓曲线，与其相连接的三条圆弧曲线就是截面曲线。

步骤 1　新建零件文件。新建零件文件，命名为 sketch_curves。

步骤 2　创建轮廓曲线。在"草图"选项卡中单击"草图绘制"按钮 📐，选择上视基准面绘制如图 6-7 所示的轮廓曲线草图。

步骤 3　创建如图 6-6 所示最左侧的第一截面曲线。

① 创建第一截面基准面。选择"基准面"命令，选择如图 6-8 所示的曲线顶点及右视基准面为参考，创建第一截面基准面。

② 创建第一截面草图。选择"草图绘制"命令，选择上一步创建的第一截面基准面绘

图 6-5　曲面模型

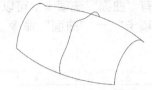

图 6-6　曲线线框

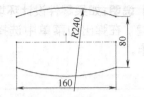

图 6-7　创建轮廓曲线草图

制如图 6-9 所示的第一截面草图（注意圆弧两端与轮廓曲线的穿透约束）。

　　步骤 4　创建如图 6-6 所示最右侧的第二截面曲线。

　　① 创建第二截面基准面。选择"基准面"命令，选择如图 6-10 所示的曲线顶点及右视基准面为参考，创建第二截面基准面。

　　② 创建第二截面草图。选择"草图绘制"命令，选择上一步创建的第二截面基准面绘制如图 6-11 所示的第二截面草图（使用"实体转换引用"命令转换第一截面）。

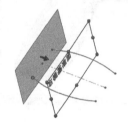

图 6-8　创建第一截面基准面

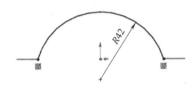

图 6-9　创建第一截面草图

图 6-10　创建第二截面基准面

　　步骤 5　创建如图 6-6 所示中间截面曲线。选择"草图绘制"命令，选择右视基准面绘制如图 6-12 所示的中间截面草图（注意曲线两端与轮廓曲线的穿透约束）。

6.2.2　空间曲线

　　复杂曲面设计中经常需要创建各种空间曲线，而且空间曲线往往关系到整个曲面造型的设计，下面介绍常用空间曲线的创建方法。

　　（1）3D 草图

　　SOLIDWORKS 提供了专门的 3D 草图绘制方法，广泛用于曲面设计、焊件设计及管道电气设计等。在零件设计环境的"草图"选项卡中单击"3D 草图"按钮 3D，系统进入 3D 草图设计环境，用于直接绘制空间草图曲线。

　　如图 6-13 所示的弯管接头零件，在创建中间扫描结构时需要创建如图 6-14 所示的 3D 扫描轨迹曲线，这种 3D 曲线就可以直接使用 3D 草图来创建。

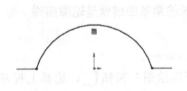

图 6-11　创建第二截面草图

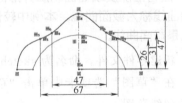

图 6-12　创建中间截面草图

图 6-13　弯管接头零件

　　步骤 1　新建零件文件。新建零件文件，命名为 3d_sketch。

　　步骤 2　进入 3D 草图环境。在"草图"选项卡中单击"3D 草图"按钮 3D，系统进入 3D 草图环境，该草图环境与前面介绍的二维草图环境一样，只是绘制空间不一样。

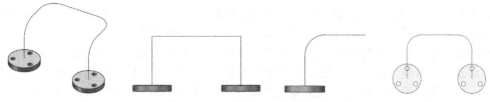

图 6-14　3D 曲线及三视图效果

步骤 3　绘制初步的 3D 草图。在 3D 草图环境中选择"直线"命令绘制如图 6-15 所示的初步 3D 草图（起点为任意圆盘圆形，然后按 Tab 键切换轴系）。

步骤 4　添加倒圆角。在 3D 草图环境中选择"绘制圆角"命令绘制如图 6-16 所示的四个倒圆角，圆角半径为 10。

步骤 5　添加几何约束。在 3D 草图环境中添加如图 6-17 所示的几何约束（在 3D 草图环境中添加几何约束的方法与二维草图环境中添加约束的操作是一样的）。

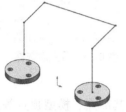　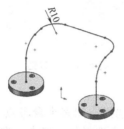　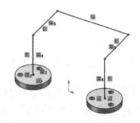

图 6-15　绘制初步的 3D 草图　　　图 6-16　添加倒圆角　　　图 6-17　添加几何约束

步骤 6　添加尺寸标注。在 3D 草图环境中添加如图 6-18 所示的尺寸标注（在 3D 草图环境中添加尺寸标注的方法与二维草图环境中添加尺寸标注操作是一样的）。

（2）通过 XYZ 点的曲线

使用"通过 XYZ 点的曲线"就是通过输入多个点坐标创建空间曲线（创建的空间曲线通过每个坐标点），在"特征"选项卡中展开"曲线"菜单，单击"通过 XYZ 点的曲线"按钮 ，用于创建通过 XYZ 点的曲线。

如图 6-19 所示的点数据表，需要根据该点数据表创建如图 6-20 所示的空间曲线，这种情况可以使用"通过 XYZ 点的曲线"来创建，下面介绍具体创建过程。

步骤 1　新建零件文件。新建零件文件，命名为 xyz_curves。

步骤 2　选择命令。在"特征"选项卡中展开"曲线"菜单，单击"通过 XYZ 点的曲线"按钮 ，系统弹出"曲线文件"对话框。

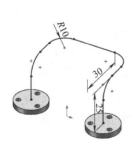

点序号	X 坐标	Y 坐标	Z 坐标
1	0	0	0
2	100	100	20
3	200	200	10
4	300	100	20
5	400	0	0

图 6-18　添加尺寸标注　　　图 6-19　点数据表　　　图 6-20　通过 XYZ 点的曲线

步骤3　定义点数据。根据图 6-19 所示的点数据表在弹出的"曲线文件"对话框中依次输入各点坐标，如图 6-21 所示，单击"确定"按钮，完成曲线绘制。

使用这种方法创建空间曲线，还可以使用外部点文件来创建。如图 6-22 所示的是提前做好的点数据记事本，其中依次是每个点坐标数据。在"曲线文件"对话框中单击"浏览"按钮导入点数据记事本，系统将点数据记事本中的数据导入到"曲线文件"对话框中，如图 6-23 所示，单击"确定"按钮得到如图 6-24 所示的曲线。

💡 **说明:** 在创建点数据记事本时一定要注意文件格式，可以先在"曲线文件"对话框中任意输入几个点坐标，然后单击"保存"按钮导出点数据，最后以记事本打开点数据文件进行编辑得到需要的点数据文件。

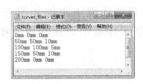

图 6-21　"曲线文件"对话框　　　图 6-22　点数据　　　图 6-23　导入点数据

（3）通过参考点的曲线

"通过参考点的曲线"就是直接选择空间多个参考点（可以是基准点、模型顶点等）创建空间曲线，创建的空间曲线通过每个选择的参考点。在"特征"选项卡中展开"曲线"菜单，单击"通过参考点的曲线"按钮 🔲，用于创建通过参考点的曲线。

如图 6-25 所示的艺术灯罩曲面，设计关键是首先要创建如图 6-26 所示的"灯罩曲线线框"，其中最重要的曲线是封闭的空间波浪曲线。创建的思路是首先创建如图 6-27 所示的参考曲线（两个平行面上的正多边形），然后使用"通过参考点的曲线"命令选择参考曲线上各个顶点创建如图 6-28 所示的封闭的空间波浪曲线，具体操作方法如下。

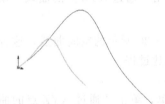

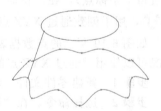

图 6-24　创建通过 XYZ 点的曲线　　　图 6-25　艺术灯罩曲面　　　图 6-26　灯罩曲线线框

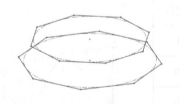
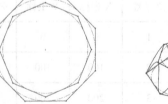

图 6-27　创建参考曲线　　　图 6-28　通过参考点的曲线

步骤1　打开练习文件 ch06 surface\6.2\ref_curves。

步骤2　选择命令。在"特征"选项卡中展开"曲线"菜单，单击"通过参考点的曲线"按钮 🔲，系统弹出如图 6-29 所示的"通过参考点的曲线"对话框。

步骤3 定义参考点。在对话框中选中"封闭曲线"选项表示要创建封闭的曲线，然后依次选择如图 6-30 所示的参考点，单击 ✓ 按钮完成曲线创建。

（4）交叉曲线（相交曲线）

使用交叉曲线创建两个相交对象的交线。如图 6-31 所示的多边形弹簧，创建多边形弹簧需要使用如图 6-32 所示的多边形螺旋线作为扫描轨迹创建扫描得到，而创建多边形螺旋线需要使用如图 6-33 所示的螺旋曲面与拉伸曲面通过相交得到，下面介绍具体操作方法。

图 6-29 定义参考点　　　　图 6-30 选择参考点　　　　图 6-31 多边形弹簧

步骤1 打开练习文件 ch06 surface\6.2\ref_curves。

步骤2 选择命令。选择下拉菜单"工具"→"草图工具"→"交叉曲线"命令，系统弹出如图 6-34 所示的"交叉曲线"对话框，用于创建交叉曲线。

图 6-32 多边形螺旋线　　　　　　图 6-33 螺旋曲面与拉伸曲面

步骤3 选择相交对象。在模型树中展开"曲面实体"节点，选择"圆角 1（多边形拉伸曲面）"和"曲面-扫描 1（螺旋扫描曲线）"为相交对象，系统创建两者相交曲线，如图 6-35 所示，单击 ✓ 按钮完成曲线创建。

> 💡 **说明：**选择相交对象时，如果希望选中整个曲面对象进行相交，一定不要直接使用鼠标在模型中选择，因为这样只能选择一部分曲面进行相交，在模型树中展开"曲面实体"节点可以快速准确地选择整个曲面对象。曲面设计中读者一定要注意这种选择技巧。

在 SOLIDWORKS 中创建的交叉曲线在模型树中显示为"3D 草图 1"特征，如图 6-36 所示，也就是说"交叉曲线"工具实际上属于一个 3D 草图工具。

（5）投影曲线

投影曲线用来将已有的草图按照一定的方式投射到曲面（或另一个草图）上得到一条曲面上的曲线或与草图混合的曲线。在"特征"选项卡中展开"曲线"菜单，单击"投影曲线"按钮 ⬜ ，用来创建投影曲线。SOLIDWORKS 投影曲线包括两种类型：一种是草图与曲面投影，另外一种是草图与草图投影，下面具体介绍这两种投影曲线的操作。

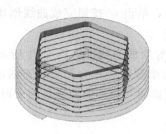

图 6-34　"交叉曲线"对话框　　　图 6-35　创建交叉曲线　　　图 6-36　交叉曲线特征

① 草图与曲面投影　草图与曲面投影就是将草图投影到曲面上得到面上曲线，如图 6-37 所示的草图与曲面，现在需要将草图投影到曲面上得到曲面上的曲线，如图 6-38 所示。

步骤 1　打开练习文件 ch06 surface\6.2\projection_curves_01。

步骤 2　选择命令。在"特征"选项卡中展开"曲线"菜单，单击"投影曲线"按钮 🔟 系统弹出"投影曲线"对话框，用于创建投影曲线。

步骤 3　定义投影曲线类型。在"投影曲线"对话框的"投影类型"区域选中"面上草图"选项，如图 6-39 所示，表示创建草图与曲面投影曲线。

步骤 4　选择投影对象。在模型上选择如图 6-37 所示的椭圆草图为投影对象，然后选择如图 6-37 所示的曲面为投影面对象，系统将选择的草图沿着与草图平面垂直的方向投影到曲面上，得到面上投影曲线，结果如图 6-40 所示。

图 6-37　草图与曲面　　　　　图 6-38　投影曲线　　　　　图 6-39　定义投影曲线

② 草图与草图投影　草图与草图投影就是将两个草图进行混合相交得到两者的相交曲线。如图 6-41 所示的护栏模型，设计的关键是模型中的三维扫描结构，创建这个三维扫描结构需要首先创建如图 6-42 所示的扫描轨迹曲线。

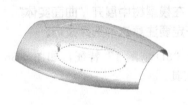

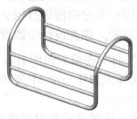

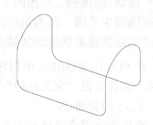

图 6-40　创建投影曲线　　　　图 6-41　护栏模型　　　　图 6-42　扫描轨迹曲线

为了得到这种空间扫描轨迹曲线，首先分析一下曲线，这种曲线我们可以从正交两个方向观察曲线特点，如图 6-43 所示，从图中前视方向观察，得到如图 6-43 所示的前视方向曲线效果，然后从侧视方向观察，得到如图 6-43 所示的侧视方向曲线效果，这种情况下，可以先在两个正交方向分别绘制两个方向的草图，如图 6-44 所示，然后使用草图与草图相交方式得到两者的相交曲线，下面介绍具体创建过程。

图 6-43　分析三维扫描轨迹曲线

步骤 1　打开练习文件 ch06 surface\6.2\projection_curves_02。

步骤 2　选择命令。在"特征"选项卡中展开"曲线"菜单，单击"投影曲线"按钮 ⬚，系统弹出"投影曲线"对话框，用于创建投影曲线。

步骤 3　定义投影曲线类型。在"投影曲线"对话框的"投影类型"区域选中"草图上草图"选项，如图 6-45 所示，表示创建草图与草图投影曲线。

步骤 4　选择投影对象。直接选择创建的两个相交草图，系统将选择的草图通过相交得到一条空间三维曲线，结果如图 6-46 所示。

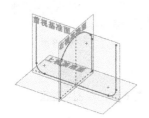　　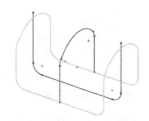

图 6-44　绘制相交草图　　图 6-45　定义草图与草图投影　　图 6-46　创建草图与草图投影

本例中草图与草图相交的本质其实还是曲面与曲面的相交，相当于使用正交两个方向的草图做曲面后，然后两个曲面相交得到相交曲线，如图 6-47 所示，这种情况我们首选还是草图与草图投影（相当于相交），因为这样不用做曲面，操作更高效，只有草图与草图相交解决不了的情况才会使用曲面与曲面相交。

图 6-47　曲面相交

（6）分割线

使用"分割线"命令就是使用曲线对曲面进行分割，在"特征"选项卡中展开"曲线"菜单，单击"分割线"按钮 ⬚，用来创建分割线。SOLIDWORKS 分割线包括三种类型：轮廓类型、投影类型及交叉点类型，下面具体介绍这三种分割线的操作。

① 轮廓分割　使用轮廓分割就是用基准面对选中曲面在基准面垂直方向进行分割，如图 6-48 所示的旋转曲面，需要在竖直方向上对曲面最大位置进行分割，如图 6-49 所示，便于以后对曲面进行分割着色，如图 6-50 所示。

步骤 1　打开练习文件 ch06 surface\6.2\split_curves_01。

步骤 2　选择命令。在"特征"选项卡中展开"曲线"菜单，单击"分割线"按钮 ⬚，系统弹出"分割线"对话框，用于创建分割线。

步骤 3　定义分割线类型。在"分割线"对话框的"分割类型"区域选中"轮廓"选

图 6-48　旋转曲面

图 6-49　轮廓分割

图 6-50　分割上色

项，如图 6-51 所示，表示创建轮廓分割线。

步骤 4　定义分割对象。在选择上视基准面为方向参考，选择旋转曲面为分割对象，如图 6-52 所示，系统沿着上视基准面垂直方向对曲面进行分割。

② 投影分割　使用投影分割就是将草图对象投影到曲面上进行分割。如图 6-53 所示的草图与曲面，需要将草图投影到曲面上对曲面进行分割，如图 6-54 所示，方便以后对曲面进行修剪或删除，如图 6-55 所示。

图 6-51　定义轮廓分割

图 6-52　定义分割对象

图 6-53　草图与曲面

步骤 1　打开练习文件 ch06 surface\6.2\split_curves_02。

步骤 2　选择命令。在"特征"选项卡中展开"曲线"菜单，单击"分割线"按钮 ，系统弹出"分割线"对话框，用于创建分割线。

步骤 3　定义分割线类型。在"分割线"对话框的"分割类型"区域选中"投影"选项，如图 6-56 所示，表示创建投影分割线。

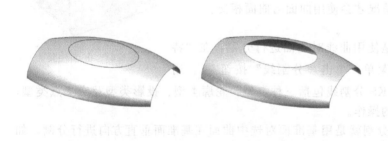

图 6-56　定义投影分割

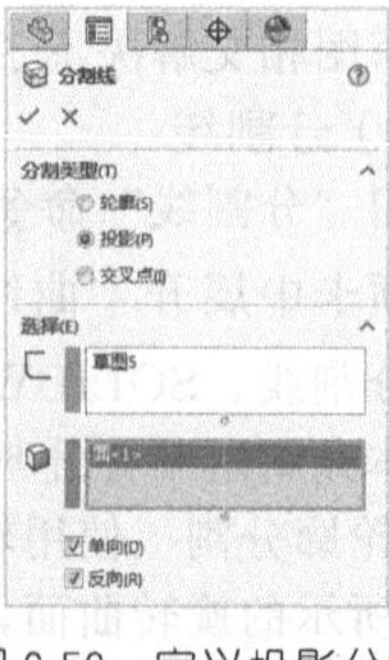

图 6-54　投影分割　　　　图 6-55　分割后删除面

步骤 4　定义分割对象。在模型上选择如图 6-53 所示的椭圆草图为草图对象，然后选择如图 6-53 所示的曲面为分割对象，系统将选择的草图沿着与草图平面垂直的方向投影到曲面上，然后对曲面进行分割，如图 6-57 所示，单击 按钮完成分割线。

③ 交叉点分割　使用交叉点分割就是用一个曲面对象对另外一个曲面进行分割。如

图 6-58 所示的交叉曲面，需要用竖直曲面对主体曲面进行分割，如图 6-59 所示。

图 6-57 定义分割对象

图 6-58 交叉曲面

图 6-59 交叉点分割

步骤 1 打开练习文件 ch06 surface\6.2\split_curves_03。

步骤 2 选择命令。在"特征"选项卡中展开"曲线"菜单，单击"分割线"按钮，系统弹出"分割线"对话框，用于创建分割线。

步骤 3 定义分割线类型。在"分割线"对话框的"分割类型"区域选中"交叉点"选项，如图 6-60 所示，表示创建交叉点分割线。

步骤 4 定义分割对象。在模型上选择如图 6-58 所示的竖直曲面为分割对象，然后选择如图 6-58 所示的主体曲面为要分割的对象（被分割对象），系统用竖直曲面对主体曲面进行分割，在"曲面分割选项"区域选择"自然"选项，单击 ✓ 按钮完成分割线。

在创建交叉点分割线时，如果分割面小于被分割面，此时要注意分割选项设置：

选择"自然"选项，系统将分割面沿着切线方向延伸后分割，如图 6-59 所示；

选择"线性"选项，系统将分割面沿着线性方向延伸后分割，如图 6-61 所示；

选择"分割所有"选项，系统将分割面沿着多个方向延伸后分割，如图 6-62 所示。

图 6-60 定义交叉点分割线

图 6-61 线性类型

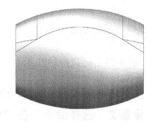

图 6-62 分割所有

（7）组合曲线

使用"组合曲线"命令就是将多条连续曲线组合成一条完整的曲线，在"特征"选项卡中展开"曲线"菜单，单击"组合曲线"按钮，用来创建组合曲线。

如图 6-63 所示的回形针模型，创建回形针模型的关键是创建如图 6-64 所示的扫描轨迹曲线，因为轨迹曲线中包括多段曲线构成（既有草图又有曲线），为了方便以后创建扫描特征，需要将这些曲线对象组合成一整条曲线，如图 6-65 所示。

图 6-63 回形针模型

图 6-64 扫描轨迹曲线

图 6-65 组合曲线

步骤 1　打开练习文件 ch06 surface\6.2\combination_curves。

步骤 2　选择命令。在"特征"选项卡中展开"曲线"菜单，单击"组合曲线"按钮 ⟋，系统弹出"组合曲线"对话框，用于创建组合曲线。

步骤 3　定义组合对象。在模型上选择如图 6-66 所示的三段曲线（两段草图和一段曲线），单击 ✔ 按钮完成组合曲线创建。

6.3　曲面设计工具

曲面设计重点还是各种曲面的设计。SOLIDWORKS 中提供了多种曲面设计工具，方便用户完成各种曲面的设计，下面具体介绍几种常用曲面设计工具。

6.3.1　拉伸曲面

"拉伸曲面"用于将二维草图沿着一定的方向拉伸出来形成一张曲面，创建方法类似于特征工具中的"拉伸凸台基体"及"拉伸切除"，只是最终结果不一样。在"曲面"选项卡中单击"拉伸曲面"按钮 ◆，用于创建拉伸曲面。

本章前面小节介绍过如图 6-67 所示的多边形弹簧的创建，创建的关键是如图 6-68 所示的多边形螺旋线，而在创建多边形螺旋线的过程中需要首先创建如图 6-69 所示的多边形曲面，这种曲面就可以使用拉伸曲面来创建。

图 6-66　定义组合曲线

图 6-67　多边形弹簧

图 6-68　多边形螺旋线

步骤 1　打开练习文件 ch06 surface\6.3\01\extrude_surface。

步骤 2　选择命令。在"曲面"选项卡中单击"拉伸曲面"按钮 ◆，系统弹出如图 6-70 所示的"曲面-拉伸"对话框，用于创建拉伸曲面。

步骤 3　创建拉伸曲面。选择上视基准面绘制如图 6-71 所示的拉伸截面草图，定义拉伸深度为 125，单击 ✔ 按钮完成拉伸曲面创建，如图 6-72 所示。

创建拉伸曲面时，在"曲面-拉伸"对话框中选中"封底"选项，系统在创建拉伸曲面

图 6-69　多边形拉伸曲面

图 6-70　"曲面-拉伸"对话框

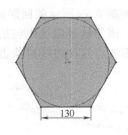

图 6-71　创建拉伸截面草图

的同时将拉伸终止端使用平整曲面封闭（只封闭一端），结果如图 6-73 所示。

图 6-72　创建拉伸曲面

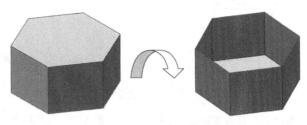

图 6-73　封底拉伸曲面

6.3.2　旋转曲面

"旋转曲面"用于将二维草图绕着轴旋转一定角度（默认 360°）形成一张回转曲面，创建方法类似于特征工具中的"旋转凸台"及"旋转切除"，只是最终结果不一样。在"曲面"选项卡中单击"旋转曲面"按钮 ，用于创建旋转曲面。

如图 6-74 所示的艺术灯罩曲面，在创建该灯罩曲面时需要首先创建如图 6-75 所示的主体曲面，因为该主体曲面是一个回转曲面，可以使用"旋转曲面"工具创建。

步骤 1　打开练习文件 ch06 surface\6.3\02\revolve_surface。

步骤 2　选择命令。在"曲面"选项卡中单击"旋转曲面"按钮 ，系统弹出如图 6-76 所示的"曲面-旋转"对话框，用于创建旋转曲面。

步骤 3　创建旋转曲面。选择前视基准面绘制如图 6-77 所示的旋转截面草图，定义旋转角度为默认的 360°，如图 6-76 所示，单击 按钮完成旋转曲面创建。

图 6-74　灯罩曲面

图 6-75　灯罩主体

图 6-76　"曲面-旋转"对话框

6.3.3　填充曲面

使用"填充曲面"可以将选中的连续封闭的边界使用曲面填补起来，实现曲面的封闭。在"曲面"选项卡中单击"填充曲面"按钮 ，用于创建填充曲面。创建填充曲面的关键是选择封闭的填充边界，填充边界可以是封闭草图或已有的曲面边界。另外，在创建填充曲面时还可以根据设计需要设置填充曲面与已有曲面之间的约束关系。

如图 6-78 所示的飞机曲面模型，在创建如图 6-79 所示的机头曲面时，对于机头部分的圆头结构，一般是首先创建如图 6-80 所示的主体曲面，最后创建圆头结构，这种情况就可以直接使用填充曲面来创建。

步骤 1　打开练习文件 ch06 surface\6.3\03\fill_surface。

步骤 2　选择命令。在"曲面"选项卡中单击"填充曲面"按钮 ，系统弹出如图 6-81 所示的"填充"对话框，用于创建填充曲面。

步骤 3　定义填充曲面（相触填充）。在模型上选择如图 6-82 所示的填充边界，在对话框

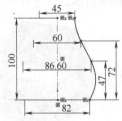

图 6-77　创建旋转截面草图

图 6-78　飞机曲面模型

图 6-79　机头曲面

"交替面"按钮下方的下拉列表中设置边界条件，此处选择默认的"相触"选项，表示填充曲面与已有的曲面之间为一般接触条件，结果如图 6-83 所示，相触填充曲面效果如图 6-84 所示（这种效果不符合机头曲面设计要求）。

步骤 4　定义填充曲面（相切填充）。选择填充边界后，在对话框"交替面"按钮下方的下拉列表中选择"相切"选项，如图 6-85 所示，表示填充曲面与已有的曲面之间为相切条件，如图 6-86 所示，此时系统弹出如图 6-87 所示的"SOLIDWORKS"对话框，直接单击"确定"按钮，结果如图 6-88 所示，相切填充曲面效果如图 6-89 所示。

图 6-80　机头主体曲面

图 6-81　定义填充曲面

图 6-82　定义填充边界

图 6-83　接触填充曲面

图 6-84　接触填充效果

图 6-85　设置约束条件

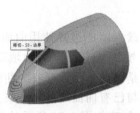

图 6-86　定义约束条件

图 6-87　"SOLIDWORKS"对话框

图 6-88　相切填充曲面

图 6-89　相切填充效果

在创建填充曲面是，在对话框中的"选项"区域选中"合并结果"选项，表示将创建的填充曲面与已有的曲面合并成一个整体曲面，读者可自行操作，此处不再赘述。

6.3.4　平面区域

"平面区域"可以将选中的连续封闭的边界（必须共面）使用曲面填补起来。在"曲面"选项卡中单击"平面区域"按钮▣，用于创建平面区域。创建平面区域的关键是选择封闭的平面边界，平面边界可以是封闭草图或已有曲面边界。

如图 6-90 所示的艺术灯罩曲面模型，现在需要创建如图 6-91 所示的封闭底面，因为底面边界是共面的，这种情况下可以使用平面区域来创建。

步骤 1　打开练习文件 ch06 surface\6.3\04\plate_surface。

步骤 2　选择命令。在"曲面"选项卡中单击"平面区域"按钮▣，系统弹出如图 6-92 所示的"平面"对话框，用于创建平面区域。

步骤 3　定义平面区域。在模型上选择如图 6-93 所示的曲面边界，系统在选择的边界上创建平面区域，单击✔按钮完成平面区域创建，结果如图 6-91 所示。

图 6-90　艺术灯罩曲面

图 6-91　封闭底面

图 6-92　"平面"对话框

6.3.5　扫描曲面

"扫描曲面"用于将轮廓草图沿着一条路径曲线扫掠形成曲面，创建方法类似于特征工具中的"扫描凸台"及"扫描切除"，只是最终结果不一样。在"曲面"选项卡中单击"扫描曲面"按钮🐛，用于创建扫描曲面。

（1）一般扫描曲面

本章前面小节介绍过如图 6-94 所示的多边形弹簧的创建，创建的关键是如图 6-95 所示的多边形螺旋线，而在创建多边形螺旋线的过程中需要首先创建如图 6-96 所示的螺旋扫描曲面。这种曲面就可以使用扫描曲面来创建，创建扫描曲面需要准备扫描轮廓与路径，如图 6-97 所示，其中直线为扫描轮廓，螺旋曲线为扫描路径。

图 6-93　定义平面区域

图 6-94　多边形弹簧

图 6-95　多边形螺旋线

步骤 1　打开练习文件 ch06 surface\6.3\05\sweep_surface01。

步骤 2　选择命令。在"曲面"选项卡中单击"扫描曲面"按钮🐛，系统弹出如

图 6-98 所示的"曲面-扫描"对话框，用于创建扫描曲面。

步骤 3 定义扫描曲面。在模型上选择如图 6-97 所示的直线为扫描轮廓，选择螺旋曲线为扫描路径，如图 6-99 所示，单击 ✓ 按钮完成扫描曲面创建。

图 6-96 螺旋曲面

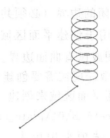
图 6-97 扫描轮廓与路径

图 6-98 "曲面-扫描"对话框

（2）引导线扫描曲面

一般情况下创建扫描曲面需要有一条轮廓曲线与一条路径曲线，如果需要创建更为复杂的扫描曲面，还可以使用引导线创建扫描曲面，此时扫描曲面同时受到路径曲线与引导曲线的控制。如图 6-100 所示的手柄曲面，创建该手柄曲面需要使用如图 6-101 所示的曲线线框，下面以此为例介绍引导线扫描曲面的创建过程。

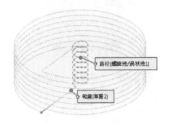
图 6-99 定义扫描曲面

图 6-100 手柄曲面

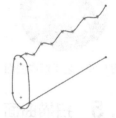
图 6-101 螺旋曲面

步骤 1 打开练习文件 ch06 surface\6.3\05\sweep_surface02。

步骤 2 选择命令。在"曲面"选项卡中单击"扫描曲面"按钮 🐛，系统弹出"曲面-扫描"对话框，用于创建扫描曲面。

步骤 3 定义扫描曲面。在模型上选择如图 6-101 所示的封闭曲线为扫描轮廓，选择直线为扫描路径，如图 6-102 所示，此时的扫描曲面不符合设计要求，需要继续添加如图 6-101 所示的波浪线为引导线对扫描曲面进行进一步控制。在"曲面-扫描"对话框中展开"引导线"区域，如图 6-103 所示，选择波浪线为引导线，结果如图 6-104 所示。

图 6-102 定义轮廓与路径

图 6-103 定义引导线

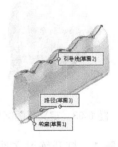
图 6-104 选择引导线

使用引导线创建扫描曲面时可以使用多条引导线。如图 6-105 所示的曲面模型，该曲面模型是使用如图 6-106 所示的曲线线框创建的，在创建扫描曲面时选择如图 6-107 所示的轮廓曲线、路径曲线及两条引导曲线，读者打开练习文件：ch06 surface\6.3\05\sweep_surface03 自行练习，此处不再赘述。

图 6-105　曲面模型

图 6-106　曲线线框

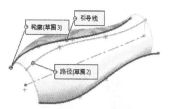

图 6-107　定义扫描曲面

（3）扫描曲面选项控制

在创建扫描曲面时一定要注意选项控制，特别是选择引导线后，不同的选项控制将得到不同的曲面效果。如图 6-108 所示的曲面模型，创建该曲面模型需要使用如图 6-109 所示的曲线线框，下面以此为例介绍创建扫描曲面过程中的选项控制。

图 6-108　曲面模型

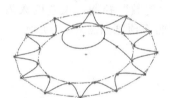

图 6-109　曲线线框

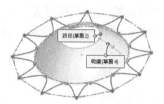

图 6-110　选择轮廓与路径

步骤 1　打开练习文件 ch06 surface\6.3\05\sweep_surface04。

步骤 2　选择命令。在"曲面"选项卡中单击"扫描曲面"按钮 🖋，系统弹出"曲面-扫描"对话框，用于创建扫描曲面。

步骤 3　定义扫描曲面。在模型上选择如图 6-109 所示的圆弧曲线为扫描轮廓，选择圆为扫描路径，如图 6-110 所示，此时的扫描曲面不符合设计要求，需要继续添加如图 6-111 所示的波浪线为引导线对扫描曲面进行进一步控制，结果如图 6-112 所示。

此时得到的扫描曲面结果仍然不符合曲面设计要求，需要对曲面进行进一步控制，在"曲面-扫描"对话框中展开"选项"区域，如图 6-113 所示，在"轮廓方位"下拉列表中选择"随路径变化"选项，在"轮廓扭转"下拉列表中选择"随路径和第一引导线变化"选项，此时曲面预览结果如图 6-114 所示，最终曲面结果如图 6-115 所示。

（4）扫描曲面扭转控制

在创建扫描曲面时灵活使用扭转控制将得到更为特殊的曲面效果。如图 6-116 所示的曲面模型，该曲面类似于螺旋扫描曲面，像这种曲面如果使用螺旋扫描方法创建比较麻烦，需要单独创建螺旋线，如果使用扫描曲面中的扭转控制将很容易得到，此时只需要创建如图 6-117 所示的曲线线框，下面介绍具体操作方法。

步骤 1　打开练习文件 ch06 surface\6.3\05\sweep_surface05。

步骤 2　选择命令。在"曲面"选项卡中单击"扫描曲面"按钮 🖋，系统弹出"曲面-扫描"对话框，用于创建扫描曲面。

步骤 3　定义扫描曲面。在模型上选择如图 6-117 所示的水平直线为扫描轮廓，选择竖直直线为扫描路径，如图 6-118 所示，此时的扫描曲面不符合设计要求，需要对曲面进行控

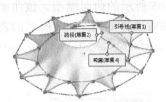

图 6-111 定义扫描曲面

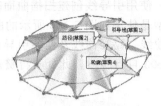

图 6-114 定义扫描曲面

图 6-112 扫描曲面结果

图 6-113 定义选项控制

图 6-115 扫描曲面结果

制，在"曲面-扫描"对话框中的"轮廓扭转"下拉列表中选择"指定扭转值"选项，然后在"扭转控制"下拉列表中选择"度数"控制，设置度数为 1080（相当于绕着扫描路径扭转 3 圈），如图 6-119 所示，此时曲面预览如图 6-120 所示。

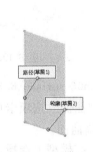

图 6-116 曲面模型　　　图 6-117 曲线线框　　　图 6-118 选择轮廓与路径　　　图 6-119 定义扭转控制

（5）扫描曲面应用实例

如图 6-121 所示的管道模型，注意管道模型上的缠绕管道效果，现在已经完成了如图 6-122 所示的空间曲线及轮廓曲线的创建，需要继续创建剩余结构。

步骤 1　打开练习文件 ch06 surface\6.3\05\sweep_surface06。

步骤 2　选择命令。在"曲面"选项卡中单击"扫描曲面"按钮 ，系统弹出"曲面-扫描"对话框，用于创建扫描曲面。

步骤 3　定义扫描曲面。在模型上选择如图 6-122 所示的样条曲线为扫描轮廓，选择空间曲线为扫描路径，如图 6-123 所示，在"曲面-扫描"对话框中设置扭转控制参数如图 6-124 所示，此时曲面预览如图 6-125 所示，得到的最终曲面结果如图 6-126 所示，该曲面作为后面结构设计的关键，也是该管道模型设计的关键。

步骤 4　创建主管道扫描。在"特征"选项卡中选择"扫描凸台"命令，选择如图 6-122 所示的空间曲线为路径，具体设置如图 6-127 所示的（注意薄壁选项控制），得到如图 6-128 所示的薄壁扫描结构。

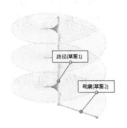

图 6-120　扫描曲面预览

图 6-121　管道模型

图 6-122　空间曲线

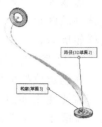

图 6-123　选择轮廓与路径

步骤 5　创建缠绕管道扫描。在"特征"选项卡中选择"扫描凸台"命令，选择扫描曲面的边线为扫描路径，具体设置如图 6-129 所示的，得到如图 6-130 所示扫描结构。

图 6-124　定义扭转控制

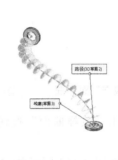

图 6-125　扫描曲面预览

图 6-126　扫描曲面结果

图 6-127　定义扫描参数

6.3.6　放样曲面

"放样曲面"用于将一个方向的多条曲线沿顶点连线进行混合形成曲面，创建方法类似于特征工具中的"放样凸台"及"放样切除"，只是最终结果不一样。在"曲面"选项卡中单击"放样曲面"按钮 🔽，用于创建放样曲面。

（1）一般放样曲面

如图 6-131 所示的曲面模型，曲面模型上面小，下面大，开口轮廓都是类似的，像这种类型的曲面就可以使用放样曲面来创建，在创建的时候只需要准备如图 6-132 所示的曲面上口及下口两个截面草图即可，下面以此为例介绍放样曲面的创建。

图 6-128　薄壁扫描

图 6-129　定义扫描

图 6-130　缠绕扫描

图 6-131　曲面模型

步骤 1　打开练习文件 ch06 surface\6.3\06\loft_surface01。

步骤 2　选择命令。在"曲面"选项卡中单击"放样曲面"按钮 🔽，系统弹出如图 6-133 所示的"曲面-放样"对话框，用于创建放样曲面。

步骤 3 定义放样曲面。在模型上依次选择如图 6-132 所示的两个截面草图为放样轮廓，在选择轮廓草图时要注意鼠标选择的位置要对应，具体要求与"放样凸台"是一样的，选择放样轮廓后，系统在两轮廓之间生成放样曲面，如图 6-134 所示。

（2）使用点创建放样曲面

在创建放样曲面时，放样轮廓既可以是曲线也可以是点，如图 6-135 所示的五角星曲面，需要使用如图 6-136 所示的点和曲线来创建。

步骤 1 打开练习文件 ch06 surface\6.3\06\loft_surface02。

图 6-132　曲线线框　　　　　图 6-133　"曲面-放样"对话框　　　　　图 6-134　定义曲面放样

步骤 2 选择命令。在"曲面"选项卡中单击"放样曲面"按钮，系统弹出"曲面-放样"对话框，用于创建放样曲面。

步骤 3 选择放样轮廓。在模型上依次选择如图 6-136 所示的点和曲线为放样轮廓，如图 6-137 所示，系统根据选择的点和曲线创建五角星放样曲面。

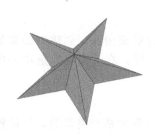 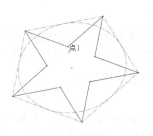 

图 6-135　五角星曲面　　　　　图 6-136　点和曲线　　　　　图 6-137　定义放样曲面

（3）引导线放样曲面

在曲面设计中为了创建更为复杂的曲面效果，同时也为了对曲面进行更为精确的控制，在创建放样曲面时还可以添加引导线，如图 6-138 所示的曲面模型，创建该曲面需要使用如图 6-139 所示的曲线线框，下面以此为例介绍放样曲面中引导线的使用。

步骤 1 打开练习文件 ch06 surface\6.3\06\loft_surface03。

步骤 2 选择命令。在"曲面"选项卡中单击"放样曲面"按钮，系统弹出"曲面-放样"对话框，用于创建放样曲面。

步骤 3 选择放样轮廓。在模型上依次选择如图 6-140 所示的三条截面曲线作为放样轮廓，曲面效果如图 6-140 所示，此时曲面只受到三条放样轮廓的控制。

步骤 4 定义引导线。在"曲面-放样"对话框中展开"引导线"区域，如图 6-141 所示，在模型上选择如图 6-139 所示线框中的两条轮廓曲线为引导线，曲面效果如图 6-142 所

图 6-138　曲面模型

图 6-139　曲线线框

图 6-140　选择放样轮廓

示，此时曲面不仅受到放样轮廓的控制，同时还受到引导线的控制。

> **注意：** 在选择两条引导曲线时，这两条引导曲线是在一个草图中绘制的（属于一个整体），但是此处在选择两条引导曲线时需要分开选择，因此这种情况下需要在引导线选择框中右键使用"SelectionManager"工具分开选择。

（4）中心线放样曲面

在创建放样曲面时还可以使用中心线对曲面进行控制，如图 6-143 所示的曲面模型，需要使用如图 6-144 所示的线框来创建，下面以此为例介绍中心线放样曲面创建。

图 6-141　"曲面-放样"对话框

图 6-142　定义引导线　　图 6-143　曲面模型

步骤 1　打开练习文件 ch06 surface\6.3\06\loft_surface04。

步骤 2　选择命令。在"曲面"选项卡中单击"放样曲面"按钮 🔻，系统弹出"曲面-放样"对话框，用于创建放样曲面。

步骤 3　选择放样轮廓。在模型上依次选择如图 6-145 所示的三条圆弧曲线作为放样轮廓，曲面效果如图 6-145 所示，此时曲面只受到三条放样轮廓的控制。

步骤 4　定义中心线。在"曲面-放样"对话框中展开"中心线参数"区域，如图 6-146

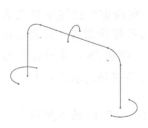

图 6-144　曲线线框

图 6-145　选择放样轮廓

图 6-146　定义中心线

所示，在模型上选择如图 6-144 所示线框中的"门形曲线"为中心线，曲面效果如图 6-147 所示，此时曲面不仅受到放样轮廓的控制，同时还受到中心线的控制。

> 💡 **注意：放样曲面中的中心线与引导线的区别，中心线不用与放样轮廓连接，引导线必须与放样轮廓连接，用户在创建放样曲面曲线线框时一定要注意。**

（5）放样曲面约束处理

在创建放样曲面时，如果曲面边界与其他曲面存在连接关系，可以定义放样曲面边界与其他曲面之间的约束关系。如图 6-148 所示的曲面模型，现在需要在中间创建放样曲面连接两边的曲面，得到完整的曲面效果，下面以此为例介绍放样曲面约束处理。

步骤 1 打开练习文件 ch06 surface\6.3\06\loft_surface05。

步骤 2 选择命令。在"曲面"选项卡中单击"放样曲面"按钮 🐾，系统弹出"曲面-放样"对话框，用于创建放样曲面。

步骤 3 选择放样轮廓。在模型上选择如图 6-149 所示的两条圆弧边线作为放样轮廓，选择放样轮廓后，在对话框中的"起始/结束约束"区域下拉列表中分别设置起始放样轮廓及结束放样轮廓与连接曲面之间的约束条件。

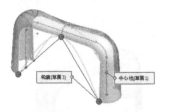

图 6-147　选择中心线结果

图 6-148　曲面模型

图 6-149　选择放样轮廓

步骤 4 定义"无"约束。在对话框中的"起始/结束约束"区域下拉列表中选择"无"选项，如图 6-150 所示，表示设置放样曲面与连接曲面之间为"自然连接"，曲面结果如图 6-151 所示，为了检测曲面约束条件，在"评估"选项卡中单击"斑马条纹"按钮 📰，此时显示如图 6-152 所示斑马条纹结果，"无"约束的条纹是完全断开的。

图 6-150　设置"无"约束

图 6-151　曲面结果

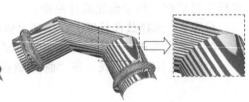

图 6-152　"无"约束条纹

步骤 5 定义"垂直于轮廓"约束。在对话框中的"起始/结束约束"区域下拉列表中选择"垂直于轮廓"选项，如图 6-153 所示，表示设置放样曲面与放样轮廓为"垂直连接"，曲面结果如图 6-154 所示，在"评估"选项卡中单击"斑马条纹"按钮 📰，此时在模型上显示如图 6-155 所示的斑马条纹结果，"垂直于轮廓"约束的斑马条纹是连续的，但是黑白条纹没有相切。

步骤 6 定义"与面相切"约束。在对话框中的"起始/结束约束"区域下拉列表中选择"与面相切"选项，表示设置放样曲面与连接曲面是相切连接的，曲面结果与"垂直于轮廓"结果类似，此时斑马条纹如图 6-156 所示。

步骤 7 定义"与面的曲率"约束。在对话框中的"起始/结束约束"区域下拉列表中选择"与面的曲率"选项，表示设置放样曲面与连接曲面是曲率连接的，曲面连接质量比"相切"条件更高，此时斑马条纹如图 6-157 所示。

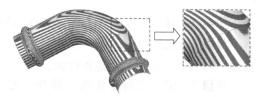

图 6-153 设置约束条件　　　图 6-154 曲面结果　　　图 6-155 "垂直于轮廓"约束条件

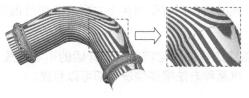
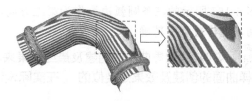

图 6-156 "与面相切"约束条件　　　　　　　图 6-157 "与面的曲率"约束条件

创建放样曲面时，如果选择了引导线，还可以设置引导线约束条件。如图 6-158 所示的曲面模型，需要创建如图 6-159 所示的修补曲面，选择放样轮廓及引导线后，在"放样-曲面"对话框中展开"引导线"区域，在引导线下拉列表中设置约束条件，如图 6-160 所示，最后使用"斑马条纹"工具检测约束结果，如图 6-161 所示，读者打开练习文件：ch06 surface\6.3\05\loft_surface06 练习，此处不再赘述。

图 6-158 曲面模型　　　图 6-159 创建修补曲面　　　图 6-160 设置引导线约束

6.3.7 边界曲面

"边界曲面"用于将最多两个方向的多条曲线进行混合形成曲面，创建方法类似于特征工具中的"边界凸台"及"边界切除"，只是最终结果不一样。在"曲面"选项卡中单击"边界曲面"按钮 ，用于创建边界曲面。

（1）一般边界曲面

如图 6-162 所示的曲面模型，需要使用如图 6-163 所示的曲线线框创建曲面，曲线线框中五条曲线可以看成是两个方向的曲线组，一个方向是两条小圆弧曲线，另外一个方向是三条大圆弧曲线，下面以此为例介绍边界曲面的创建。

图 6-161 查看斑马条纹

图 6-162 曲面模型

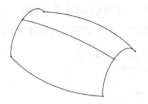
图 6-163 曲线线框

步骤 1 打开练习文件：ch06 surface\6.3\07\boundary_surface01。

步骤 2 选择命令。在"曲面"选项卡中单击"边界曲面"按钮 ，系统弹出"边界-曲面"对话框，用于创建边界曲面。

步骤 3 定义方向 1 曲线。展开"方向 1"区域，如图 6-164 所示，在模型上选择如图 6-165 所示的两条圆弧边线作为第一方向曲线，此时曲面只受到这两条曲线的控制。

步骤 4 定义方向 2 曲线。展开"方向 2"区域，如图 6-166 所示，在模型上选择如图 6-167 所示的三条圆弧边线作为第二方向曲线，此时曲面同时受到两个方向五条曲线的控制，这样造型更精确。

> 💡 **说明：**从边界曲面的创建及最终结果来看，创建边界曲面与前面小节介绍的引导线放样曲面的创建及效果是类似的，在实际设计中，这两种方法很多情况下都可以互换。

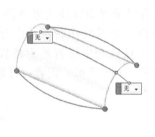

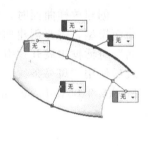

图 6-164 定义"方向 1" 图 6-165 选择方向 1 曲线 图 6-166 定义"方向 2" 图 6-167 选择方向 2 曲线
区域 区域

（2）边界曲面线框要求

创建边界曲面的关键是首先做好相应的曲线线框，不是所有的曲线线框都能创建边界曲面，创建曲线线框时一定要注意线框要求，包括以下几点：

① 多个方向的曲线线框在连接位置不能断开，如图 6-168 所示；

② 线框中的中间曲线不能同时与两个方向的边界曲线相交，如图 6-169 所示；

③ 两个方向的边界曲线不能相切，如图 6-170 所示。

（3）边界曲面约束处理

在创建边界混合曲面时，如果在曲面边界有已经存在的曲面，需要设置边界曲面与这些曲面的连接关系（约束条件）。如图 6-171 所示的曲面模型，需要创建如图 6-172 所示的修补曲面，同时需要约束修补曲面与已有的曲面相切连接，下面介绍具体操作方法。

步骤 1 打开练习文件：ch06 surface\6.3\07\boundary_surface02。

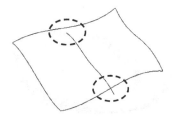

图 6-168 曲线断开不连接

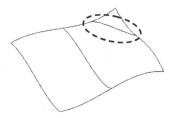

图 6-169 错误的中间曲线

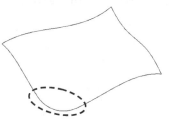

图 6-170 曲线线框相切

步骤 2 选择命令。在"曲面"选项卡中单击"边界曲面"按钮 ，系统弹出"边界-曲面"对话框，用于创建边界曲面。

步骤 3 定义方向 1 曲线。展开方向 1 区域，在模型上依次选择如图 6-173 所示的边线及曲线作为第一方向曲线，在方向 1 首尾两条边界标签中设置约束条件为"与面相切"，表示边界面在首尾位置与已有曲面是相切连接的，如图 6-174 所示。

图 6-171 曲面模型

图 6-172 创建修补曲面

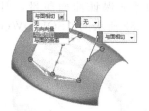

图 6-173 定义方向 1 约束

步骤 4 定义方向 2 曲线。展开方向 2 区域，在模型上依次选择如图 6-175 所示的两条边线作为第二方向曲线，在方向 2 首尾两条边界标签中设置约束条件为"与面相切"，表示边界面在首尾位置与已有曲面是相切连接的，如图 6-176 所示。

图 6-174 定义方向 1 曲线

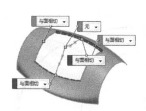

图 6-175 定义方向 2 约束

图 6-176 定义方向 2 曲线

（4）曲面约束必要条件

边界混合曲面设计中通过添加合适的约束条件能够有效提高曲面质量，满足曲面设计要求，但是一定要特别注意的是，在添加曲面边界条件前一定要保证约束的必要条件，否则无法准确添加约束条件，最终无法保证曲面设计质量。

如图 6-177 所示的曲线线框，首先需要根据该曲线线框创建如图 6-178 所示的八分之一曲面，然后使用镜像命令得到如图 6-179 所示的完整曲面，同时保证曲面光顺要求，下面以此为例介绍曲面约束必要条件设置。

步骤 1 打开练习文件：ch06 surface\6.3\07\boundary_surface03。

步骤 2 选择命令。在"曲面"选项卡中单击"边界曲面"按钮 ，系统弹出"边界-

曲面"对话框，用于创建边界曲面。

图 6-177　曲线线框

图 6-178　八分之一曲面

图 6-179　完整曲面

步骤 3　创建初步曲面。根据以上思路直接创建边界曲面并镜向，得到的初步曲面如图 6-180 所示，此时曲面表面都是自然连接，表面质量极差，不符合曲面设计要求，需要对曲面进行改进，保证曲面质量如图 6-179 所示。

步骤 4　添加边界约束。为了保证曲面质量，在创建边界曲面时需要添加边界约束条件。对于本例的设计，需要在四条边界上添加四个"垂直于轮廓"约束，将来沿着各边界镜像时才能保证曲面质量，但是此处在添加如图 6-181 所示的约束条件时，系统弹出如图 6-182 所示的"SOLIDWORKS"对话框，提示无法满足约束要求。

图 6-180　初步曲面

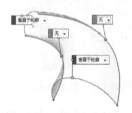

图 6-181　添加约束

图 6-182　"SOLIDWORKS"对话框

步骤 5　改进曲线线框。无法添加边界约束的主要原因是曲线线框不满足约束要求，此时轮廓曲线如图 6-183 所示，需要约束每条曲线两端垂直于水平轴线及竖直轴线，如图 6-184 所示，同时还需要约束两个截面圆弧为半圆，如图 6-185 所示，改进后的曲线线框如图 6-186 所示。

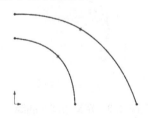

图 6-183　轮廓曲线

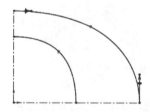

图 6-184　改进轮廓曲线

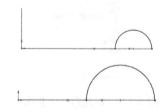

图 6-185　改进截面曲线

步骤 6　创建边界曲面。完成曲线改进后再去创建边界曲面，此时可以顺利添加需要的边界约束，如图 6-187 所示，为了保证曲面整体质量，注意在添加边界约束时灵活设置相切感应值，否则整体曲面造型会受到影响，如图 6-188 所示。

6.4　曲面编辑操作

曲面设计中，一般是先创建初步曲面，然后对曲面进行适当的编辑操作，得到最终需要的曲面，这也是曲面设计的大概思路，下面具体介绍常用曲面编辑操作。

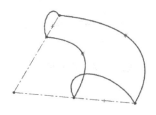

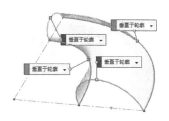

图 6-186　改进后的曲线线框　　　　图 6-187　添加约束　　　　图 6-188　设置相切感应值

6.4.1　等距曲面

"等距曲面"就是将选中的曲面沿着与曲面垂直的方向偏移一定的距离得到新的曲面。在"曲面"选项卡中单击"等距曲面"按钮 ⧉，创建等距曲面，下面以如图 6-189 所示的曲面模型为例介绍等距曲面操作过程。

步骤 1　打开练习文件：ch06 surface\6.4\01\offset_surface01。

步骤 2　选择单一曲面等距。在"曲面"选项卡中单击"等距曲面"按钮 ⧉，系统弹出如图 6-190 所示的"等距曲面"对话框，使用鼠标直接在模型上单击选择如图 6-191 所示的单一曲面，系统将对单一面进行偏移，结果如图 6-192 所示。

图 6-189　曲面模型　　　　图 6-190　"等距曲面"对话框　　　　图 6-191　选择单一曲面

步骤 3　选择完整曲面等距。如果需要选择整个曲面进行偏移，需要在模型树中展开"曲面实体"节点，然后选择"曲面-拉伸 1"对象，系统将对整个曲面进行偏移，如图 6-193 所示，最终等距结果如图 6-194 所示。

图 6-192　等距曲面结果　　　　图 6-193　选择完整曲面　　　　图 6-194　等距曲面结果

使用等距曲面既可以对曲面进行偏移，又可以对实体表面进行偏移，操作方法是完全一样的。另外，在选择面进行等距偏移时，如果设置等距距离为 0，表示将曲面对象原位复制得到曲面副本。如图 6-195 所示的壳体模型，选择如图 6-196 所示的实体表面为等距对象，设置等距距离为 0，此时"等距曲面"对话框变为如图 6-197 所示的"复制曲面"对话框，相当于将曲面对象原位复制得到选中对象副本。

图 6-195　壳体零件模型　　　图 6-196　选择等距对象　　　图 6-197　复制曲面

6.4.2　延伸曲面

"延伸曲面"可以将曲面的边界按照一定的方式进行扩大。在"曲面"选项卡中单击"延伸曲面"按钮，创建延伸曲面。下面以如图 6-198 所示的曲面模型为例介绍延伸曲面操作过程。

步骤 1　打开练习文件：ch06 surface\6.4\02\extend_surface。

步骤 2　定义延伸曲面。在"曲面"选项卡中单击"延伸曲面"按钮，系统弹出如图 6-199 所示的"延伸曲面"对话框，选择如图 6-200 所示的曲面边线为延伸对象，在对话框中选中"距离"选项，表示将曲面边界按照给定距离延伸，设置延伸距离为 15，在"延伸类型"区域选中"同一曲面"选项（该选项为系统默认选项），表示延伸前后曲面显示为同一个曲面，结果如图 6-201 所示。

图 6-198　曲面模型　　　图 6-199　"延伸曲面"对话框　　　图 6-200　定义延伸曲面

在创建延伸曲面时，如果在"延伸曲面"对话框中的"延伸类型"区域选中"线性"选项，表示将曲面沿着曲面边线自然延伸，延伸前后曲面显示为两个曲面，结果如图 6-202 所示。另外，在"延伸曲面"对话框中的"终止条件"区域设置延伸曲面方式，如图 6-203 所示，选中"成形到某一点"选项表示将曲面延伸到与某一点对齐；选中"成形到某一面"选项表示将曲面延伸到与某一面对齐，如图 6-204 所示。

图 6-201　同一曲面延伸　　图 6-202　线性曲面延伸　　图 6-203　定义终止条件　　图 6-204　延伸到基准面

6.4.3　删除面

使用"删除面"可以将曲面或实体中的部分面直接删除。在删除实体面时，一定要注意删除的选项设置，选项不同，得到的结果也会不同。在"曲面"选项卡中单击"删除面"按钮，创建删除面。

（1）删除曲面中的面

如图 6-205 所示的曲面模型，下面以此为例介绍删除曲面中的面的操作方法。

步骤 1 打开练习文件：ch06 surface\6.4\03\delete_face01。

步骤 2 定义删除面。在"曲面"选项卡中单击"删除面"按钮，系统弹出如图 6-206 所示的"删除面"对话框，选择如图 6-207 所示要删除的面，在对话框"选项"区域选中"删除"选项，表示直接删除选中的面，单击 ✓ 按钮，结果如图 6-208 所示。

创建删除面时一定要注意正确选择要删除的面，本例中如果选择如图 6-209 所示的面为要删除的面，此时将得到如图 6-210 所示的删除面结果。

图 6-205 曲面模型

图 6-206 定义删除面

图 6-207 选择要删除的面

图 6-208 删除面结果（一）

图 6-209 选择要删除的面

图 6-210 删除面结果（二）

（2）删除实体中的面

如图 6-211 所示的模板零件，下面以此为例介绍删除实体中的面操作。

步骤 1 打开练习文件：ch06 surface\6.4\03\delete_face02。

步骤 2 定义删除面。在"曲面"选项卡中单击"删除面"按钮，系统弹出"删除面"对话框，选择如图 6-212 所示要删除的面，在对话框"选项"区域选中"删除"选项，表示直接删除选中的面，单击 ✓ 按钮，结果如图 6-213 所示。

图 6-211 模板零件

图 6-212 选择删除面

在删除实体面时，如果在"删除面"对话框的"选项"区域选择"删除"选项，系统将选中的实体面直接删除，同时将实体内部全部掏空，得到实体零件的外表面，如图 6-213 所示；如果在"删除面"对话框的"选项"区域选择"删除并修补"选项，如图 6-214 所示，系统只是从实体模型中删除选中的面，结果如图 6-215 所示。

图 6-213　删除面结果　　　　图 6-214　定义删除面　　　　图 6-215　删除并修补结果

6.4.4　剪裁曲面

"剪裁曲面"用来修剪曲面中多余的曲面。在"曲面"选项卡中单击"剪裁曲面"按钮 ，用来创建剪裁曲面。在 SOLIDWORKS 中创建的剪裁曲面包括两种类型：一种是标准剪裁；另一种是相互剪裁。下面具体介绍这两种剪裁曲面的操作。

如图 6-216 所示的灯罩曲面模型，现在已经完成了如图 6-217 所示结构的创建，需要修剪曲面中多余结构得到最终需要的灯罩曲面，下面以此为例介绍剪裁曲面操作。

（1）标准剪裁

标准剪裁就是使用一个剪裁工具（基准面或曲面）对曲面进行修剪。如图 6-218 所示的灯罩曲面侧视效果，为了将圆周方向上五个扫描曲面的上部与下部多余曲面修剪掉得到如图 6-219 所示的剪裁结果，现在已经创建了如图 6-220 所示的两个基准面，接下来使用这两个基准面对这些扫描曲面进行剪裁。

图 6-216　灯罩曲面　　图 6-217　已完成结构　　图 6-218　曲面侧视效果　　图 6-219　剪裁曲面结果

步骤 1　打开练习文件：ch06 surface\6.4\04\trim_surface01。

步骤 2　定义标准剪裁。在"曲面"选项卡中单击"剪裁曲面"按钮 ，系统弹出"剪裁曲面"对话框，在对话框的"剪裁类型"区域选中"标准"选项，如图 6-221 所示，表示进行标准剪裁，选择"基准面 1"为剪裁工具，选中"保留选择"选项，表示在模型中通过选择保留部分对曲面进行剪裁，在 5 个扫描曲面上需要保留的位置（基准面 1 以下的部分）单击，表示将单击部分（基准面 1 以下的部分）保留下来，如图 6-222 所示，单击 按钮，结果如图 6-223 所示。

完成以上标准剪裁后，接下来使用相同的方法选择"上视基准面"对 5 个扫描曲面进行剪裁，将"上视基准面"下部曲面剪裁掉，结果如图 6-224 所示。

（2）相互剪裁

相互剪裁就是通过多个曲面对对象进行剪裁。下面接着使用上一小节模型为例介绍相互剪裁操作，需要对灯罩模型中的旋转曲面及剪裁后的扫描曲面进行同时剪裁，得到最终的灯罩曲面上的圆周沟槽结构。

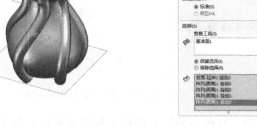

图 6-220 已完成结构 　　　　图 6-221 定义标准剪裁 　　　　图 6-222 定义保留选择

步骤 1 定义相互剪裁。在"曲面"选项卡中单击"剪裁曲面"按钮 ，系统弹出"剪裁曲面"对话框，在对话框的"剪裁类型"区域选中"相互"选项。

步骤 2 选择剪裁对象。在模型上选择旋转曲面及剪裁后的扫描曲面为剪裁对象。

步骤 3 定义保留选择。在"剪裁曲面"对话框中选中"保留选择"选项，在模型中单击需要保留的部位，结果如图 6-225 所示。注意，图中显示的是被删除的部分。

在"剪裁曲面"对话框中的"预览选项"区域单击 按钮（默认选中状态），在完成保留选择后，模型中显示被删除的部分，如图 6-226 所示；单击 按钮，在模型中显示被保留部分，如图 6-227 所示；单击 按钮，同时显示被删除和保留部分，同时将删除部分显示为透明，如图 6-228 所示，这些选项主要是为了便于观察剪裁对象。

图 6-223 剪裁结果 　　　　　图 6-224 剪裁底部多余面

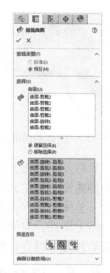

图 6-226 显示删除面 　 图 6-227 显示保留面 　 图 6-228 全部显示 　 图 6-225 定义相互剪裁

（3）剪裁曲面总结

本小节详细介绍了剪裁曲面中的"标准剪裁"和"相互剪裁"两种方式。实际上，这两种剪裁曲面方法在很多场合都可以互换使用，而且剪裁结果都是一样的。下面具体介绍这两种剪裁曲面在实际曲面设计中的应用。

如图 6-229 所示的电吹风模型，现在已经完成了如图 6-230 所示手柄曲面与主体曲面的设计，需要对曲面中的多余结构进行剪裁并在曲面接合部位创建倒圆角，结果如图 6-231 所示，下面分别使用两种剪裁方法进行剪裁并比较两种方法的区别。

本例打开练习文件：ch06 surface\6.4\04\trim_surface02。

图 6-229　电吹风模型

图 6-230　已经完成的手柄曲面与主体曲面

首先使用"标准剪裁"进行修剪。使用"标准剪裁"方法需要分两步进行，首先使用手柄曲面对主体曲面进行修剪，结果如图 6-232 所示，然后使用主体曲面对手柄曲面进行剪裁，结果如图 6-233 所示；经过两次剪裁后，曲面仍然是两个独立的曲面（手柄曲面与主体曲面），需要对曲面进行缝合，缝合之后形成完整的曲面，结果如图 6-234 所示，此时可以在曲面接合位置倒圆角，如图 6-235 所示。

图 6-231　剪裁曲面并倒圆角

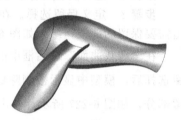

图 6-232　手柄曲面剪裁主体曲面

图 6-233　主体曲面剪裁手柄曲面

图 6-234　缝合曲面

图 6-235　创建倒圆角

然后使用"相互剪裁"进行修剪。使用"相互剪裁"方法只需要一步修剪即可，直接选择手柄曲面与主体曲面进行相互修剪，结果如图 6-236 所示，经过剪裁后，曲面已经自动合并成一整张曲面（不需要缝合），此时可以直接倒圆角。

综上所述，对于相交曲面结构，使用"相互剪裁"方法更高效，简化剪裁过程，同时不需要单独进行缝合，所以在实际设计中一般使用相互剪裁对相交曲面进行剪裁。

6.4.5　缝合曲面

"缝合曲面"就是将多个曲面合并成一整张曲面，完成曲面缝合后可以对曲面进行整体的操作，如等距曲面、曲面加厚等。另外，使用"缝合曲面"还可以将封闭曲面创建成实体。在"曲面"选项卡中单击"缝合曲面"按钮 ，用于创建缝合曲面。

（1）将多个曲面缝合成一整张曲面

将多个曲面缝合成一整张曲面，这是缝合曲面最基本的功能。如图 6-237 所示的曲面模型，模型中包括两张曲面，如图 6-238 所示，为了方便以后等距曲面或曲面加厚，需要将两张曲面缝合成一张完整的曲面，下面以此为例介绍缝合曲面操作。

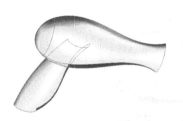

图 6-236　相互剪裁结果　　　图 6-237　曲面模型　　　图 6-238　独立曲面

步骤 1　打开练习文件：ch06 surface\6.4\05\merge_surface01。

步骤 2　定义缝合曲面。在"曲面"选项卡中单击"缝合曲面"按钮 📎，系统弹出如图 6-239 所示的"缝合曲面"对话框，在模型中选择两张曲面为缝合对象，单击 ✔ 按钮，完成曲面缝合，结果如图 6-240 所示（开始的两个曲面实体变成了一个曲面实体）。

完成曲面缝合后，可以对缝合后的整张曲面进行整体等距操作，如图 6-241 所示。

图 6-239　定义缝合曲面　　　图 6-240　缝合曲面结果　　　图 6-241　等距曲面

（2）将封闭曲面缝合成实体

在缝合曲面时，如果曲面是完全封闭的，这种情况下可以直接将曲面缝合成实体。如图 6-242 所示的曲面环模型，这是典型的封闭曲面，使用"前导视图"工具条中的"section view"工具将曲面模型剖开，内部为空心曲面结构，如图 6-243 所示，选择"缝合曲面"命令，然后选择曲面环模型中的所有曲面为缝合对象，同时在"缝合曲面"对话框中选中"创建实体"选项，如图 6-244 所示，表示将曲面缝合成实体，单击 ✔ 按钮，完成曲面缝合，此时封闭曲面内部变成实体，如图 6-245 所示。

本例练习文件：ch06 surface\6.4\04\merge_surface02。

图 6-242　曲面环模型　　　　　图 6-243　空心曲面结构

图 6-244　定义缝合曲面

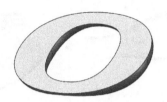

图 6-245　实体结构

6.5　曲面实体化操作

曲面设计的最后阶段一定要将曲面创建成实体，因为曲面是没有厚度（零厚度）的片体，这是没有实际意义的，所以一定要将曲面创建成实体。将曲面创建成实体的操作称为曲面实体化操作。在 SOLIDWORKS 中曲面实体化操作主要包括曲面加厚及封闭曲面实体化两种方式，下面具体介绍曲面实体化操作。

6.5.1　曲面加厚

曲面加厚就是将曲面沿着垂直方向增加一定的厚度，从而使曲面形成均匀壁厚的薄壁结构或壳体结构，SOLIDWORKS 中使用"加厚"命令进行曲面加厚操作。

如图 6-246 所示的曲面模型，需要对曲面进行加厚，厚度为 1mm，通过加厚得到均匀壁厚的薄壁零件，下面以此为例介绍曲面加厚操作。

步骤 1　打开练习文件：ch06 surface\6.5\thicken。

步骤 2　定义加厚。在"曲面"选项卡中单击"加厚"按钮，系统弹出如图 6-247 所示的"加厚"对话框，在模型中选择曲面为加厚对象，设置厚度为 1，单击✔按钮，完成曲面加厚，结果如图 6-248 所示（模型变成均匀壁厚的薄壁零件）。

图 6-246　曲面模型

图 6-247　定义加厚

因为使用"加厚"命令可以将选中曲面按照给定厚度值创建成均匀壁厚的薄壁零件，这正是钣金零件的主要特点，所以经常使用这种方法设计复杂钣金零件。

6.5.2　封闭曲面实体化

前面小节介绍"缝合曲面"时讲解到，如果曲面是完全封闭的，在创建缝合曲面时可以直接将封闭曲面缝合成实体，使用这种方法可以对封闭曲面进行实体化操作。

如图 6-249 所示的手柄曲面模型，需要将手柄曲面创建成如图 6-250 所示的手柄实体，下面以此为例介绍封闭曲面实体化操作。

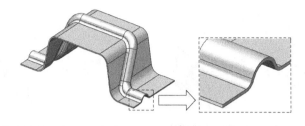

图 6-248　加厚曲面结果

图 6-249　手柄曲面

步骤 1　打开练习文件：ch06 surface \ 6.5 \ solid。

步骤 2　创建平面区域。本例中的这种曲面要创建成实体需要先将曲面完全封闭，使用"平面区域"命令在曲面两端创建平面区域使曲面完全封闭，如图 6-251 所示。

步骤 3　创建封闭曲面实体化。创建封闭曲面后再使用"缝合曲面"命令将封闭曲面缝合成实体，注意在"缝合曲面"对话框中选中"创建实体"选项，如图 6-252 所示。

图 6-250　手柄实体

图 6-251　创建平面区域

图 6-252　定义缝合曲面

6.5.3　曲面实体化切除

曲面实体化切除就是使用曲面切除实体，这是产品设计中非常重要的一种设计方法，特别是在产品自顶向下设计中应用非常广泛，下面具体介绍曲面实体化切除操作。

如图 6-253 所示的充电器盖零件，现在已经完成了如图 6-254 所示的基础实体及曲面的创建，需要使用曲面对实体进行切除得到如图 6-255 所示的充电器盖主体。

图 6-253　充电器盖零件

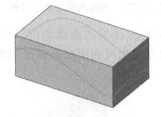

图 6-254　创建基础实体与曲面

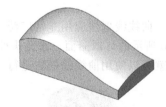

图 6-255　充电器盖主体

步骤 1　打开练习文件：ch06 surface\6.5\surface_cut。

步骤 2　定义使用曲面切除。在"曲面"选项卡中单击"使用曲面切除"按钮 ，系统弹出如图 6-256 所示的"使用曲面切除"对话框，在模型树中选择创建的曲面为切除曲面，单击"反向"按钮调整切除方向，如图 6-257 所示（箭头朝向哪一侧，哪一侧就是被切除侧），单击 按钮完成使用曲面切除操作。

创建使用曲面切除时，如果调整切除方向反向，将得到完全相反的结果，本例中如果调整方向反向将得到如图 6-258 所示的切除结果，读者可自行操作。

图 6-256　定义使用曲面切除　　图 6-257　使用曲面切除实体　　图 6-258　反向切除方向

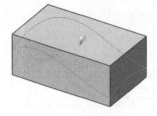
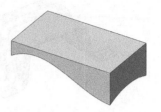

6.6　曲面设计方法

很多读者在实际曲面设计中不能准确规划设计思路，无法对曲面结构展开准确的设计，其主要原因是对曲面设计方法没有系统掌握，为了让读者更深入理解曲面设计并掌握曲面在产品设计中的应用，下面对曲面设计中的一些常见结构进行归类总结，帮助读者全面系统掌握曲面设计方法，最终目的是更好用于实战。

在实际曲面设计中主要涉及 4 种曲面设计方法：分别是曲线线框法、组合曲面法、曲面切除法及封闭曲面法，这些方法既可以独立使用又可以混合使用，以便完成更复杂曲面的设计，下面具体介绍这些曲面设计方法。

6.6.1　曲线线框法

曲线线框法就是首先创建曲线线框，然后根据线框创建曲面，最终进行实体化得到需要的曲面结构。如图 6-259 所示，这是曲面设计中最本质的方法，同时也是最重要的一种方法，主要用于流线型曲面结构的设计。

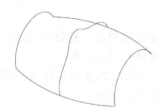

图 6-259　曲线线框法设计思路

曲线线框法应用非常广泛，凡是流线型的曲面均可以使用这种方法进行设计，如图 6-260 所示的灯罩曲面、水龙头曲面及电吹风曲面都是典型的流线型曲面，这些产品造型的设计就可以使用曲线线框法进行。

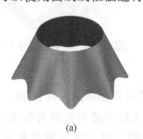
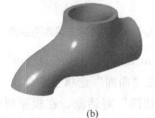

（a）　　　　　　　　　　　（b）　　　　　　　　　　　（c）

图 6-260　曲线线框法曲面设计应用举例

为了让读者更好理解曲线线框法的设计思路与设计过程，下面来看一个具体案例。如图 6-260（c）所示的电吹风模型，整体是一个流线型的造型，应该使用曲线线框法进行设计。根据电吹风造型特点，首先应该创建如图 6-261 所示的曲线线框，然后创建如图 6-262 所示的主体曲面，最后进行曲面实体化，得到最终的电吹风造型，如图 6-263 所示。电吹风结构分析及设计过程请扫描二维码观看视频讲解。

图 6-261 创建曲线线框　　　　图 6-262 创建主体曲面　　　　图 6-263 曲面实体化

6.6.2 组合曲面法

曲面组合法就是首先创建独立的曲面，然后经过曲面组合并最终将这些面组合成需要的曲面造型，如图 6-264 所示。这种设计方法的关键是首先要分析曲面结构能够分解出哪些独立的曲面。

图 2-264 组合曲面设计思路

曲面设计中，凡是结构清晰、层次分明的曲面均可以使用这种方法进行设计，如图 6-265 所示的水壶曲面、遥控器曲面及水龙头曲面，都属于典型组合曲面，像这些产品的造型就可以使用组合曲面法进行设计。

 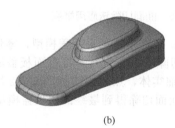 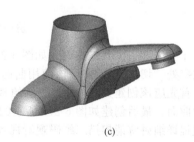

(a)　　　　　　　　　(b)　　　　　　　　　(c)

图 6-265 组合曲面设计应用举例

下面来看一个具体案例。如图 6-265（c）所示的水龙头模型，整体是由多个曲面组合而成，应该使用组合曲面法进行设计。根据水龙头造型特点，首先应该创建如图 6-266 所示的底座曲面，然后创建如图 6-267 所示的竖直旋转曲面，接着创建如图 6-268 所示的倾斜曲面，最后对这些曲面进行组合得到最终的水龙头曲面。水龙头结构分析及设计过程详细讲解请扫描二维码观看视频。

全书配套视频与资源
微信扫码，立即获取

图 6-266 底座曲面

图 6-267 竖直旋转曲面

图 6-268 倾斜曲面

6.6.3 曲面切除法

曲面切除法就是首先创建基础实体，然后使用曲面切除实体，最终得到需要的零件结构，如图 6-269 所示，这种曲面设计方法的关键是首先分析零件中的"切除痕迹"，然后设计相应的基础实体与切除曲面，这种方法主要用于产品表面切除结构的设计。

图 6-269 曲面切除法设计思路

曲面设计中，凡是零件表面存在"切除痕迹"的，均可以使用这种方法进行设计，如图 6-270 所示的旋钮模型、面板盖模型及充电器盖模型上均有各种"切除痕迹"，符合曲面切除的特点，像这些零件的设计就可以使用曲面切除法进行。

(a)

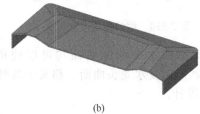
(b)

(c)

图 6-270 曲面切除法应用举例

全书配套视频与资源
微信扫码，立即获取

下面来看一个具体案例。如图 6-270（b）所示的面板盖模型，零件表面存在多处"切除痕迹"，应该使用曲面切除法进行设计，根据面板盖零件特点，首先应该创建如图 6-271 所示的基础实体，然后创建如图 6-272 所示的切除曲面，最后创建如图 6-273 所示的曲面切除得到最终的面板盖模型。面板盖结构分析及设计过程详细讲解请扫描二维码观看视频。

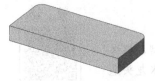
图 6-271 创建基础实体

图 6-272 创建切除曲面

图 6-273 曲面切除实体

6.6.4 封闭曲面法

封闭曲面法就是首先创建模型外表面，然后将外表面进行封闭并实体化，最终得到需要的零件结构，如图 6-274 所示。这种方法的设计关键是首先创建零件的所有外表面，主要用于各种异型结构的设计，特别是用其他设计方法无法完成的场合。

图 6-274 封闭曲面法设计思路

曲面设计中，凡是"实心"零件或是不规则的零件结构，均可以使用这种方法进行设计，如图 6-275 所示的门把手模型、起重机吊钩模型及螺旋体模型均符合封闭曲面特点，像这些零件的设计就可以使用封闭曲面法进行。

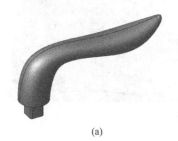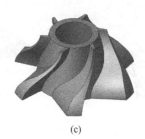

(a)　　　　　　　　　　(b)　　　　　　　　　　(c)

图 6-275 封闭曲面法应用举例

下面来看一个具体案例。如图 6-276 所示的异形曲面环模型，内部是实心的，应该使用封闭法进行设计，同时，因为该异形环模型表面还是一个流线型的曲面，所以本例还需要使用曲线线框法进行设计。这是一个多种方法混合设计的案例，根据异形环模型结构特点，首先应该创建如图 6-277 所示的曲线线框，然后创建如图 6-278 所示的基础曲面，接着创建如图 6-279 所示的封闭曲面，最后创建如图 6-280 所示的封闭曲面实体化得到最终的异形环模型。

曲面异形环结构分析及设计过程详细讲解请扫描二维码观看视频。

全书配套视频与资源
♀微信扫码，立即获取

图 6-276 异形环模型　　图 6-277 创建曲线线框　　图 6-278 创建基础曲面

图 6-279 创建封闭曲面　　　　图 6-280 封闭曲面实体化

准确来讲，这种零件设计方法是"万能"的，对所有零件的设计都是适用的，因为所有的零件都是由若干表面构成的，所以只要得到零件的表面，就可以得到零件。但是要注意的是，在实际设计时还要考虑操作的方便性，因为这种方法往往需要创建很多的曲面，而且还要保证这些曲面是相对封闭的，所以不到万不得已的情况，尽量不要使用这种方法进行零件设计。

6.7 曲面拆分与修补

曲面设计中对于无法直接创建的曲面需要使用曲面拆分与修补的方法来处理，特别适用于复杂曲面的造型设计，如图 6-281 所示的汽车车身曲面设计局部，在设计这些复杂曲面时都使用了大量的曲面拆分与修补方法。

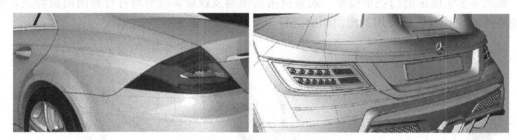

图 6-281　曲面拆分与修补应用

6.7.1　曲面拆分修补思路

在本章 6.3 节"曲面设计工具"中详细介绍多种曲面设计工具，不同设计工具用于不同场合、不同结构的曲面设计，在使用这些曲面工具时都要考虑一个共同的问题，那就是曲线线框的要求。如图 6-282 所示的曲线都是常见的曲线线框，使用这些线框都可以直接创建需要的曲面，如扫描曲面、放样曲面、边界曲面等。

另外，对于多边形线框（一般边数大于四边），在 SOLIDWORKS 中提供了"填充曲面"和"平面区域"工具创建多边形曲面，但是都存在一些使用上的限制。使用"填充曲面"时对于简单的多边形线框是可以直接创建的，但是对于复杂的多边形线框往往会出现各种问题，无法准确得到多边形曲面；使用"平面区域"时，多边形边界只能是平面的，如果是空间的，多边形线框无法直接创建。

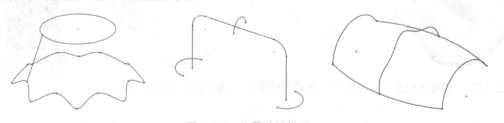

图 6-282　常见曲线线框

如果曲线线框是复杂的多边形线框（边数大于四边，边界为复杂的空间三维结构），如图 6-283 所示的五角边线框及如图 6-284 所示的水龙头线框，使用这些多边形线框均无法直接创建曲面，这时需要对多边形线框进行拆分与修补。拆分与修补的基本思路是：首先对多边形线框进行拆解；然后根据曲面拆解先创建一部分曲面；再添加一部分曲线或曲面对曲面进行修补得到最终曲面。

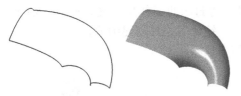

图 6-283 五角边线框

图 6-284 水龙头线框

全书配套视频与资源
微信扫码，立即获取

6.7.2 曲面拆分修补实例

如图 6-285 所示的四通接头零件，其尺寸图纸如图 6-286 所示，需要按照尺寸图中的尺寸完成四通接头零件的设计，主要是零件中曲面部分的设计。因为曲面属于多边形的曲面，无法直接创建得到，需要对曲面部分进行拆分与修补，下面具体介绍设计过程。

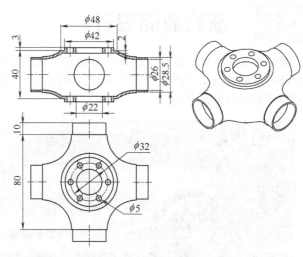

图 6-285 四通接头零件

图 6-286 四通接头尺寸图纸

步骤 1 新建零件文件：ch06 surface\6.7\cross_part。
步骤 2 创建如图 6-287 所示的基准特征。基准特征作为整个零件设计的基准参考。
步骤 3 创建如图 6-288 所示的主体曲线线框。注意曲线之间的几何关系。
步骤 4 创建如图 6-289 所示的基础曲面。这是标准的五边面，无法根据曲线线框直接创建，需要应用曲面拆分与修补进行创建，这是整个零件设计的基础。

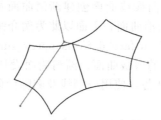

图 6-287 创建基准特征

图 6-288 创建主体曲线线框

图 6-289 创建基础曲面

步骤 5 创建如图 6-290 所示的主体曲面。主体是使用上一步框架的基础曲面进行若干次镜像得到的，注意检查各曲面之间的连接关系是否满足设计要求。
步骤 6 创建如图 6-291 所示的封闭曲面。使用"平面区域"命令创建各开口的圆形曲面使整个曲面封闭，为后面实体化做准备。

步骤 7 创建如图 6-292 所示的实体化及细节设计。将封闭曲面使用"缝合曲面"创建成实体，然后使用抽壳、拉伸切除、异形孔向导、阵列、镜像等工具创建细节。

四通接头零件结构分析及设计过程详细讲解请看随书视频。

图 6-290 创建主体曲面

图 6-291 创建封闭曲面

图 6-292 实体化及细节设计

6.8 渐消曲面设计

渐消曲面是指曲面设计中的一种渐进式变化的造型曲面，在产品设计中应用非常广泛，其灵动的造型特点提升产品质感与美感。如图 6-293 所示的汽车车身曲面，在设计车身曲面时使用了大量的渐消曲面。

图 6-293 渐消曲面设计应用

6.8.1 渐消曲面设计

实际上，渐消曲面的本质是曲面拆分与修补的实际运用。渐消曲面设计思路：首先创建基础曲面；然后对基础曲面进行拆解（将出现渐消的部位全部剪裁掉）；最后添加必要的曲线或曲面创建渐消曲面补面。如图 6-294 所示的曲面模型，需要创建如图 6-295 所示的渐消曲面，下面以此为例介绍渐消曲面设计过程。

步骤 1 打开练习文件：ch06 surface\6.8\disappear_surface01。

步骤 2 创建如图 6-296 所示的剪裁曲面。渐消曲面设计的第一步是将出现渐消的部位全部剪裁掉，为创建渐消曲面做准备，使用分割线及删除面创建剪裁曲面。

图 6-294 曲面模型

图 6-295 渐消曲面

图 6-296 剪裁曲面

步骤 3　创建渐消曲面控制线。渐消曲面控制线主要是为了控制渐消曲面的具体结构。使用草图命令创建如图 6-297 所示的渐消曲面控制线，注意添加必要约束。

步骤 4　创建渐消曲面补面。渐消曲面最后一步是根据添加的渐消曲面控制线及剪裁的曲面区域创建渐消曲面补面，同时注意补面与基础面之间的约束关系，如图 6-298 所示，最终结果如图 6-299 所示。

渐消曲面分析及设计过程详细讲解请看随书视频。

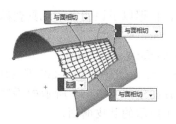

图 6-297　添加控制曲线　　　图 6-298　创建渐消曲面补面　　　图 6-299　创建渐消曲面结果

6.8.2　渐消曲面案例

如图 6-300 所示的吸尘器曲面模型，模型表面存在多处渐消曲面结构，是一个典型的渐消曲面案例，下面以此为例，详细介绍渐消曲面的设计过程。

步骤 1　新建零件文件：ch06 surface\6.8\disappear_surface02。

步骤 2　创建如图 6-301 所示的基准特征。基准特征作为整个零件设计的基准参考。

步骤 3　创建如图 6-302 所示的基础曲面。基础曲面是渐消曲面设计基础。

步骤 4　创建如图 6-303 所示的剪裁曲面。创建渐消曲面需要首先将基础面上出现渐消的部位完全剪裁掉，为后面创建渐消曲面做准备。

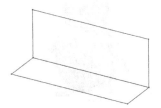

图 6-300　吸尘器曲面模型　　　图 6-301　基准特征　　　图 6-302　创建基础曲面

步骤 5　创建如图 6-304 所示的渐消曲面。根据渐消曲面特点在剪裁位置创建如图 6-304 所示的渐消曲面，注意曲面之间的约束关系。

步骤 6　创建如图 6-305 所示的整体曲面。使用镜像及缝合曲面命令创建整体曲面。

步骤 7　曲面实体化及细节结构设计（如图 6-300 所示）。将创建的整体曲面进行加厚实体化，最后创建吸尘器曲面模型中的细节结构。

吸尘器曲面分析及设计过程详细讲解请看随书视频。

图 6-303　剪裁曲面　　　图 6-304　创建渐消曲面　　　图 6-305　创建整体曲面

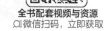
全书配套视频与资源
扫微信扫码，立即获取

6.9 曲面设计案例：玩具企鹅

前面小节系统介绍了曲面设计操作及知识内容，为了加深读者对曲面设计的理解并更好的应用于实践，下面通过具体案例详细介绍曲面设计方法与技巧。

如图 6-306 所示的玩具企鹅，根据以下说明完成玩具企鹅造型设计。

（1）设置工作目录：ch06 surface\6.9。

（2）新建零件文件：命名为 surface _ design01。

（3）玩具企鹅曲面设计思路：首先创建如图 6-307 所示的主体曲面，然后创建如图 6-308 所示的眼睛和嘴巴曲面，然后创建如图 6-309 所示的手臂曲面，接着创建如图 6-310 所示的脚曲面，最后创建如图 6-311 所示的肚皮曲面。

图 6-306　玩具企鹅曲面　　　　图 6-307　创建主体曲面　　　　图 6-308　创建眼睛和嘴巴曲面

由于书籍篇幅限制，玩具企鹅曲面设计过程可扫描二维码观看视频讲解。

图 6-309　创建手臂曲面　　　　图 6-310　创建脚曲面　　　　图 6-311　创建肚皮曲面

产品设计从总体设计方法上来讲主要包括两种设计方法：一种是自下向顶设计（也就是本书第 4 章介绍的顺序装配与模块装配），这是一种从局部到整体的设计方法；另一种就是自顶向下设计，这是一种从整体到局部的设计方法。本章主要介绍自顶向下的设计方法，需要特别注意骨架模型的设计方法与技巧。

7.1 自顶向下设计基础

学习和使用自顶向下设计之前首先需要理解自顶向下设计原理，同时还需要初步认识一下自顶向下设计的主要工具，为进一步学习自顶向下设计做准备。

7.1.1 自顶向下设计原理

产品设计中最重要的两种方法就是"自下向顶设计"与"自顶向下设计"，为了帮助读者理解自顶向下设计原理及流程，下面将这两种设计方法对比讲解。

（1）自下向顶设计

自下向顶设计（down-top design）方法也就是一般的装配设计方法。本书第 4 章主要介绍的就是这种方法，其中又包括"顺序装配"与"模块装配"两种方法。这是一种从局部到整体的设计方法，基本思路就是先根据总产品结构特点及组成关系完成各个零部件的设计，然后将零件进行组装得到完整的装配产品，具体设计流程如图 7-1 所示。这种设计方法中零部件之间仅仅存在装配配合关系，如果需要修改装配产品结构，需要对相关联的各个零部件逐一进行修改，甚至还需要重新进行装配，总体效率比较低下。这种设计方法主要用于装配关系比较简单的产品设计。

图 7-1 自下向顶设计流程

（2）自顶向下设计

自顶向下设计（top-down design）是一种从整体到局部的设计方法，基本思路是先根据总产品结构特点及组成关系设计一个总体骨架模型，这个总体骨架模型反映整个装配产品的总体结构布局关系及主要的设计参数，然后将总体骨架逐级往下细分或细化，最终完成各个零部件的设计，具体设计流程如图 7-2 所示。需要特别注意的是，自顶向下设计中的总体骨架模型及控件模型均是"中间产物"，完成产品设计后需要隐藏处理，这种设计方法中所有主要零部件均受到总体骨架模型的控制，如果需要修改装配产品结构，只需要对总体骨架模型

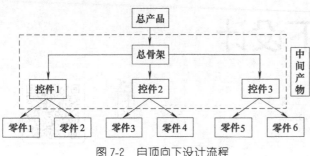

图 7-2　自顶向下设计流程

或主要的零部件进行修改即可，总体效率非常高。这种设计方法特别适用于装配关系比较复杂的产品设计。

7.1.2　自顶向下设计工具

在 SOLIDWORKS 中并没有专门的自顶向下设计模块。自顶向下设计主要是在装配设计模块中进行。自顶向下设计中主要有两个关键步骤：一个是建立产品装配结构，需要根据装配产品结构特点及装配关系建立；另一个是零部件之间的关联复制，保证零部件之间存在参数关联，确保一个零件的变化将同步引起关联零件的变化。

在 SOLIDWORKS 自顶向下设计中建立产品结构：在装配设计环境中选择下拉菜单"插入"→"零部件"命令，此时系统弹出如图 7-3 所示的子菜单，在菜单中选择"新零件"或"新装配体"命令用来建立产品装配结构。另外，要在零部件之间进行关联复制是在零件设计环境中选择下拉菜单"插入"→"零件"命令，如图 7-4 所示，然后使用系统弹出的如图 7-5 所示的"插入零件"对话框进行关联复制。

图 7-3　新建零件及装配

图 7-4　选择命令

图 7-5　"插入零件"对话框

7.2　自顶向下设计过程

为了帮助读者尽快熟悉 SOLIDWORKS 自顶向下设计方法及基本操作，下面通过一个具体案例详细介绍。如图 7-6 所示的门禁控制盒，主要由如图 7-7 所示的前盖与后盖装配而成。接下来使用自顶向下设计方法设计门禁控制盒的前盖与后盖，关键要保证两者的一致性，也就是前盖与后盖的装配尺寸要始终保持一致。

自顶向下设计之前首先根据产品装配结构特点及组成关系规划自顶向下设计流程。本例要设计的是门禁控制盒，为了完成这个产品的设计，需要根据产品结构特点设计一个骨架模型，然后根据骨架模型分割细化得到需要的前盖与后盖零件。门禁控制盒自顶向下设计流程如图 7-8 所示，这个流程将作为整个自顶向下设计的重要依据。

7.2.1　新建总装配文件

自顶向下设计是从新建装配开始的，而且整个自顶向下设计的管理都是在装配环境中进

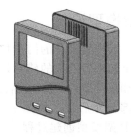

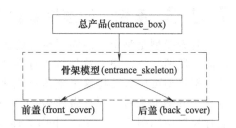

图 7-6　门禁控制盒　　　　图 7-7　前盖与后盖　　　　图 7-8　门禁控制盒自顶向下设计流程

行的，所以自顶向下设计的第一步需要新建一个装配文件对整个产品进行管理。

在 SOLIDWORKS 快捷按钮区中单击"新建"按钮，系统弹出"新建 SOLIDWORKS 文件"对话框，如图 7-9 所示，在该对话框中单击按钮新建装配文件，然后保存装配文件，名称为 entrance＿box 此装配文件就是门禁控制盒的总装配文件，如图 7-10 所示。

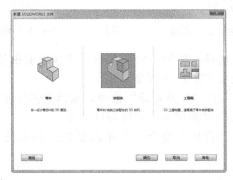

图 7-9　"新建 SOLIDWORKS 文件"对话框

图 7-10　总装配文件

7.2.2　建立装配结构

为了对整个产品文件进行有效管理，需要根据以上门禁控制盒自顶向下设计流程建立装配结构，如图 7-11 所示，下面具体介绍建立装配结构操作。

步骤 1　新建骨架模型（entrance_skeleton）。选择下拉菜单"插入"→"零部件"→"新零件"命令，在装配中新建一个零件，重命名为 entrance＿skeleton 并保存。

步骤 2　新建前盖模型（front_cover）。选择下拉菜单"插入"→"零部件"→"新零件"命令，在装配中新建一个零件，重命名为 front＿cover 并保存。

步骤 3　新建后盖模型（back_cover）。选择下拉菜单"插入"→"零部件"→"新零件"命令，在装配中新建一个零件，重命名为 back＿cover 并保存。

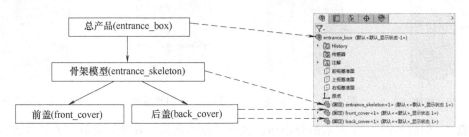

图 7-11　根据自顶向下设计流程建立装配结构

7.2.3 案例：门禁控制盒骨架模型设计

骨架模型是整个自顶向下设计的核心。本例要设计的门禁控制盒属于一个整体性很强的产品，所谓整体性很强就是将所有零件装配起来后给人的感觉好像是一个整体，像这种产品的骨架模型可以直接将这个整体做出来，如图7-12所示，然后添加一个分型面对整体进行分割，分割出来后一部分做前盖，另外一部分做后盖，如图7-13所示，所以本例门禁控制盒骨架模型如图7-14所示，下面具体介绍骨架模型创建过程。

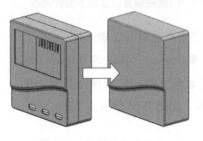  

图 7-12　门禁控制盒整体　　　图 7-13　骨架模型分型面　　　图 7-14　门禁控制盒骨架

步骤1　创建如图7-15所示的主体拉伸。选择"拉伸凸台"命令，选择"前视基准面"为草图平面绘制如图7-16所示的拉伸草图进行拉伸，拉伸深度为35。

步骤2　创建如图7-17所示的拉伸切除。选择"拉伸切除"命令，选择主体拉伸的前表面为草图平面绘制如图7-18所示的拉伸草图进行拉伸切除，切除深度为2。

步骤3　创建如图7-19所示的拔模。选择"拔模"命令，选择如图7-20所示的中性面与拔模面，拔模角度为45°。

 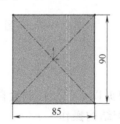 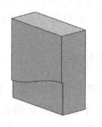 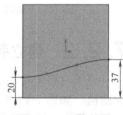

图 7-15　主体拉伸　　　图 7-16　拉伸草图　　　图 7-17　拉伸切除　　　图 7-18　拉伸草图

步骤4　创建如图7-21所示的倒圆角，圆角半径为3mm。

步骤5　创建如图7-22所示的倒圆角，圆角半径为3mm。

步骤6　创建如图7-23所示的倒圆角，圆角半径为1mm。

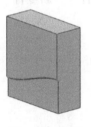 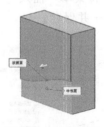  

图 7-19　拔模　　　图 7-20　定义拔模　　　图 7-21　创建圆角1　　　图 7-22　创建圆角2

步骤7　创建如图7-24所示的分型面。选择"拉伸曲面"命令，选择"右视基准面"为草图平面绘制如图7-25所示的分型面草图，拉伸宽度与主体拉伸宽度一致。

步骤 8　保存骨架模型。完成骨架模型设计后一定要保存骨架模型，否则后面无法选择骨架模型参考，选择"保存"命令保存骨架模型。

步骤 9　切换至装配环境。完成骨架模型设计后切换到总装配文件（设计其他零件也是如此），为后面其他零部件的设计做准备。

图 7-23　创建圆角 3

图 7-24　创建分型面

图 7-25　分型面草图

7.2.4 具体零件设计

完成骨架模型设计后，接下来参考骨架模型进行具体零件的设计，本例需要设计门禁控制盒的前盖与后盖零件。

（1）设计前盖零件

前盖零件如图 7-26 所示，前盖零件属于骨架模型的前半部分，需要将骨架模型参考过来，然后使用分型面将后盖部分（后半部分）切除，最后添加必要的细节。

步骤 1　打开前盖零件。设计前盖零件首先需要在装配中打开前盖零件，然后在前盖零件环境中进行前盖零件细节设计。

步骤 2　插入参考零件。因为前盖零件需要根据骨架模型来设计，所以要将骨架模型作为参考零件插入到当前前盖零件中进行具体设计。

① 选择命令及参考零件。选择下拉菜单"插入"→"零件"命令，系统弹出"插入零件"对话框，在对话框中的"要插入的零件"区域单击"浏览"按钮，选择骨架模型为参考对象，如图 7-27 所示。

图 7-26　前盖零件

② 定义参考对象。设计前盖零件需要使用骨架模型中的实体及分型面，在"插入零件"对话框的"转移"区域选中"实体"与"曲面实体"选项，如图 7-28 所示，表示将参考零件中的实体与曲面都参考过来。

③ 完成参考。直接在"插入零件"对话框中单击 ✓ 按钮，完成插入零件操作，此时在模型树中显示参考零件信息，如图 7-29 所示，结果如图 7-30 所示。

图 7-27　选择参考零件　　图 7-28　定义转移对象

图 7-29　参考结果　　图 7-30　参考零件

步骤 3　切除实体。前盖零件属于骨架模型的前半部分，需要将后盖部分（后半部分）切除，选择"使用曲面切除"命令，选择分型面将后半部分切除，如图 7-31 所示。

步骤 4　创建如图 7-32 所示的抽壳。选择"抽壳"命令，选择切除面为移除面，设置抽壳厚度为 1，结果如图 7-32 所示。

步骤 5　创建如图 7-33 所示的拉伸切除。选择"拉伸切除"命令，选择前端面为草图平面，绘制如图 7-34 所示的拉伸草图创建完全贯穿切除。

图 7-31　切除实体

图 7-32　抽壳

图 7-33　切除拉伸

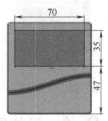
图 7-34　拉伸草图

步骤 6　创建如图 7-35 所示的直槽孔。选择"拉伸切除"命令，选择直槽口所在平面为草图平面绘制如图 7-36 所示的拉伸草图创建完全贯穿切除。

步骤 7　创建如图 7-37 所示的直槽口阵列。选择"线性阵列"命令，选择直槽口为阵列对象，定义阵列参数如图 7-38 所示，阵列个数为 3，间距为 20。

图 7-35　直槽孔

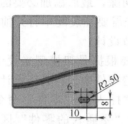
图 7-36　拉伸草图

图 7-37　阵列槽口

图 7-38　定义阵列参数

步骤 8　创建如图 7-39 所示的扣合结构。选择"拉伸切除"命令，使用壳体内侧边线为草图对象创建薄壁拉伸切除，深度为 0.6，薄壁厚度为 0.5（壳体厚度一半）。

步骤 9　创建如图 7-40 所示的倒角。尺寸为 0.1，角度为 45 度，如图 7-41 所示。

步骤 10　保存前盖零件然后切换至总装配环境，为其余零件设计做准备。

（2）设计后盖零件

后盖零件如图 7-41 所示，后盖零件属于骨架模型的后半部分，需要将骨架模型参考过来，然后使用分型面将前盖部分（前半部分）切除，最后添加必要的细节。

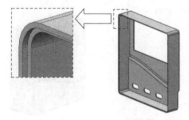
图 7-39　创建扣合结构

图 7-40　创建倒角

图 7-41　后盖零件

步骤 1　打开后盖零件。设计后盖零件需要首先在装配中打开后盖零件，然后在后盖零件环境中进行后盖零件细节设计。

步骤 2　插入参考零件。因为后盖零件需要根据骨架模型来设计，所以要将骨架模型作为参考零件插入到当前后盖零件中进行具体设计。

① 选择命令及参考零件。选择下拉菜单"插入"→"零件"命令，系统弹出"插入零件"对话框，选择骨架模型为参考对象。

② 定义参考对象。设计后盖零件需要使用骨架模型中的实体及分型面，在"插入零件"对话框的"转移"区域选中"实体"与"曲面实体"选项。

③ 完成参考。直接在"插入零件"对话框中单击 ✔ 按钮，完成插入零件操作。

步骤 3　切除实体。后盖零件属于骨架模型的后半部分，需要将前盖部分（前半部分）切除，选择"使用曲面切除"命令，选择分型面将前半部分切除，如图 7-42 所示。

步骤 4　创建如图 7-43 所示的抽壳。选择"抽壳"命令，选择切除面为移除面，设置抽壳厚度为 1，结果如图 7-43 所示。

步骤 5　创建如图 7-44 所示的扣合结构。选择"拉伸凸台"命令，使用壳体内侧边线为草图对象创建薄壁拉伸，深度为 0.6，薄壁厚度为 0.5（壳体厚度一半）。

步骤 6　创建如图 7-45 所示的直槽孔。选择"拉伸切除"命令，选择直槽口所在平面为草图平面，绘制如图 7-46 所示的拉伸草图创建完全贯穿切除。

图 7-42　切除实体

图 7-43　抽壳

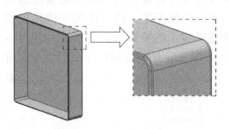

图 7-44　创建扣合结构

步骤 7　创建如图 7-47 所示的直槽口阵列。选择"线性阵列"命令，选择直槽口为阵列对象，定义阵列参数如图 7-47 所示，阵列个数为 8，间距为 4。

步骤 8　创建如图 7-48 所示的倒角。尺寸为 0.1，角度为 45 度，如图 7-48 所示。

步骤 9　保存后盖零件然后切换至总装配环境，为其余零件设计做准备。

图 7-45　直槽孔

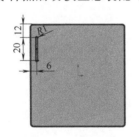

图 7-46　拉伸草图

图 7-47　定义阵列

图 7-48　创建倒角

7.2.5　装配文件管理

完成所有零件设计后切换至总装配文件，如图 7-49 所示，此时在模型中显示所有的模型文件，包括骨架模型、前盖与后盖，如图 7-50 所示。因为在自顶向下设计中骨架模型只是一个"中间产物"，在设计最后需要隐藏处理，在装配模型树中将骨架模型设置为隐藏，此时在模型上只显示需要的前盖与后盖，如图 7-51 所示。

另外，考虑到将来创建装配工程图明细表，因为骨架模型是"中间产物"不需要出现在明细表中，在装配模型树中选中骨架模型，单击鼠标右键，在弹出的快捷菜单中选择"属性"命令，系统弹出如图 7-52 所示的"零部件属性"对话框，在对话框中选中"不包括在材料明细表中"选项，表示在创建明细表时不包括骨架模型。

图 7-49 最终装配结构

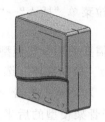

图 7-50 全部模型文件

图 7-51 需要的模型文件

7.2.6 验证自顶向下设计

自顶向下设计最主要的特点就是零部件之间存在一定的关联性，所以修改非常方便。下面通过对门禁控制盒进行改进验证自顶向下设计的关联性。

如果要修改门禁控制盒前盖与后盖的高度与宽度，同时保持两者的一致性，可以直接对骨架模型进行修改，因为骨架模型控制整个门禁控制盒的结构与主要尺寸。

打开骨架模型，然后修改主体拉伸的截面草图，如图 7-53 所示，修改后进入总装配文件重建模型，结果如图 7-54 所示（前盖与后盖都完成重建），使用测量工具测量高度值，如图 7-55 所示，说明自顶向下设计是成功的。

图 7-52 "零部件属性"对话框

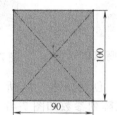

图 7-53 修改拉伸草图

图 7-54 重建模型

图 7-55 测量尺寸

7.3 几何关联复制

自顶向下设计中经常需要将参考零部件（如骨架模型）中的几何对象关联复制到当前设计零件中作为当前零件设计的基准参考，从而在参考零部件与当前零部件之间实现几何关联。自顶向下设计中常用几何关联复制类型包括实体、曲面、模型表面、基准面、基准轴及草图等，下面具体介绍这些对象的几何关联复制操作。

7.3.1 插入零件

"插入零件"命令用来将外部几何对象关联复制到当前打开零件中，作为当前零件设计的基准参考，这是 SOLIDWORKS 自顶向下设计中最常用的几何关联复制方法。

打开练习文件：ch07 top_down\7.3\01\copy01，装配结构如图 7-56 所示，其中 ref_model 为参考源文件，如图 7-57 所示，该参考源文件中包括实体、曲面、基准面、基准轴及草图等，需要将参考源文件中的各种几何对象关联复制到不同的零部件中。下面以此为例介绍使用"插入零件"命令进行几何关联复制操作。

步骤 1 将参考源文件中的实体关联复制到 copy_solid 零件中。在装配中打开 copy_solid 零件，选择下拉菜单"插入"→"零件"命令，选择 ref_model 为参考对象，在"转移"区域选中"实体"选项，如图 7-58 所示，表示将参考对象中的实体关联复制到 copy_solid 零件，结果如图 7-59 所示。

图 7-56 装配结构　　图 7-57 参考源文件　　图 7-58 定义转移对象　　图 7-59 复制实体

> **说明：** 在复制实体对象时，如果实体与其他的实体合并结果，系统将对整个实体对象进行复制，如果实体与其他实体没有合并结果，系统将对多个实体对象进行复制，在参考源文件（ref_model）中将对"凸台-拉伸 2"取消"合并结果"，如图 7-60 所示，此时"凸台-拉伸 2"与"凸台-拉伸 1"均为独立的实体，复制结果如图 7-61 所示，如果需要删除其中的多余实体，可以在模型树中展开"实体"节点，如图 7-61 所示，选择不需要的实体对象，单击鼠标右键，在弹出的快捷菜单中选择"删除/保留实体"命令，系统弹出如图 7-62 所示的"删除/保留实体"对话框，单击 ✔ 按钮完成实体删除，结果如图 7-63 所示。

图 7-60 取消合并结果　　　　图 7-61 复制实体结果　　　　图 7-62 删除多余实体

步骤 2 将参考源文件中的曲面关联复制到 copy_surface 零件中。在装配中打开 copy_surface 零件，选择下拉菜单"插入"→"零件"命令，选择 ref_model 为参考对象，在"转移"区域选中"曲面实体"选项，如图 7-64 所示，表示将参考对象中的曲面对象关联复制到 copy_surface 零件，结果如图 7-65 所示。

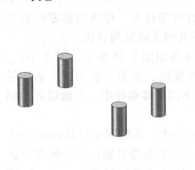

图 7-63　复制实体结果　　　　　图 7-64　定义转移对象　　　　　图 7-65　复制曲面

步骤 3　将参考源文件中的草图对象关联复制到 copy_sketch 零件中。在装配中打开 copy_sketch 零件，选择下拉菜单"插入"→"零件"命令，选择 ref_model 为参考对象，在"转移"区域选中"解除吸收的草图"选项，表示将参考对象中的独立草图对象关联复制到 copy_sketch 零件，结果如图 7-66 所示，使用复制的草图可以用来创建三维特征，如图 7-67 所示。

💡 **说明**：在关联复制草图对象时，包括"吸收的草图"和"解除吸收的草图"两种，其中解除吸收的草图是指参考模型中的独立草图；"吸收的草图"是指参考模型中已经被用作其他特征设计的草图，如果选择"吸收的草图"将得到如图 7-68 所示的结果。

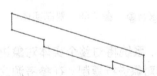

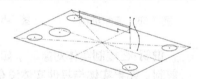

图 7-66　复制解除吸收草图　　　图 7-67　使用草图做旋转　　　图 7-68　复制吸收草图

步骤 4　将参考源文件中的基准轴及基准面关联复制到 copy_datum 零件中。在装配中打开 copy_datum 零件，选择下拉菜单"插入"→"零件"命令，选择 ref_model 为参考对象，在"转移"区域选中"基准轴"与"基准面"选项，表示将参考对象中的所有基准轴及基准面对象关联复制到 copy_datum 零件，如图 7-69 所示，复制的基准面中包括前视基准面、上视基准面和右视基准面，如图 7-70 所示，因为在当前 copy_datum 零件中已经有前视基准面、上视基准面和右视基准面，所以再复制这些基准面是多余的，单击这些多余的基准面不能被删除只能隐藏，结果如图 7-71 所示。

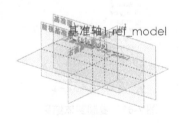

图 7-69　复制基准结果　　　　　图 7-70　复制全部基准　　　　　图 7-71　隐藏多余基准

步骤 5 将参考源文件中的实体表面关联复制到 copy_face 零件中。实体表面不能直接进行关联复制，首先需要使用"等距曲面"命令复制模型表面，然后按照"曲面实体"方法进行关联复制，选择"等距曲面"命令，选择如图 7-72 所示的模型表面为复制对象，在"等距曲面"对话框中设置等距距离为 0，如图 7-73 所示，然后使用"实体曲面"进行复制，结果如图 7-74 所示，删除如图 7-75 所示的多余曲面（旋转曲面），结果如图 7-76 所示。

图 7-72 选择复制曲面

图 7-73 定义复制曲面

图 7-74 复制曲面结果

7.3.2 复制曲面

产品设计中如果有些零部件是通过装配方式引用的，这种情况下使用"插入零件"命令有可能会出现原点不重合（错位）的问题，这种情况下可以使用"复制曲面（等距曲面）"方法引用参考零部件中的几何对象。

如图 7-77 所示的泵体装配模型，现在需要根据泵体端面设计如图 7-78 所示的垫圈，垫圈厚度为 1，要求垫圈与泵体端面完全一致。设计思路是将泵体端面关联复制到垫圈零件中，然后以复制的端面为基础创建垫圈。

图 7-75 删除多余曲面

图 7-76 最终复制结果

图 7-77 泵体装配

步骤 1 打开练习文件：ch07 top_down\7.3\02\copy02。

步骤 2 复制泵体端面。打开泵体零件 pump _ body，选择"等距曲面"命令复制泵体端面，结果如图 7-79 所示，然后保存泵体零件。

步骤 3 将泵体端面关联复制到垫圈零件中。打开垫圈零件 washer，选择下拉菜单"插入"→"零件"命令关联复制泵体端面，完成关联复制后切换至总装配文件，发现复制的曲面与泵体端面错位，如图 7-80 所示。

💡 **说明：**此处错位的主要原因是在泵体零件中复制泵体端面时是按照端面与泵体零件原点之间的位置复制的，但是到总装配后，因为泵体零件经过装配后原点没有与装配原点重合，如图 7-81 所示，但是复制的端面仍然按照与泵体零件原点之间的位置参考的，所以出现错位问题。因此，如果参考零件是通过装配定位的，一旦原点没有重合，就不能使用"插入零件"方法进行几何关联复制，这一点要特别注意。

步骤 4 直接在装配环境中复制端面并创建垫圈零件。为了解决关联复制错位的问题，可以直接在装配环境中复制参考面，在装配环境中将泵体零件设置为"编辑"状态，使用"等距曲面"命令复制泵体端面，如图 7-82 所示，然后选择"加厚"命令对复制端面加厚 1mm 得到垫圈零件，如图 7-83 所示。

图 7-78　设计垫圈

图 7-79　复制表面

图 7-80　位置错位

图 7-81　原点不重合

图 7-82　复制表面

图 7-83　加厚曲面

7.4　骨架模型设计

　　骨架模型是整个自顶向下设计的核心，是根据装配体结构特点及组成关系设计的一种特殊零件模型，相当于整个装配体的 3D 布局，是将来修改装配产品主要参数的平台。因为骨架模型的重要性，所以在设计骨架模型时一定要综合考虑各方面的因素，以便提高骨架模型乃至整个装配产品的设计效率，骨架模型设计一定要注意以下问题。

　　① 尽可能多的包含产品各项设计参数。骨架模型中包含的设计参数越多就越方便以后修改，否则需要在多个文件中修改设计参数，影响修改效率。

　　② 骨架模型中要充分注意防错设计。骨架模型主要是为下游设计提供必要的依据及参考，所以骨架模型中一定不要出现模棱两可的设计，否则分配到下游后无法指导下游设计人员进行准确的设计，最终影响整个产品的设计。

　　③ 骨架模型中的草图要合理集中与分散。骨架模型中经常需要绘制很多控制草图，如果控制草图太复杂，需要将草图分解为多个草图来绘制，如果控制草图很简单，应该直接在一个草图中绘制，集中与分散的主要目的是提高绘制效率。

　　④ 尽量体现多种设计方案并行。如果产品设计中涉及多种方案，可以在骨架模型中体现多种设计方案，这样方便下游设计人员根据自身情况选择合适方案展开设计。

　　骨架模型主要包括三种类型，分别是草图骨架、独立实体骨架、实体曲面骨架，下面具体介绍这三种类型骨架模型的设计。

7.4.1　草图骨架模型设计

　　草图骨架模型就是使用一些草图对象控制装配产品总体结构及主要尺寸关系。骨架模型中的草图一般是比较简单的机构简图。草图骨架模型主要用于结构比较分散的装配产品设计，如焊件结构设计、自动化生产线等，如图 7-84 所示。

　　如图 7-85 所示的轴承，主要由轴承内圈、轴承外圈、轴承保持架及滚珠等零件构成，如图 7-86 所示，下面具体介绍使用自顶向下设计方法进行轴承设计。

　　（1）骨架模型分析

　　要完成轴承设计，首先需要分析轴承骨架模型的设计，因为轴承为回转结构的产品，假设用一个平面从中心位置对轴承进行剖切，从轴承剖截面上可以看到轴承主要尺寸参数，如

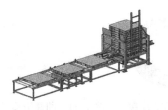

图 7-84　草图骨架模型应用举例

图 7-87 所示，所以对于轴承的设计，可以取轴承的剖截面作为骨架模型，这样正好可以对轴承主要尺寸参数进行控制，在具体设计时考虑设计的方便，用简化草图来替代轴承剖截面作为轴承设计骨架。

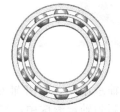

图 7-85　轴承　　　　　　图 7-86　轴承结构　　　　　图 7-87　轴承尺寸参数

（2）创建装配结构

根据轴承产品结构特点及装配关系创建轴承装配结构，如图 7-88 所示，

（3）骨架模型设计

在装配中打开骨架模型 bearing _ skeleton，使用"草图"命令，选择"前视基准面"为草图平面，绘制如图 7-89 所示的草图作为轴承骨架模型。

（4）主要零件设计

完成骨架模型设计后，将骨架模型中的草图关联复制到各个零件中进行具体设计，包括轴承内圈、轴承外圈、轴承保持架及滚珠等。

　　步骤 1　创建如图 7-90 所示的轴承内圈。打开轴承内圈零件（inner_race），使用"插入零件"命令将骨架模型中的草图关联复制到轴承内圈中，然后根据骨架草图创建如图 7-91 所示的旋转凸台作为内圈主体，最后创建如图 7-92 所示的倒圆角。

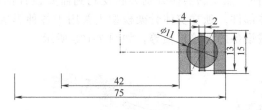

图 7-88　创建轴承装配结构　　　　　图 7-89　骨架模型　　　　　图 7-90　创建内圈

　　步骤 2　创建如图 7-93 所示的轴承外圈。打开轴承外圈零件（outer_ring），使用"插入零件"命令将骨架模型中的草图关联复制到轴承外圈中，然后根据骨架草图创建如图 7-94 所示的旋转凸台作为外圈主体，最后创建如图 7-95 所示的倒圆角。

　　步骤 3　创建如图 7-96 所示的轴承保持架。打开轴承保持架零件（retainer），使用"插入零件"命令将骨架模型中的草图关联复制到轴承保持架中，然后根据骨架草图创建如图 7-97 所示的旋转凸台作为轴承保持架主体，最后创建如图 7-98 所示的拉伸切除及如图 7-99

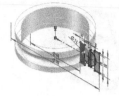

图 7-91　创建旋转凸台

图 7-92　创建倒圆角

图 7-93　创建轴承外圈

图 7-94　创建旋转凸台

图 7-95　创建倒圆角

图 7-96　创建保持架

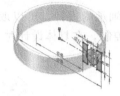

图 7-97　创建旋转凸台

图 7-98　创建拉伸切除

所示的圆周阵列。

步骤 4　创建如图 7-100 所示的轴承滚珠。打开轴承滚珠零件（ball），使用"插入零件"命令将骨架模型中的草图关联复制到轴承滚珠中，然后根据骨架草图创建如图 7-101 所示的旋转凸台作为滚珠主体，最后在装配环境中使用保持架中的圆周阵列对滚珠进行特征驱动阵列，如图 7-102 所示，保证滚珠个数始终与保持架圆孔数量一致。

图 7-99　创建圆周阵列

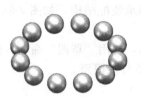

图 7-100　创建轴承滚珠

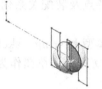

图 7-101　创建旋转凸台

图 7-102　特征驱动阵列

7.4.2　独立实体骨架模型设计

独立实体骨架模型就是使用若干彼此独立的实体对象控制装配产品总体结构及主要尺寸关系。骨架模型中的独立实体分别代表下游需要设计的主要结构，在自顶向下设计中使用"插入零件"方法将各个独立的实体分别关联复制到需要设计的零部件中，然后经过细化得到具体的装配产品零部件。独立实体骨架模型主要用于各种焊接结构的设计，如挖掘机底盘焊接支架、大型机械设备的焊接机架等，如图 7-103 所示。

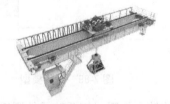

图 7-103　独立实体骨架模型应用举例

如图 7-104 所示的焊接支座，主要由底板、左右支承板及加强筋板等零件构成，如图 7-105 所示，下面具体介绍使用自顶向下设计方法进行焊接支座设计。

（1）骨架模型分析

焊接支座是典型的焊接件，主要是由若干钢板零件焊接而成，像这种结构的产品，可以先在一个单独的文件中完成主体结构的设计（不考虑具体细节）。为了区分不同的零件，在创建接触特征时不要合并结果，这样在自顶向下设计中就可以使用"插入零件"命令将这个整体零件"拆分"到不同零件文件中。另外要特别注意相同的结构（如阵列结构、镜向结构）的设计，考虑到将来创建工程图材料明细表，有些相同结构应该在骨架模型中设计，有些相同结构应该在总装配中创建，还有零件中的细节尽量在具体零件中设计，节省骨架模型设计时间，综上所述，焊接支座骨架模型如图 7-106 所示。

图 7-104　焊接支座

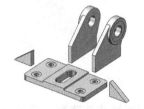

图 7-105　焊接支座组成

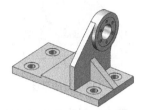

图 7-106　骨架模型

（2）创建装配结构

根据焊接支座结构特点及装配关系创建焊接支座装配结构，如图 7-107 所示。

（3）骨架模型设计

步骤 1　在总装配中打开骨架模型 bracket _ skeleton。

步骤 2　创建如图 7-108 所示的底板拉伸。选择"拉伸凸台"命令，选择"上视基准面"为草图平面，绘制如图 7-109 所示的拉伸草图，定义拉伸高度为 15。

图 7-107　创建焊接支座装配结构

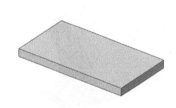

图 7-108　创建底板拉伸

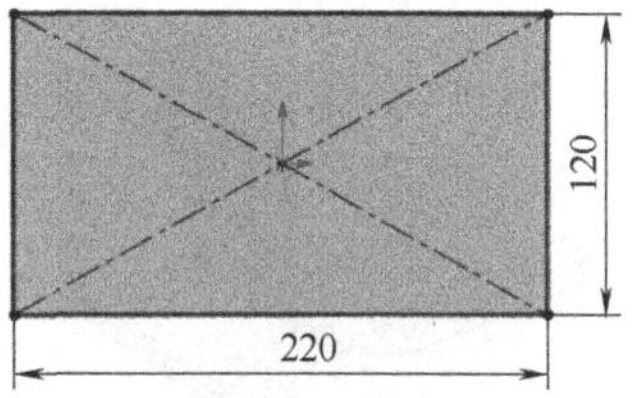

图 7-109　拉伸草图

步骤 3　创建如图 7-110 所示的拉伸凸台。选择"拉伸凸台"命令，选择底板拉伸上表面为草图平面，绘制如图 7-111 所示的拉伸草图，定义拉伸高度为 5。

步骤 4　创建如图 7-112 所示的支撑板拉伸。选择"拉伸凸台"命令，选择上一步创建的拉伸凸台侧面为草图平面绘制如图 7-113 所示的拉伸草图，定义拉伸厚度为 12，此处一定不要将支撑板拉伸与底板拉伸合并结果。

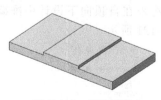

图 7-110　拉伸凸台

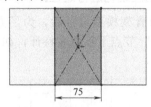

图 7-111　拉伸草图

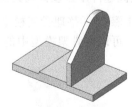

图 7-112　支撑板拉伸

💡 **说明：**此处创建的支撑板只是焊接支座中的右侧支撑板结构，左侧支撑板与右侧支撑板完全对称，但是属于两个不同的零件，这种结构的设计只需要在骨架模型中做好一侧结构，将来在装配中使用镜向装配做另外一侧即可。

步骤 5 创建如图 7-114 所示的圆柱凸台。选择"拉伸凸台"命令，选择上一步创建的支撑板拉伸侧面为草图平面绘制与圆弧面等半径的圆，定义拉伸厚度为 8。

步骤 6 创建如图 7-115 所示的沉头孔。选择"异形孔向导"命令，选择上一步创建的圆柱凸台端面为打孔平面，位置与圆弧面同心，规格为 M30。

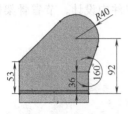
图 7-113 拉伸草图

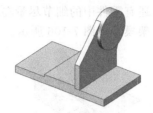
图 7-114 圆柱凸台

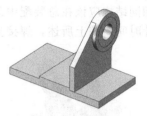
图 7-115 沉头孔

步骤 7 创建如图 7-116 所示的螺纹孔并阵列。选择上一步创建的沉头孔沉头平面为打孔面，螺纹孔分布圆直径为 46，规格为 M6，完全贯穿，阵列个数为 6 个。

步骤 8 创建如图 7-117 所示的加强筋板。选择"拉伸凸台"命令，选择"前视基准面"为草图平面，绘制如图 7-118 所示的草图，拉伸方式为"两侧对称"，拉伸厚度为 15，此处一定不要将加强筋板拉伸及支撑板拉伸合并结果。

💡 **说明：** 此处创建的加强筋板只是焊接支座中的右侧加强筋板结构，左侧加强筋板与右侧加强筋板完全对称，而且是相同的零件。这种结构的设计只需要在骨架模型中做好一侧结构，将来在装配中使用镜向装配做另外一侧即可。

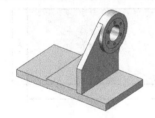
图 7-116 螺纹孔

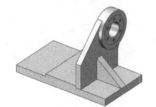
图 7-117 加强筋板

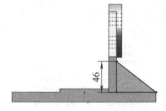
图 7-118 拉伸草图

步骤 9 创建如图 7-119 所示的底板沉头孔。沉头孔定位草图如图 7-120 所示，沉头孔规格为 M14，使用草图驱动阵列对沉头孔进行阵列设计。

💡 **说明：** 此处创建的沉头孔虽然属于底板零件中的细节特征，之所以在骨架模型中设计，是因为该沉头孔位置比较特殊，需要根据支撑板及加强筋板的结构定位，如果在单独的底板零件中去设计将无法参考这些结构进行定位。

步骤 10 整理骨架模型。完成骨架模型设计后，为了方便将来在自顶向下设计中准确复制，可以在骨架模型中的"实体"节点下重命名特征，如图 7-121 所示。

图 7-119 底板沉头孔

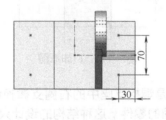
图 7-120 孔定位草图

图 7-121 重命名特征

（4）主要零件设计

完成骨架模型设计后，将骨架模型中的实体关联复制到各个零件中进行具体设计，包括底板、支撑板及加强筋板等。

步骤 1 创建如图 7-122 所示的底板零件。打开底板零件（base_plate），使用"插入零件"命令将骨架模型中的实体关联复制到底板零件中并将多余实体删除，如图 7-123 所示，然后在复制的实体基础上添加零件细节。

① 选择"拉伸切除"命令，使用如图 7-124 所示的草图创建直槽口拉伸切除。

② 创建如图 7-125 所示的倒圆角，圆角半径为 10。

③ 创建如图 7-126 所示的倒角，倒角尺寸为 2，角度为 45 度。

步骤 2 创建如图 7-127 所示的右侧支撑板零件。打开右侧支撑板零件（right_plate），使用"插入零件"命令将骨架模型中的实体关联复制到右侧支撑板零件中并将多余实体删除，然后在复制的实体基础上创建如图 7-128 所示的倒角。

图 7-122　底板零件

图 7-123　插入参考零件

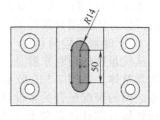
图 7-124　拉伸草图

图 7-125　创建倒圆角

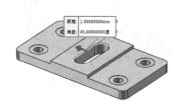
图 7-126　创建倒角

图 7-127　右侧支撑板零件

步骤 3 创建如图 7-129 所示的左侧支撑板零件。左侧支撑板与右侧支撑板完全对称，但是属于两个不同的零件。这种零件直接在装配环境中使用"镜向零件"来创建，注意在镜向操作中使用"生成对称零件"功能，如图 7-130 所示。

步骤 4 创建如图 7-131 所示的加强筋板零件。打开加强筋板零件（rib_plate），使用"插入零件"命令将骨架模型中的实体关联复制到加强筋板零件中并将多余实体删除，得到右侧加强筋板，左侧加强筋板与右侧加强筋板完全对称，而且是相同的零件，这种情况直接

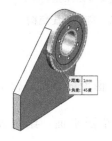
图 7-128　创建倒角

图 7-129　左侧支撑板零件

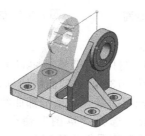
图 7-130　镜向左侧支撑板

图 7-131　加强筋板

在装配环境中使用"镜向零件"创建即可。

7.4.3 实体曲面骨架模型设计

实体曲面骨架模型就是使用实体控制装配产品整体结构，然后根据装配组成关系设计相应的分型曲面。在自顶向下设计中使用"插入零件"方法将实体与曲面分别关联复制到需要设计的零部件中，然后使用分型曲面对实体部分进行切除并细化。实体曲面骨架模型主要用于整体性很强的产品设计，如鼠标、汽车车身等，如图 7-132 所示。

图 7-132 实体曲面骨架模型应用举例

如图 7-133 所示的优盘产品，主要由前盖、上盖及下盖等零件构成，如图 7-134 所示，下面具体介绍使用自顶向下设计方法进行优盘设计。

（1）骨架模型分析

从优盘整体外观来看是一个典型的整体性很强的产品。优盘前盖、上下盖装配在一起形成优盘整体，如图 7-135 所示。在骨架模型中可以先将这个整体做出来，然后根据前盖、上下盖之间的装配配合关系设计相应的分型曲面，如图 7-136 所示。这些分型面主要是为了将优盘整体分割成前盖和上下盖三个部分，后期通过切除及细化得到最终的前盖、上下盖零件。综上所述，优盘骨架模型如图 7-137 所示。

图 7-133 优盘   图 7-134 优盘组成   图 7-135 优盘整体

（2）创建装配结构

根据优盘结构特点及装配关系创建优盘装配结构，如图 7-138 所示。

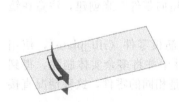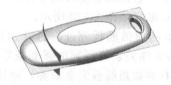

图 7-136 优盘分型面   图 7-137 优盘骨架模型   图 7-138 创建装配结构

（3）骨架模型设计

步骤 1 在总装配中打开骨架模型 skeleton。

步骤 2 创建如图 7-139 所示的曲线线框。曲线线框是设计优盘主体曲面的基础，包括两条轮廓曲线、三条截面曲线及一条端部曲线。

① 创建轮廓曲线。选择"草图"命令，选择"上视基准面"为草图平面，绘制如图 7-140 所示的两条圆弧草图作为轮廓曲线。

② 创建两侧截面曲线。首先在轮廓曲线两端创建平行于"右视基准面"的基准平面，然后分别在创建的基准面上绘制如图 7-141 所示的两侧曲线（均为半椭圆）。

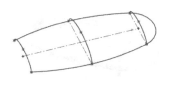

图 7-139 创建曲线线框

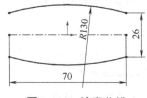

图 7-140 轮廓曲线

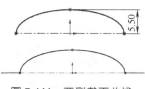

图 7-141 两侧截面曲线

③ 创建中间截面曲线。选择"草图"命令，选择"右视基准面"为草图平面绘制如图 7-142 所示的一半椭圆为中间截面。

④ 创建端部曲线。选择"草图"命令，选择"上视基准面"为草图平面绘制如图 7-143 所示的圆弧为端部曲线，约束圆弧与轮廓曲线相切。

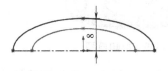

图 7-142 中间截面曲线

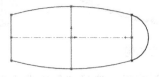

图 7-143 端部曲线

图 7-144 主体曲面

步骤 3 创建如图 7-144 所示的主体曲面。首先使用"放样曲面"命令选择轮廓曲线与两侧截面曲线及中间截面曲线创建主体曲面中间部分，然后选择两侧截面曲线与两侧端部曲线创建主体曲面两端部分，最后缝合曲面。

步骤 4 创建如图 7-145 所示的扫描曲面。该扫描曲面为后面做凹坑造型做准备。

① 创建扫描路径曲线。选择"草图"命令，选择"前视基准面"为草图平面绘制如图 7-146 所示的圆弧草图作为扫描路径曲线。

② 创建扫描轮廓。首先在扫描路径曲线端点创建垂直于扫描路径曲线的基准平面，然后在基准面上绘制如图 7-147 所示的圆弧作为扫描轮廓。

图 7-145 扫描曲面

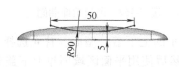

图 7-146 扫描路径曲线

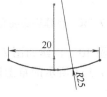

图 7-147 扫描轮廓曲线

步骤 5 创建如图 7-148 所示的剪裁曲面。选择"剪裁曲面"命令，使用"相互"模式对以上创建的主体曲面与扫描曲面进行剪裁，得到如图 7-148 所示的剪裁效果。

步骤 6 创建如图 7-149 所示的封闭曲面实体化。首先将以上剪裁后的曲面沿"上视基准面"镜像，然后使用"缝合曲面"进行实体化得到优盘整体。

步骤 7 创建如图 7-150 所示的椭圆孔。选择"拉伸切除"命令，选择"上视基准面"为草图平面绘制如图 7-151 所示的椭圆草图，创建完全贯穿拉伸切除。

图 7-148 剪裁曲面

图 7-149 创建封闭曲面实体化

图 7-150 创建椭圆孔

步骤 8　创建如图 7-152 所示的椭圆孔。圆角半径为 1。

步骤 9　创建如图 7-153 所示的前盖分型面。前盖分型面主要是为了分割优盘的前盖与上下盖，如图 7-154 所示，下面介绍前盖分型面的设计。

图 7-151　剪裁曲面　　　　图 7-152　创建倒圆角　　　　图 7-153　前盖分型面

① 创建拉伸曲面。选择"拉伸曲面"命令，选择"上视基准面"为草图平面绘制如图 7-155 所示的草图创建拉伸曲面。

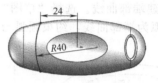

图 7-154　前盖分型面作用　　　　　　　　图 7-155　拉伸草图

② 创建如图 7-156 所示的等距曲面。选择"等距曲面"命令，选择上一步创建的拉伸曲面为等距对象，等距方向如图 7-156 所示，等距距离为 2。

③ 创建如图 7-157 所示的拉伸曲面。选择"拉伸曲面"命令，选择右视基准面为草图平面绘制如图 7-158 所示的拉伸草图，拉伸深度大于等于优盘长度即可。

④ 创建如图 7-159 所示的剪裁曲面。选择"剪裁曲面"命令，使用"相互"模式对以上创建的两个拉伸曲面及等距曲面进行剪裁，得到如图 7-159 所示的剪裁效果。

图 7-156　创建等距曲面　　　　图 7-157　创建拉伸曲面　　　　图 7-158　拉伸草图

步骤 10　创建如图 7-160 所示的上下盖分型面。首先选择"上视基准面"为草图平面绘制如图 7-161 所示的草图区域，然后使用平面区域创建上下盖分型面。

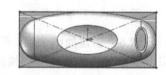

图 7-159　剪裁曲面　　　　图 7-160　创建上下盖分型面　　　　图 7-161　草图区域

步骤 11　重命名实体与分型面。为了便于自顶向下设计的管理与区分，需要将以上创建的优盘实体及分型面进行重命名，如图 7-162 所示。

（4）主要零件设计

完成优盘骨架模型设计后，将骨架模型中的实体及曲面关联复制到各个零件中进行具体设计，包括优盘前盖及优盘上下盖等。

步骤 1　创建如图 7-163 所示的前盖零件。打开前盖零件（front_cover），使用"插入零件"命令将骨架模型中的实体及曲面关联复制到前盖零件中，并将多余曲面删除。

① 创建曲面切除。选择"使用曲面切除"命令，使用前盖分型面切除优盘实体，得到如图 7-164 所示的切除效果。

图 7-162 重命名实体与分型面

图 7-163 创建前盖零件

图 7-164 使用曲面切除

② 创建如图 7-165 所示的拉伸切除。首先创建如图 7-166 所示的基准面，然后选择该基准面为草图平面绘制如图 7-167 所示的拉伸草图进行拉伸切除。

③ 创建如图 7-168 所示的倒角。倒角尺寸为 0.2，角度为 45 度。

图 7-165 拉伸切除

图 7-166 创建基准面

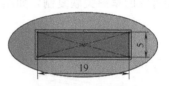

图 7-167 拉伸草图

步骤 2 创建如图 7-169 所示的上盖零件。打开上盖零件（top_cover），使用"插入零件"命令将骨架模型中的实体及曲面关联复制到上盖零件中，依次使用前盖分型面及上下盖分型面对优盘实体进行切除，然后抽壳，抽壳厚度为 0.6，最后使用"拉伸切除"创建如图 7-170 所示的扣合特征，扣合深度为 0.5，深度为 0.3（壳体厚度一半）。

图 7-168 创建倒角

图 7-169 创建上盖零件

步骤 3 创建如图 7-171 所示的下盖零件。打开下盖零件（down_cover），使用"插入零件"命令将骨架模型中的实体及曲面关联复制到下盖零件中，依次使用前盖分型面及上下盖分型面对优盘实体进行切除，然后抽壳，抽壳厚度为 0.6，最后使用"拉伸凸台"创建如图 7-172 所示的扣合特征，扣合深度为 0.5，深度为 0.3（壳体厚度一半）。

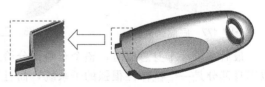

图 7-170 创建扣合特征（一）

 说明: 下盖零件与上盖零件基本一样，主要是扣合特征不一样。

图 7-171 创建下盖零件

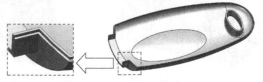

图 7-172 创建扣合特征（二）

7.4.4 混合骨架模型设计

实际产品设计中，特别是复杂产品的设计，以上介绍的三种类型的骨架模型经常混合使用，具体用哪种方法主要是根据装配产品结构特点灵活选用的，如图 7-173 所示的挖掘机，像这种复杂产品在自顶向下设计过程中就需要使用多种骨架模型进行混合设计。

图 7-173 挖掘机

首先从挖掘机总体结构来分析，挖掘机可以划分为三大子系统，包括底盘子系统、车身子系统及工作机构子系统，这三大子系统结构都比较分散，所以设计挖掘机总体骨架模型时应该使用草图骨架模型进行设计，如图 7-174 所示。后面在设计各子系统时再将总体骨架模型中的部分草图关联复制到子系统即可。例如在设计车身子系统时需要将总体骨架模型中与车身有关的草图关联复制，如图 7-175 所示；在设计工作机构子系统时需要将总体骨架模型中与工作机构有关的草图关联复制，如图 7-176 所示。

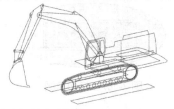

图 7-174 总体草图骨架

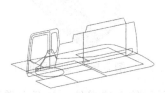

图 7-175 车身子骨架

图 7-176 工作机构子骨架

在设计挖掘机底盘及工作机构时，其中主体结构均是由各种钢板焊接而成的，如图 7-177 所示的底盘支架，如图 7-178 所示的工作机构，如图 7-179 所示的动臂总成等都是钢板焊接结构，所以在设计这些子系统时应该使用独立实体骨架进行设计。基本思路是先在骨架模型中将主要的焊接结构创建成独立的实体，后面再拆分为具体零部件即可。

图 7-177 底盘支架总成

图 7-178 工作机构总成

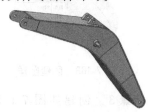

图 7-179 动臂总成

最后在设计车身总成时，整个车身部分给人的感觉就像一个整体，如图 7-180 所示，所以车身部分是一个整体性很强的子系统，而且车身部分的驾驶室（图 7-181）和车身覆盖件（图 7-182）都属于整体性很强的子系统，在设计这些子系统时应该使用实体曲面骨架模型进行设计。基本思路是先在骨架模型中创建该系统的整体，然后设计相应的分型面，后面再使用分型面对实体进行切除得到具体的零部件。

图 7-180 车身总成

图 7-181 驾驶室总成

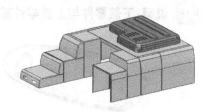

图 7-182 车身覆盖件

7.5 控件模型设计

在产品设计中，如果产品中包含相对比较独立、比较集中的局部结构（类似于装配中的子装配），为了便于对这个局部结构进行设计与管理，需要针对局部结构设计一个控制部件。该控制部件简称控件。控件是自顶向下设计过程中一个非常重要的中间产物，主要起到一个承上启下的作用：一方面从上一级的骨架模型中继承一部分几何参考；另一方面又控制着下游级别的结构设计，控件模型如图 7-183 所示。

图 7-183 控件模型示意

控件和骨架都是对产品结构起控制作用的中间产物，但是两者在设计中是有本质区别的。骨架模型对产品结构起总体控制，控制范围是整个产品（或整个子系统）；控件主要控制某一相对独立、相对集中的局部结构。理论上讲，一般的产品设计中，骨架模型必须有而且一般只有一个，但是控件不同，结构简单的可以不用设计控件，结构复杂的可以有多级控件。

7.5.1 控件设计要求与原则

自顶向下设计中，控件的设计非常重要，除了要注意一般的结构设计要求与原则以外，还需要特别注意以下几点。

① 在进行控件设计时，一定要根据产品结构特点进行合理划分，控件级别不要太多，也不能太少，关键要将产品中的关键结构划分出来，结构简单的不用设计控件。

② 控件中的分型面设计一定要根据下游级别的结构来决定，要用尽量少的分型面分割得到需要的结构，分型面太多，一方面影响设计效率，另一方面容易出错。

③ 控件中的结构设计要尽量集中，避免分散设计，下游结构中都有的结构，应该在控件中设计好了再往下一级别细分，这样既提高的设计效率，同时又便于以后的修改。

7.5.2 控件设计案例

为了让读者理解控件设计应用以及控件设计要求与原则，下面通过一个具体案例详细介绍产品设计中的控件设计。如图 7-184 所示的遥控器，其背面结构如图 7-185 所示，遥控器组成结构如图 7-186 所示，主要包括上盖、屏幕、按键、标志、下盖及电池盖，下面具体介绍使用自顶向下设计方法设计遥控器主要零部件的过程。

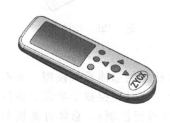

图 7-184 遥控器

图 7-185 遥控器背面

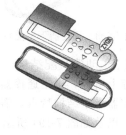

图 7-186 遥控器结构

（1）骨架模型分析

遥控器从整体外观来看是一个典型的整体性很强的产品，遥控器所有零部件装配在一起形成遥控器整体，如图 7-187 所示，又因为遥控器是一个上下结构的产品，包括遥控器上半部分及下半部分，如图 7-188 所示，为了将骨架实体一分为二，需要在骨架模型中部位置设计分型面，得到遥控器骨架模型，如图 7-189 所示。

图 7-187　遥控器整体　　图 7-188　遥控器整体结构特点　　图 7-189　遥控器骨架模型及分型面

（2）控件模型分析

根据以上对遥控器整体结构的分析，遥控器是一个上下结构的产品，上半部分包括上盖、屏幕、按键及标志，如图 7-190 所示。为了方便上半部分的设计及管理，先将骨架模型中的上半部分关联复制，然后添加如图 7-191 所示的屏幕分型面及标志分型面，得到遥控器上部控件，方便后期设计屏幕及标志，如图 7-192 所示。

图 7-190　遥控器上半部分　　　图 7-191　屏幕及标志分型面　　　图 7-192　屏幕及标志

遥控器下半部分包括下盖及电池盖，如图 7-193 所示。为了方便下半部分的设计及管理，先将骨架模型中的下半部分关联复制，然后添加如图 7-194 所示的电池盖分型面，得到遥控器下部控件，方便后期设计电池盖，如图 7-195 所示。

规划上部控件及下部控件以后，如果遥控器上半部分需要修改与改进，只需要在上部控件内部进行，这样不会涉及下部结构。同样的，如果下半部分需要修改与改进，只需要在下部控件内部进行，这样也不会涉及上部结构。

图 7-193　遥控器下半部分　　　　图 7-194　电池盖分型面　　　　图 7-195　电池盖

（3）创建装配结构

综上所述，根据遥控器整体结构特点，需要设计如图 7-189 所示的总体骨架模型，又根据遥控器上下结构特点，需要设计如图 7-191 所示的上部控件（主要对遥控器上半部分进行控制）以及如图 7-194 所示的下部控件（主要对遥控器下半部分进行控制）。总体骨架模型及控件都是自顶向下设计的中间产物。遥控器自顶向下设计流程如图 7-196 所示，根据设计流程创建如图 7-197 所示的装配结构，为自顶向下设计做准备。

（4）骨架模型设计

步骤 1　在总装配中打开骨架模型 skeleton。

步骤 2　创建如图 7-198 所示的拉伸主体。选择"拉伸凸台"命令，选择"上视基准面"为草图平面绘制如图 7-199 所示的草图，拉伸方向向上，拉伸高度为 20。

步骤 3　创建如图 7-200 所示的拉伸切除。选择"拉伸切除"命令，选择"右视基准面"为草图平面绘制如图 7-201 所示的草图，两侧拉伸方式为完全贯穿。

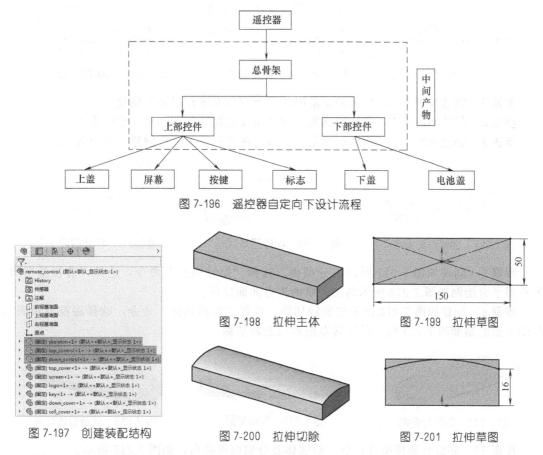

图 7-196　遥控器自定向下设计流程

图 7-197　创建装配结构

图 7-198　拉伸主体

图 7-199　拉伸草图

图 7-200　拉伸切除

图 7-201　拉伸草图

步骤 4　创建如图 7-202 所示的底部切除。创建这种切除需要首先创建如图 7-203 所示的放样曲面，然后使用曲面切除得到遥控器的底部结构。

① 创建如图 7-204 所示的曲线线框。选择"草图"命令在"前视基准面"上绘制如图 7-205 所示轮廓曲线，该轮廓曲线作为放样曲面的引导线。

图 7-202　底部切除

图 7-203　放样曲面

图 7-204　曲线线框

② 创建如图 7-206 所示的截面曲线。选择"草图"命令在主体底面上绘制如图 7-206 所示截面曲线，该截面曲线作为放样曲面的轮廓线。

③ 创建如图 7-207 所示的截面曲线。选择"草图"命令在主体顶面上绘制如图 7-207 所示截面曲线，该截面曲线作为放样曲面的另一条轮廓线。

④ 创建放样曲面。选择"放样曲面"命令，使用以上创建的轮廓曲线及截面曲线创建如图 7-203 所示的放样曲面。

⑤ 创建曲面切除。选择"使用曲面切除"命令，选择以上创建的放样曲面对主体实体

进行切除，得到遥控器底部曲面效果。

图 7-205　创建轮廓曲线

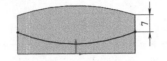

图 7-206　创建截面曲线（一）

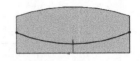

图 7-207　创建截面曲线（二）

步骤 5　创建如图 7-208 所示的完整圆角。该圆角在遥控器底部创建。

步骤 6　创建如图 7-209 所示的圆角。该圆角在遥控器顶部创建，半径为 10。

步骤 7　创建如图 7-210 所示的圆角。该圆角在遥控器上下面创建，半径为 3。

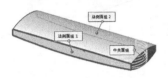

图 7-208　创建完整圆角

图 7-209　创建圆角（一）

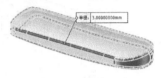

图 7-210　创建圆角（二）

步骤 8　创建如图 7-211 所示的分型面。选择"拉伸曲面"命令，选择"前视基准面"为草图平面绘制如图 7-212 所示的拉伸草图进行曲面拉伸。

步骤 9　创建如图 7-213 所示的旋转切除。选择"旋转切除"命令，选择遥控器顶面为草图平面绘制如图 7-214 所示的旋转草图进行旋转切除。

图 7-211　创建分型面

图 7-212　拉伸草图

图 7-213　创建旋转切除

步骤 10　完成骨架模型设计后，对实体及分型面重命名，如图 7-215 所示。

（5）上部控件设计

步骤 1　在总装配中打开上部控件模型 top_control。

步骤 2　关联复制实体。选择"插入零件"命令，选择骨架模型 skeleton 为参考零件，使用骨架模型中的分型面将遥控器下半部分切除，如图 7-216 所示。

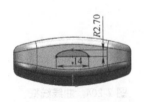

图 7-214　创建旋转截面

图 7-215　重命名实体及曲面

图 7-216　切除实体

步骤 3　创建屏幕及标志分型面。为了根据上部控件创建屏幕及标志，需要在上部实体中创建如图 7-217 所示的屏幕及标志分型面，然后进行重命名，如图 7-218 所示。

（6）上部控件设计

步骤 1　在总装配中打开上部控件模型 down_control。

步骤 2　关联复制实体。选择"插入零件"命令，选择骨架模型 skeleton 为参考零件，使用骨架模型中的分型面将遥控器上半部分切除，如图 7-219 所示。

图 7-217　屏幕及标志分型面

图 7-218　管理上部控件

图 7-219　切除实体

步骤 3　创建电池盖分型面。为了根据下部控件创建电池盖，需要在下部实体中创建如图 7-220 所示的电池盖分型面，然后进行重命名，如图 7-221 所示。

（7）主要零件设计

完成遥控器骨架模型及控件设计后，将控件模型中的实体及曲面关联复制到各个零件中进行具体设计，包括上盖、屏幕、按键、标志、下盖及电池盖等。

步骤 1　创建如图 7-222 所示的上盖零件。打开上盖零件（topcover），使用"插入零件"命令将上部控件中的实体及曲面关联复制到上盖零件中，然后将屏幕部分及标志部分切除并添加上盖部分的细节得到完整的上盖零件。

图 7-220　电池盖分型面

图 7-221　管理下部控件

图 7-222　遥控器上盖

步骤 2　创建如图 7-223 所示的按键参考曲面。后面要设计的按键需要与上盖中的按键孔完全配合，为了方便按键的设计，需要先在上盖中创建如图 7-224 所示的按键参考曲面，然后在模型树中重命名，如图 7-224 所示。

步骤 3　创建如图 7-225 所示的屏幕零件。打开屏幕零件（screen），使用"插入零件"命令将上部控件中的实体及曲面关联复制到屏幕零件中，然后将上盖部分及标志部分切除并添加屏幕部分的细节得到完整的屏幕零件。

图 7-223　按键参考面

图 7-224　管理按键参考

图 7-225　遥控器屏幕

步骤 4　创建如图 7-226 所示的标志零件。打开标志零件（logo），使用"插入零件"命令将上部控件中的实体及曲面关联复制到标志零件中，然后将屏幕部分及上盖部分切除并添加标志部分的细节得到完整的标志零件。

步骤 5　创建如图 7-227 所示的按键零件。打开按键零件（key），使用"插入零件"命令将上盖中的按键参考曲面关联复制到按键零件中，然后创建按键细节。

步骤 6　创建如图 7-228 所示的下盖零件。打开下盖零件（down），使用"插入零件"命令将下部控件中的实体及曲面关联复制到下盖零件中，然后将电池盖部分切除并添加下盖部分的细节得到完整的下盖零件。

步骤 7 创建如图 7-229 所示的电池盖零件。打开电池盖零件（cell _ cover），使用"插入零件"命令将下部控件中的实体及曲面关联复制到电池盖零件中，然后将下盖部分切除并添加电池盖部分的细节得到完整的电池盖零件。

图 7-226　遥控器标志　　图 7-227　遥控器按键　　图 7-228　遥控器下盖　　图 7-229　电池盖

7.6　复杂系统自顶向下设计

在实际产品设计中，经常需要进行复杂系统的设计，如工程机械、加工中心、汽车、舰船、飞机等，如图 7-230 所示，这些都属于非常复杂的产品，在自顶向下设计过程中要考虑更多、更复杂的因素，任何一点的错误，都有可能导致严重的后果，甚至会影响整个产品的设计，下面具体介绍复杂系统设计流程及注意事项。

图 7-230　复杂系统自顶向下设计应用举例

7.6.1　复杂系统设计流程

对于复杂系统，其最主要的特点就是结构非常复杂，涉及的参数也非常多，凭借一个人或几个人的能力是无法完成的，必须是数个团队协同设计才能完成。那么在协同设计中就一定要注意整体设计的一个流程，必须做到流程清晰、思路明确，团队内部还有团队之间都应该能够很好的共享数据并能够顺畅交流，只有这样才能完成复杂系统的设计。复杂系统自顶向下设计流程如下：

① 总体骨架模型设计，它是整个设计的核心，其规划设计一定要合理，要充分考虑整个设计过程中存在的所有因素，还要充分考虑设计过程中的协同设计问题。

② 各主要子系统骨架模型设计，在上一步的基础上进一步分割细化，添加各级子系统关键设计参数，最终得到各级子系统骨架模型，它是各子系统设计的核心。

③ 根据系统复杂程度，还可以在上一步的基础上分割更多、更细的子系统骨架模型。

④ 各子系统控件结构设计，这一步是在上一步的基础上，根据各子系统结构特点规划各级主要控件。

⑤ 根据系统复杂程度，还可以在上一步的基础上分割更多、更细控件。

⑥ 系统中所有零部件结构设计。

这里的设计流程一定要与协同设计联系起来进行理解。总体骨架模型设计一般由该系统的总项目工程师根据各方面的考虑来设计，完成之后，再往下游设计部门进行分配。各主要子系统骨架模型设计主要是由各子系统设计团队的项目工程师来进行设计。当然在设计中一方面要充分理解总工程师的设计意图，另一方面还要考虑下游的设计。这一步工作完成后就是各级控件的设计了，控件主要由各团队中的设计工程师来完成，最后是零部件结构设计，主要由最下面的工作人员来完成。

7.6.2 复杂系统设计布局

对于复杂系统的自顶向下设计，在设计之前，一定要充分了解整个系统的结构特点以及级别关系，然后规划出一个初步的自顶向下设计布局（至少三级布局）。自顶向下设计布局相当于整个项目设计的清单，有了这个详细的布局，在自顶向下设计中根据此布局创建装配结构并以此为依据进行设计，如图 7-231 所示是挖掘机自顶向下设计布局。

1. 挖掘机主体系统（excavator_system）
  1.1 挖掘机底盘总成（chassis_assy）
    1.1.1 底盘支撑系统（chassis_frame）
    1.1.2 底盘行走机构（track_assy）
  1.2 挖掘机车身总成（body_assy）
    1.2.1 车身支撑结构（frame_assy）
    1.2.2 驾驶室（cab_assy）
    1.2.3 车身覆盖板总成（cover_assy）
    1.2.4 车身配重（bob_weight）
  1.3 挖掘机工作机构总成（work_assy）
    1.3.1 动臂总成（arm_assy）
    1.3.2 斗杆总成（boom_assy）
    1.3.3 铲斗总成（bucket_assy）
2. 挖掘机管道系统（piping_system）
3. 挖掘机电气系统（electric_sysem）

图 7-231　挖掘机自顶向下设计布局

7.6.3 复杂系统设计案例

下面继续以挖掘机为例介绍复杂系统设计过程。在自顶向下设计中以上一小节的"挖掘机自顶向下设计布局"为依据创建装配结构。

步骤 1　创建总装配文件。总装配文件为最高级别的文件，用来控制挖掘机所有项目文件，其他子系统均是在该装配文件中创建的，如图 7-232 所示。

步骤 2　创建一级装配文件。总骨架模型（excavator_skel）及挖掘机布局文件中的一级文件，包括挖掘机主体系统（excavator_system）、管道系统（piping_system）及电气系统（electric_system），如图 7-233 所示。

> 💡 **说明：** 创建装配结构时一定要注意文件类型，所有的骨架模型、控件均为零件类型，子装配、子系统、总成均为装配类型。

步骤 3　创建二级装配文件。以挖掘机主体系统为例，涉及主体骨架模型（main_skel）及布局文件中的二级文件，包括底盘总成（chassis_assy）、车身总成（body_assy）及工作机构总成（work_assy），如图 7-234 所示。

图 7-232　创建总装配文件　　　　图 7-233　创建一级装配文件　　　　图 7-234　创建二级装配文件

步骤 4　创建三级装配文件（底盘部分）。涉及底盘骨架模型（chassis_skel）及布局文件中的底盘三级文件，包括底盘支撑系统（chassis_frame）、底盘行走机构（track_assy），如图 7-235 所示。

步骤 5　创建三级装配文件（车身部分）。涉及车身骨架模型（body_skel）及布局文件中的车身三级文件，包括车身支撑结构（body_frame_assy）、驾驶室（cab_assy）、车身覆盖板总成（cover_assy）及车身配重（bob_weight），如图 7-236 所示。

步骤 6　创建三级装配文件（工作机构部分）。涉及工作机构骨架模型（work_skel）及布局文件中的工作机构三级文件，包括动臂总成（arm_assy）、斗杆总成（boom_assy）及铲斗总成（bucket_assy），如图 7-237 所示。

本小节只介绍挖掘机装配结构的创建，关于骨架模型的设计以及具体结构的设计此处不做具体讲解，读者可以根据前面小节介绍的骨架模型及控件设计方法自行设计。

图 7-235　底盘三级文件　　　　图 7-236　车身三级文件　　　　图 7-237　工作机构三级文件

7.7　自顶向下设计案例：监控器摄像头

如图 7-238 所示的监控器摄像头，根据产品结构特点，主要设计其底座结构（包括上下盖）、支座结构（包括左右盖）及摄像头结构（包括前后盖），设计过程中注意骨架模型设计，特别是其中分型面的设计。

① 设置工作目录：F:\solidworks_jxsj\ch07 top_down\7.7。

② 监控器摄像头自顶向下设计思路：因为该产品属于整体性很强的产品，所以使用实体曲面方法创建骨架模型，同时还需要使用草图设计安装定位结构，然后根据监控器摄像头结构特点，使用分型面分别设计监控器摄像头三部分结构，包括如图 7-239 所示的底座结构，如图 7-240 所示的支座结构及如图 7-241 所示的摄像头结构。

由于书籍篇幅限制，监控器摄像头自顶向下设计过程可扫描二维码观看视频讲解。

   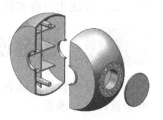

图 7-238　监控器摄像头　　图 7-239　底座结构　　图 7-240　支座结构　　图 7-241　摄像头结构

全书配套视频与资源
微信扫码，立即获取

第8章

钣金设计

.... 微信扫码，立即获取
.... 全书配套视频与资源

SOLIDWORKS钣金设计功能主要用于钣金零件的设计，其中提供了多种钣金设计工具，如基体法兰/薄片、边线法兰、钣金展开与折叠、钣金成形工具等，同时还提供钣金转换工具，方便用户将实体结构转换成钣金，进一步提高钣金设计效率。

8.1 钣金设计基础

学习钣金设计之前首先有必要了解钣金设计的一些基本问题，为后面进一步学习和使用钣金设计做好准备。

8.1.1 钣金设计应用

在零件设计中经常需要设计一些均匀壁厚的薄壁钣金件，使用一般的"特征"工具，如拉伸、旋转、扫描都可以用来创建薄壁钣金件，但是用在钣金设计中都比较麻烦，而且效率也比较低，不便于以后的修改，为了提高均匀壁厚的薄壁钣金设计效率，SOLIDWORKS提供了专门的钣金设计工具，主要应用包括以下几点。

（1）钣金零件的设计

钣金设计最基本的一项功能就是进行各种钣金结构的设计，如钣金基础壁、钣金折弯、钣金冲压成形、钣金拐角处理以及钣金止裂槽的设计等。

（2）钣金展开计算

钣金件的设计与制造一定要考虑钣金下料的问题，这就需要对钣金件进行展开计算，SOLIDWORKS钣金设计工具中提供了专门的钣金展开工具，方便用户进行钣金展开计算。

（3）钣金工程图

钣金工程图是钣金加工制造过程中非常重要的技术文件，钣金工程图包括钣金零件视图及展开视图，其中钣金展开视图需要使用钣金展开工具进行处理。

（4）薄壁件分析

在产品结构分析中经常需要分析薄壁零件。对于薄壁零件的分析一般需要进行薄壁处理（中面处理），在SOLIDWORKS中如果是使用钣金工具设计的薄壁零件，系统会自动识别薄壁结构，不需要手动处理，提高了薄壁零件的分析效率。

8.1.2 钣金设计用户界面

SOLIDWORKS中并没有专门进行钣金设计的模块，在SOLIDWORKS零件设计环境中展开"钣金"选项卡，在"钣金"选项卡中提供了钣金设计工具，此处打开练习文件：ch08 sheetmetal\8.1\bracket，熟悉钣金设计环境，如图8-1所示。

说明：如果零件设计环境中没有"钣金"选项卡，可以在选项卡区空白位置单击鼠标右键，在弹出的菜单中选择"选项卡"→"钣金"命令，在选项卡区显示"钣金"选项卡。

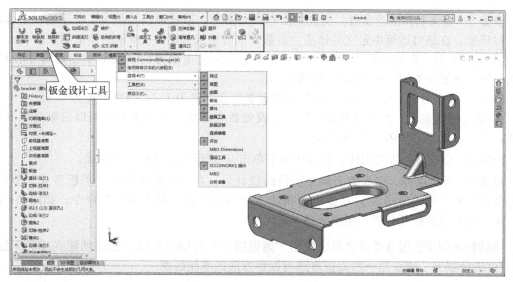

图 8-1　钣金设计环境及工具

8.2　钣金基础壁设计

钣金基础壁是钣金设计的基础，其他各种钣金结构都是在钣金基础壁的基础上设计的，下面具体介绍钣金基础壁设计方法。

8.2.1　基体法兰/薄片

"基体法兰/薄片"命令用来创建钣金基础体（类似于薄壁拉伸）或平整钣金壁（类似于平板拉伸），一般作为整个钣金零件设计的基础。在"钣金"选项卡中单击"基体法兰/薄片"按钮 ⬚，用来创建钣金基体法兰及薄片。

（1）基体法兰

如图 8-2 所示的钣金零件，在设计中需要首先创建如图 8-3 所示的钣金主体。这种钣金主体就可以使用"基体法兰"快速创建，下面以此为例介绍"基体法兰"创建。

图 8-2　钣金零件

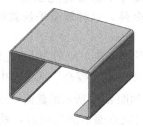
图 8-3　钣金主体

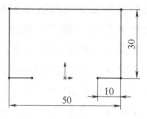
图 8-4　截面草图

步骤 1　新建零件文件。新建零件文件，命名为 base_flange01。

步骤 2　选择命令并绘制截面草图。在"钣金"选项卡中单击"基体法兰/薄片"按钮 ⬚，选择"前视基准面"为草图平面绘制如图 8-4 所示的截面草图。

说明：绘制基体法兰草图时，草图截面不需要封闭，同时在拐角位置不需要绘制倒圆角，系统在创建基体法兰时会根据设置的折弯半径在拐角位置自动创建折弯结构。

步骤 3 定义基体法兰参数。完成截面草图绘制后，系统弹出如图 8-5 所示的"基体法兰"对话框，在该对话框中定义基体法兰参数，同时生成如图 8-6 所示的预览结果。

① 定义方向。在对话框"方向"区域定义基体法兰生成方向，类似于创建薄壁拉伸，本例设置方向选项为"两侧对称"，深度为 50。

② 定义钣金参数。在"钣金参数"区域设置钣金厚度为 1.2，折弯半径为 0.6。

③ 定义折弯系数。在"折弯系数"区域设置折弯系数，这直接关系到以后钣金展开的计算，本例设置为"K 因子"，系数为 0.5。

步骤 4 完成基体法兰创建。在对话框中单击 ✔ 按钮完成基体法兰创建。

步骤 5 钣金展开。完成整个钣金零件的设计后，在模型树中展开"平板型式"节点，选择节点下的"平板型式 1"，在弹出的快捷工具条中单击"解除压缩"命令，如图 8-7 所示，表示显示钣金展开状态，结果如图 8-8 所示。

说明：本例中的钣金零件也可以使用"薄壁拉伸"方法来创建，但是创建完成后无法对零件进行展开，这正是一般薄壁方法与钣金方法的本质区别。

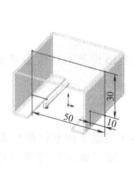

图 8-5 "基体法兰"对话框　　图 8-6 预览结果　　图 8-7 选择命令　　图 8-8 钣金展开效果

（2）薄片

如图 8-9 所示的钣金零件，在设计中需要首先创建如图 8-10 所示的钣金平板，后期通过钣金折弯及除料打孔得到最终钣金件，这种钣金平板就可以使用"薄片"快速创建，下面以此为例介绍"薄片"创建。

步骤 1 新建零件文件。新建零件文件，命名为 base_flange02。

步骤 2 选择命令并绘制截面草图。在"钣金"选项卡中单击"基体法兰/薄片"按钮 ，选择"上视基准面"为草图平面绘制如图 8-11 所示的截面草图（草图封闭）。

步骤 3 定义基体法兰参数。完成截面草图绘制后，系统弹出如图 8-12 所示的"基体法兰"对话框，在该对话框中定义基体法兰参数，钣金厚度为 1，K 因子为 0.5，同时生成如图 8-13 所示的预览结果。

步骤 4 完成基体法兰创建。在对话框中单击 ✔ 按钮完成基体法兰创建。

图 8-9　钣金零件

图 8-10　钣金平板

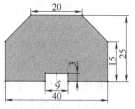

图 8-11　截面草图

（3）折弯系数设置

在 SOLIDWORKS 很多钣金工具对话框中都需要设置折弯系数。如图 8-14 所示的"基体法兰"对话框，在"折弯系数"区域下拉列表中可以设置五个选项：折弯系数表、K 因子、折弯系数、折弯扣除及折弯计算。这些参数的设置直接关系到最后钣金长度的计算，所以正确设置这些参数对于钣金设计来讲是非常重要的。

图 8-12　"基体法兰"对话框

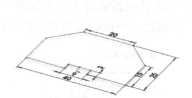

图 8-13　预览结果

图 8-14　设置折弯系数

①"折弯系数表"选项，表示使用折弯系数表进行钣金展开计算。折弯系数表是将常用材料的厚度、折弯半径、折弯角度、折弯系数或者折弯扣除数值制作成 Excel 表格，保存在指定位置（E：\Program Files\SOLIDWORKS Corp\SOLIDWORKS\lang\chinese-simplified\Sheetmetal Bend Tables），使用时可以非常方便地进行选择。

②"K 因子"选项　表示使用 K 因子进行钣金展开计算。K 因子是中性层到折弯内表面的距离同钣金厚度的比值，$K=t/T$，所以 K 因子是一个大于 0 小于 1 的常数。同时 K 因子与中性层的位置有关，那么什么是中性层呢？在折弯变形区，靠近内表面的材料被压缩，且越靠近内表面压缩得越是厉害，同样的，靠近外表面的材料被拉伸，且越靠近外表面拉伸得越是厉害。从内表面过渡到外表面，从压缩过渡到拉伸，假设材料是由一片一片的薄层叠加而成的（实际上多数金属材料都是层状的），那么材料中间必存在有既不压缩也不拉伸的一层，这一层我们称之为中性层。一般情况下，中性层是看不见也摸不到的，因为它在金属内部，它的位置与材质的固有属性有关，也就是说 K 因子与材质相关。由中性层的定义可知，钣金的展开尺寸＝A＋B＋C（中性层在变形区的长度），如图 8-15 所示。

③"折弯系数"选项　表示使用折弯系数进行钣金展开计算。在已知 K 因子的情况下，折弯系数计算公式为：

$$BA = \pi(R+KT)A/180$$

式中　　BA——折弯系数；

　　　　R——内侧折弯半径，mm；

　　　　K——K 因子，$K=t/T$，它是内表面到中性层的距离与钣金厚度的比值，K 因子是折弯计算中的一个常数。

T——材料厚度，mm；

t——内表面到中性层的距离，mm；

A——折弯角度（经过折弯材料的角度），(°)。

④"折弯扣除"选项 表示使用折弯扣除进行钣金展开计算。当在生成折弯时，可以通过输入数值来给任何一个钣金折弯指定一个明确的折弯扣除数值，定义折弯扣除数值的含义如图 8-16 所示：折弯扣除＝2×OSSB－BA，所以折弯扣除为折弯系数与双倍外部逆转之间的差。如果钣金的厚度、折弯角度以及折弯半径一样，那么折弯扣除＝折弯系数，输入相同的折弯扣除或者折弯系数值，得到的钣金展开尺寸是一样的。

⑤"折弯计算"选项 表示使用折弯计算进行钣金展开计算。同折弯系数类似，直接选择一种方式控制钣金展开计算。

8.2.2 放样折弯

"放样折弯"命令用来创建类似于放样特征的钣金基础壁。在"钣金"选项卡中单击"放样折弯"按钮，用来创建放样钣金壁。

（1）创建放样折弯

如图 8-17 所示的钣金零件，在设计中需要首先创建如图 8-18 所示的钣金主体，这种钣金主体就可以使用"放样折弯"来创建，下面以此为例介绍"放样折弯"创建。

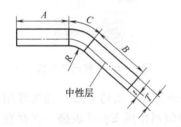

图 8-15 定义 K 因子示意　　图 8-16 定义折弯扣除示意图　　图 8-17 钣金零件

步骤 1 打开练习文件：ch08 sheetmetal\8.2\loft_bend01。

步骤 2 定义放样轮廓。创建放样折弯的关键是创建放样轮廓，如图 8-19 所示。放样轮廓必须满足两个要求：一是轮廓必须是开放的，不能封闭；二是轮廓拐角位置必须要有倒圆角过渡，如图 8-20 所示。

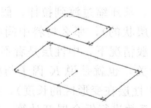

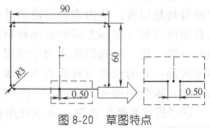

图 8-18 钣金主体　　图 8-19 放样轮廓　　图 8-20 草图特点

步骤 3 选择命令。在"钣金"选项卡中单击"放样折弯"按钮，系统弹出"放样折弯"对话框，在该对话框中定义钣金参数。

步骤 4 定义放样折弯参数。在"对话框"中的"制造方法"区域选中"成型"选项，如图 8-21 所示，依次选择如图 8-19 所示两条放样轮廓，在"厚度"区域定义钣金厚度为 1，此时生成如图 8-22 所示的预览结果。

步骤5 完成放样折弯创建。在对话框中单击 ✔ 按钮完成放样折弯创建。

（2）创建天圆地方

使用"放样折弯"可以用于创建各种"天圆地方"钣金壁，如图 8-23 所示。创建"天圆地方"需要使用如图 8-24 所示的放样轮廓（一个圆轮廓与一个矩形轮廓），其中圆形轮廓同样需要开放，如图 8-25 所示。

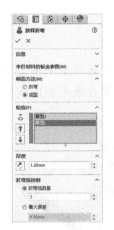

图 8-21 定义参数

图 8-22 预览结果

图 8-23 天圆地方

图 8-24 放样轮廓

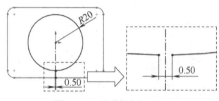

图 8-25 放样轮廓特点

创建"天圆地方"时一定要注意在"放样折弯"对话框中定义制造方法，选择不同的制造方法将得到完全不同的钣金结果，最终的展开效果也有很大的区别。

在"制造方法"区域中选中"成型"选项，如图 8-26 所示，表示在放样折弯拐角位置得到光滑过渡效果（直接成型），如图 8-23 所示，此时展开结果如图 8-27 所示。

在"制造方法"区域中选中"折弯"选项，如图 8-28 所示，表示在放样折弯拐角位置使用多次折弯，包括 4 种具体形式，在对话框"平面铣削选项"区域设置，具体结构形式如图 8-29 所示，使用折弯类型的放样折弯展开效果如图 8-30 所示。

图 8-26 定义成型方式

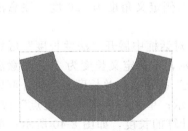

图 8-27 天圆地方展开

图 8-28 定义折弯方式

8.3 钣金折弯设计

钣金折弯就是在已有的钣金壁边线位置添加附加钣金壁或对已有的钣金壁进行折弯处理。SOLIDWORKS 中提供了多种钣金折弯设计方法，包括"边线法兰""斜接法兰""褶边""转折"及"绘制的折弯"等，下面具体介绍。

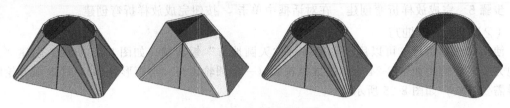

图 8-29　放样折弯类型

8.3.1　边线法兰

"边线法兰"用于在已有钣金边线位置生成附加钣金壁。在"钣金"选项卡中单击"边线法兰"按钮 ，用来创建边线法兰。如图 8-31 所示的钣金平板，需要在该平板边线位置创建如图 8-32 所示的两处边线法兰，下面介绍具体操作。

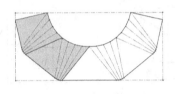
图 8-30　展开结果

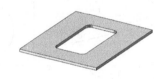
图 8-31　钣金平板

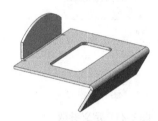
图 8-32　创建边线法兰

（1）创建第一处边线法兰

步骤 1　打开练习文件：ch08 sheetmetal\8.3\edge_flange01。

步骤 2　选择命令。在"钣金"选项卡中单击"边线法兰"按钮 ，系统弹出"边线-法兰"对话框，用于定义边线法兰参数。

步骤 3　定义法兰参数。在对话框中展开"法兰参数"区域用于定义法兰参数，如图 8-33 所示，选择如图 8-34 所示的边线为法兰附着边，表示边线法兰从该边位置创建，此时生成如图 8-35 所示的边线法兰预览。

步骤 4　定义法兰角度。在对话框中展开"角度"区域用于定义法兰角度，如图 8-36 所示，本例定义角度为 120 度，注意法兰角度位置，如图 8-37 所示。

步骤 5　定义法兰长度。在对话框中展开"法兰长度"区域用于定义法兰长度，如图 8-38 所示，本例定义长度为 20。注意法兰长度类型，单击"外部虚拟交点"按钮，法兰长度表示从外部虚拟交点计算的长度，如图 8-39 所示；单击"内部虚拟交点"按钮，法兰长度表示从内部虚拟交点计算的长度，如图 8-40 所示；单击"双弯曲"按钮，法兰长度表示从折弯半径相切位置计算的长度，如图 8-41 所示。

图 8-33　定义法兰参数

步骤 6　定义法兰位置。在对话框中展开"法兰位置"区域用于定义法兰位置，如图 8-42 所示，在该区域中单击不同的按钮将得到不同的位置效果，结果如图 8-43 所示。

💡 **说明:**在"法兰位置"区域选中"等距"选项，如图 8-44 所示，表示将创建的法兰进行等距偏移，结果如图 8-45 所示。

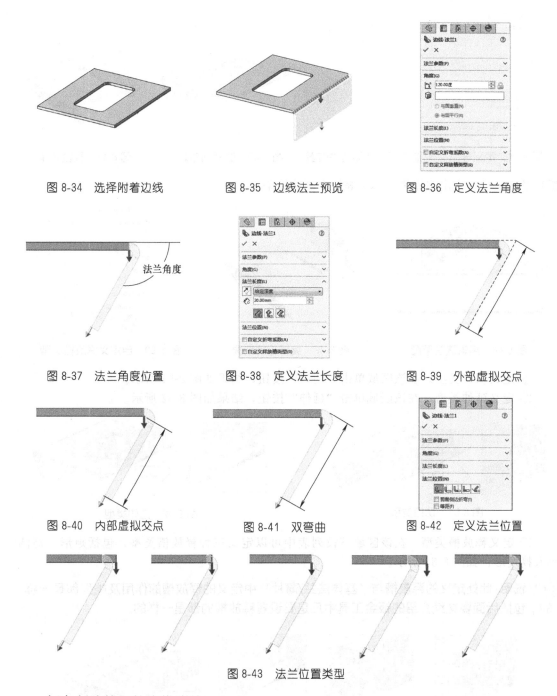

图 8-34　选择附着边线　　　图 8-35　边线法兰预览　　　图 8-36　定义法兰角度

图 8-37　法兰角度位置　　　图 8-38　定义法兰长度　　　图 8-39　外部虚拟交点

图 8-40　内部虚拟交点　　　图 8-41　双弯曲　　　　　　图 8-42　定义法兰位置

图 8-43　法兰位置类型

（2）创建第二处边线法兰

步骤 1　创建初步边线法兰。选择"边线法兰"命令，选择如图 8-46 所示的边线为法兰附着边，此时生成如图 8-47 所示的法兰预览，直接单击 ✓ 按钮完成法兰创建。

步骤 2　编辑法兰轮廓。在模型树中选中上一步创建的边线法兰，在弹出的快捷工具条中单击"编辑草图"按钮，系统进入草绘环境编辑法兰草图，如图 8-48 所示，编辑轮廓草图结果如图 8-49 所示。

步骤 3　定义释放槽。在对话框中选中"自定义释放槽类型"区域，如图 8-50 所示，在该区域中定义释放槽类型。钣金设计中在钣金壁相交的位置设计释放槽能够有效避免钣金在

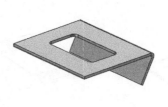

图 8-44 定义等距　　　图 8-45 等距法兰位置　　　图 8-46 选择附着边　　　图 8-47 预览效果

折弯及冲压过程中出现撕裂、起皱等钣金制造缺陷。

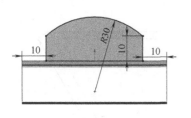

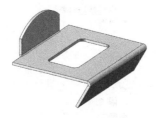

图 8-48 编辑法兰草图　　　图 8-49 编辑轮廓结果　　　图 8-50 自定义释放槽类型

① 定义切口类型。在该区域单击"切口"按钮，结果如图 8-51 所示。

② 定义延伸类型。在该区域单击"延伸"按钮，结果如图 8-52 所示。

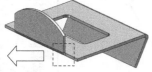

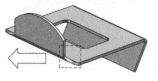

图 8-51 切口类型　　　　　　　　　　　　　图 8-52 延伸类型

③ 定义释放槽类型。在该区域下拉列表中可以定义三种释放槽类型，包括矩形、矩圆形及撕裂形，如图 8-53 所示。

💡 **说明**：此处定义的释放槽与"基体法兰/薄片"中定义的释放槽的作用及类型都是一样的，包括后面要继续介绍的钣金工具中凡是要设置释放槽的都是一样的。

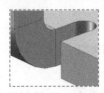

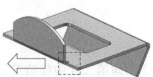

图 8-53 释放槽类型

（3）在多条边线上创建边线法兰

创建边线法兰时还可以一次性选择多条附着边。如图 8-54 所示的钣金外罩，现在已经完成了如图 8-55 所示的钣金结构，需要继续创建两侧的边线法兰，这种情况下可以直接选择多条边线创建边线法兰，同时注意设置各边线法兰之间的间隙距离。

步骤 1 打开练习文件：ch08 sheetmetal\8.3\edge_flange02。

步骤 2   选择"边线法兰"命令，选择如图 8-56 所示的多条边线为附着边。

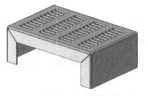

图 8-54   钣金外罩

图 8-55   已经完成的结构

图 8-56   选择多条边线

步骤 3   定义法兰参数。选择附着边线后，在"边线法兰"对话框中的"法兰参数"区域设置法兰参数，当多条边线法兰相交时需要设置法兰之间的缝隙距离，如图 8-57 所示，该缝隙距离参数用于设置如图 8-58 所示的间隙大小。

图 8-57   定义法兰参数

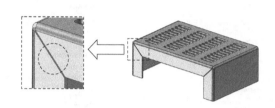

图 8-58   设置缝隙距离

8.3.2 斜接法兰

"斜接法兰"命令用于在已有钣金边线位置生成附加钣金壁（类似于扫描）。在"钣金"选项卡中单击"斜接法兰"按钮 ，用来创建斜接法兰，如图 8-59 所示的钣金平板，需要在该平板边线位置创建如图 8-60 所示的斜接法兰。

步骤 1   打开练习文件：ch08 sheetmetal\8.3\scarf_flange。

步骤 2   选择命令。在"钣金"选项卡中单击"斜接法兰"按钮 ，系统弹出如图 8-61 所示的"信息"对话框，提示用户绘制斜接草图或选择现有草图创建斜接法兰。

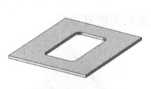

图 8-59   钣金平板

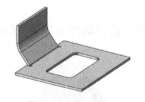

图 8-60   斜接法兰

图 8-61   "信息"对话框

步骤 3   绘制斜接法兰草图。选择如图 8-62 所示的边线为附着边线，表示斜接法兰连接位置，系统自动进入草绘环境，绘制如图 8-63 所示的斜接草图，该草图即斜接法兰的轮廓结构，类似于扫描结构，完成草图绘制后退出草图环境，结果如图 8-64 所示。

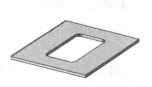

图 8-62   选择附着边线

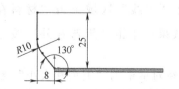

图 8-63   绘制斜接草图

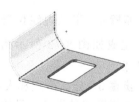

图 8-64   斜接法兰预览

步骤 4　定义斜接法兰参数。完成斜接法兰草图绘制后，系统弹出"斜接法兰"对话框，在该对话框中定义斜接法兰参数。

① 定义斜接参数。在对话框的"斜接参数"区域设置斜接参数，如图 8-65 所示，包括附着边线、折弯半径及法兰位置等，这些参数的设置与边线法兰是类似的。

② 定义法兰宽度。在对话框的"启始/结束处等距"区域设置斜接法兰宽度，就是斜接法兰两侧相对于附着边线两端的距离，如图 8-66 所示。

③ 定义释放槽。在对话框的"自定义释放槽类型"区域设置释放槽类型及参数，这些参数的设置与边线法兰是类似的。

步骤 5　完成斜接法兰创建。单击 ✅ 按钮完成斜接法兰创建，如图 8-67 所示。

图 8-65　定义斜接参数

图 8-66　定义宽度及释放槽

图 8-67　斜接法兰结果

8.3.3　褶边

"褶边"命令用于在已有钣金边线位置生成常见的钣金卷边效果。在"钣金"选项卡中单击"褶边"按钮，用来创建褶边。如图 8-68 所示的钣金零件，需要在零件顶部创建如图 8-69 所示的褶边效果。

步骤 1　打开练习文件：ch08 sheetmetal\8.3\ruffle。

步骤 2　选择命令。在"钣金"选项卡中单击"褶边"按钮，系统弹出"褶边"对话框，用来定义褶边类型及参数。

步骤 3　选择附着边线。在模型上选择如图 8-70 所示的两条边线为附着边线。

图 8-68　钣金零件

图 8-69　创建褶边

图 8-70　选择附着边线

步骤 4　定义边线位置。在"边线"区域单击"材料在内"按钮，如图 8-71 所示，生成如图 8-72 所示褶边效果；单击"折弯在外"按钮，生成如图 8-73 所示褶边效果。

步骤 5　定义类型和大小。在对话框的"类型和大小"区域定义褶边类型及大小参数，本例选择第四种类型，具体参数如图 8-71 所示，此时预览效果如图 8-74 所示。

图 8-71　定义褶边参数　　　　图 8-72　材料在内　　　　图 8-73　折弯在外

说明: 在"褶边"对话框中的"类型和大小"区域可以定义四种类型的褶边,除了本例设置的类型外,其他三种褶边类型如图 8-75 所示。

图 8-74　褶边预览　　　　　　　　　　　图 8-75　褶边类型

8.3.4　绘制的折弯

"绘制的折弯"命令用于在已有钣金壁指定位置对钣金进行折弯。在"钣金"选项卡中单击"绘制的折弯"按钮，用来创建折弯。如图 8-76 所示的钣金零件,现在已经完成了如图 8-77 所示钣金结构的创建,需要在此基础上创建如图 8-78 所示的钣金折弯,要求折弯角度为 90 度,下面以此为例介绍钣金折弯操作。

图 8-76　钣金零件　　　　图 8-77　已经完成的结构　　　　图 8-78　创建钣金折弯

步骤 1　打开练习文件：ch08 sheetmetal\8.3\bend。

步骤 2　选择命令。在"钣金"选项卡中单击"绘制的折弯"按钮，系统弹出如图 8-79 所示的"信息"对话框,提示用户绘制折弯线或直接选择折弯线。

步骤 3　绘制折弯线。选择钣金件上表面为草图平面,系统进入草图环境,绘制如图 8-80 所示的直线作为折弯位置线,表示将在该位置创建钣金折弯。

步骤 4　定义折弯参数。完成折弯线绘制后,系统弹出如图 8-81 所示的"绘制的折弯"对话框,首先在如图 8-82 所示的位置单击,表示将该侧定义为折弯固定侧,系统将另一侧折起,其余参数如图 8-81 所示,单击 ✓ 按钮,完成钣金折弯操作。

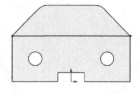

图 8-79　"信息"对话框　　图 8-80　绘制折弯线　　图 8-81　定义折弯参数　　图 8-82　折弯预览

8.3.5　转折

"转折"命令用于在已有钣金壁指定位置创建连续两次折弯。在"钣金"选项卡中单击"转折"按钮⑤，用来创建转折。如图 8-83 所示的钣金零件，需要在零件右侧位置创建连续两次折弯结构，如图 8-84 所示，下面介绍具体操作。

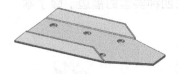

图 8-83　钣金零件

步骤 1　打开练习文件：ch08 sheetmetal\8.3\transition。

步骤 2　选择命令。在"钣金"选项卡中单击"转折"按钮⑤，系统弹出如图 8-85 所示的"信息"对话框，提示用户绘制折弯线或直接选择折弯线。

步骤 3　绘制折弯线。选择钣金件上表面为草图平面，系统进入草图环境，绘制如图 8-86 所示的直线作为折弯位置线，表示将在该位置创建钣金折弯。

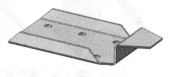

图 8-84　创建转折

步骤 4　定义转折参数。完成折弯线绘制后，系统弹出如图 8-87 所示的"转折"对话框，首先在如图 8-88 所示的位置单击，表示将该侧定义为折弯固定侧，系统将另一侧折起，其余参数如图 8-87 所示，单击✔按钮，完成转折操作。

图 8-85　"信息"对话框

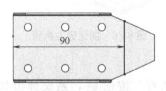

图 8-86　绘制折弯线

图 8-87　定义转折参数

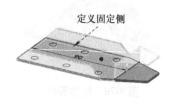

图 8-88　转折预览

8.4　钣金展开折叠

钣金设计中经常需要对钣金件进行展开与折叠操作，以便了解钣金下料问题或是对钣金中非共面结构进行准确设计，下面具体介绍钣金展开与折叠操作。

8.4.1　钣金展开

"展开"命令用于将钣金件展平到平整状态，以便了解钣金下料问题。在"钣金"选项卡中单击"展开"按钮 ，用来创建钣金展平。如图 8-89 所示的钣金外罩，下面以此为例介绍钣金展开操作。

步骤 1　打开练习文件：ch08 sheetmetal\8.4\unfold。

步骤 2　选择命令。在"钣金"选项卡中单击"展开"按钮，系统弹出如图 8-90 所示的"展开"对话框，用于定义钣金展开。

图 8-89　钣金外罩

步骤 3　定义钣金展开。首先选择钣金外罩上表面为固定面，如图 8-91 所示，表示在钣金展开过程中该面是固定的；然后单击"收集所有折弯"按钮，表示将所有的折弯位置都进行展开（钣金展开是基于钣金中的折弯位置进行展平的），如图 8-92 所示。

图 8-90　"展开"对话框

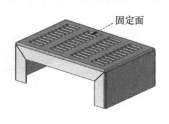

图 8-91　选择固定面

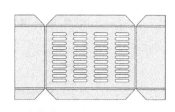

图 8-92　全部展开效果

在创建钣金展开时，选择固定面后，选择需要展开的折弯，如图 8-93 所示，系统将对选中的折弯位置进行展开，其他位置依然保持折叠状态，如图 8-94 所示。

图 8-93　选择需要展开的折弯

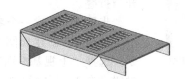

图 8-94　局部展开结果

8.4.2　钣金折叠

"折叠"命令用于将展平的钣金进行重新折叠，以便恢复到钣金成形状态。在"钣金"选项卡中单击"折叠"按钮 ，用来创建钣金折叠，如图 8-95 所示的展开的钣金件，下面以此为例介绍钣金折叠操作。

步骤 1　打开练习文件：ch08 sheetmetal\8.4\fold。

步骤 2　选择命令。在"钣金"选项卡中单击"折叠"按钮 ，系统弹出如图 8-96 所示的"折叠"对话框，用于定义钣金折叠。

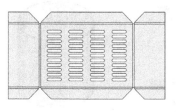

图 8-95　展开的钣金件

步骤 3　定义钣金折叠。首先选择如图 8-97 所示的钣金表面为固定面，表示在钣金折叠过程中该面是固定的，然后单击"收集所有折弯"按钮，表示将所有的折弯位置都进行折叠（钣金折叠是基于钣金中的折弯位置进行折叠的），折叠结果如图 8-98 所示。

选择此面为固定面

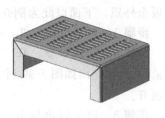

图 8-96　"折叠"对话框　　　　　图 8-97　选择固定面　　　　　图 8-98　全部折叠结果

在创建钣金折叠时，选择固定面后，选择需要折叠的位置，如图 8-99 所示，系统将对选中的折弯位置进行折叠，其他位置依然保持展开状态，如图 8-100 所示。

图 8-99　选择折叠位置　　　　　　　　图 8-100　局部折叠结果

8.4.3　钣金展开折叠应用

图 8-101　滤罩钣金件

为了帮助读者理解钣金展开与折叠在钣金设计中的应用，下面介绍一个案例。如图 8-101 所示的滤罩钣金件。这种钣金件的设计需要灵活使用钣金展开与折叠。

步骤 1　新建一个零件文件，文件名称为 filter_bowl。

步骤 2　创建如图 8-102 所示的基体法兰。选择"基体法兰"命令，选择"上视基准面"绘制如图 8-103 所示的截面草图，草图不能封闭，有 1mm 的间隙，高度为 100mm。

步骤 3　创建钣金展开。为了创建钣金上的填充孔结构，需要将钣金件展开打孔。选择"展开"命令，在如图 8-104 所示的"展开"对话框中选择如图 8-105 所示的边线为固定边线，选择整个钣金件为展开折弯对象，单击 ✓ 按钮完成展开，如图 8-106 所示。

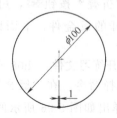

图 8-102　基体法兰　　　图 8-103　截面草图　　　图 8-104　定义展开　　　图 8-105　选择固定边

步骤 4 创建如图 8-107 所示的填充阵列草图。选择草图命令，选择展开钣金件的表面为草图面绘制如图 8-107 所示的草图作为后面孔填充区域。

图 8-106 钣金展开结果

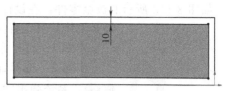

图 8-107 绘制填充草图区域

步骤 5 创建如图 8-108 所示的孔及其阵列。首先选择"异形孔向导"命令，选择展开钣金件表面为打孔面，孔位置如图 8-109 所示，孔直径为 5，然后对孔进行填充阵列，填充阵列参数如图 8-110 所示。

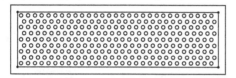

图 8-108 填充阵列结果

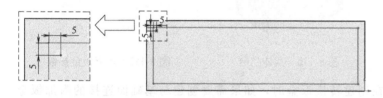

图 8-109 定义孔位置

图 8-110 定义填充阵列

步骤 6 折叠钣金件。完成孔填充阵列后再对展开的钣金件进行折叠得到最终的滤罩钣金件。选择"折叠"命令，在如图 8-111 所示的"折叠"对话框中选择如图 8-112 所示的边线为折叠固定边，选择整个钣金件为折叠折弯对象，单击 ✔ 按钮完成折叠。

图 8-111 "折叠"对话框

图 8-112 选择固定边

8.5 实体转换钣金

实际钣金设计中，为了提高钣金设计效率，经常需要将实体结构转换到钣金，这样能够有效避免重复性的设计，在 SOLIDWORKS 中将实体转换到钣金主要有两个工具，一个是"转换到钣金"，另外一个是"插入折弯"，下面具体介绍。

8.5.1 转换到钣金

使用"转换到钣金"命令可以通过选择实体模型表面将实体零件转换成钣金件。在"钣金"选项卡中单击"转换到钣金"按钮，用来创建转换到钣金，下面具体介绍。

（1）创建转换到钣金

如图8-113所示的钣金零件，在设计中需要首先创建如图8-114所示的钣金主体，这种钣金主体就可以直接使用如图8-115所示的实体转换得到。

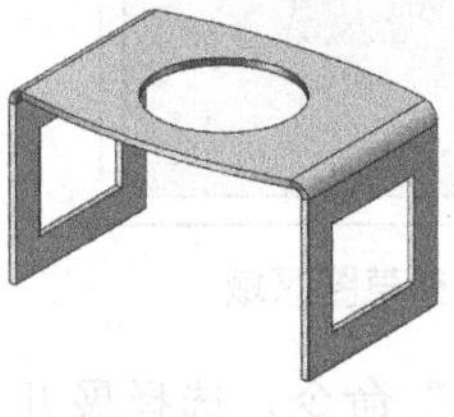

步骤1 打开练习文件：ch08 sheetmetal\8.5\tran_sheetmetal01。

步骤2 选择命令。在"钣金"选项卡中单击"转换到钣金"按钮，系统弹出"转换到钣金"对话框，用于定义转换到钣金参数。

步骤3 定义钣金参数。在对话框中如图8-116所示的"钣金参数"区域中定义钣金参数，选择如图8-117所示的模型表面为转换基础面（只能选择平整的表面作为基础面），定义钣金厚度为1.5，相当于将该模型表面"抽取"出来，然后加厚1.5得到如图8-118所示的转换钣金平板（相当于钣金薄片）。

图8-114　钣金主体

图8-115　实体凸台

图8-116　定义钣金参数

图8-113　钣金零件

步骤4 定义折弯边线。在创建转换钣金时，如果需要创建与基础面连接的附加钣金壁，需要定义折弯边线。在对话框中展开"折弯边线"区域，如图8-119所示，选择如图8-120所示边线为折弯边线（折弯边线必须是直边），表示在该位置创建钣金折弯。

步骤5 完成转换钣金创建。在对话框中单击✔按钮完成转换钣金创建。

图8-117　选择转换基础面

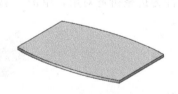

图8-118　转换钣金平板

图8-119　选择折弯边线

（2）转换到钣金应用

使用"转换到钣金"命令经常用来创建如图8-121所示的钣金盒子，创建这种钣金盒子只需要创建如图8-122所示的实体凸台进行转换，下面介绍具体操作。

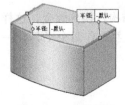

图8-120　定义折弯

图8-121　钣金盒子

步骤 1　打开练习文件：ch08 sheetmetal\8.5\tran_sheetmetal02。

步骤 2　选择命令。在"钣金"选项卡中单击"转换到钣金"按钮 ，系统弹出"转换到钣金"对话框，用于定义转换到钣金参数。

步骤 3　定义钣金参数。选择如图 8-123 所示的模型表面为转换基础面，定义钣金厚度为 1，选择如图 8-124 所示的四条模型边线为折弯边线。

图 8-122　实体凸台

图 8-123　选择基础面

图 8-124　选择折弯边线

步骤 4　定义边角类型。在如图 8-125 所示的"边角默认值"区域定义边角类型，边角类型有三种，如图 8-126 所示。

图 8-125　定义边角

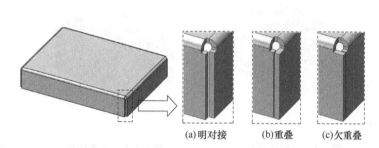

(a)明对接　　(b)重叠　　(c)欠重叠

图 8-126　默认边角类型

步骤 5　定义释放槽类型。在如图 8-127 所示的"自动切释放槽"区域定义释放槽类型，释放槽类型也有三种，如图 8-128 所示，使用不同的释放槽类型将得到不同的展开效果，各种释放槽的展开效果如图 8-129 所示。

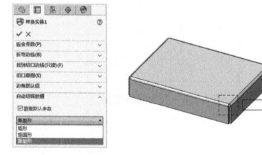

图 8-127　定义释放槽类型

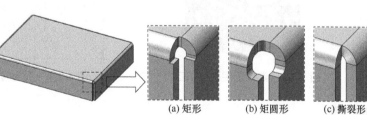

(a) 矩形　　(b) 矩圆形　　(c) 撕裂形

图 8-128　释放槽类型

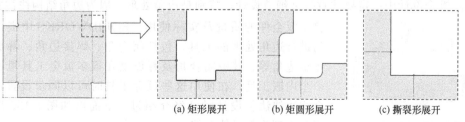

(a) 矩形展开　　(b) 矩圆形展开　　(c) 撕裂形展开

图 8-129　释放槽展开效果

> 💡 **说明**：此处介绍的边角类型及释放槽类型主要是用来处理钣金件中的拐角结构，边角类型和释放槽类型对整个钣金件的影响都比较大，在实际设计时一定要谨慎设置。

8.5.2 插入折弯

使用"插入折弯"命令可以通过选择固定面并指定折弯位置将实体零件转换成钣金件。在"钣金"选项卡中单击"插入折弯"按钮 🗐，用来转换钣金。如图 8-130 所示的钣金零件，这种钣金零件可以直接使用如图 8-131 所示的实体零件转换得到，下面以此为例介绍使用"插入折弯"命令将实体转换到钣金的操作。

步骤 1 打开练习文件：ch08 sheetmetal\8.5\insert_bend。

步骤 2 选择命令。在"钣金"选项卡中单击"插入折弯"按钮 🗐，系统弹出如图 8-132 所示的"折弯"对话框，用于定义插入折弯操作。

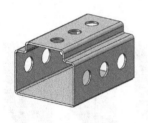

图 8-130 钣金零件

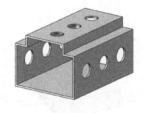

图 8-131 实体模型

图 8-132 "折弯"对话框

步骤 3 定义插入折弯。选择如图 8-133 所示的模型底面为固定面，选择如图 8-133 所示的边线为切口边，定义折弯半径为 1，单击 ✔ 按钮完成插入折弯操作。

使用"插入折弯"命令将实体转换到钣金后可以将钣金展开，如图 8-134 所示。

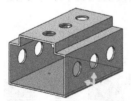

图 8-133 选择固定面及切口边

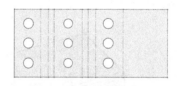

图 8-134 钣金展开结果

8.6 钣金边角处理

实际钣金设计中一定要注意钣金细节设计，特别是边角处理，因为边角结构往往关系到整个钣金件的质量及实际使用。SOLIDWORKS 中提供了专门进行边角处理的工具，包括闭合角、焊接边角、释放槽及钣金边角等。其中闭合角及释放槽在很多钣金工具里面属于一个内嵌工具，在使用这些钣金工具时可以同步设置，前面介绍边线法兰设计时已经介绍过，下面以如图 8-135 所示的钣金模型为例具体介绍。

图 8-135 钣金模型

本节打开练习文件：ch08 sheetmetal\8.6\bracket_box 进行练习。

8.6.1 闭合角

闭合角如图 8-136 所示，闭合角在"实体转换钣金"中属于一个内嵌工具，在"钣金"选项卡中单击"闭合角"按钮 ，用来进行闭合角处理。

选择"闭合角"命令，系统弹出如图 8-137 所示的"闭合角"对话框，选择如图 8-138 所示的钣金壁面为处理对象，在"闭合角"对话框中的"边角类型"区域设置"闭合角"类型及参数，包括三种闭合角类型，如图 8-136 所示。

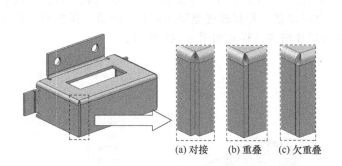

图 8-136 闭合角

图 8-137 "闭合角"对话框

8.6.2 焊接边角

焊接边角如图 8-139 所示，用来模拟钣金边角焊接效果。在"钣金"选项卡中单击"焊接边角"按钮 ⬚，用来创建焊接边角。

选择"焊接边角"命令，系统弹出如图 8-140 所示的"焊接的边角"对话框，选择如图 8-141 所示的钣金壁面（只需要选择一个）为处理对象，在"焊接的边角"对话框中选中"添加圆角"选项，定义半径为 1，选中"添加纹理"选项表示在焊接边角上添加焊接纹理效果，选中"添加焊接符号"选项表示在焊接边角上添加焊接符号，如图 8-142 所示。

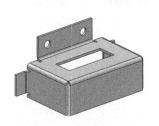

图 8-138 选择对象

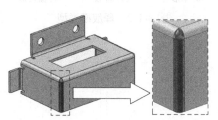

图 8-139 焊接边角

图 8-140 定义焊接边角

8.6.3 边角释放槽

释放槽如图 8-143 所示，释放槽在很多钣金工具中属于一个内嵌工具，在"钣金"选项卡中单击"边角释放槽"按钮 ⬚，用来创建边角释放槽。

选择"边角释放槽"命令，系统弹出如图 8-144 所示的"边角释放槽"对话框，在"边角类型"区域选中"2 折弯边角"选项，在"角"区域单击"收集所有角"按钮，系统自动搜索可以编辑的钣金拐角，如图 8-145 所示，系统自动检索到两处位置。

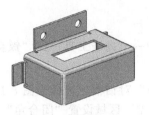

图 8-141　选择对象

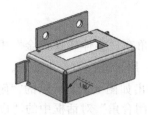

图 8-142　添加焊接符号

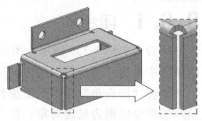

图 8-143　释放槽

选择处理对象后，在"边角释放槽"对话框中的"释放选项"下拉列表中设置释放槽类型，如图 8-146 所示，在该列表中可以设置五种释放槽类型（矩形、圆形、撕裂形、矩圆形及等宽），如图 8-147 所示，对应的释放槽展开样式如图 8-148 所示。

图 8-144　定义边角释放槽

图 8-145　选择处理对象

图 8-146　定义释放槽类型

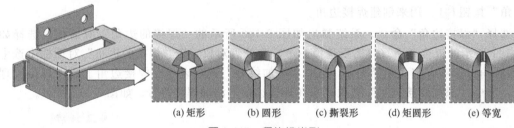

(a) 矩形　　(b) 圆形　　(c) 撕裂形　　(d) 矩圆形　　(e) 等宽

图 8-147　释放槽类型

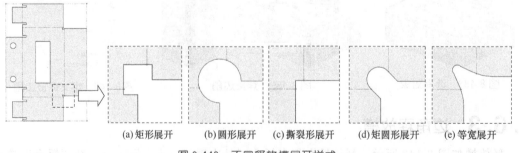

(a) 矩形展开　　(b) 圆形展开　　(c) 撕裂形展开　　(d) 矩圆形展开　　(e) 等宽展开

图 8-148　不同释放槽展开样式

8.6.4　钣金边角

钣金边角包括两种类型：一种是倒角样式，相当于"倒角"特征，如图 8-149 所示；另一种是圆角样式，相当于"圆角"特征，如图 8-150 所示。在"钣金"选项卡中单击"断裂边角/边角剪裁"按钮，用来创建钣金边角。

选择"断裂边角/边角剪裁"命令，系统弹出如图 8-151 所示的"断开边角"对话框，选择如图 8-152 所示的边角对象，在"断开边角"对话框中"折断类型"区域定义边角类型及具体参数，单击"倒角"类型定义倒角边角，如图 8-149 所示；单击"圆角"类型定义倒圆角边角，如图 8-150 所示。

图 8-149　倒角边角

图 8-150　圆角边角

图 8-151　定义边角

图 8-152　选择边角对象

8.7　钣金成形设计

钣金成形设计主要用来设计钣金中的各种冲压成形结构，如钣金凹坑结构、钣金加强筋结构、百叶窗结构等。在 SOLIDWORKS 中进行钣金成形设计首先需要做好冲压模具，然后使用冲压模具对钣金指定位置进行冲压得到需要的钣金成形结构。

在 SOLIDWORKS 中使用冲压模具进行钣金成形设计主要有两种思路：一种是直接使用系统自带的冲压模具进行冲压；另一种是用户自定义冲压模具进行冲压，在创建自定义冲压模具时需要使用"钣金"选项卡中的"成形工具"来定义。

8.7.1　使用系统自带的冲压模具进行成形设计

在 SOLIDWORKS 右侧"任务窗格"中展开"设计库"，在"设计库"中展开 design library 节点，如图 8-153 所示，其中 forming tools 文件夹中提供了系统自带的各种成形工具（冲压模具），包括 embosses、extruded flanges、lances、louvers 及 ribs 五种类型的冲压模具，每种类型中均包括若干种常用的冲压模具。

需要注意的是，如果展开"任务窗格"中没有 design library 节点，需要选择下拉菜单"工具"→"选项"命令，系统弹出"系统选项"对话框，在该对话框中选中"文件位置"，在右侧下拉列表中选择"设计库"选项，然后单击"添加"按钮，选择设计库安装地址文件夹，默认位置是 C：\ ProgramData \ SOLIDWORKS \ SOLIDWORKS 2020 \ design library，如图 8-154 所示，单击"确定"按钮，完成设置。

图 8-153　成形工具文件夹

图 8-154　设置设计库文件位置

在钣金设计中如果要使用 forming tools 文件夹中的冲压模具进行成形设计，还需要激活该文件夹。激活方法是选中 forming tools 文件夹，单击鼠标右键，在弹出的快捷菜单中选择"成形工具文件夹"命令，如图 8-155 所示，表示启用该文件夹作为成形工具，此时系统弹出如图 8-156 所示的"SOLIDWORKS"文件夹，单击"是"按钮，完成设置。

> 💡 **说明**：此处如果没有将 forming tools 文件夹设置为成形工具文件夹，在使用系统自带的冲压模具时，系统将弹出如图 8-157 所示的"SOLIDWORKS"对话框。

如图 8-158 所示的钣金零件，需要在该零件中间平面上创建如图 8-159 所示的成形特征，下面以此为例介绍使用系统自带成形工具进行成形设计的操作。

图 8-155　设置成形工具文件夹

图 8-156　"SOLIDWORKS"对话框

图 8-157　"SOLIDWORKS"对话框

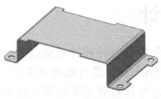

图 8-158　钣金零件

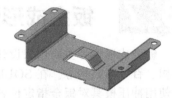

图 8-159　成形结构

步骤 1　打开练习文件：ch08 sheetmetal\8.7\base_sheet01。

步骤 2　选择冲压模具。在 forming tools 文件夹中选中 lances 文件夹，在"设计库"下方预览区中选中如图 8-160 所示的 bridge lances 冲压工具。

步骤 3　放置成形工具。选中冲压工具拖动到如图 8-161 所示的冲压位置，此时在模型上出现放置预览，在放置成形工具时按 Tab 键切换放置方向，如图 8-162 所示，调整到合适位置后单击鼠标，系统将成形工具放置到钣金平面上。

步骤 4　旋转成形工具。完成成形工具放置后，系统弹出如图 8-163 所示的"成形工具特征"对话框，在该对话框中定位成形工具，此时在模型上显示成形工具放置预览，如图

图 8-160　选择冲压模具

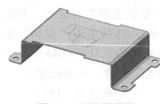

图 8-161　放置预览

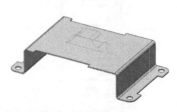

图 8-162　调整方向

图 8-163　定义成形工具

8-164 所示，在"成形工具特征"对话框中"旋转角度"区域设置角度可以对成形工具进行旋转，如图 8-165 所示（本例不用旋转），单击"反转工具"按钮调整模具冲压侧（在上表面向下冲压还是在下表面向上冲压，本例不用调整）。

步骤 5　定位成形工具。在"成形工具特征"对话框中单击"位置"选项卡，系统进入草图环境，在草图环境中对成形工具进行定位，如图 8-166 所示。

步骤 6　完成成形设计。在"成形工具特征"对话框中单击 ✓ 按钮完成成形设计。

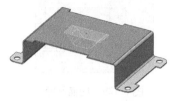

图 8-164　放置成形工具

图 8-165　旋转成形工具

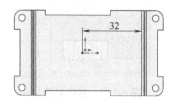
图 8-166　定位成形工具

使用系统自带的成形工具进行成形设计时，如果成形工具尺寸不合适，可以编辑成形工具尺寸。在 forming tools 文件夹中选中 lances 文件夹，在"设计库"下方预览区中选中 bridge lances 冲压工具右键，在弹出的快捷菜单中选择"打开"命令，如图 8-167 所示，系统打开成形工具，打开文件后编辑成形工具，如图 8-168 所示，编辑成形工具后保存，然后重新冲压，结果如图 8-169 所示。

图 8-167　打开成形工具

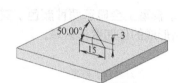
图 8-168　编辑成形工具

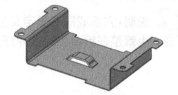
图 8-169　重新创建成形特征

8.7.2　使用自定义冲压模具进行成形设计

系统自带的成形工具非常有限，在实际钣金设计中经常需要根据设计要求自行设计成形工具，下面具体介绍几种常见成形工具的自定义操作。

（1）压凹成形设计（环形加强筋冲压）

压凹成形设计就是使用冲压模具在钣金表面创建凹坑类型的成形结构。下面继续使用上一小节钣金零件介绍如图 8-170 所示环形加强筋设计。

步骤 1　创建冲压模具。为了创建环形加强筋冲压结构，需要提前创建如图 8-171 所示的冲压模具，然后将冲压模具定义为成形工具进行冲压即可。

① 新建冲压模具零件。冲压模具实际上就是一个零件文件，选择"新建"命令新建一个零件文件，然后在该零件中创建冲压模具。

② 创建如图 8-172 所示的拉伸凸台。该拉伸凸台作为冲压模具的基础板，选择"拉伸

图 8-170　环形加强筋设计

图 8-171　冲压模具

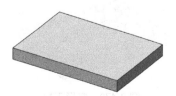
图 8-172　拉伸凸台

凸台"命令，选择"上视基准面"为草图平面（任意平面都可以），绘制如图 8-173 所示的草图进行拉伸，拉伸深度为 5。

③ 创建如图 8-174 所示的环形扫描。该环形扫描作为冲压模具的主体，首先选择拉伸凸台顶面为草图平面绘制如图 8-175 所示的草图作为扫描路径，然后创建圆形扫描，圆形截面直径为 5。

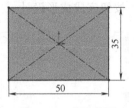

图 8-173　拉伸草图

图 8-174　环形扫描

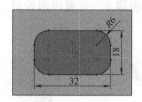

图 8-175　扫描路径

④ 创建如图 8-176 所示的倒圆角。圆角半径为 1。

步骤 2　定义成形工具。在"钣金"选项卡中单击"成形工具"按钮 🔨，系统弹出如图 8-177 所示的"成形工具"对话框，使用该对话框将创建的冲压模具定义为成形工具。本例只需要创建压凹冲压结构，在定义成形工具时只需要定义"停止面"，在模型上选择如图 8-178 所示的模型表面为"停止面"，单击 ✅ 按钮完成成形工具定义，如图 8-179 所示，此时创建的冲压模具具备成形设计功能。

💡 **说明**：完成成形工具定义后，模型上会显示两种颜色，其中黄色部分表示冲压成形区域，也就是在钣金上经过冲压后形成的压凹变形区域。

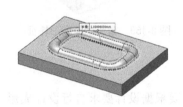

图 8-176　倒圆角

图 8-177　定义成形工具

图 8-178　选择停止面

步骤 3　保存成形工具。完成成形工具定义后，为了方便以后随时调用成形工具，需要将成形工具保存到一定的位置。一般情况下建议保存到系统自带成形工具文件夹中，选择"保存"命令，设置保存类型为"Form Tool（*.sldftp）"类型，该类型为专门成形工具类型，文件名称为 forming_tool01，如图 8-180 所示。

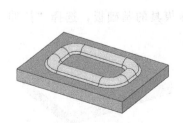

图 8-179　成形工具

图 8-180　保存冲压模具

💡 **说明**：因为本例设计的是环形加强筋成形工具，所以最好保存到成形工具文件夹中的"ribs"文件夹中，这是专门存放加强筋成形工具的文件夹。

步骤4 创建成形冲压。完成成形工具定义及保存后，可以使用成形工具进行冲压。

① 调用成形工具。在"设计库"中展开成形工具文件夹，在"ribs"文件夹中选择上一步保存的环形加强筋冲压模具，如图 8-181 所示。

② 放置成形工具。将成形工具直接拖放到如图 8-182 所示的钣金表面，表示在该位置进行成形冲压，必要时使用 Tab 键调整成形工具方向。

③ 定位成形工具。在"成形工具特征"对话框中单击"位置"选项卡，定义成形工具冲压位置，如图 8-183 所示。

步骤5 完成成形设计。在"成形工具特征"对话框中单击 ✓ 按钮，完成成形设计。但是本例中出现如图 8-184 所示的错误提示，同时在钣金零件上并没有出现冲压结果，主要原因是钣金厚度与成形工具上最小曲率半径不匹配。解决方法是减小钣金厚度，或增大冲压模具中的倒圆角钣金。此处将钣金厚度改小，完成成形设计。

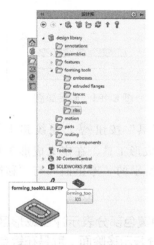

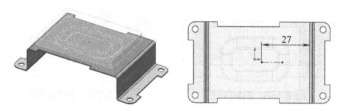

图 8-182 放置成形工具　图 8-183 定位成形工具冲压位置

图 8-181 调用冲压模具

图 8-184 错误提示

（2）带移除面成形设计（百叶窗冲压）

带移除面成形设计就是使用冲压模具在钣金表面创建剪裁类型的成形结构，如图 8-185 所示的盖板钣金件，现在需要在该钣金件上创建如图 8-186 所示的百叶窗结构，像这种百叶窗冲压结构设计就属于带移除面成形设计。

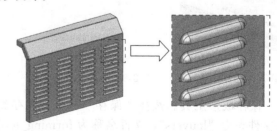

图 8-185 盖板钣金件　图 8-186 百叶窗冲压结构

步骤1 创建冲压模具。为了创建百叶窗冲压结构，需要提前创建如图 8-187 所示的百叶窗冲压模具，然后将冲压模具定义为成形工具进行冲压即可。

① 新建冲压模具零件。冲压模具实际上就是一个零件文件，选择"新建"命令新建一

个零件文件，然后在该零件中创建冲压模具。

②创建如图 8-188 所示的拉伸凸台。该拉伸凸台作为冲压模具的基础板，选择"拉伸凸台"命令，选择"上视基准面"为草图平面（任意平面都可以），绘制如图 8-189 所示的草图进行拉伸，拉伸深度为 5。

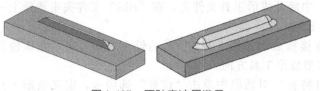 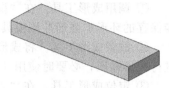

图 8-187 百叶窗冲压模具　　　　　　　　　　图 8-188 拉伸凸台

③创建如图 8-190 所示的旋转凸台。该旋转凸台作为冲压模具的主体，选择"旋转凸台"命令，选择"前视基准面"为草图平面，绘制如图 8-191 所示的旋转草图进行旋转，旋转角度为 90 度。

④创建如图 8-192 所示的倒圆角。圆角半径为 1。

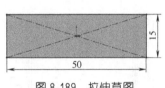  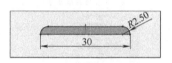

图 8-189 拉伸草图　　　　图 8-190 旋转凸台　　　　图 8-191 旋转草图

步骤 2 定义成形工具。在"钣金"选项卡中单击"成形工具"按钮 ，系统弹出如图 8-193 所示的"成形工具"对话框。本例需要创建带移除面的成形工具，在定义成形工具时需要定义"停止面"与"移除面"，在模型上选择如图 8-194 所示的"停止面"与"移除面"，单击 按钮完成成形工具定义。

说明：完成成形工具定义后，模型上会显示三种颜色，其中黄色部分表示冲压成形区域，也就是在钣金上经过冲压后形成的压凹变形区域，红色部分表示移除面，就是在钣金冲压中形成冲裁破孔的区域。

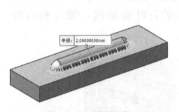  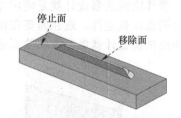

图 8-192 倒圆角　　　　图 8-193 定义成形工具　　　　图 8-194 选择停止面和移除面

步骤 3 保存成形工具。选择"保存"命令，保存类型为"Form Tool（＊.sldftp）"类型，保存文件夹为"louvers"，文件名称为 forming_tool02，如图 8-195 所示。

步骤 4 创建成形冲压。完成成形工具定义及保存后，可以使用成形工具进行冲压。

①打开练习文件：ch08 sheetmetal\8.7\base_sheet02。

②调用成形工具。在"设计库"中展开成形工具文件夹，在"louvers"文件夹中选择上一步保存的百叶窗冲压模具。

③ 放置成形工具。将成形工具直接拖放到如图 8-196 所示的钣金表面，表示在该位置进行成形冲压，必要时使用 Tab 键调整成形工具方向。

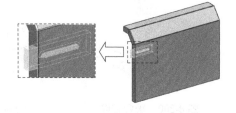

图 8-195　保存成形工具　　　　　　　图 8-196　放置成形工具

④ 定位成形工具。在"成形工具特征"对话框中单击"位置"选项卡，定义成形工具冲压位置，如图 8-197 所示。

步骤 5　完成成形设计。在"成形工具特征"对话框中单击 ✓ 按钮，完成成形设计，结果如图 8-198 所示。

步骤 6　阵列成形特征。选择"线性阵列"命令对以上创建的成形特征进行线性阵列，阵列参数如图 8-199 所示。

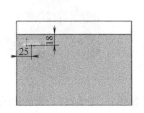

图 8-197　定位成形工具冲压位置　　图 8-198　完成成形设计　　图 8-199　阵列成形特征

8.7.3　钣金角撑板

钣金设计中经常需要在拐角位置设计拐角加强筋以增强钣金件强度。在"钣金"选项卡中单击"钣金角撑板"按钮，用来设计拐角加强筋，如图 8-200 所示的钣金零件，需要在钣金拐角位置创建如图 8-201 所示的拐角加强筋。

步骤 1　打开练习文件：ch08 sheetmetal\8.7\base_sheet03。

步骤 2　选择命令。在"钣金"选项卡中单击"钣金角撑板"按钮。

步骤 3　定义钣金角撑板。在系统弹出的"钣金角撑板"对话框中定义参数。

① 定义角撑板位置。在对话框中展开"位置"区域，如图 8-202 所示，用来定义角撑板在钣金件上的位置，选择如图 8-203 所示的模型表面为放置参考面。

② 定义轮廓参数。在对话框中展开"轮廓"区域，如图 8-204 所示，用来定义角撑板轮廓参数，具体参数设置如图 8-204 所示。

③ 定义尺寸参数。在对话框中展开"尺寸"区域，如图 8-205 所示，用来定义角撑板尺寸参数，具体参数设置如图 8-205 所示。

图 8-200　钣金零件

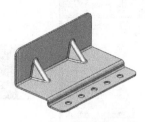

图 8-201　拐角加强筋

图 8-202　定义位置

步骤 4　镜向加强筋。选择"镜向"命令，选择以上创建的角撑板特征沿着"前视基准面"进行镜向，如图 8-206 所示。

图 8-203　定义放置面

图 8-204　定义轮廓参数

图 8-205　定义尺寸参数

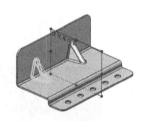

图 8-206　镜向加强筋

全书配套视频与资源
Q:微信扫码，立即获取

8.8　钣金设计方法

本书前面章节分别介绍了草图设计方法、零件设计方法、曲面设计方法等，不同设计方法主要用于不同结构的设计。钣金设计中同样要掌握各种钣金设计方法，以便完成各种不同类型钣金件的设计。钣金设计方法主要有三种：常规方法、实体转换方法以及曲面方法。具体使用哪种钣金设计方法主要根据钣金件结构特点来确定。

实际钣金设计中，有的钣金件中只包含一些常见钣金结构，如钣金折弯、钣金除料、钣金冲压成形等。如图 8-207 所示的机箱钣金件，对于这种钣金件可以使用常规方法进行设计。如果钣金件主体类似于一般的实体结构，如图 8-208 所示的机柜主体钣金件，对于这种钣金件可以使用实体转换方法进行设计。另外，还有一些钣金件包含各种复杂曲面结构，如复杂成形结构、曲面凹坑结构、渐消曲面结构等，如图 8-209 所示的汽车钣金件，对于这种钣金件可以使用曲面方法进行设计。本节结合一些具体案例详细介绍钣金设计方法。

 说明： 本节主要结合钣金零件的设计讲解钣金设计方法，如果是钣金装配产品的设计，还需要使用本书前面章节介绍的装配设计方法及自顶向下设计方法进行设计。

图 8-207　机箱钣金件　　　图 8-208　机柜主体钣金件　　　图 8-209　汽车钣金件

8.8.1　常规钣金设计

如果钣金件中只包含一些常见的钣金结构，如钣金折弯、钣金除料、钣金冲压成形等，这样的钣金件就需要使用常规方法进行设计。如图 8-210 所示的钣金支架就属于一般类型的钣金件，下面以此为例介绍常规钣金设计方法。

钣金支架设计思路分析：因为钣金支架中包含成形结构，首先需要创建如图 8-211 所示的冲压模具并存储到成形文件夹中，然后根据钣金结构特点创建如图 8-212 所示的钣金主体结构，接着在钣金主体上使用冲压模具创建成形结构，包括其中的拐角加强筋结构，如图 8-213 所示，最后创建钣金中的各种细节，如图 8-214 所示。

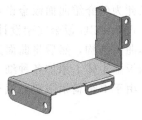

图 8-210　钣金支架　　　　图 8-211　冲压模具　　　　图 8-212　创建钣金主体

由于书籍篇幅限制，钣金支架设计过程可参看随书视频讲解。

8.8.2　实体转换钣金设计

如果钣金件从整体来看类似于一般实体零件，同时包含各种常见的钣金结构，这样的钣金件就可以使用实体转换钣金方法进行设计。实体转换钣金设计方法基本思路是先使用实体设计方法做好钣金零件的主体，然后将其转换成钣金件，最后添加各种常见钣金结构，如钣金折弯、钣金除料、钣金冲压成形等。下面以如图 8-215 所示的钣金外罩为例详细介绍实体转换钣金设计方法。

钣金外罩设计思路分析：首先根据钣金外罩结构特点创建如图 8-216 所示的基础实体，

图 8-213　创建成形结构　　　图 8-214　创建钣金细节　　　图 8-215　钣金外罩

然后将基础实体转换成钣金件，如图 8-217 所示，最后在钣金中添加各种细节结构，包括边线法兰、钣金除料及钣金孔等，如图 8-218 所示。

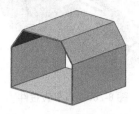
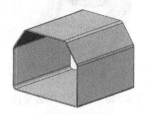

图 8-216　创建基础实体　　　　图 8-217　实体转换钣金　　　　图 8-218　创建钣金细节

钣金外罩设计过程请扫描二维码观看视频讲解。

8.8.3　曲面钣金设计

如果钣金件中包含各种复杂曲面结构，如复杂成形结构、曲面凹坑结构、渐消曲面结构等，这些结构使用常规方法无法完成设计，需要使用曲面方法设计。曲面钣金设计方法基本思路是使用曲面方法创建钣金件主体，然后将曲面加厚得到均匀壁厚的钣金件主体，最后添加各种细节结构，如孔结构、倒角结构、圆角结构等。如图 8-219 所示的汽车 ECU 钣金支架就属于曲面类型的钣金件（主要是钣金件中的加强筋结构无法使用常规方法来设计）。下面以此为例介绍曲面钣金设计方法。

汽车 ECU 钣金支架设计思路分析：首先根据钣金支架结构特点创建如图 8-220 所示的主体曲面结构，然后将曲面进行加厚得到均匀壁厚的钣金结构，如图 8-221 所示，最后在加厚的钣金主体上添加各种细节结构，包括钣金除料及钣金孔等，如图 8-219 所示。

由于书籍篇幅限制，汽车 ECU 钣金支架设计过程请扫描二维码观看视频讲解。

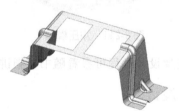

图 8-219　汽车 ECU 钣金支架　　　图 8-220　创建主体曲面　　　　图 8-221　曲面加厚

8.9　钣金工程图

钣金设计完成后，为了方便实际加工与制造，需要出钣金零件工程图。实际上，钣金零件工程图与一般零件工程图的创建方法是类似的，只是钣金零件工程图中需要创建钣金展开视图，这一点与一般零件工程图是不一样的。如图 8-222 所示的固定支架钣金件及其展开图，现在需要创建如图 8-223 所示的固定支架工程图，其中包括钣金零件视图、展开视图及轴测图，然后是尺寸标注等，下面介绍具体操作。

8.9.1　创建钣金工程图视图

根据固定支架工程图要求，需要创建钣金零件的主视图、左视图、俯视图及轴测图，还有钣金零件的展开视图。

步骤 1　打开练习文件：ch08 sheetmetal\8.9\fix_bracket。

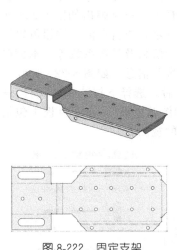

图 8-222　固定支架

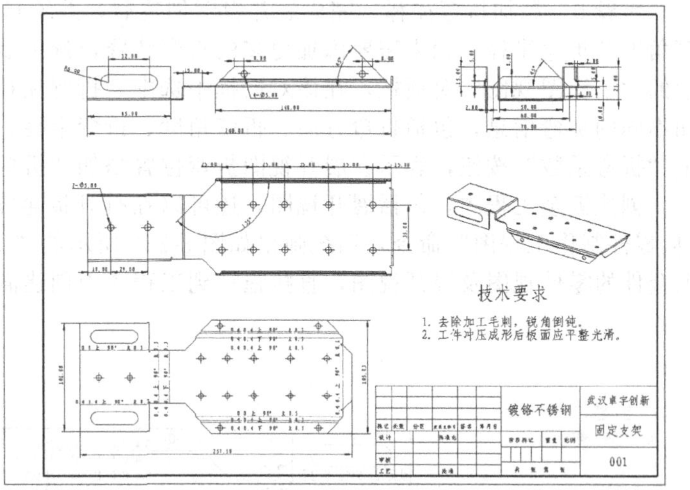

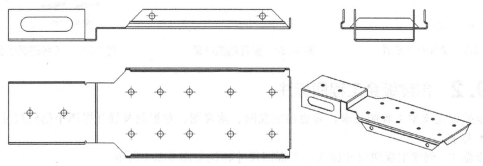

图 8-223　固定支架工程图

步骤 2　新建工程图文件。使用文件夹中提供的 A3 工程图模板新建工程图文件。

步骤 3　创建基本视图。首先创建主视图、俯视图及左视图，视图比例为 1∶1.25，然后创建轴测图，轴测图视图比例为 1∶2，结果如图 8-224 所示。

图 8-224　创建钣金零件视图

步骤 4　创建展开视图。选择"模型视图"命令，在"模型视图"对话框中的"方向"区域定义视图方向为"平板型式"，如图 8-225 所示，表示使用钣金零件的平整状态创建工程图视图；在"平板型式显示"区域设置旋转角度 270 度，在"比例"区域设置视图比例为 1∶1.5，如图 8-226 所示，此时得到如图 8-227 所示的展开视图。

图 8-225　定义方向

图 8-226　定义角度及比例

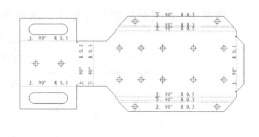

图 8-227　创建初步展开视图

步骤 5 添加折弯注释。完成展开视图创建后，系统自动标注每处折弯的折弯方向、折弯角度及折弯半径。如果需要添加更多的折弯注释，选中展开视图，系统弹出如图 8-228 所示的"工程图视图"对话框，在该对话框中选中"折弯注释"选项，单击本区域按钮可以添加不同的折弯信息，包括折弯方向、折弯角度、折弯半径、折弯阶数及折弯系数等。本例单击"折弯系数"按钮，表示在展开视图折弯位置添加"折弯系数"信息，如图 8-229 所示。

创建钣金工程图，包括展开视图，还可以在打开钣金零件后，选择下拉菜单"文件"→"从零件制作工程图"命令，系统弹出如图 8-230 所示的"工程图调色板"，在调色板中包括钣金件的零件视图及展开视图，直接拖动到工程图中创建需要的视图。

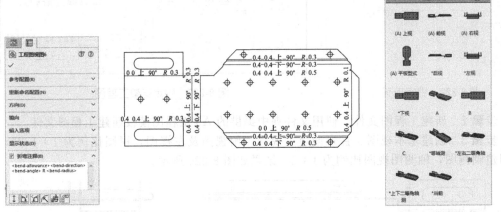

图 8-228　添加折弯注释　　　　图 8-229　展开视图结果　　　　图 8-230　工程图调色板

8.9.2　创建钣金工程图标注

根据固定支架工程图要求，需要在主视图、俯视图、左视图及展开视图中创建尺寸标注及技术要求。

步骤 1 创建主视图尺寸标注。主视图尺寸标注如图 8-231 所示。

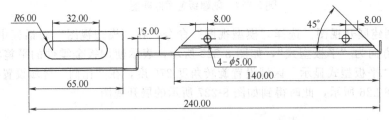

图 8-231　标注主视图尺寸

步骤 2 创建俯视图尺寸标注。俯视图尺寸标注如图 8-232 所示。

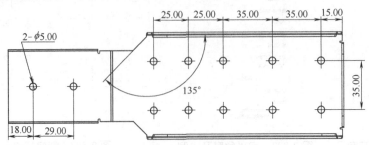

图 8-232　标注俯视图尺寸

步骤 3　创建展开视图尺寸标注。展开视图尺寸标注如图 8-233 所示。

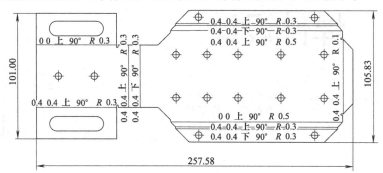

图 8-233　标注展开视图尺寸

步骤 4　创建左视图尺寸标注。左视图尺寸标注如图 8-234 所示。

步骤 5　创建技术要求。在图纸空白位置创建如图 8-235 所示的注释文本。

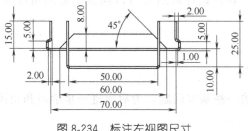

图 8-234　标注左视图尺寸

技术要求

1.去除加工毛刺,锐角倒钝。
2.工件冲压成形后板面应平整光滑。

图 8-235　创建文本注释

SOLIDWORKS 焊件设计功能主要用于焊件结构的设计，如各种钢梁结构、型材焊接结构等等，其中提供了多种焊件设计工具，包括型材的插入及编辑、型材的修剪及端部处理等，同时还可以根据用户需求自定义型材截面，另外还可以使用 SOLIDWORKS Toolbox 工具插入标准型材截面，从而提高焊件设计效率，焊件设计最后还可以同步添加圆角焊缝，方便后期出焊件工程图及焊接符号标注。

9.1 焊件设计基础

学习焊件设计之前首先有必要了解焊件设计的一些基本问题，为后面进一步学习和使用焊件设计做好准备。

9.1.1 焊件设计应用

实际工程项目中经常需要设计如车间厂房钢梁结构、桥梁结构、桁架结构、大型机械设备的钢架结构等，这些结构如果使用常规的装配方法设计将异常困难，而且不便于实际管理与修改，使用焊件设计功能大大提高了这些结构设计效率。具体来讲，焊件设计应用主要体现在以下几个方面。

（1）焊件结构设计

焊件设计最基本的一项功能就是进行各种焊件结构的设计，如车间厂房钢梁结构、桥梁结构、桁架结构、大型机械设备的钢架结构等，凡是类似结构都可以使用焊件功能进行设计，同时包括焊件设计中的焊缝设计。

（2）焊件切割清单及焊件工程图

使用焊件设计功能方便出焊件切割清单（焊件构成），相当于装配清单，同时便于出焊件工程图，相当于装配工程图（包括焊件中各构件的标准及规格等）。

（3）梁结构分析

在产品结构分析中经常需要分析梁结构，对于梁结构的分析一般需要进行简化处理（梁处理）。在 SOLIDWORKS 中使用焊件工具设计的焊件结构，系统会自动识梁结构，不需要手动进行处理，提高了焊件结构的分析效率。

9.1.2 焊件设计用户界面

SOLIDWORKS 中并没有专门的焊件设计模块，在零件设计环境中展开"焊件"选项卡，在"焊件"选项卡中提供了焊件设计工具，打开练习文件：ch09 weldment\9.1\tower_crance_frame，熟悉焊件设计环境，如图 9-1 所示。

> 💡 **说明：** 如果零件设计环境中没有"焊件"选项卡，可以在选项卡区空白位置单击鼠标右键，在弹出的菜单中选择"选项卡"→"焊件"命令，在选项卡区显示"焊件"选项卡。

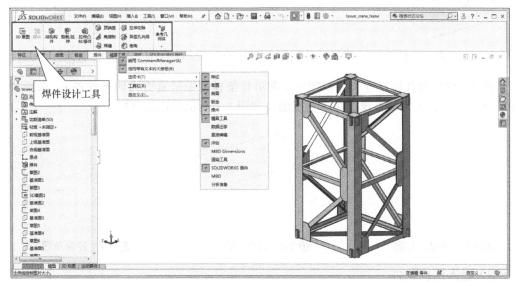

图 9-1　焊件设计环境及工具

需要特别注意的是，实际中的焊件是由各种结构构件焊接起来的，其本质属于装配产品，而且后期需要出焊件工程图，实际上就是焊件装配工程图，但是在 SOLIDWORKS 中，焊件是以零件文件进行设计的，后期需要使用专门的操作生成焊件清单并出焊件工程图，这也是 SOLIDWORKS 各种功能中比较特殊的一种。

9.2　焊件设计过程

为了让读者尽快熟悉焊件设计思路及基本操作，下面以如图 9-2 所示的焊件框架为例详细介绍焊件设计过程，为后面进一步学习焊件设计做准备。

（1）新建焊件文件

在 SOLIDWORKS 中进行焊件设计是在零件环境中进行的，所以需要新建一个零件文件作为焊件文件，使用"新建"命令新建零件文件，文件名称为 frame_design。

（2）创建焊件骨架模型

在 SOLIDWORKS 中进行焊件设计，首先需要根据焊件结构特点创建焊件骨架模型，这个焊件骨架模型主要用于控制焊件整体结构。对于焊件骨架模型的分析与理解是这样的，就是将焊件中所有型材构件想象成一条草图线段，这样一来焊件就变成了一个线框模型，这个线框模型就是焊件的骨架模型。对于本例要设计的焊件框架，需要创建如图 9-3 所示的焊件骨架模型，下面具体介绍焊件骨架模型的创建。

步骤 1　创建焊件底部骨架（如图 9-3 所示骨架模型中底部四条线段）。选择"草图"命令，选择"上视基准面"为草图平面绘制如图 9-4 所示草图作为焊件底部骨架。

步骤 2　创建焊件顶部骨架（如图 9-3 所示骨架模型中顶部四条线段）。首先将"上视基准面"向上偏移 200 得到如图 9-5 所示的基准面，然后在该基准面上绘制如图 9-6 所示的草图作为焊件顶部骨架。

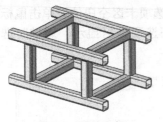

图9-2　焊件框架

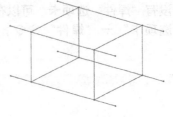

图9-3　骨架模型

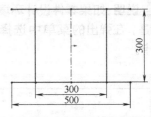

图9-4　底部草图

步骤3　创建焊件连接骨架（如图9-3所示骨架模型中竖直方向四条线段）。选择"3D草图"命令，然后选择"直线"命令直接创建如图9-7所示的连接草图。

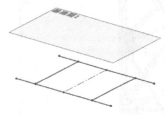

图9-5　创建基准面

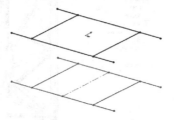

图9-6　顶部草图

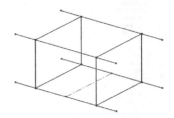

图9-7　连接草图

（3）插入结构构件

完成骨架模型创建后，需要在骨架模型中各条线段上插入构件型材得到需要的焊件。在SOLIDWORKS的"焊件"选项卡中单击"结构构件"按钮，用来插入构件型材。

步骤1　选择命令。在"焊件"选项卡中单击"结构构件"按钮，系统弹出"结构构件"对话框，使用该对话框定义结构构件。

步骤2　定义构件规格。在"结构构件"对话框中的"标准"下拉列表中选择"iso"选项，表示选择iso标准构件型材；在"Type"下拉列表中选择"方形管"选项，表示选择方形管构件型材；在"大小"下拉列表中选择具体的"40×40×4"选项，表示选择的"方形管"规格边长为40，厚度为4，如图9-8所示。

图9-8　定义构件规格

步骤3　插入第一组结构构件。使用鼠标在焊件骨架模型上选择如图9-9所示的四条骨架线段，系统将选中的构件型材添加到这四条线段上。

步骤4　插入第二组结构构件。在"结构构件"对话框中单击"新组"按钮，表示重新插入一组构件型材，在焊件骨架模型上选择如图9-10所示的四条骨架线段，系统将选中的构件型材添加到这四条线段上，如图9-10所示。

步骤5　插入第三组结构构件。在"结构构件"对话框中单击"新组"按钮，在焊件骨架模型上选择如图9-11所示的四条骨架线段添加构件型材，如图9-11所示。

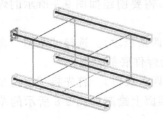

图9-9　插入第一组结构构件

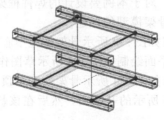

图9-10　插入第二组结构构件

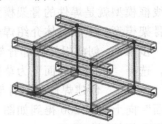

图9-11　插入第三组结构构件

9.3 焊件结构管理

焊件设计之前首先要考虑焊件结构管理的问题，否则在实际焊件设计时容易造成管理上的混乱，从而影响焊件设计效率。对于焊件结构的管理应该根据焊件复杂程度及焊件结构特点进行区别管理，下面具体介绍。

9.3.1 简单焊件结构

实际焊件设计中，对于整体性较强的且使用的型材构件种类比较少的焊件结构属于简单焊件结构，如图 9-12 所示的焊件均属于这种焊件，这种焊件结构使用一个单一的文件就能够进行有效的管理，简单焊件结构示意如图 9-13 所示。

本章 9.2 小节介绍的焊接框架结构属于简单焊件结构，根据简单焊件结构示意图，在设计中首先新建一个零件文件作为焊件总文件，然后根据焊件结构特点创建了焊件骨架模型，最后插入结构构件，其最终模型树结构如图 9-14 所示，其结构形式正好符合如图 9-13 所示的简单焊件结构示意图。

图 9-12 简单焊件结构举例

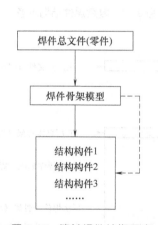

图 9-13 简单焊件结构示意

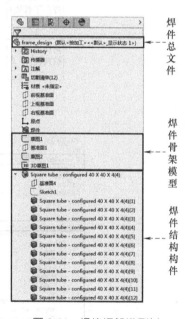

图 9-14 焊接框架模型树

9.3.2 复杂焊件结构

实际焊件设计中，结构比较分散且使用的型材构件种类比较多的焊件结构属于复杂焊件结构，如图 9-15 所示的焊件均为复杂焊件结构。这种焊件结构使用单一的文件无法进行有效的管理，需要使用装配文件进行管理（也就是使用自顶向下的方法进行管理），复杂焊件结构示意如图 9-16 所示。

为了帮助读者理解复杂焊件结构管理，下面举例说明。如要设计一座工厂完整的焊件结构（钢结构），工厂钢结构中包括厂房与生产线；厂房中又包括厂房主体、办公区及生活区；生产线中又包括装配线 A、装配线 B 及总装配线，像这种复杂的焊件结构就需要按照复杂焊件结构进行管理，如图 9-17 所示。

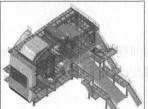

图 9-15　复杂焊件结构举例

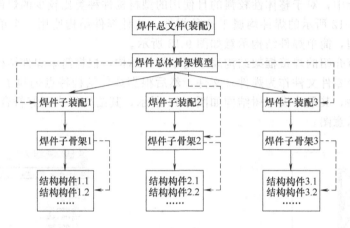

图 9-16　复杂焊件结构示意

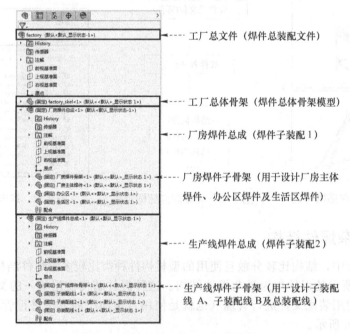

图 9-17　工厂焊件结构模型树

💡 **说明：** 实际上一座工厂是一个非常复杂的系统，此处举例仅涉及工厂中的焊件结构，其实不管是焊件结构还是其他的结构，这种管理及设计思路都是一样的。

9.4 结构构件设计

结构构件设计是焊件设计中最主要的一项工作，下面具体介绍焊件轮廓类型、插入结构构件基本操作以及结构构件设计的一些常用方法。

9.4.1 焊件轮廓类型及设置

在 SOLIDWORKS 中不同类型的构件是使用不同的焊件轮廓（weldment profiles）来管理的，这里的焊件轮廓其实就是指型材截面。SOLIDWORKS 中提供了系统自带的焊件轮廓，这些焊件轮廓保存在固定的文件夹中（默认保存位置为 C：\ Program Files \ SOLID-WORKS Corp \ SOLIDWORKS \ lang \ chinese-simplified \ weldment profiles）。如图 9-18 所示，文件夹中包括两个子文件夹，分别是系统提供的两种焊件标准，一个是 ansi inch 标准，一个是 iso 标准，每种标准下面又包括多种焊件轮廓类型，如图 9-19 所示，展开焊件轮廓文件夹，其中提供了多种具体的焊件轮廓规格，如图 9-20 所示。

在 SOLIDWORKS 中不管使用哪种焊件标准，焊件轮廓类型都是一样的，如图 9-21 所示，均包括角钢、槽钢、圆管、矩形管、工字钢及方形管，这是系统自带的焊件轮廓。

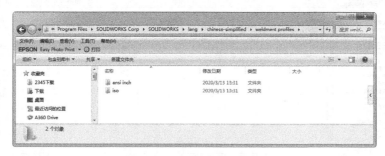

图 9-18　焊件轮廓保存位置

图 9-19　iso 标准下的焊件轮廓类型

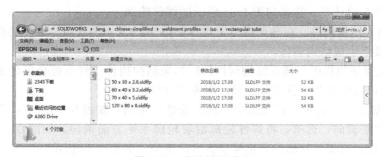

图 9-20　焊件轮廓规格

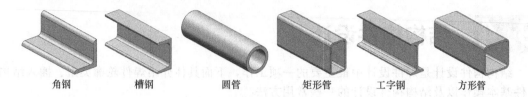

角钢　　　　　槽钢　　　　　圆管　　　　　矩形管　　　　　工字钢　　　　方形管

图 9-21　系统自带的结构构件类型

为了方便实际焊件设计中系统能够自动调用焊件轮廓文件夹中的焊件类型，需要设置焊件轮廓的默认文件位置。选择下拉菜单"工具"→"选项"命令，在系统弹出的"系统选项"对话框中单击"文件位置"，在右侧下拉列表中选择"焊件轮廓"选项，单击"添加"按钮将焊件轮廓文件夹添加到系统中，如图 9-22 所示，设置默认位置后系统将自动从焊件文件夹中调用焊件轮廓类型。

💡 **说明：**一般情况下，初次完成软件安装后，系统会自动设置焊件轮廓默认位置，如果默认位置不对，用户可以使用以上介绍的方法进行设置。

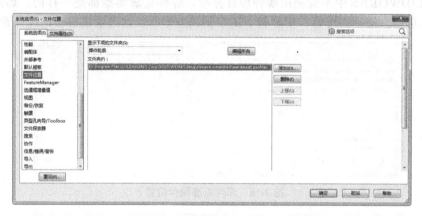

图 9-22　设置焊件轮廓位置

9.4.2　插入结构构件操作

熟悉焊件轮廓类型及默认设置后，接下来具体介绍插入结构构件操作。在"焊件"选项卡中单击"结构构件"按钮 🔞，用来插入结构构件，下面以如图 9-23 所示的骨架模型为例详细介绍插入结构构件的基本操作。

步骤 1　打开练习文件：ch09 weldment\9.4\02\frame。

步骤 2　选择命令及焊件轮廓。在"焊件"选项卡中单击"结构构件"按钮 🔞，系统弹出"结构构件"对话框，选择如图 9-24 所示的焊件轮廓。

步骤 3　插入结构构件。在骨架模型上选择如图 9-25 所示的线段，系统将选中的焊件轮廓添加到该线段上生成结构构件。

步骤 4　设置结构构件。插入结构构件后，如果结构构件位置不符合设计要求，可以在"结构构件"对话框中展开"设定"区域，用来设置结构构件。

① 镜向轮廓。在"设定"区域选中"镜向轮廓"选项，如图 9-26 所示，用于镜向焊件轮廓。选中"水平镜向"选项，将焊件轮廓沿着轮廓水平方向镜向，如图 9-27 所示；选中"竖直镜向"选项，将焊件轮廓沿着轮廓竖直方向镜向，如图 9-28 所示。

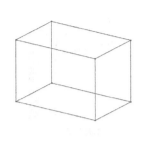   

图 9-23　骨架模型　　　图 9-24　选择结构构件　　　　图 9-25　插入结果　　　　图 9-26　镜像轮廓

②旋转轮廓。在"设定"区域角度文本框中输入旋转角度可以对焊件轮廓进行旋转，如果输入旋转角度 90，将焊件轮廓旋转 90 度，结果如图 9-29 所示。

  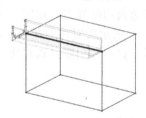

图 9-27　水平镜像　　　　　图 9-28　竖直镜像　　　　　图 9-29　旋转角度

③ 调整轮廓插入点。焊件轮廓上有多个草图点，这些草图点叫做插入点，在插入焊件轮廓时系统会自动选择一个插入点作为当前插入点，表示选择的焊件骨架线段从该插入点经过，使用这种方法控制结构构件与骨架模型之间的位置关系。在"设定"区域单击"找出轮廓"按钮，系统将放大焊件轮廓，此时用户能清楚看到焊件轮廓上的插入点，选择如图 9-30 所示的插入点，插入结构构件结果如图 9-30 所示。

步骤 5　结构构件边角处理。当一组焊件中同时插入多段结构构件且构件形成相交时需要对插入结构构件的边角进行处理。

① 插入多段结构构件。在"结构构件"对话框中选择如图 9-31 所示的焊件轮廓，选择如图 9-32 所示的骨架模型插入焊件轮廓，结果如图 9-32 所示。

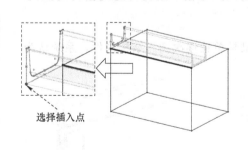  

选择插入点

图 9-30　指定轮廓插入点　　　　图 9-31　选择结构构件　　　图 9-32　插入多段构件

② 构件边角处理。插入多段结构构件后，对话框中出现如图 9-33 所示的"应用边角处理"区域，其中包括三个按钮，单击第一个按钮，使用斜接样式处理边角，单击第二个及第

三个按钮，使用对接样式处理边角，使用这三种处理样式结果如图 9-34 所示。

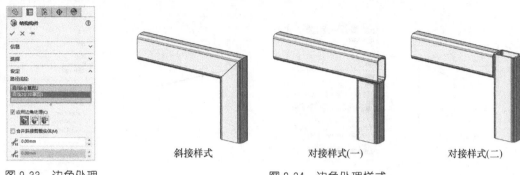

图 9-33　边角处理　　　　　　　　　　斜接样式　　　　　　对接样式(一)　　　　　　对接样式(二)

图 9-34　边角处理样式

> **说明：** 选择"斜接"样式时，在文本框中输入斜接距离，结果如图 9-35 所示；选中"合并斜接剪裁实体"选项，系统将斜接的构件合并成一个实体，如图 9-36 所示。

　　③ 设置边角切除样式。使用对接边角处理时，在对话框"应用边角处理"区域下方会出现边角切除样式，如图 9-37 所示。单击第一个按钮表示使用"简单切除"样式，结果如图 9-34 所示的对接剪裁效果，单击第二个按钮表示使用"封闭切除"样式，结果如图 9-38 所示，这两种切除样式对比结果如图 9-39 所示。

图 9-35　设置斜接间隙　　　　图 9-36　合并斜接实体　　　　图 9-37　设置边角切除样式

> **说明：** 使用"简单切除"样式时，在文本框中输入间隙值，结构件之间留有对接间隙，结果如图 9-40 所示。

　　步骤 6　单独插入构件。在插入结构构件时，如果是单独逐次插入结构构件，系统认为

图 9-38　封闭切除　　　　　　图 9-39　边角切除结果　　　　图 9-40　设置简单切除距离

图 9-41　单独插入型材构件

每段结构构架是彼此独立的，此时无法在插入结构构件时对构件进行边角处理，如图 9-41 所示，这种情况下需要使用专门的剪裁工具进行处理。关于焊件剪裁工具将在本章后面章节介绍，此处不再赘述。

9.4.3　自定义结构构件设计

前面小节介绍焊件轮廓时我们注意到，系统自带的焊件轮廓数量是非常有限的，往往无法满足实际焊件设计要求，这种情况下需要用户自行设计焊件轮廓，然后使用自定义焊件轮廓进行焊件结构设计。

如图 9-42 所示的自动化焊件框架，焊件截面轮廓如图 9-43 所示，现在已经完成了如图 9-44 所示焊件骨架模型的创建，需要在骨架模型上使用如图 9-43 所示的焊件轮廓设计焊件框架，这种焊件轮廓不属于系统自带的焊件轮廓，需要自行定义。

图 9-42　自动化焊件框架

图 9-43　焊件截面轮廓

（1）创建焊件轮廓文件夹

创建自定义焊件轮廓之前需要首先创建焊件轮廓文件夹，用来保存自定义焊件轮廓。创建自定义焊件轮廓可以参考系统自带的焊件轮廓文件夹来创建，首先创建如图 9-45 所示的焊件轮廓标准文件夹（user 文件夹），然后在标准文件夹中创建如图 9-46 所示的类型文件夹，自定义焊件轮廓就是保存在该类型文件夹中。

图 9-44　焊件骨架模型

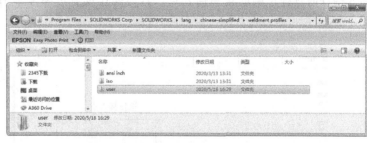

图 9-45　创建标准文件夹

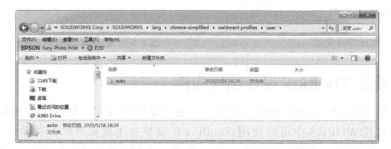

图 9-46　创建类型文件夹

（2）创建焊件轮廓草图

焊件轮廓实际上就是一个草图文件，新建一个零件文件，选择"草图"命令，选择"前视基准面"为草图平面绘制如图 9-47 所示的焊件轮廓草图，注意在草图中合适位置插入草图点作为焊件轮廓插入点，本例这种焊件轮廓需要创建如图 9-47 所示的 9 个插入点，方便插入结构件时调整插入位置。

完成焊件轮廓绘制后退出草图环境，在模型树中选中草图特征，然后选择"另存为"命令，选择保存类型为"Lib Feat Part（*.sldlfp）"，名称为 40-40，将该焊件轮廓草图保存在前面做好的文件夹中，如图 9-48 所示。

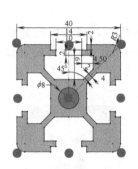

图 9-47　绘制焊件轮廓

图 9-48　保存焊件轮廓

（3）插入自定义焊件轮廓

下面使用创建好的焊件轮廓插入到焊件骨架模型得到焊件框架。

打开练习文件 ch09 weldment\9.4\03\auto_frame，在"焊件"选项卡中单击"结构构件"按钮，选择如图 9-49 所示的焊件轮廓，选择如图 9-50 所示的骨架线段插入结构构件，注意调整焊件轮廓插入点，如图 9-50 所示。

因为本例中插入构件都需要调整焊件轮廓插入点，所以需要分多组一次性插入构件，并在插入构件时选择正确的轮廓插入点，具体操作读者可参考本书随书视频讲解，此处不再赘述。

图 9-49　选择焊件轮廓

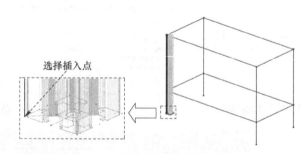

图 9-50　选择插入点

9.4.4　使用 Toolbox 设计结构构件

在自定义焊件轮廓时，为了提高设计效率，更重要的是为了方便使用各种标准尺寸的焊件轮廓，在 SOLIDWORKS 中可以使用 Toolbox 工具快速生成标准的焊件轮廓。

使用 Toolbox 工具需要首先激活 Toolbox 插件，选择下拉菜单"工具"→"插件"命令，在系统弹出的如图 9-51 所示的"插件"对话框中选中"SOLIDWORKS Toolbox Library"选项，表示激活 Toolbox 插件。

激活 Toolbox 插件后在 SOLIDWORKS 中展开"SOLIDWORKS 插件"选项卡，在选项卡中单击"SOLIDWORKS Toolbox"按钮 🔩 加载 Toolbox 插件，如图 9-52 所示。

加载 Toolbox 插件后，单击选项卡中的"结构钢"按钮 🛠，系统弹出如图 9-53 所示的"结构钢"对话框，该对话框中包含多种常用的钢结构轮廓。

图 9-52　加载 Toolbox 插件

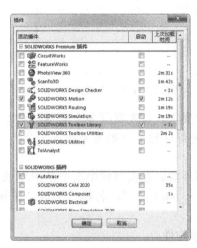

图 9-51　激活 Toolbox 插件

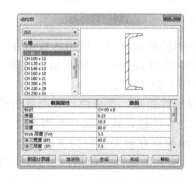

图 9-53　"结构钢"对话框

如图 9-54 所示的厂房三角架，使用标准 400 规格的工字钢型材，现在已经完成了如图 9-55 所示骨架模型创建，接下来需要自定义标准 400 工字钢焊件轮廓，然后使用"结构件"工具在骨架模型上插入结构件。

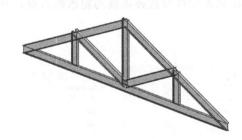

图 9-54　厂房三角架

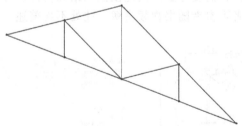

图 9-55　焊件骨架模型

步骤 1　创建焊件轮廓文件夹。在焊件轮廓文件夹（weldment profiles）中的 user 文件夹下创建一个 isection 文件夹，该文件夹用来保存创建的焊件轮廓。

步骤 2　创建自定义焊件轮廓。需要创建标准 400 规格的工字钢焊件轮廓。

① 新建一个零件文件，该零件文件用来自定义焊件轮廓。

② 使用 Toolbox 工具调用 400 标准工字钢截面。在"SOLIDWORKS 插件"选项卡中单击"SOLIDWORKS Toolbox"按钮 🔩 加载 Toolbox 插件，单击"结构钢"按钮 🛠，系统弹出"结构钢"对话框，在该对话框中依次选择"ISO 标准"-"SB 横梁"-"SB400×66"选项，此时在对话框下部显示截面属性，如图 9-56 所示，单击对话框中的"生成"按钮，此时在图形区中生成 400 标准工字钢截面草图。

💡 **说明：** 在"结构钢"对话框选择需要的结构钢类型后单击"钢梁计算器"按钮，系统弹出如图 9-57 所示的"钢梁计算器"对话框，使用该对话框对钢梁进行简单的计算。

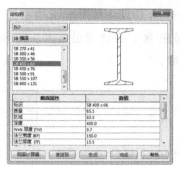

图 9-56　"结构钢"对话框

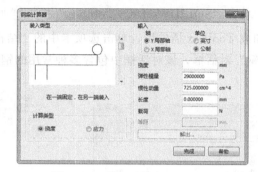

图 9-57　"钢梁计算器"对话框

③ 绘制焊件轮廓。初步调用的截面并不符合焊件设计要求，首先删除多余的草图对象，然后在草图中添加如图 9-58 所示的焊件轮廓插入点，这种焊件轮廓一般需要插入 7 个插入点，结果如图 9-58 所示。

④ 保存焊件轮廓。完成焊件轮廓草图绘制后退出草图环境，在模型树中选中草图对象，选择"另存为"按钮，选择保存类型为"Lib Feat Part（*.sldlfp）"，名称为 I400，将该焊件轮廓草图保存在前面做好的文件夹中，如图 9-59 所示。

步骤 3 插入结构件。使用以上创建的焊件轮廓插入结构件。

① 打开练习文件 ch09 weldment\9.4\04\triangle_support。

② 插入结构件。在"焊件"选项卡中单击"结构构件"按钮 🔳，选择如图 9-60 所示的焊件轮廓，在骨架中插入结构件，注意调整插入轮廓位置。

因为本例中插入构件都需要调整焊件轮廓插入点，而且无法直接剪裁，所以不能一次性插入构件，需要分成多次逐段插入结构构件，并在插入构件时选择正确的轮廓插入点，具体操作读者可参考随书视频讲解，此处不再赘述。

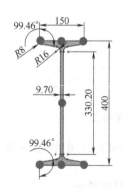

图 9-58　添加焊件轮廓插入点

图 9-59　保存焊件轮廓

图 9-60　选择焊件轮廓

9.5 焊件剪裁延伸

焊件设计中，有时在插入结构构件的同时可以对结构件进行剪裁，但是有时考虑到焊件结构的特殊性无法对结构件进行同步剪裁，在这种情况下需要先插入所有的结构件，然后对焊件中的结构件进行剪裁。在"焊件"选项卡中单击"剪裁/延伸"按钮![icon]，专门对结构件进行剪裁及延伸处理，使用这种剪裁工具对结构件进行剪裁与插入结构件过程中的边角处理是非常类似的。

9.5.1 剪裁延伸操作

如图 9-61 所示的厂房三角架，在插入结构件时，有些结构件已经做了剪裁，但是还有一些结构件在插入过程中无法准确剪裁，这种情况下需要使用专门的剪裁工具对多余结构件进行剪裁，希望通过剪裁后得到如图 9-62 所示的厂房三角架。

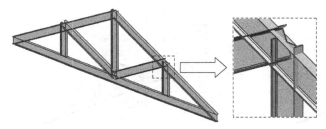

图 9-61　厂房三角架

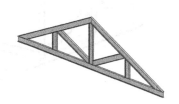

图 9-62　修剪后的厂房三角架

步骤 1 打开练习文件 ch09 weldment\9.5\trim_extend。

步骤 2 选择命令。在"焊件"选项卡中单击"剪裁/延伸"按钮![icon]，系统弹出"剪裁/延伸"对话框，在边角类型中提供了四种剪裁方式，其中后三种剪裁方式与插入结构件中的边角处理是类似的，第一种剪裁方式（终端剪裁）是使用一个曲面或实体对选中构件进行剪裁，这也是比较常用的一种方法，下面主要介绍这种剪裁方法。

步骤 3 剪裁两侧斜梁。在"边角类型"区域单击"终端剪裁"按钮，如图 9-63 所示，选择如图 9-64 所示的两侧斜梁为要剪裁的实体，在"剪裁边界"区域选中"实体"选项，如图 9-65 所示，表示使用实体对结构构件进行剪裁，然后选择如图 9-66 所示的水平横梁为剪裁边界，此时在模型上显示"保留/丢弃"标签（保留侧表示剪裁后保留下来的，丢弃表示剪裁后被去掉的），单击字符切换保留还是丢弃，因为此处需要将两侧斜梁与水平横梁相交的下部多余结构剪裁掉，所以正确设置如图 9-67 所示。

图 9-63　设置剪裁方式及剪裁对象

图 9-64　定义剪裁实体

图 9-65　定义边界类型

💡 **说明：** 此处剪裁时，如果在"剪裁区域"选中"面/平面"选项，表示使用面或平面对象对结构件进行剪裁，如果选择水平横梁上表面为剪裁边界，结果如图 9-68 所示。

步骤 4 剪裁中间竖梁。参照以上设置，选择中间竖梁为要剪裁的实体，然后选择两侧斜梁为剪裁边界，设置"保留/丢弃"标签如图 9-69 所示。

图 9-66 定义剪裁边界

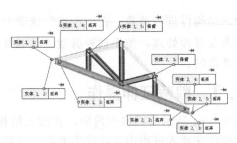

图 9-67 定义保留与丢弃

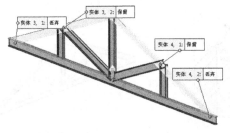

图 9-68 定义保留与丢弃

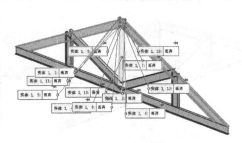

图 9-69 剪裁中间竖梁

步骤 5 剪裁中间支承梁。选择中间支承梁为要剪裁的实体，选择水平横梁、中间竖梁及两侧斜梁为剪裁边界，设置合适的"保留/丢弃"标签，如图 9-70 所示。

使用"剪裁/延伸"工具对结构件进行剪裁时，为了提高剪裁效率，尽量在一次剪裁操作中剪裁更多的结构，所以在选择剪裁对象及剪裁边界时一定要正确选择，另外还需要正确设置保留侧与丢弃侧，否则将得到错误的剪裁结构，这一点要特别注意。

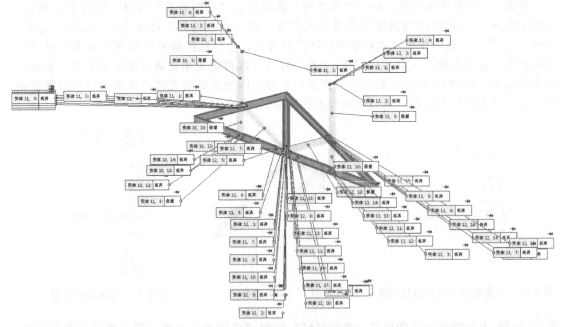

图 9-70 定义中间支承梁剪裁

9.5.2 剪裁延伸实例

如图 9-71 所示的焊件框架，现在已经完成了如图 9-72 所示焊件结构的设计，需要对其中的角钢两端进行剪裁，使角钢两端不与其他结构件干涉，后期使用连接板对断开位置进行连接，剪裁角钢后再使用镜向复制得到如图 9-73 所示结果。

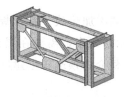

图 9-71 焊件框架

图 9-72 已经完成结构

图 9-73 剪裁延伸结果

步骤 1 打开练习文件 ch09 weldment\9.5\support_frame。

步骤 2 创建剪裁延伸。本例对角钢两端的剪裁需要先创建如图 9-74 所示的两个基准面，然后使用基准面对角钢构件进行剪裁。

① 创建第一个基准面。选择"基准面"命令，选择角钢上端面为参考面进行偏移（注意偏移方向），偏移距离为 100，如图 9-75 所示。

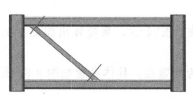

图 9-74 剪裁基准面

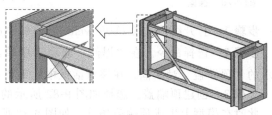

图 9-75 创建第一个基准面

② 创建第二个基准面。选择"基准面"命令，选择以上创建的第一个基准面为参考面进行偏移（注意偏移方向），偏移距离为 600，如图 9-76 所示。

③ 创建剪裁延伸。选择"剪裁延伸"命令，选择角钢为剪裁对象，在"剪裁边界区域"定义剪裁方式为"面/平面"类型，如图 9-77 所示，选择以上创建的两个基准面作为剪裁边界，设置"保留/丢弃"结果如图 9-78 所示，单击 ✔ 按钮完成剪裁操作。

步骤 3 镜向复制结构件。完成结构件剪裁后使用"镜向"命令对结构件按照"右视基准面"及"前视基准面"进行两次镜向复制。

图 9-76 创建第二个基准面

图 9-77 定义剪裁延伸

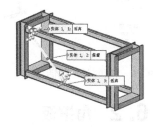

图 9-78 设置保留及丢弃

9.6 焊件附属结构

为了提高焊件结构的强度，同时保证焊件结构的完整性，需要在焊件中添加附属结构，包括顶端盖、角撑板及连接板，下面具体介绍这些附属结构设计。

9.6.1 顶端盖

"顶端盖"命令用来在环形焊件（如圆管、方管或矩形管）末端添加垫块。在"焊件"选项卡中单击"顶端盖"按钮 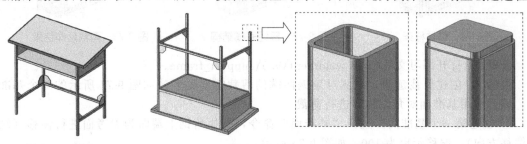，用来创建顶端盖。如图 9-79 所示的课桌，需要在课桌桌腿底部创建顶端盖，如图 9-80 所示，使桌腿完全封闭，下面以此为例介绍顶端盖创建过程。

图 9-79　课桌　　　　　　　　　　　　　图 9-80　创建顶端盖

步骤 1　打开练习文件 ch09 weldment\9.6\desk。

步骤 2　选择命令。在"焊件"选项卡中单击"顶端盖"按钮，系统弹出如图 9-81 所示的"顶端盖"对话框，在该对话框中定义顶端盖参数。

步骤 3　创建顶端盖。选择如图 9-82 所示的桌腿底面为端盖面，具体设置如图 9-81 所示，此时在模型上生成顶端盖预览，如图 9-82 所示。

创建顶端盖包括两种类型：在"顶端盖"对话框中选中"边角处理"选项，选中"圆角"选项，表示创建倒圆角顶端盖（本例创建的就是圆角顶端盖）；选中"倒角"选项，表示创建倒角顶端盖，如图 9-83 所示。

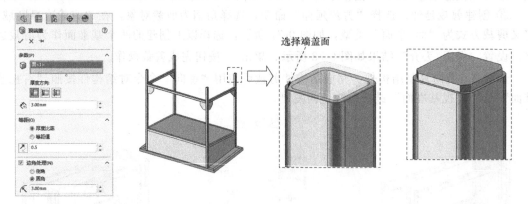

图 9-81　"顶端盖"对话框　　　　图 9-82　定义顶端盖　　　　图 9-83　倒角顶端盖

9.6.2 角撑板

"角撑板"命令用来在两个焊件之间添加加强筋板，加强焊件结构。在"焊件"选项卡中单击"角撑板"按钮 ，用来创建角撑板。角撑板类型包括两种：一种是多边形角撑板，另外一种是三角形角撑板。下面继续使用上一节的课桌为例介绍角撑板的创建，角撑板如图 9-84 所示。

步骤 1　打开练习文件 ch09 weldment\9.6\desk。

步骤 2　选择命令。在"焊件"选项卡中单击"角撑板"按钮 ，系统弹出"角撑板"

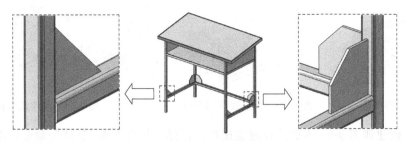

图 9-84　创建角撑板

对话框，在该对话框中定义角撑板参数。

　　步骤 3　创建多边形角撑板。在"对话框"中单击"多边形轮廓"按钮，如图 9-85 所示，表示创建多边形角撑板，选择如图 9-86 所示的结构件表面为支撑面，具体设置如图 9-85 所示，参照该方法完成其余多边形角撑板的创建。

　　步骤 4　创建三角形角撑板。在"对话框"中单击"三角形轮廓"按钮，如图 9-87 所示，表示创建三角形角撑板，选择如图 9-87 所示的结构件表面为支撑面，具体设置如图 9-88 所示，参照该方法完成其余三角形角撑板的创建。

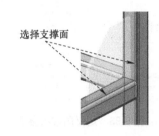

图 9-86　选择角撑板支撑面

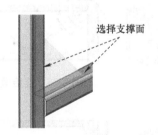

图 9-85　定义多边形角撑板　　　　图 9-87　选择角撑板支撑面　　　图 9-88　定义三角形角撑板

9.6.3　连接板

　　在焊件设计中经常需要对断开的位置进行连接，这种情况下需要在断开位置设计连接板。连接板类似于"角撑板"，但是与角撑板有明显的区别，连接板需要使用"拉伸凸台/基体"命令创建。如图 9-89 所示的焊件框架，现在已经完成了如图 9-90 所示结构设计，需要在框架拐角位置创建角撑板，在断开位置创建连接板。

　　步骤 1　打开练习文件 ch09 weldment\9.6\support_frame。

　　步骤 2　创建如图 9-91 所示的角撑板。在"焊件"选项卡中单击"角撑板"按钮 ，系统弹出"角撑板"对话框，选择如图 9-92 所示的支撑面，在对话框中定义角撑板参数如图 9-93 所示，然后使用镜向命令对角撑板进行镜向，结果如图 9-94 所示。

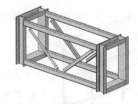

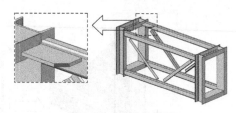

图 9-89　焊件框架　　　　　图 9-90　已经完成的结构　　　　　图 9-91　创建角撑板

步骤 3　创建如图 9-95 所示的外侧连接板。选择"拉伸凸台/基体"命令，选择矩形管侧面为草图平面绘制如图 9-96 所示的连接板草图，创建拉伸，拉伸深度为 10，然后使用镜向命令对创建的外侧连接板进行镜向复制，结果如图 9-97 所示。

步骤 4　创建如图 9-98 所示的中间连接板。选择"拉伸凸台/基体"命令，选择矩形管侧面为草图平面绘制如图 9-99 所示的连接板草图，创建拉伸，拉伸深度为 10，然后使用镜向命令对创建的中间连接板进行镜向复制，如图 9-100 所示。

图 9-92　选择支撑面　　　　　图 9-93　定义角撑板参数　　　　　图 9-94　镜向角撑板

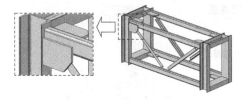

图 9-95　创建外侧连接板　　　　　图 9-96　连接板草图　　　　　图 9-97　镜向外侧连接板

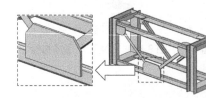

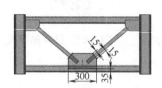

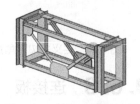

图 9-98　创建中间连接板　　　　　图 9-99　连接板草图　　　　　图 9-100　镜向中间连接板

9.7　焊缝

"焊缝"命令用来模拟焊件中的焊缝效果，同时还可以在创建焊缝的同时添加焊接符号，方便以后直接出焊件工程图。在"焊件"选项卡中单击"焊缝"按钮 ![]，用来创建焊缝。如图 9-101 所示的自行车车架，这是一个典型的焊件产品，需要在各焊接位置添加焊缝及焊接符号，结果如图 9-102 所示。

图 9-101 自行车架

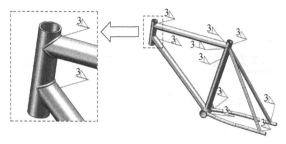

图 9-102 焊缝及焊接符号

步骤 1 打开练习文件 ch09 weldment\9.7\bicycle_frame。

步骤 2 选择命令。在"焊件"选项卡中单击"焊缝"按钮 🖥️，系统弹出"焊缝"对话框，在该对话框中定义焊缝参数。

步骤 3 创建第一个焊缝。定义焊缝的关键是焊缝位置及大小、焊接符号及长度。

① 定义焊接选择及大小。在"焊缝"对话框的"焊接选择"区域选中"焊接几何体"选项，如图 9-103 所示，表示通过选择焊接对象上的几何对象定义焊缝位置，然后选择如图 9-104 所示的焊件表面为焊接几何对象，表示在这两个面相交位置创建焊缝，在"焊缝大小"文本框中输入 3。

② 定义焊接符号。在"焊缝"对话框中单击"定义焊接符号"按钮，系统弹出如图 9-105 所示的"ISO 焊接符号"对话框，在该对话框中定义焊接符号，单击"字体"按钮，系统弹出如图 9-106 所示的"选择字体"对话框，设置焊接符号字体样式。

选择焊接几何

图 9-103 "焊缝"对话框　　图 9-104 选择焊接几何　　图 9-105 定义焊接符号

③ 定义焊缝长度。定义焊缝长度有两种方式：在对话框中选中"从/到长度"区域，用来定义连续焊缝，此时可以定义焊缝起点，系统自动计算完整焊缝长度，如图 9-107 所示；在对话框中选中"断续焊接"区域，用来定义断续焊缝，包括焊接长度、焊缝间隙、焊缝节距等参数，同时还可定义交错焊缝，如图 9-108 所示。

步骤 4 创建第二个焊缝。定义完一个焊缝后如果需要继续定义焊缝，在对话框中单击"新焊接路径"按钮，表示继续定义新的焊缝。定义焊接选择时，还有另外一种定义方式，在"焊接选择"区域选中焊接路径选项，如图 9-109 所示，表示直接选择焊接交线定义焊缝，选择如图 9-110 所示的焊接路径，该焊接路径为两根焊件构件之间的交线，其余参数设置参照以上定义方法。

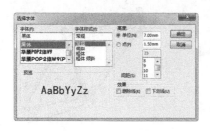

图 9-106　"选择字体"对话框　　　图 9-107　定义从/到长度　　　图 9-108　定义断续焊缝

完成所有焊缝定义后，在模型树中自动生成"焊接文件夹"节点，用来管理所有的焊缝，此处可以查看每个焊缝包括焊缝长度信息，如图 9-111 所示。在"焊接文件夹"中选中焊缝符号，使用弹出的快捷菜单可以编辑、隐藏、压缩焊缝特征。

图 9-109　定义焊接路径　　　图 9-110　选择焊接路径　　　图 9-111　完成的焊缝

9.8　焊件切割清单及工程图

焊件设计完成后需要创建焊件工程图。焊件工程图作为焊件加工与制造过程中的一项重要技术文件，掌握焊件工程图是非常有必要的。焊件工程图中的关键是要创建焊件切割清单，类似于装配工程图中的零件明细表。但是 SOLIDWORKS 中的焊件是在零件环境中创建的，如果按照一般的方法创建焊件工程图只能得到焊件零件工程图，无法准确生成焊件切割清单，所以在 SOLIDWORKS 中创建焊件工程图需要先对焊件进行必要的处理，特别是对焊件切割清单的处理，然后根据处理好的焊件切割清单创建工程图。

如图 9-112 所示的焊件框架，需要创建如图 9-113 所示的焊件框架工程图，工程图中包括工程图视图、焊件切割清单及零件序号，其中切割清单如图 9-114 所示。切割清单中需要包括序号、代号、名称、焊件类型、焊件长度、数量及重量等信息，下面具体介绍焊件框架工程图及焊件切割清单的创建。

9.8.1　焊件切割清单

焊件切割清单主要用来统计和管理焊件中的结构件及实体，方便后期在工程图中创建焊件切割清单。

步骤 1　打开练习文件 ch09 weldment\9.8\support_frame。

步骤 2　查看初步焊件切割清单。在焊件模型树中展开"切割清单"节点，在节点下显示当前焊件文件中所有的结构构件及实体，如图 9-115 所示。这些结构件及实体相当于"焊件产品"中的各个"零部件"，焊件中通常有一些规格类型相同的焊件结构，在创建工程图焊件切割清单时需要将这些结构件及实体进行分类。

步骤 3　更新焊件切割清单。在焊件模型树中选中"切割清单"节点，在弹出的快捷菜单中选择"更新"按钮，系统自动对切割清单中的结构件及实体进行分类，如图 9-116 所示，更新焊件切割清单后，切割清单命名比较混乱，需要重命名，如图 9-117 所示。

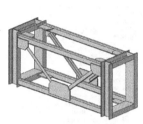

图 9-112　焊件框架

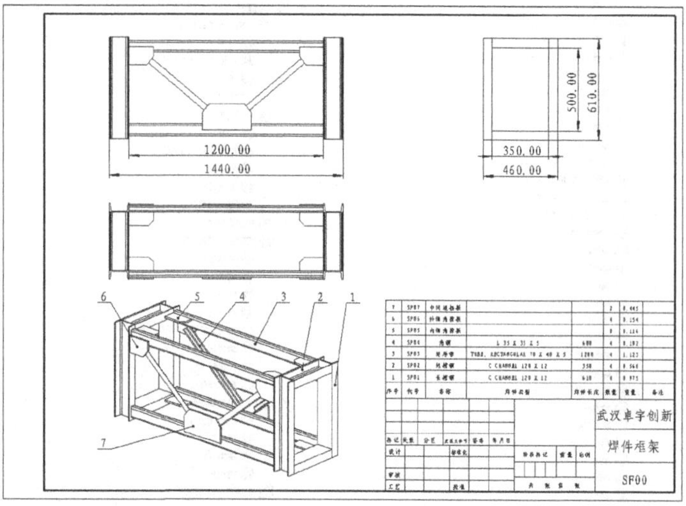

图 9-113　焊件框架工程图

7	SF07	中间连接板			2	0.445	
6	SF06	外侧角撑板			4	0.154	
5	SF05	内侧角撑板			8	0.116	
4	SF04	角钢	L 35 × 35 × 5	600	4	0.192	
3	SF03	矩形管	TUBE, RECTANGULAR 70 × 40 × 5	1200	4	1.123	
2	SF02	短槽钢	C CHANNEL 120 × 12	350	4	0.560	
1	SF01	长槽钢	C CHANNEL 120 × 12	610	4	0.975	
序号	代号	名称	焊件类型	焊件长度	数量	重量	备注

图 9-114　焊件切割清单

步骤 4　创建焊件零件。如果要创建单独的焊件子零件（方便以后创建单独的焊件零件工程图），可以在切割清单中选中结构件点击鼠标右键，在弹出的快捷菜单中选择如图 9-118 所示的"插入到新零件"命令，系统弹出如图 9-119 所示的"插入到新零件"对话框，在对话框中选中"切割列表属性"选项及"切割列表属性"选项，表示在焊件零件中将显示焊件属性信息。在"文件名称"区域单击 [浏览] 按钮，在弹出的"另存为"对话框中设置保存位置及名称，如图 9-120 所示，单击"保存"按钮，完成焊件零件创建。

> 💡 **说明：** 完成焊件零件创建后，打开焊件零件，焊件零件模型树如图 9-121 所示，其中包括"焊件"节点及"切割清单"节点，如图 9-121 所示。

步骤 5　定义切割清单属性。为了方便在工程图中创建切割清单，需要定义每种焊件构件及实体的焊件属性，相当于在创建零件明细表之前定义各个零件属性。在"切割清单"节点下选中任意一个清单对象（如"长槽钢"），单击鼠标右键，在快捷菜单中选中"属性"命令，系统弹出如图 9-122 所示的"切割清单属性"对话框，在该对话框中定义各清单对象的焊件属性。

图 9-117　重命名切割清单

图 9-115　初步焊件切割清单

图 9-116　更新切割清单

图 9-118　创建焊件零件

图 9-119　"插入到新零件"对话框

图 9-120　另存为焊件零件

图 9-121　焊件零件模型树

① 定义属性清单。为了方便添加各清单对象的焊件属性，可以先定义属性清单。在"切割清单属性"对话框中单击"编辑清单"按钮，系统弹出如图 9-123 所示的"编辑自定义属性清单"对话框，在该对话框中的文本框中输入"焊件代号"，然后单击"添加"按钮，表示添加"焊件代号"属性，用相同方法继续添加"焊件名称"及"单位名称"属性，结果如图 9-124 所示。

② 定义"长槽钢"焊件属性。在"切割清单属性"对话框左侧列表中选择"长槽钢"对象，表示定义"长槽钢"焊件属性，然后在右侧列表定义"焊件代号""焊件名称"及"单位名称"属性，如图 9-125 所示。

③ 定义"内侧角撑板"焊件属性。在"切割清单属性"对话框左侧列表中选择"内侧

角撑板"对象,表示定义"内侧角撑板"焊件属性,然后在右侧列表定义"焊件代号""焊件名称"及"单位名称"属性,如图 9-126 所示。

④ 定义其余对象焊件属性。参照以上操作定义其余各焊件对象的焊件属性。

图 9-122 "切割清单属性"对话框

图 9-123 添加自定义属性

图 9-124 添加其余属性

图 9-125 定义长槽钢焊件属性

图 9-126 定义内侧角撑板焊件属性

图 9-127 定义焊件框架文件属性

步骤 6 定义焊件框架文件属性。创建焊件工程图时，在工程图标题栏中需要填写焊件总文件相关信息。选择下拉菜单"文件"→"属性"命令，系统弹出"摘要信息"对话框，定义"零件代号""零件名称"及"单位名称"属性，如图 9-127 所示。

9.8.2 焊件工程图

完成焊件切割清单处理后，接下来可以创建焊件工程图，重点在焊件工程图中插入焊件切割清单。对于焊件切割清单的插入及编辑操作与本书工程图章节介绍的零件明细表的插入及编辑操作是类似的，但是也存在一些差异，下面接着上一节案例来讲解。

步骤 1 打开工程图文件 ch09 weldment\9.8\support_frame_drw。

步骤 2 设置焊件切割清单定位点。为了对工程图中的焊件切割清单进行定位，首先设置焊件切割清单定位点，在绘图树中选中"图纸 1"节点，单击鼠标右键，选择"编辑图纸格式"命令，选择如图 9-128 所示的点，单击鼠标右键，在弹出的快捷菜单中选择"设置为定位点"→"焊件切割清单"命令，如图 9-129 所示，表示将该点设置为焊件切割清单的定位点，然后退出编辑图纸格式环境。

步骤 3 插入焊件切割清单。在"注解"选项卡中单击"焊件切割清单"按钮 ，选择工程图中的主视图，系统弹出如图 9-130 所示的"焊件切割清单"对话框，在对话框中选中"附加到定位点"选项，其余采用系统默认设置，单击对话框中的 按钮，完成焊件切割清单插入，初步插入焊件切割清单如图 9-131 所示。

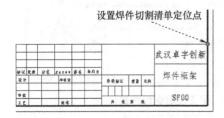

图 9-128 设置焊件切割清单定位点

图 9-129 选择命令

图 9-130 设置焊件切割清单

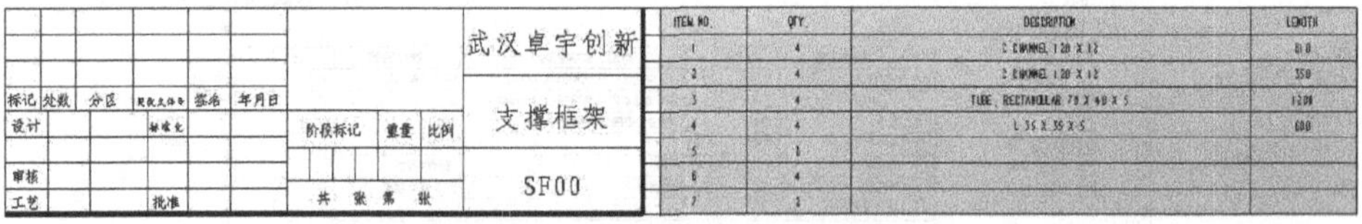

图 9-131 初步插入焊件切割清单

步骤 4 编辑焊件切割清单。初步插入的焊件切割清单不符合标准，需要编辑。

① 调整焊件切割清单位置。将焊件切割清单调整到如图 9-132 所示的位置。

② 调整标题行位置。将焊件切割清单标题行调整到表格下方，如图 9-133 所示。

③ 编辑标题行文本。在表格第一列最上面一行单元格单击，系统弹出如图 9-134 所示的"列"对话框，直接在"标题"文本框中输入"序号"，单击 按钮完成设置。使用相同的方法编辑其余各列标题行文本，结果如图 9-135 所示。

④ 添加属性列。在焊件切割清单中需要添加"焊件代号""焊件名称"及"重量"属性列，这些属性在前面定义焊件切割清单时都已经做了定义。首先在"序号"列右侧插入列，如图 9-136 所示，然后选中该列第一行单元格，系统弹出"列"对话框，在对话框中选中"切割清单项目属性"选项，表示添加已经定义好的焊件切割清单属性，然后在"自定义属性"下拉列表中选择"焊件代号"选项，如图 9-137 所示，表示将各构件对象的焊件代号添

ITEM NO.	QTY.	DESCRIPTION	LENGTH
1	4	C CHANNEL 120 × 12	610
2	4	C CHANNEL 120 × 12	350
3	4	TUBE, RECTANGULAR 70 × 40 × 5	1200
4	4	L 35 × 35 × 5	600
5	8		
6	4		
7	2		

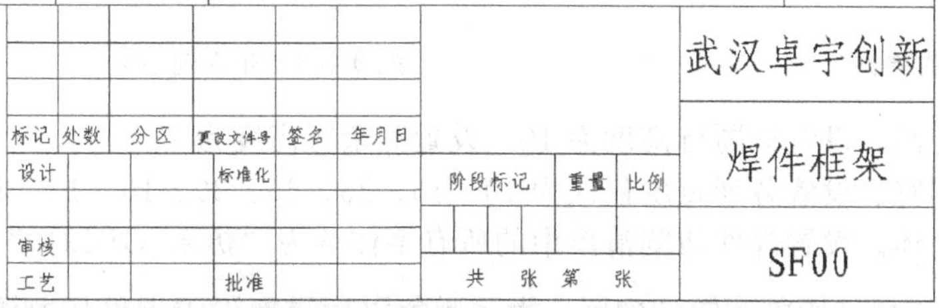
武汉卓宇创新
焊件框架
SF00
标记 处数 分区 更改文件号 签名 年月日
设计 标准化
阶段标记 重量 比例
审核
工艺 批准
共 张 第 张

图 9-132 调整焊件切割清单位置

7	2		
6	4		
5	8		
4	4	L 35 × 35 × 5	600
3	4	TUBE, RECTANGULAR 70 × 40 × 5	1200
2	4	C CHANNEL 120 × 12	350
1	4	C CHANNEL 120 × 12	610
ITEM NO.	QTY.	DESCRIPTION	LENGTH

图 9-133 调整标题行位置

列
列属性(C)
项目号(I)
数量(Q)
切割清单项目名称(A)
用户定义(U)
切割清单项目属性(L)
自定义属性(M):
长度
标题(E):
序号

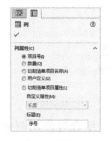

图 9-134 "列"对话框

7	2		
6	4		
5	8		
4	4	L 35 × 35 × 5	600
3	4	TUBE, RECTANGULAR 70 × 40 × 5	1200
2	4	C CHANNEL 120 × 12	350
1	4	C CHANNEL 120 × 12	610
序号	数量	焊件类型	焊件长度

图 9-135 编辑标题行文本

7		2		
6		4		
5		8		
4		4	L 35 × 35 × 5	600
3		4	TUBE, RECTANGULAR 70 × 40 × 5	1200
2		4	C CHANNEL 120 × 12	350
1		4	C CHANNEL 120 × 12	610
序号		数量	焊件类型	焊件长度

图 9-136 插入列

加到列中，单击✓按钮完成设置。使用相同的方法添加其余各列属性，"备注"列使用常规方法插入并设置标题即可，结果如图 9-138 所示。

步骤 5 整理焊件切割清单。完成焊件切割清单属性设置后，需要对焊件切割清单中的行高度、列宽及字体样式进行设置，结果如图 9-139 所示。

7	SF07	中间连接板			2	0.445	
6	SF06	外侧角撑板			4	0.154	
5	SF05	内侧角撑板			8	0.116	
4	SF04	角钢	L 35 × 35 × 5	600	4	0.192	
3	SF03	矩形管	TUBE, RECTANGULAR 70 × 40 × 5	1200	4	1.123	
2	SF02	短槽钢	C CHANNEL 120 × 12	350	4	0.560	
1	SF01	长槽钢	C CHANNEL 120 × 12	610	4	0.975	
序号	焊件代号	焊件名称	焊件类型	焊件长度	数量	重量	备注

图 9-137 定义列属性 　　　　　　　图 9-138 插入列结果

① 设置行高。设置标题行高度为 10，设置其余行高度为 7。

② 设置列宽。设置各列宽度依次为 10、15、25、65、20、10、15、20。

③ 设置字体。设置焊件切割清单中的所有字体均为"仿宋_GB2313"。

说明： 完成焊件切割清单创建后，为了避免以后重复设置焊件切割清单，同时也是为了提高创建焊件切割清单的效率，可以将本次做好的焊件切割清单保存为模板，方便以后随时调用。首先在焊件切割清单左上角单击鼠标右键，在快捷菜单中选择"另存为"命令，将创建好的焊件切割清单保存到指定的位置。在插入焊件切割清单时，在"焊件切割清单"对话框中的"表格模板"区域单击 ★ 按钮，调用保存的焊件切割清单模板。

7	SF07	中间连接板			2	0.445	
6	SF06	外侧角撑板			4	0.154	
5	SF05	内侧角撑板			8	0.116	
4	SF04	角钢	L 35 × 35 × 5	600	4	0.192	
3	SF03	矩形管	TUBE, RECTANGULAR 70 × 40 × 5	1200	4	1.123	
2	SF02	短槽钢	C CHANNEL 120 × 12	350	4	0.560	
1	SF01	长槽钢	C CHANNEL 120 × 12	610	4	0.975	
序号	代号	名称	焊件类型	焊件长度	数量	重量	备注

图 9-139 焊件切割清单结果

步骤 6 插入零件序号。在"注解"选项卡中选择"零件序号"命令，结合焊件切割清单顺序在轴测图中插入零件序号，结果如图 9-112 所示。

9.9 焊件设计案例：塔吊标准节焊件

全书配套视频与资源
🔲 微信扫码，立即获取

前面小节介绍了焊件设计操作及知识，为了加深读者对焊件设计的理解并更好的应用于实践，下面通过具体案例介绍焊件设计方法与技巧。

如图 9-140 所示的塔吊标准节焊件，根据以下说明完成塔吊标准节焊件设计。

① 设置工作目录：F:\solidworks_jxsj\ch09 weldment\9.9\01。

② 新建零件文件：命名为 tower_crane_frame。

③ 塔吊标准节焊件设计思路：塔吊标准节中需要使用两种焊件轮廓，均需要使用"结构钢"命令调用，使用如图 9-141 所示的截面创建如图 9-142 所示的焊件轮廓，然后使用如图 9-143 所示的截面创建如图 9-144 所示的焊件轮廓，完成焊件轮廓创建后再创建如图 9-145 所示的焊件骨架模型，在骨架模型中插入结构件并剪裁。

图 9-140　塔吊标准节焊件

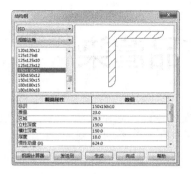

图 9-141　选择型材截面

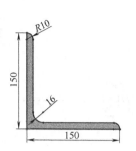

图 9-142　定义焊件轮廓

塔吊标准节焊件设计过程请参看随书视频讲解。

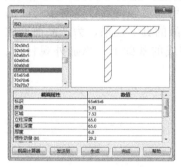

图 9-143　选择型材截面

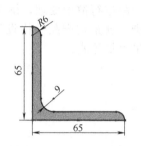

图 9-144　定义焊件轮廓

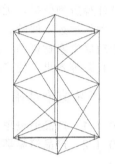

图 9-145　焊件骨架模型

第10章

产品渲染

 .... 微信扫码，立即获取 ....
全书配套视频与资源

　　产品设计过程中，首先完成的是产品结构的初步设计。初步设计的产品只能表达其结构特点及外观造型效果，无法表达产品的颜色、光泽、质感及使用环境等特点，这对于产品的市场活动是远远不够的，因此要对产品进行渲染处理，得到产品的真实效果，为产品前期的市场活动提供素材资源。产品的渲染，就是在产品结构设计完成的基础上，添加外观材质、场景、光源等效果，使产品视觉效果更加逼真。

10.1　产品渲染基础

10.1.1　产品渲染思路
10.1.2　产品渲染环境

10.2　产品渲染过程

10.3　渲染外观处理

10.3.1　添加外观材质
10.3.2　编辑材质外观

10.4　渲染贴图

10.4.1　使用系统贴图
10.4.2　用户自定义贴图

10.5　渲染布景设置

10.5.1　使用系统布景
10.5.2　编辑渲染背景

10.6　渲染光源

10.6.1　使用布景光源
10.6.2　添加渲染光源

10.7　渲染相机

10.8　渲染选项设置

10.9　产品渲染案例：水龙头渲染

　　（因篇幅有限，本章内容请扫码阅读）

第11章

动画与运动仿真

.... 微信扫码，立即获取
.... 全书配套视频与资源

在实际产品设计过程中经常对设计的产品结构进行运动展示及模拟，如展示产品的装配拆卸过程，演示产品的工作原理，对产品结构进行机构运动模拟并测量机构运动数据，要完成这些工作需要使用 SOLIDWORKS 动画与运动仿真功能。

11.1 动画与运动仿真基础

学习和使用动画与运动仿真之前需要首先认识动画与运动仿真作用，熟悉动画与运动仿真用户界面，还需要了解 SOLIDWORKS 能够提供的动画与运动仿真类型。

11.1.1 动画与运动仿真作用

SOLIDWORKS 动画与运动仿真功能主要包括以下几个方面的作用：
① 创建产品装配拆卸动画，真实动态反映装配产品的组成关系及装配拆卸过程。
② 创建产品工作原理演示动画，与文字说明或图纸展示相比较更直观。

图 11-1 "插件"对话框

③ 对运动机构进行动态运动模拟，同时还可以测量机构运动数据，帮助用户在制造样机之前验证产品机构运动状态及运动参数是否达到预期效果。

④ 检验产品设计的合理性并提供反馈依据，如果在动画与运动仿真过程中存在设计不合理的问题可以提出改进意见，确保产品设计符合实际运动要求。

11.1.2 SOLIDWORKS Motion 插件

在 SOLIDWORKS 中进行动画与运动仿真设计需要首先激活专门的插件。选择下拉菜单"工具"→"插件"命令，系统弹出如图 11-1 所示的"插件"对话框，在对话框中选中"SOLIDWORKS Motion"插件，该插件是专门进行运动仿真模拟与运动分析的插件。

> 💡 **说明：**实际上，动画设计与运动仿真是两个不同的功能，前者主要做演示动画设计，后者主要做运动仿真模拟与运动分析，但是在 SOLIDWORKS 中将这两个功能都集中到一块了（在同一个界面中进行），正常情况下，如果没有激活"SOLIDWORKS Motion"插件只能做一些基本动画设计，只有在激活"SOLIDWORKS Motion"插件后才能做一些真实的运动仿真模拟与运动分析。

11.1.3 动画与运动仿真用户界面

在 SOLIDWORKS 中进行动画与运动仿真设计必须在专门的界面中进行，也就是 SOLIDWORKS 的运动算例。在零件设计或装配设计界面的底部工具栏中单击"运动算例"选项卡以展开"运动算例"界面，如图 11-2 所示，在该界面中进行动画与运动仿真设计。此处打开 ch11 motion \ 11.1 \ universal_asm 文件进行练习。

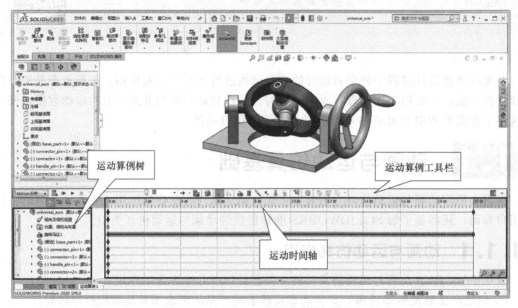

图 11-2　SOLIDWORKS 运动算例界面

（1）运动算例工具栏

运动算例工具栏中提供了各种动画与运动仿真命令按钮，使用这些命令按钮方便用户进行动画与运动仿真设计。另外，在工具栏最左侧下拉列表中可以设置动画与运动仿真类型，包括动画、基本运动及 Motion 分析三个选项。

选择"动画"和"基本运动"选项，只能做一些基本动画设计，包括显示动画、属性动画、装配拆卸动画、马达动画等，而且不能对运动机构进行分析与测量操作。

选择"Motion 分析"选项，可以在运动机构中添加各种仿真条件，如力、阻尼等，使用这些仿真条件用于创建更为真实的运动仿真效果，同时还能对运动机构进行必要的分析与测量，如测量位移时间数据、速度数据、力学数据等。

在这三种类型中只有激活"SOLIDWORKS Motion"插件后才能使用第三种类型，前两种类型在任何时候都可以直接使用。

（2）运动算例树

运动算例树中主要包括两个内容：一个是模型树；另一个是在动画与运动仿真过程中添加的各种仿真对象，如本例运动算例树中包含添加的一个旋转马达。

（3）运动时间轴

运动时间轴是运动算例界面中非常重要的一个内容，是动画与运动仿真的结果显示，主要包括以下三项具体内容。

① 时间轴　界面中最上面带刻度的就是时间轴，显示动画及运动仿真的时间范围。

② 键码　黑色的菱形点称为"键码"，也就是动画与运动仿真中的关键点，在某个对应的时间线上如果有"键码"就表示在该时间点有特定的运动画面。

③ 蓝色粗线 蓝色粗线表示动画与运动仿真中添加的驱动元素。本例驱动主要由旋转马达提供，所以在旋转马达对应的时间轴位置就有一条蓝色粗线。蓝色粗线长度起始于"键码"，终止于"键码"，也就是驱动元素提供驱动的时间长度范围。

11.2 配合与运动副

机构仿真的关键是在机构中的各个连接位置添加合适的运动副，不同运动副才能够实现机构的不同运动。在 SOLIDWORKS 中，各种运动副连接主要是依靠装配配合实现的，在 SOLIDWORKS 中使用标准配合、高级配合及机械配合都可以直接用来添加机构运动副。

11.2.1 标准配合与高级配合

关于标准配合与高级配合的定义在本书第 4 章有详细的介绍，此处不再赘述，本小节主要介绍标准配合与高级配合与运动副之间的关系。

SOLIDWORKS 中的标准配合与高级配合既可以独立使用以实现一种特定的运动副效果，也可以组合使用以实现一种更为复杂的运动副效果。

（1）使用独立配合定义运动副

如图 11-3 所示的轮轴与支座装配模型，如果需要模拟轮轴在支座中的旋转与滑动运动（既可以旋转，又可以滑动），需要在两者之间定义一个"圆柱副"。其实圆柱副的关键就是两个零件同轴，所以只需要选择轮轴上圆柱面与支座孔圆柱面添加一个"同轴心"配合即可，如图 11-4 所示，此处就是使用一个装配配合（一个同轴心配合）直接得到一个运动副（圆柱副）的典型运用。

（2）使用组合配合定义运动副

如图 11-5 所示的电机带轮装配模型，如果需要模拟带轮在电机轴上的旋转运动（只能旋转不能滑动），需要在两者之间定义一个"旋转副"。旋转副的关键就是两个零件同轴，同时端面对齐，所以需要选择带轮孔圆柱面与电机轴圆柱面添加一个"同轴心"配合，如图 11-6 所示，同时还需要选择带轮端面与电机轴端面添加一个"重合"配合，如图 11-7 所示，此处就是使用两个装配配合（一个同轴心配合和一个重合配合）组合得到一个运动副（旋转副）的典型运用。

图 11-3 轮轴与支座装配模型

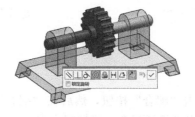

图 11-4 添加同轴心配合

图 11-5 电机带轮装配模型

如图 11-8 所示的 U 形套环装配模型，如果需要模拟 U 形环在 U 形套中的滑动运动（只能滑动不能旋转），需要在两者之间定义一个"滑动副"。滑动副的关键就是两个零件至少两对参考共面或共轴，所以需要定义如图 11-9 所示的"重合"配合及如图 11-10 所示的"重合"配合，此处同样是使用两个装配配合（两个重合配合）组合得到一个运动副（滑动副）的典型运用。

（3）使用不同配合定义相同的运动副

使用不同的配合组合也可以得到相同的运动副效果。如图 11-11 所示的气缸装配模型，如果需要模拟活塞杆在气缸体中的滑动运动（只能滑动不能旋转），需要在两者之间定义一个"滑动副"。滑动副的关键就是两个零件至少两对参考共面或共轴，此时可以选择活塞杆圆柱面与气缸体圆柱面添加一个"同轴心"配合，如图 11-12 所示，同时选择活塞杆上的"前视基准面"与气缸体上的"右视基准面"添加一个"重合"配合（图 11-13），这样使用一个"同轴心"配合和一个"重合"配合组合得到一个"滑动副"。

图 11-6　同轴心配合

图 11-7　重合配合

图 11-8　U 形套环装配模型

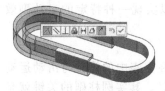

图 11-9　重合配合

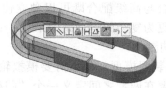

图 11-10　重合配合

图 11-11　气缸装配模型

综上所述，在使用"装配配合"定义"运动副"时选择的参考对象及最终得到什么样的运动副是非常灵活的。从如图 11-8 所示的 U 形套环及如图 11-11 所示的气缸模型来看，同样需要定义"滑动副"，但是定义的配合类型是不一样的；从如图 11-5 所示的电机带轮装配及如图 11-11 所示的气缸模型来看，使用相同的装配配合类型得到的最终"运动副"效果是不一样的，关键取决于选择什么样的配合参考。

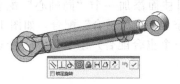

图 11-12　添加"同轴心"配合

图 11-13　添加"重合"配合

11.2.2　机械配合

在"装配体"选项卡中单击"配合"按钮，然后在"配合"对话框中展开"机械配合"区域，如图 11-14 所示，用来定义机械配合。机械配合主要用来定义一些特殊或典型的机械传动运动副，主要包括凸轮、槽口、铰链、齿轮、齿条小齿轮、螺旋及万向节类型，这些配合在模拟机械传动运动仿真中应用非常广泛。

（1）凸轮配合

凸轮配合用于模拟凸轮运动副。在"配合"对话框中"机械配合"区域单击"凸轮"按钮，用于添加凸轮配合。如图 11-15 所示的凸轮机构模型，需要在凸轮与滚轮之间添加凸轮配合，用于模拟凸轮仿真。

步骤 1　打开练习文件 ch11 motion \ 11.2 \ 02 \ 01 \ cam_motion。

步骤 2　定义凸轮配合。在"配合"对话框中"机械配合"区域单击"凸轮"按钮，表示定义凸轮配合，如图 11-16 所示，选择如图 11-17 所示的配合对象（凸轮表面及滚轮表面），此时在两者之间定义凸轮配合。

 说明：在 SOLIDWORKS 中定义凸轮配合还可以使用标准配合中的"相切"配合来定义，选择凸轮面与滚轮面添加相切配合同样可以实现"凸轮"配合。

　　步骤 3　查看凸轮配合运动。本例定义配合后无法直接使用鼠标拖动查看凸轮配合效果，需要添加马达，然后通过仿真查看凸轮运动。

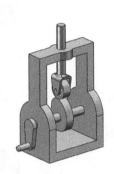

图 11-14　机械配合类型　图 11-15　凸轮机构模型　图 11-16　定义凸轮配合　图 11-17　选择配合对象

（2）槽口配合

槽口配合用于模拟销轴在槽口中的滑动运动。在"配合"对话框中"机械配合"区域单击"槽口"按钮，用于添加槽口配合。如图 11-18 所示的槽口机构模型，需要模拟连杆上销轴在手柄滑槽中的滑动运动，需要使用槽口配合。

　　步骤 1　打开练习文件 ch11 motion \ 11.2 \ 02 \ 02 \ slot_motion。

　　步骤 2　定义槽口配合。在"配合"对话框中"机械配合"区域单击"槽口"按钮，表示定义槽口配合，如图 11-19 所示，选择如图 11-20 所示的配合对象（连杆上销轴圆柱面及手柄上直槽口面），此时在两者之间定义槽口配合。

　　步骤 3　查看槽口配合运动。直接使用鼠标拖动查看槽口配合效果，读者自行操作。

（3）铰链配合

铰链配合相当于旋转副，用于约束两个对象之间只能绕轴相互旋转而不能滑动。在定义铰链配合时需要定义一个同轴配合及重合配合。在"配合"对话框中"机械配合"区域单击"铰链"按钮，用于添加铰链配合。如图 11-21 所示的飞轮机构模型，需要在飞轮各连接位置添加铰链配合，一共 4 个，使机构能够正常运动。

　　步骤 1　打开练习文件 ch11 motion \ 11.2 \ 02 \ 03 \ hinge。

　　步骤 2　定义第一个铰链配合。在"配合"对话框中"机械配合"区域单击"铰链"按钮，表示定义铰链配合，如图 11-22 所示，首先选择如图 11-23 所示的飞轮圆柱孔面与机架圆柱轴面作为同轴心配合对象，然后选择如图 11-24 所示的飞轮端面与机架圆柱轴端面为重合配合对象，完成铰链配合定义。

　　步骤 3　定义其余铰链配合。参照步骤 2 操作在飞轮机构其余位置添加铰链配合，包括如图 11-25 所示的第二个铰链、如图 11-26 所示的第三个铰链及如图 11-27 所示的第四个铰链。

步骤 4 查看铰链配合运动。直接使用鼠标拖动查看铰链配合效果，读者自行操作。

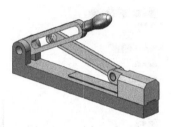

图 11-18　槽口机构模型　　　图 11-19　定义槽口配合　　　图 11-20　选择配合对象

图 11-23　选择同轴对象

图 11-21　飞轮机构模型　　　图 11-22　定义铰链配合　　　图 11-24　选择重合对象

图 11-25　定义第二个铰链　　　图 11-26　定义第三个铰链　　　图 11-27　定义第四个铰链

（4）齿轮配合

齿轮配合用于模拟齿轮运动副，在"配合"对话框中"机械配合"区域单击"齿轮"按钮，用于添加齿轮配合。如图 11-28 所示的齿轮机构模型，需要在大小齿轮之间添加齿轮配合，用于模拟齿轮传动仿真。

步骤1 打开练习文件 ch11 motion \ 11.2 \ 02 \ 04 \ gear_motion。

步骤2 创建齿轮分度圆。定义齿轮配合之前需要首先创建齿轮分度圆。

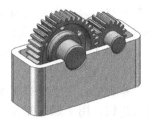

图 11-28　齿轮机构模型

① 创建小齿轮分度圆。在装配环境中选中小齿轮设置为编辑状态，选择草图命令，选择小齿轮平面为草图平面绘制如图 11-29 所示的小齿轮分度圆。

② 创建大齿轮分度圆。在装配环境中选中大齿轮设置为编辑状态，选择草图命令，选择大齿轮平面为草图平面绘制如图 11-30 所示的大齿轮分度圆，约束大齿轮分度圆与小齿轮分度圆相切。

步骤3 定义齿轮配合。在"配合"对话框中"机械配合"区域单击"齿轮"按钮，表示定义齿轮配合，如图 11-31 所示，选择如图 11-32 所示的配合对象（大小齿轮的分度圆），此时在两者之间定义齿轮配合。

步骤4 查看齿轮配合运动。直接使用鼠标拖动查看齿轮配合效果，读者自行操作。

（5）齿条小齿轮配合

齿条小齿轮配合用于模拟齿条小齿轮运动副。在"配合"对话框中"机械配合"区域单击"齿条小齿轮"按钮，用于添加齿条小齿轮配合。如图 11-33 所示的齿条小齿轮机构模型，需要在小齿轮与齿条之间添加齿条小齿轮配合。

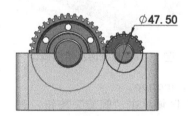

图 11-29　创建小齿轮分度圆

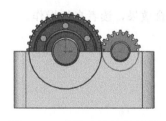

图 11-30　创建大齿轮分度圆

图 11-31　定义齿轮配合

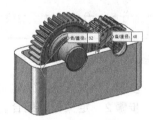

图 11-32　选择配合对象

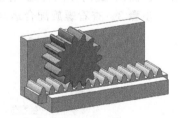

图 11-33　齿条小齿轮机构模型

步骤1 打开练习文件 ch11 motion \ 11.2 \ 02 \ 05 \ gear_rack_motion。

步骤2 创建小齿轮分度圆及齿条分度线。定义齿条小齿轮配合之前需要首先创建小齿轮分度圆及齿条分度线。

① 创建小齿轮分度圆。在装配环境中选中小齿轮设置为编辑状态，选择草图命令，选择小齿轮平面为草图平面绘制如图 11-34 所示的小齿轮分度圆。

② 创建齿条分度线。在装配环境中选中齿条设置为编辑状态，选择齿条平面为草图平面绘制如图 11-35 所示的齿条分度线，约束齿条分度线与小齿轮分度圆相切。

步骤3 定义齿条小齿轮配合。在"配合"对话框中"机械配合"区域单击"齿条小齿轮"按钮，表示定义齿条小齿轮配合，如图 11-36 所示，选择如图 11-37 所示的配合对象（小齿轮的分度圆及齿条的分度线），此时在两者之间定义齿条小齿轮配合。

步骤 4 查看齿条小齿轮配合运动。直接使用鼠标拖动查看齿条小齿轮配合效果。

（6）螺旋配合

螺旋配合用于模拟螺旋传动运动副。在"配合"对话框中"机械配合"区域单击"螺旋"按钮，用于螺旋配合。如图 11-38 所示的螺旋传动机构模型，需要在螺杆与平板螺孔之间添加螺旋配合。

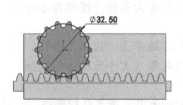

图 11-34 创建小齿轮分度圆

图 11-37 选择配合参考

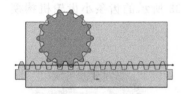

图 11-35 创建齿条分度线

图 11-36 定义齿条小齿轮配合

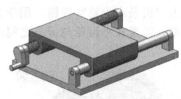

图 11-38 螺旋传动机构模型

步骤 1 打开练习文件 ch11 motion \ 11.2 \ 02 \ 06 \ screw_motion。

步骤 2 定义螺旋配合。在"配合"对话框中"机械配合"区域单击"螺旋"按钮，表示定义螺旋配合，如图 11-39 所示，选择如图 11-40 所示的配合对象（螺杆圆柱面与平板螺孔圆柱面），此时在两者之间定义螺旋配合。

步骤 3 查看螺旋配合运动。直接使用鼠标拖动查看螺旋配合效果，读者自行操作。

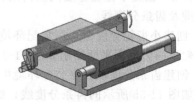

图 11-39 定义螺旋配合

图 11-40 选择螺旋配合对象

（7）万向节配合

万向节配合用于模拟万向节传动运动副。在"配合"对话框中"机械配合"区域单击"万向节"按钮，用于添加万向节配合。如图 11-41 所示的万向节机构模型，需要在万向节两根轴之间添加万向节配合。

步骤 1　打开练习文件 ch11 motion \ 11.2 \ 02 \ 07 \ cardan_motion。

步骤 2　定义万向节配合。在"配合"对话框中"机械配合"区域单击"万向节"按钮，表示定义万向节配合，如图 11-42 所示，选择如图 11-43 所示的配合对象（两根轴圆柱面），此时在两者之间定义万向节配合。

步骤 3　查看万向节配合运动。直接使用鼠标拖动查看万向节配合效果。

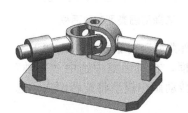

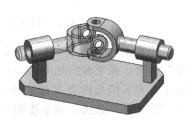

图 11-41　万向节机构模型　　　　图 11-42　定义万向节配合　　　　图 11-43　选择配合对象

11.3　动画向导工具

在运动算例工具栏中单击"动画向导"按钮 ，系统弹出如图 11-44 所示的"选择动画类型"对话框，在该对话框中定义动画类型，主要用来创建旋转模型动画、装配动画及拆卸动画等，这是 SOLIDWORKS 提供的最简单的动画类型。

11.3.1　旋转模型动画

使用动画向导工具可以创建旋转模型动画，就是将打开的模型绕着指定的轴按照一定的方式进行旋转而生成的动画。这种动画形式经常用来创建产品展示动画，而且一般作为展示动画的前奏。例如要做某个产品的展示动画，首先创建旋

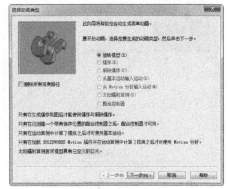

图 11-44　"选择动画类型"对话框

转模型动画用于展示产品外观 360°效果，然后再创建其他类型的动画以展示产品其他效果。在"动画向导"中选中"旋转模型"选项用于创建旋转模型动画，需要注意的是，创建旋转模型动画的模型对象既可以是零件模型也可以是装配模型。

如图 11-45 所示的飞机模型，需要创建飞机模型在竖直方向上的 360°旋转展示动画，下面以此为例介绍旋转模型动画创建过程。

步骤 1 打开练习文件 ch11 motion \ 11.3 \ 01 \ airplane。

步骤 2 定义动画类型。在运动算例工具栏中单击"动画向导"按钮 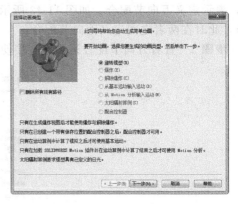，系统弹出如图 11-46 所示的"选择动画类型"对话框，在该对话框中选中"旋转模型"选项（系统默认选项），表示创建旋转模型动画。

图 11-45 飞机模型 　　　　　　　　　　图 11-46 "选择动画类型"对话框

步骤 3 定义旋转轴。完成动画类型定义后，在"选择动画类型"对话框中单击"下一步"按钮，系统弹出如图 11-47 所示的"选择—旋转轴"对话框，在对话框中选中"Y-轴"选项，表示模型将绕 Y 轴旋转，设置旋转次数为 2，表示在旋转动画中模型将旋转两次，选中"顺时针"选项，表示按顺时针方向进行旋转。

💡 **说明：** 定义旋转动画时间轴时一定要注意旋转轴含义，选择的轴向方向并不是装配环境中坐标系的轴向方向，选择"X-轴"选项表示模型绕着电脑屏幕水平线旋转，选择"Y-轴"选项表示模型绕着电脑屏幕竖直线旋转，选择"Z-轴"选项表示模型绕着电脑屏幕垂直线旋转，在选中旋转轴后，在对话框左侧小窗口中将显示旋转轴效果。

图 11-47 "选择—旋转轴"对话框

图 11-48 "动画控制选项"对话框

步骤 4 定义动画控制选项。完成旋转轴定义后，在"选择—旋转轴"对话框中单击"下一步"按钮，系统弹出如图 11-48 所示的"动画控制选项"对话框，在对话框中设置时

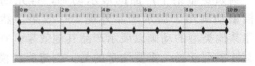

图 11-49 动画时间轴

间长度为10s，开始时间为0，单击"完成"按钮，完成旋转模型动画定义。

步骤5 查看旋转模型动画结果。完成动画定义后，此时在运动算例区域生成动画时间轴，如图11-49所示，在运动算例工具栏中单击"播放"按钮 ▶，查看动画效果。

11.3.2 爆炸动画（拆卸动画）

使用动画向导工具可以创建爆炸动画，也就是装配产品的拆卸动画，属于产品展示动画中非常重要的一种动画类型。在SOLIDWORKS中创建爆炸动画是基于装配爆炸视图来创建的，所以在创建爆炸动画之前需要提前创建装配爆炸视图。在"动画向导"中选中"爆炸"选项用于创建爆炸动画。

如图11-50所示的齿轮泵爆炸视图，需要根据齿轮泵爆炸视图创建齿轮泵爆炸动画（拆卸动画），下面以此为例介绍爆炸动画创建过程。

步骤1 打开练习文件ch11 motion \ 11.3 \ 02 \ PUMP_ASM。

图11-50 齿轮泵爆炸视图

步骤2 定义动画类型。在运动算例工具栏中单击"动画向导"按钮 📷，系统弹出如图11-51所示的"选择动画类型"对话框，在该对话框中选中"爆炸"选项。

步骤3 定义动画控制选项。完成动画类型定义后，在"选择动画类型"对话框中单击"下一步"按钮，系统弹出如图11-52所示的"动画控制选项"对话框，在对话框中设置时间长度为12s，开始时间为0，单击"完成"按钮，完成爆炸动画定义。

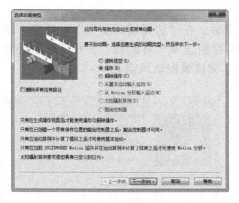

图11-51 "选择动画类型"对话框

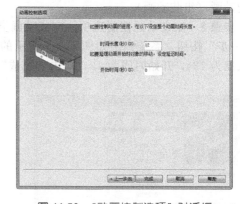

图11-52 "动画控制选项"对话框

步骤4 查看爆炸动画结果。完成动画定义后，此时在运动算例区域生成动画时间轴，如图11-53所示，在运动算例工具栏中单击"播放"按钮 ▶，查看动画效果。

> 💡 **说明**：爆炸动画时间轴上与每个零件后面对应的"橙色线段"表示该零件爆炸过程，例如时间轴上0到1s之间有14段"橙色线段"，这些"橙色线段"对应的零件正是齿轮泵中M6螺栓、垫圈及销，表示在爆炸动画中首先爆炸的是这些零件。

11.3.3 装配动画（组装动画）

使用动画向导工具可以创建装配动画，也就是装配产品的组装动画，用于展示产品装配过程。在SOLIDWORKS中创建装配动画同样是基于装配爆炸视图来创建的，所以在创建

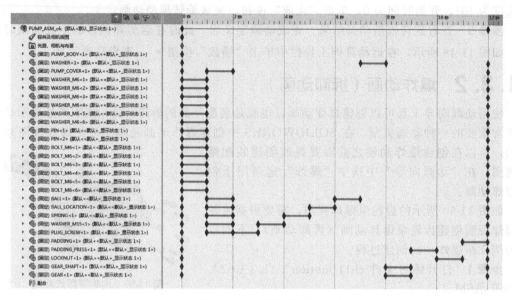

图 11-53　动画时间轴

装配动画之前需要提前创建装配爆炸视图。在"动画向导"中选中"解除爆炸"选项用于创建爆炸动画，下面接着上一小节的模型为例介绍装配动画创建过程。

步骤 1　定义动画类型。在运动算例工具栏中单击"动画向导"按钮📷，系统弹出如图 11-54 所示的"选择动画类型"对话框，在该对话框中选中"解除爆炸"选项，表示创建装配动画（组装动画）。

步骤 2　定义动画控制选项。完成动画类型定义后，在"选择动画类型"对话框中单击"下一步"按钮，系统弹出如图 11-55 所示的"动画控制选项"对话框，在对话框中设置时间长度为 12s，开始时间为 12，单击"完成"按钮，完成装配动画定义。

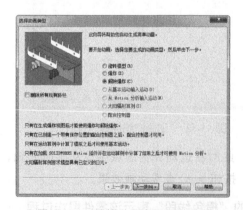

图 11-54　"选择动画类型"对话框

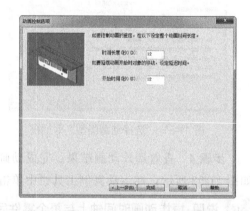

图 11-55　"动画控制选项"对话框

💡　**说明：** 因为本例是在上一小节创建的爆炸动画的基础上创建的，爆炸动画时间长度为 12s，本步骤创建装配动画设置开始时间为 12s，表示接着前面的爆炸动画继续。

步骤 3　查看装配动画结果。完成动画定义后，此时在运动算例区域生成动画时间轴，如图 11-56 所示，在运动算例工具栏中单击"播放"按钮▶，查看动画效果。

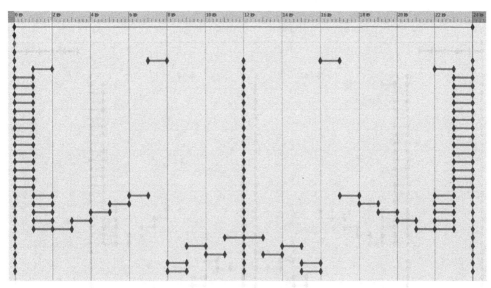

图 11-56 动画时间轴

11.3.4 旋转模型动画及装配拆卸动画综合

在实际动画设计中经常将多种动画按照一定的时间顺序拼接起来形成更具观赏性、更为连贯的动画。下面继续使用齿轮泵模型为例，将以上讲解的旋转模型动画及装配拆卸动画综合起来创建一个完整的齿轮泵产品展示动画。

动画设计之前需要首先构思动画过程。对于齿轮泵动画设计，首先需要对齿轮泵进行 360°全方位旋转展示，中间停顿 1s，然后创建齿轮泵爆炸动画，中间停顿 1s，然后创建齿轮泵装配动画，中间停顿 1s，最后再次对齿轮泵进行 360°全方位旋转展示，齿轮泵动画构思如图 11-57 所示。

步骤 1 创建旋转模型动画。使用"动画向导"工具创建齿轮泵旋转模型动画，旋转轴为 Y 轴，方向为顺时针，动画开始时间为 0s，动画时间长度为 5s。

步骤 2 创建爆炸动画。使用"动画向导"工具创建齿轮泵爆炸动画，动画开始时间为 6s，爆炸时间长度为 12s。

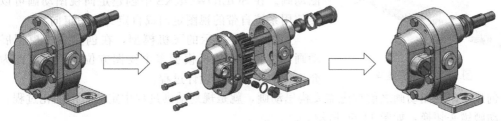

图 11-57 齿轮泵动画构思示意

步骤 3 创建装配动画。使用"动画向导"工具创建齿轮泵装配动画，动画开始时间为 19s，装配时间长度为 12s。

步骤 4 创建旋转模型动画。使用"动画向导"工具创建齿轮泵旋转模型动画，旋转轴为 Y 轴，方向为顺时针，动画开始时间为 32s，动画时间长度为 5s。

步骤 5 查看动画结果。完成动画定义后，此时在运动算例区域生成动画时间轴，如图 11-58 所示，在运动算例工具栏中单击"播放"按钮 ▶，查看动画效果。

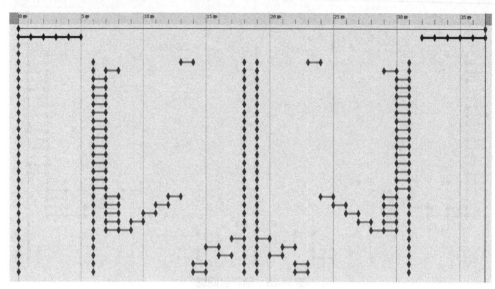

图 11-58　动画时间轴

11.4　典型动画设计

在动画设计中为了增强动画观赏性及可视性效果，需要在动画过程中加入一些典型动画效果。在 SOLIDWORKS 中主要包括定向视图动画、属性动画、配合动画及插值动画四种动画类型，这些典型动画效果在实际动画设计中既可以单独使用，也可以组合使用。将若干种动画效果组合到一起将得到效果更好的动画。

11.4.1　定向视图动画设计

动画设计中经常需要切换动画视图方位（类似于影视作品中的镜头切换），以增强动画

图 11-59　飞机模型

观赏性及可视性。在 SOLIDWORKS 动画设计中通过添加视图定向以实现动画镜头切换，这种动画称为定向视图动画。在 SOLIDWORKS 中创建定向视图动画可以直接使用系统自带的视图定向或自定义视图定向。

如图 11-59 所示的飞机模型，在创建飞机模型展示动画中需要展示飞机模型多个视图方位，下面以此为例介绍定向视图动画设计过程。

创建定向视图动画之前首先需要构思动画，就是规划动画过程中定向视图变化过程，相当于动画镜头切换，如图 11-60 所示。

定向视图变化过程(动画镜头切换顺序)

图 11-60　动画构思

（1）创建定向视图

根据如图 11-60 所示的动画构思，需要准备三个视图，首先将模型调整到如图 11-61 所示的视图状态创建自定义视图 A，如图 11-62 所示，另外两个视图分别是如图 11-63 所示的前视图和如图 11-64 所示的等轴测图。

图 11-61　飞机模型　　　　图 11-62　创建自定义视图　　　　图 11-63　前视图

（2）创建定向视图动画

步骤 1　打开练习文件 ch11 motion \ 11.4 \ 01 \ airplane。

步骤 2　创建 0s 钟画面（动画初始画面）。将模型调整到 A 视图方位，然后进入运动算例界面，系统自动以 A 视图方位创建 0s 画面，也就是动画初始画面。

步骤 3　创建 1s 画面。按照动画构思，0s 到 1s 都是 A 定向视图，表示镜头并没有切换，都维持 A 定向视图的画面，创建方法是将 0s 的画面复制到 1s 位置，在动画时间轴上与"视向及相机视图"对应的 0s 位置选中键码（画面），单击鼠标右键，在如图 11-65 所示的快捷菜单中选中"复制"命令，然后在 1s 位置，单击鼠标右键，在如图 11-66 所示的快捷菜单中选中"粘贴"命令，表示将 0s 的画面（键码）复制粘贴到 1s 位置，结果如图 11-67 所示。

步骤 4　创建 2s 画面。按照动画构思，1s 到 2s 画面需要从 A 定向视图变化到前视图，在动画时间轴上与"视向及相机视图"对应的 2s 位置，单击鼠标右键，在弹出的快捷菜单中选中"放置键码"命令，表示在 2s 位置放置一个键码（画面），如图 11-68 所示，然后选中放置的键码，单击鼠标右键，选择如图 11-69 所示的命令，表示将该键码位置的定向视图设置为前视图，结果如图 11-70 所示。

图 11-64　等轴测图　　　　图 11-65　复制键码　　　　图 11-66　粘贴键码

图 11-67　复制粘贴键码　　　　　　　图 11-68　放置键码

步骤 5　创建 3s 画面。按照动画构思，2s 到 3s 都是前视图，表示镜头并没有切换，都维持前视图的画面。创建方法是将 2s 的画面复制到 3s 位置，在动画时间轴上与"视向及相机视图"对应的 2s 位置选中键码（画面）单击鼠标右键，在快捷菜单中选中"复制"命令，然后在 3s 位置单击鼠标右键，在快捷菜单中选中"粘贴"命令，表示将 2s 的画面（键码）复制粘贴到 3s 位置，结果如图 11-71 所示。

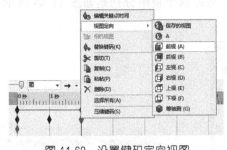

图 11-69　设置键码定向视图

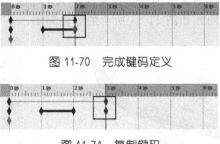

图 11-70　完成键码定义

图 11-71　复制键码

图 11-72　定义键码

步骤 6　创建 4s 画面。按照动画构思，3s 到 4s 画面需要从前视图变化到等轴测视图，在动画时间轴上与"视向及相机视图"对应的 4s 位置右键，在弹出的快捷菜单中选中"放置键码"命令，表示在 4s 位置放置一个键码（画面），然后选中放置的键码单击鼠标右键，在快捷菜单中选择"视图定向"→"等轴测"命令，表示将该键码位置的定向视图设置为等轴测视图，结果如图 11-72 所示。

步骤 7　创建 5s 画面。按照动画构思，4s 到 5s 都是等轴测视图，表示镜头并没有切换，都维持等轴测的画面，创建方法是将 4s 的画面复制到 5s 位置，在动画时间轴上与"视向及相机视图"对应的 4s 位置选中键码（画面）单击鼠标右键，在快捷菜单中选中"复制"命令，然后在 5s 位置单击鼠标右键，在快捷菜单中选中"粘贴"命令，表示将 4s 的画面（键码）复制粘贴到 5s 位置，结果如图 11-73 所示。

步骤 8　创建 6s 画面。按照动画构思，5s 到 6s 画面需要从等轴测视图变化到 A 定向视图，此处直接将 0s 键码复制到 6s 即可，结果如图 11-74 所示。

步骤 9　查看动画效果。在运动算例工具栏中单击"播放"按钮 ▶，查看动画。

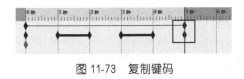

图 11-73　复制键码

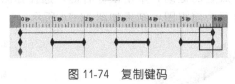

图 11-74　复制键码

11.4.2　属性动画设计

属性动画就是在动画过程中添加模型对象的属性变化效果。这里的属性主要包括外观颜色属性、显示与隐藏属性等，相当于创建模型对象的颜色变化动画及显示与隐藏动画，下面具体介绍属性动画设计过程。

如图 11-75 所示的夹具模型，在创建夹具模型展示动画中需要展示夹具体零件属性变化，属性变化及动画构思如图 11-75 所示，下面以此为例介绍属性动画设计过程。

步骤 1　打开练习文件 ch11 motion＼11.4＼02＼fixture。

步骤 2　创建 0s 画面（动画初始画面）。将模型调整到合适方位，然后进入运动算例界面，系统自动以调整的视图方位及显示属性创建 0s 画面。

步骤 3　创建 2s 画面。按照动画构思，0s 到 2s 夹具体零件颜色需要从初始颜色变化到透明红色，在动画时间轴上与"夹具体"零件对应的 2s 位置单击鼠标右键，在弹出的快捷

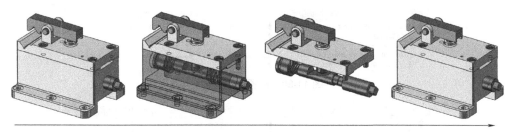

图 11-75　夹具体属性变化及动画构思

菜单中选中"放置键码"命令，表示在 2s 位置放置一个键码（画面），如图 11-76 所示，然后选中放置的键码，选择下拉菜单"编辑"→"外观"→"颜色"命令，将夹具体零件颜色属性设置为透明红色，表示将该键码位置的视图属性设置为透明红色，结果如图 11-77 所示。

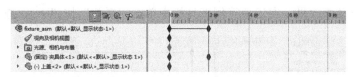

图 11-76　放置 2s 键码

步骤 4　创建 4s 画面。按照动画构思，2s 到 4s 夹具体零件颜色都是透明红色，创建方法是将 2s 的画面复制到 4s 位置，结果如图 11-78 所示。

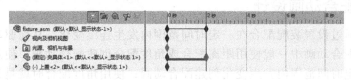

图 11-77　设置键码颜色属性

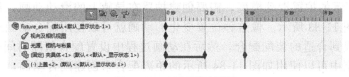

图 11-78　复制粘贴键码

步骤 5　创建 6s 画面。按照动画构思，4s 到 6s 夹具体零件属性需要从透明红色变成隐藏（相当于消失），在动画时间轴上与"夹具体"零件对应的 6s 位置单击鼠标右键，在弹出的快捷菜单中选中"放置键码"命令，表示在 6s 位置放置一个键码（画面），如图 11-79 所示，然后选中放置的键码，在运动算例树中选中夹具体零件设置为隐藏，表示将该键码位置的视图属性设置为隐藏，结果如图 11-80 所示。

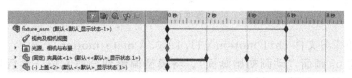

图 11-79　放置 6s 键码

步骤 6　创建 7s 画面。按照动画构思，6s 到 7s 夹具体零件都是隐藏状态，创建方法是将 6s 的画面复制到 7s 位置，结果如图 11-81 所示。

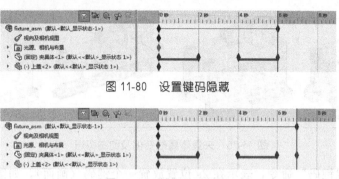

图 11-80 设置键码隐藏

图 11-81 复制粘贴键码

步骤 7 创建 8s 画面。按照动画构思，7s 到 8s 夹具体零件需要从隐藏状态变成初始显示状态，直接将 0s 的画面复制到 8s 位置，结果如图 11-82 所示。

步骤 8 查看动画效果。在运动算例工具栏中单击"播放"按钮 ▶ ，查看动画。

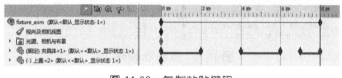

图 11-82 复制粘贴键码

11.4.3 配合动画设计

配合动画是通过设置装配配合在一定时间范围内发生连续变化，从而驱动模型运动的一种动画形式。在配合动画中一般使用距离配合或角度配合创建配合动画，使用距离配合时就是设置距离在一定时间范围内发生变化创建配合动画；使用角度配合时就是设置角度在一定时间范围内发生变化创建配合动画。下面具体介绍配合动画设计过程。

如图 11-83 所示的护罩滑动模型，需要创建护罩在导轨上的滑动动画，护罩零件位置变化及动画构思如图 11-83 所示。像这种位置变化的动画就可以使用配合动画来创建，创建配合动画的关键是找到合适的装配配合，然后在动画过程中设置配合值随时间变化即可得到配合动画。本例模型中可以使用如图 11-84 所示的距离配合来创建配合动画，下面以此为例介绍配合动画设计过程。

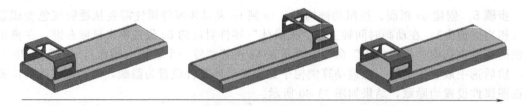

图 11-83 护罩零件位置变化及动画构思

步骤 1 打开练习文件 ch11 motion \ 11.4 \ 03 \ mate_motion。

步骤 2 创建 0s 画面（动画初始画面）。将模型调整到合适方位，然后进入运动算例界面，系统自动以调整的视图方位创建 0s 画面。

步骤 3 创建 4s 画面。按照动画构思，0s 到 4s 护罩零件需要从初始位置移动到导轨另外一端（护罩零件需要移动 400mm），选择在动画时间轴上与"距离 1"配合对应的 4s 位置单击鼠标右键，在弹出的快捷菜单中选中"放置键码"命令，表示在 4s 位置放置一个键码

（画面），如图 11-85 所示，然后双击键码，在系统弹出的如图 11-86 所示"修改"对话框，修改配合距离值为 400，结果如图 11-87 所示。

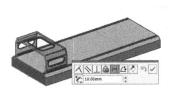

图 11-84　距离配合

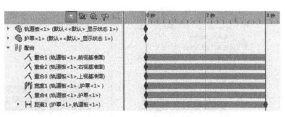

图 11-85　放置键码

图 11-86　修改配合值

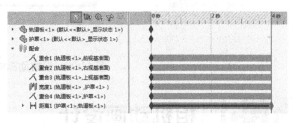

图 11-87　完成键码定义

步骤 4　创建 5s 画面。按照动画构思，4s 到 5s 护罩零件都在 400mm 位置，相当于护罩零件处于停止位置没有运动，创建方法是将 4s 的画面复制到 5s 位置，结果如图 11-88 所示。

步骤 5　创建 6s 画面。按照动画构思，5s 到 6s 护罩零件需要从 400mm 位置运动到初始位置，直接将 0s 的画面复制到 6s 位置，结果如图 11-89 所示。

步骤 6　查看动画效果。创建的配合动画需要首先计算运动算例，然后才能查看配合动画，在运动算例对话框中单击"计算"按钮 🖩 计算运动算例，然后在运动算例工具栏中单击"播放"按钮 ▶，查看配合动画效果。

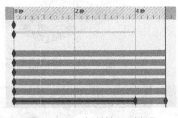

图 11-88　定义第 5s 键码

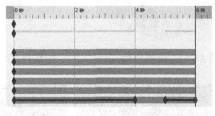

图 11-89　定义第 6s 键码

11.4.4　插值动画设计

使用插值模式就是设置动画过程中的速度模式，在 SOLIDWORKS 运动算例时间轴区域选择需要设置插值模式的键码，单击鼠标右键，在系统弹出的如图 11-90 所示的快捷菜单中选择"插值模式"子菜单用于设置动画插值模式。

SOLIDWORKS 插值模式包括线性、捕捉、渐入、渐出、渐入/渐出五种模式：

① 选择"线性"插值模式表示动画播放过程中按照恒定的速度运动。

② 选择"捕捉"插值模式表示动画播放过程中直接从开始突然变化到结束位置。

③ 选择"渐入"插值模式表示动画播放过程中速度逐渐变快。

④ 选择"渐出"插值模式表示动画播放过程中速度逐渐变慢。

⑤ 选择"渐入/渐出"插值模式表示动画播放过程中速度逐渐变快，最后逐渐变慢。关于插值动画模式，读者可直接使用上一小节的护罩滑动模型进行练习。

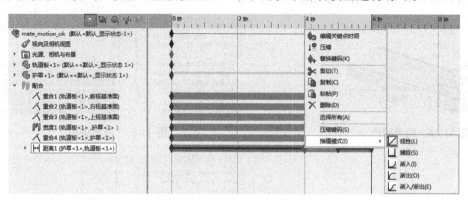

图 11-90　设置动画插值模式

11.5　相机动画设计

相机动画就是在动画过程中添加拍摄相机，让相机沿着一定的路径运动然后将拍摄到的画面连续播放形成的动画就是相机动画。相机动画是 SOLIDWORKS 中比较特殊的一种动画形式，是其他动画类型无法代替的动画效果。

如图 11-91 所示的隧道模型，隧道模型结构如图 11-92 所示，现在需要沿着如图 11-93 所示的相机运动路径拍摄画面创建相机动画，相机经过隧道模型拍摄的若干画面如图 11-94 所示，下面具体介绍相机动画创建过程。

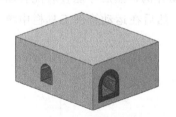

图 11-91　隧道模型

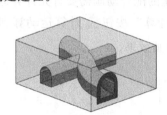

图 11-92　隧道模型结构

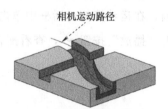

图 11-93　相机运动路径

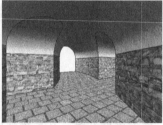

图 11-94　相机动画画面

（1）动画准备

创建相机动画之前需要首先创建相机运动路径，如图 11-95 所示，将来相机沿着该运动路径进行运动拍摄，为了让相机能够沿着运动轨迹运动，同时还需要将相机安装到合适的位置，需要准备一个相机安装板，如图 11-95 所示，将来相机安装在安装板上，然后安装板沿着曲线运动，最终带动相机沿着运动轨迹运动。

步骤 1 打开练习文件 ch11 motion \ 11.5 \ camera_motion。

步骤 2 导入安装板零件。在"装配体"选项卡中选择"插入零部件"命令,在系统弹出的"打开"对话框中选择安装板零件(board)进行装配。

步骤 3 定义路径配合。在"装配体"选项卡中选择"配合"命令,在"配合"对话框中的"高级配合"区域单击"路径配合"按钮,在弹出的如图 11-96 所示的"路径配合"对话框中定义路径配合,选择如图 11-97 所示的安装板边线中点与路径曲线为配合参考,在对话框中的"俯仰/偏航控制"下拉列表中选择"随路径变化"选项,方向为 X 方向,然后在"滚转控制"下拉列表中选择"上向量"选项,选择如图 11-97 所示的模型表面为上向量参考,方向为 Y 方向,单击 ✔ 按钮完成路径配合定义。

步骤 4 定义距离配合。为了在动画中驱动安装板在轨迹曲线上运动,需要在轨迹曲线与安装板之间定义距离配合,将来使用该距离配合创建配合动画驱使安装板在轨迹曲线上运动,选择如图 11-98 所示的曲线端点及安装板边线为配合参考定义距离配合,初始距离为 10(此处可以设置任意值,但是应该尽量靠近曲线端点)。

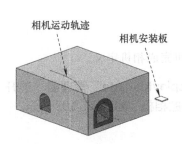

图 11-95 相机路径及固定板

图 11-96 定义路径配合

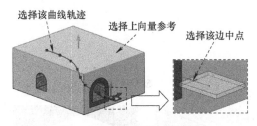

图 11-97 选择路径配合对象

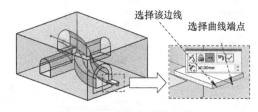

图 11-98 选择距离配合对象

(2)定义相机

创建相机动画的关键是定义相机,下面具体介绍定义相机的操作。

步骤 1 选择命令。选择下拉菜单"视图"→"光源相机"→"添加相机"命令,系统弹出"相机"对话框,此时软件界面显示三维模型空间(包括动画模型和相机模型)及相机视图(相机拍摄的画面),如图 11-99 所示。

步骤 2 定义相机参数。在如图 11-100 所示的"相机"对话框中定义相机参数。

① 定义相机目标。选择如图 11-101 所示的安装板边线为目标参考。

② 定义相机位置。选择如图 11-101 所示的安装板边线为位置参考。

③ 定义相机旋转。选择安装板平面为位置相机旋转参考,此时相机与安装板平面正交(可以设置相机与安装板平面水平或垂直)。

④ 定义相机视野。在"视野"区域设置相机视野参数,如图 11-100 所示,保证相机视

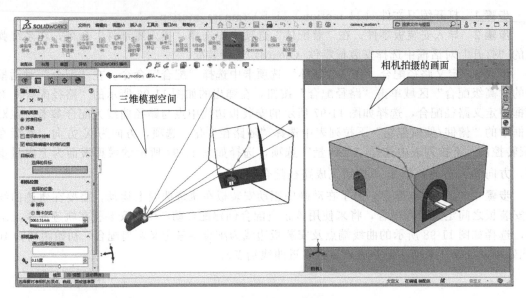

图 11-99　设置相机界面

图中能够看到完整的隧道模型画面，如图 11-102 所示。

步骤 3　完成相机定义。在"相机"对话框中单击 ✔ 按钮完成相机定义。

> 💡 **说明**：完成相机定义后，在"管理器"区域中单击"DisplayManage"管理器，展开"布景、光源与相机"选项卡，在该选项卡中可以查看定义的相机，如图 11-103 所示。

图 11-100　定义相机参数

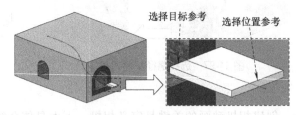

图 11-101　选择相机对象

（3）创建相机动画

完成相机动画模型准备及相机定义后，接下来创建相机动画。

步骤 1　创建配合动画。展开配合节点，在"距离 1"对应时间轴的 10s 位置放置键码，如图 11-104 所示，然后双击键码，在弹出的"修改"对话框中修改配合距离值（将 10 修改为 1500），该配合动画在相机动画中用来驱动安装板及相机运动。

步骤 2　定义相机动画。在运动算例树中展开"光源、相机与布景"节点，在"相机 1"对应时间轴的 10s 位置放置键码，如图 11-105 所示。

步骤 3　定义相机视图。添加相机后，在运动算例树中"视向及相机视图"对应时间轴

0s键码上单击鼠标右键，在弹出的如图11-106所示的快捷菜单中选择"相机视图"命令，此时在图形区显示相机视图画面，如图11-102所示。

图 11-102　相机画面

图 11-103　查看相机

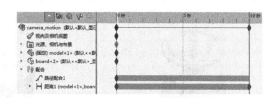

图 11-104　添加键码

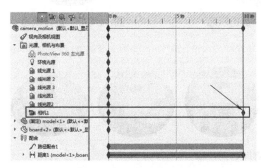

图 11-105　定义相机键码

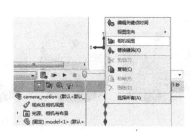

图 11-106　定义相机视图

步骤4 查看动画效果。在运动算例对话框中单击"计算"按钮 ，计算运动算例，然后在运动算例工具栏中单击"播放"按钮 ▶，查看相机动画效果。

11.6　特效动画设计

在实际动画设计中经常需要创建特殊效果的动画，以便增强动画观赏性及可视性，但是这些特效动画采用常规方法是无法直接实现的，需要对模型做特殊处理，或者使用一些特殊的操作。下面具体介绍在SOLIDWORKS中创建变形动画、剖切动画及动态剖切动画的创建思路及设计过程。

11.6.1　变形动画设计

变形动画就是指在动画过程中涉及零部件形状变化的动画效果，这种动画在SOLID-WORKS中无法直接实现，需要使用"化整为零"的思想对"变形模型"进行处理，然后在运动算例中使用属性动画方式控制模型逐步变化以实现变形动画效果。

如图11-107所示的螺旋压缩机构，旋转上部手轮对中间橡胶零件进行压缩，橡胶初始状态如图11-108所示，经过压缩后橡胶零件将发生弹性变形，最终压缩状态如图11-109所示，下面以此为例介绍变形动画设计。

（1）模型准备

变形动画设计的关键是变形零件的处理，一般是将零件变形过程用若干个中间变形零件创建出来（原则上中间变形零件越多越好），然后在运动算例中使用属性动画方法控制这些"变形零件"依次隐藏与显示，最终连贯起来就是一个完整的变形动画，本例中需要创建11-110所示的变形零件。

　　完成变形零件创建后，按照变形先后顺序进行装配。装配完成后首先显示第一个未变形的零件，其他均隐藏，如图 11-111 所示，然后装配上盖零件，注意在上盖与底座零件之间添加距离配合，如图 11-112 所示，该距离配合将来用于创建配合动画驱动上盖向下运动，最后装配手轮，在手轮与螺杆之间添加螺旋配合，如图 11-113 所示。

图 11-107　螺旋压缩机构　　　图 11-108　初始状态　　　图 11-109　最终状态

图 11-110　零件变形过程

图 11-111　装配变形零件　　　图 11-112　装配上盖　　　图 11-113　装配手轮

（2）创建变形动画

　　首先使用"距离1"配合创建配合动画，驱动上盖零件上下运动，如图 11-114 所示。

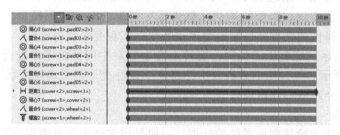

图 11-114　创建配合动画

　　然后依次创建变形零件的隐藏与显示动画，为了保证动画效果连贯性，注意时间上的衔接，零件的隐藏与显示都应该在很短的时间内完成，如图 11-115 所示。

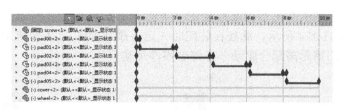

图 11-115 创建变形零件属性动画

11.6.2 剖切动画

在创建产品展示动画中，特别是需要展示产品内部结构时，往往需要将外层零部件进行剖切，然后将剖切后的一部分移除掉，从而能够清晰展示产品内部结构，这种动画效果称为剖切动画，创建这种动画需要同时准备被剖切零件剖切前后的效果。

如图 11-116 所示的芯轴锥套装配，主要由芯轴和锥套两个零件装配而成，其爆炸图如图 11-117 所示，现在需要创建芯轴锥套展示动画，主要展示装配体动态剖切效果，以便观察装配体内部结构，如图 11-118 所示。

图 11-116 芯轴锥套装配

图 11-117 爆炸图

图 11-118 剖切结构

（1）模型准备

剖切动画设计的关键是要处理动画过程中关键零件剖切前后的状态问题。本例关键零件是锥套零件，动画最开始，展示出来的是完整的锥套零件，然后在动画中期，锥套零件被剖切面剖切变成两半，如图 11-119 所示，所以需要创建锥套零件的两个一半零件，如图 11-120 所示，然后在动画设计中，最开始展示完整的锥套零件，然后被剖切面剖切后隐藏完整的锥套零件，同时显示两个一半的锥套零件，从视觉上看就是一个锥套零件被剖切成了两半。

另外，需要创建一个如图 11-121 所示的平面作为剖切平面，该平面首先从无到有显示出来，然后对锥套零件进行剖切，剖切完成后再隐藏。

图 11-119 剖切动画

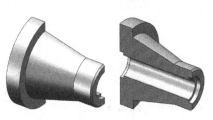

图 11-120 创建一半零件

图 11-121 剖切面

（2）模型装配

完成模型处理后，接下来需要根据动画设计要求对模型进行装配得到动画装配模型。首先新建一个装配文件，然后将芯轴锥套装配模型装配到如图 11-122 所示的位置，注意芯轴锥套装配模型要固定，同时还要注意与装配环境中前视基准面的关系。

　　然后以装配的芯轴锥套模型为基准装配一半锥套，如图 11-123 所示，接着装配另外一半锥套零件，如图 11-124 所示，此处在装配时一定要添加如图 11-125 所示的距离配合，将来在动画设计中使用该距离配合驱动一半锥套零件运动。

图 11-122　装配芯轴锥套　　　　　图 11-123　装配一半锥套　　　　　图 11-124　装配另外一半锥套

　　最后装配剖切平面，装配位置如图 11-126 所示，此处在装配时需要添加如图 11-127 所示的距离配合，将来在动画设计中使用该距离配合驱动剖切面运动。

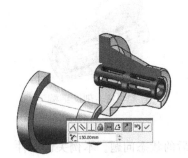
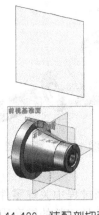
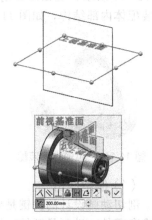

图 11-125　添加距离配合　　　　　图 11-126　装配剖切面　　　　　图 11-127　添加距离配合

　　（3）剖切动画设计

　　完成模型准备及装配后，按照如图 11-128 所示的动画时间轴进行动画设计。为了保证剖切动画视觉效果，需要特别注意时间衔接，特别是完整锥套零件与两个一半锥套零件的隐藏与显示控制，还有剖切面的显示与隐藏等。

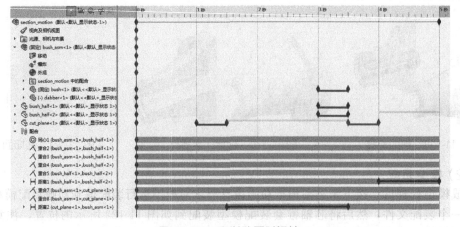

图 11-128　定义动画时间轴

11.6.3　动态剖切动画

动态剖切就是以动画的形式显示切除过程。在 SOLIDWORKS 装配设计环境中的"装配体"选项卡中单击"装配体特征"按钮 ，系统弹出如图 11-129 所示的"装配体特征"菜单，选择其中的命令用来创建动态剖切。

下面以如图 11-130 所示的拉伸切除为例介绍动态剖切的原理。正常情况下，使用拉伸切除时，首先选择草图平面（此时选择的草图平面是固定的）绘制拉伸切除草图，然后创建拉伸切除，如图 11-131 所示，此时拉伸切除深度与设置的深度属性有关。要改变切除深度，只能通过改变深度属性来实现，如图 11-132 所示，这种拉伸切除相当于静态的拉伸切除；如果希望以动态的形式显示这个拉伸切除过程，关键要使选择的草图平面运动，如图 11-133 所示，这样即使设置的拉伸切除深度是一定的，只要草图平面运动就能观察拉伸切除深度的动态变化，这种拉伸切除相当于动态拉伸切除。

图 11-129　装配体特征

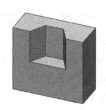

图 11-130　拉伸切除

图 11-131　拉伸切除深度

如图 11-134 所示的车削加工模型，需要动画模拟对如图 11-135 所示的圆柱毛坯零件车削加工的过程，最终加工零件如图 11-136 所示，图纸尺寸如图 11-137 所示。

图 11-132　调整拉伸深度

图 11-133　调整草图平面

图 11-134　车削加工模型

图 11-135　毛坯零件

图 11-136　最终加工零件

根据加工零件特点，需要动画模拟三步车削加工过程，第一步模拟如图 11-138 所示的车外圆一，第二步模拟如图 11-139 所示的车外圆二，最后一步模拟如图 11-140 所示的车倒斜角，下面具体介绍车削动画设计过程。

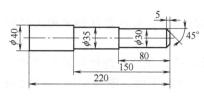

图 11-137　加工零件图纸

图 11-138　车外圆一

图 11-139 车外圆二　　　　　　　　　　　　图 11-140 车倒斜角

（1）模型装配

动画设计的关键需要首先根据动画设计要求对模型进行装配，为动画设计做准备。

步骤 1　新建装配文件，装配主体零件，结果如图 11-141 所示。

步骤 2　装配卡盘及毛坯零件。在加工过程中卡盘转动带动毛坯零件转动（将来在动画设计中添加马达使其转动），首先保证卡盘零件能够绕轴转动，然后将毛坯零件与卡盘零件装配成一个整体，如图 11-142 所示。

步骤 3　装配车刀。本例因为有三个工序，需要装配三个车刀零件，而且装配方法都是一样的，首先装配如图 11-143 所示的第一个车刀零件，注意在车刀侧面与毛坯零件端面之间添加如图 11-144 所示的距离配合，该距离配合在动画过程中驱动车刀运动，同时带动动态剖切，此处一定要注意运动方向，修改距离配合，保证车刀能够沿如图 11-145 所示的方向运动，验证后重新将距离配合设置为 0。

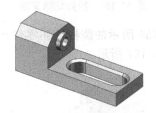

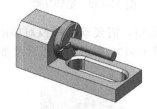

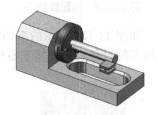

图 11-141 装配主体　　　　图 11-142 装配卡盘与毛坯　　　　图 11-143 装配第一个车刀

步骤 4　装配其余车刀零件。参照上一步操作完成其余两个车刀零件的装配，注意添加距离配合，装配完成只显示第一个车刀，另外两个隐藏，如图 11-146 所示。

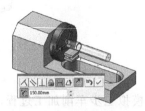

图 11-144 添加距离配合　　　　图 11-145 验证距离配合　　　　图 11-146 装配其余车刀

（2）创建装配体特征

动态剖切的关键需要在合适的位置创建装配体切除特征，根据零件加工要求及尺寸要求，需要创建三个装配体拉伸切除。

步骤 1　创建如图 11-138 所示的车外圆一的拉伸切除。在"装配体特征"菜单中选择"拉伸切除"命令，选择如图 11-147 所示的车刀侧面为草图平面，创建如图 11-148 所示的拉伸切除草图，然后创建如图 11-149 所示的拉伸切除，定义拉伸切除参数如图 11-150 所示，注意选中"反侧切除"选项，表示切除草图以外的实体，拉伸深度要大于等于此处加工深度（车外圆一深度为150），在"特征范围"中选择毛坯零件为切除对象，表示此处创建的拉伸切除只对毛坯零件进行切除。

步骤 2 创建如图 11-139 所示的车外圆二的拉伸切除。在"装配体特征"菜单中选择"拉伸切除"命令，选择如图 11-147 所示的车刀侧面为草图平面，创建如图 11-151 所示的拉伸切除草图，然后创建如图 11-152 所示的拉伸切除，定义拉伸切除参数如图 11-153 所示，注意选中"反侧切除"选项，表示切除草图以外的实体，拉伸深度要大于等于此处加工深度（车外圆二深度为80），在"特征范围"中选择毛坯零件为切除对象，表示此处创建的拉伸切除只对毛坯零件进行切除。

图 11-147 选择草图平面

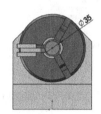

图 11-148 拉伸切除草图

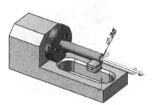

图 11-149 创建拉伸切除

图 11-150 定义拉伸切除
参数（一）

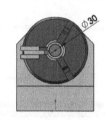

图 11-151 拉伸切除草图

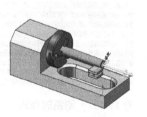

图 11-152 创建拉抻切除

图 11-153 定义拉伸切除
参数（二）

步骤 3 创建如图 11-140 所示的车倒斜角的拉伸切除。在"装配体特征"菜单中选择"拉伸切除"命令，选择如图 11-147 所示的车刀侧面为草图平面，创建如图 11-151 所示的拉伸切除草图（与车外圆二草图一致），然后创建如图 11-154 所示的拉伸切除，定义拉伸切除参数如图 11-155 所示，注意选中"反侧切除"选项，表示切除草图以外的实体，拉伸深度要大于等于此处加工深度（车倒斜角深度为5），在"特征范围"中选择毛坯零件为切除对象，表示此处创建的拉伸切除只对毛坯零件进行切除。

（3）创建车削动画

车削动画中需要分别演示三个车刀对毛坯零件进行三次加工的过程，每次加工完成后，车刀需要隐藏，待所有加工完成后，将其他零件均隐藏，只显示加工后的零件。另外，在整个加工过程中卡盘及毛坯零件都在转动，需要添加一个马达进行模拟，马达参数如图 11-156 所示，最终动画时间轴如图 11-157 所示。

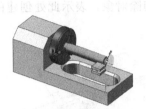

图 11-154　创建拉伸切除　　图 11-155　定义拉伸切除参数（三）　　图 11-156　定义马达参数

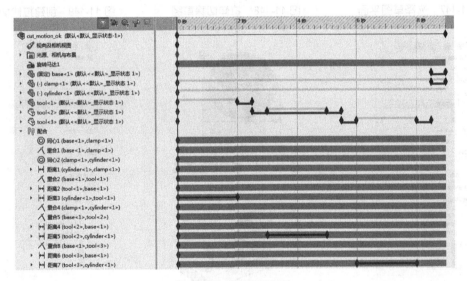

图 11-157　动画时间轴

11.7 马达仿真条件

运动仿真中需要在机构合适位置添加驱动条件才能使机构运动，在 SOLIDWORKS 中主要是通过添加仿真马达来驱使机构运动。

11.7.1 马达类型

在运动算例工具栏中单击"马达"按钮 ，系统弹出"马达"对话框，在该对话框"马达类型"区域定义马达类型，如图 11-158 所示。马达类型包括旋转马达、线性马达及路径配合马达三种：旋转马达用来驱动零部件对象旋转运动；线性马达用来驱动零部件对象沿直线方向滑动；路径配合马达驱动零部件对象沿着曲线路径运动。下面具体介绍这三种类型的马达定义。

（1）旋转马达

在运动算例工具栏中单击"马达"按钮 ，系统弹出"马达"对话框，在该对话框"马达类型"区域单击"旋转马达"按钮用于添加旋转马达。

如图 11-159 所示的万向节机构模型，需要在右侧轴上添加旋转马达使机构运转，下面以此为例介绍旋转马达添加过程。

步骤 1　打开练习文件 ch11 motion \ 11.7 \ 01 \ 01 \ cardan_motion。

步骤 2　选择命令。在运动算例工具栏中单击"马达"按钮，系统弹出"马达"对话框，在该对话框"马达类型"区域单击"旋转马达"按钮。

步骤 3　选择马达参考。在模型上选择如图 11-160 所示的圆柱面为马达参考，表示马达绕着选择的该圆柱面轴线旋转运动，单击"反向"按钮切换旋转方向。

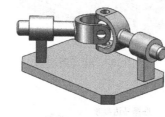

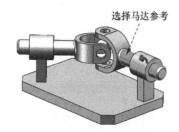

图 11-158　定义马达类型　　　图 11-159　万向节机构模型　　　图 11-160　选择马达参考

步骤 4　定义马达参数。在对话框中的"运动"区域定义运动方式为"等速"，旋转速度为 100，如图 11-161 所示。

步骤 5　查看仿真效果。在运动算例工具栏中单击"播放"按钮 ▶，查看仿真。

（2）线性马达

在运动算例工具栏中单击"马达"按钮 ，系统弹出"马达"对话框，在该对话框"马达类型"区域单击"线性马达"按钮用于添加线性马达。

如图 11-162 所示的滑动罩模型，需要在滑动罩上添加线性马达使其在导轨上滑动，下面以此为例介绍线性马达添加过程。

步骤 1　打开练习文件 ch11 motion \ 11.7 \ 01 \ 02 \ slide_motion。

步骤 2　选择命令。在运动算例工具栏中单击"马达"按钮 ▶，系统弹出"马达"对话框，在该对话框"马达类型"区域单击"线性马达"按钮。

步骤 3　选择马达参考。在模型上选择如图 11-163 所示的模型边线为马达参考，表示马达沿着选择的边线线性运动，单击"反向"按钮切换运动方向。

步骤 4　定义马达参数。在对话框中的"运动"区域定义运动方式为"等速"，线性速度为 60mm/s，如图 11-164 所示。

步骤 5　查看仿真效果。在运动算例工具栏中单击"播放"按钮 ▶，查看仿真。

（3）路径配合马达

在运动算例工具栏中单击"马达"按钮 ，系统弹出"马达"对话框。在该对话框"马达类型"区域单击"路径配合马达"按钮用于添加路径配合马达。

如图 11-165 所示的小车运动模型，需要模拟小车沿着板上曲线运动，可以在小车与曲线的路径配合上添加路径配合马达，下面以此为例介绍路径配合马达添加过程。

步骤 1　打开练习文件 ch11 motion \ 11.7 \ 01 \ 03 \ car_motion。

步骤 2　选择命令。在运动算例工具栏中单击"马达"按钮 ，系统弹出"马达"对话框，在该对话框"马达类型"区域单击"路径配合马达"按钮。

　　步骤3　选择马达参考。在模型树中选择第一个路径配合为马达参考对象，如图11-166所示，表示按照该路径配合驱动小车运动，单击"反向"按钮切换运动方向。

　　步骤4　定义马达参数。在对话框中的"运动"区域定义运动方式为"等速"，运动速度为150mm/s，表示小车在曲线上的运动速度是150mm/s，如图11-167所示。

　　步骤5　查看仿真效果。添加的路径配合马达首先需要计算运动算例，然后才能查看仿真，在运动算例对话框中单击"计算"按钮 计算运动算例，然后在运动算例工具栏中单击"播放"按钮 ▶，查看仿真效果。

图 11-161　定义马达参数

图 11-162　滑动罩模型

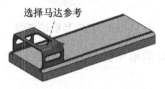

图 11-163　选择马达参考

图 11-164　定义马达参数

图 11-165　小车运动模型

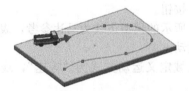

图 11-166　选择马达参考

图 11-167　定义马达参数

11.7.2　马达运动方式

　　马达运动方式就是控制马达具体是怎么运转的。在"马达"对话框中的"运动"区域下拉列表中设置马达运动方式，在"马达"对话框中的"运动"区域下拉列表中定义马达运动方式，如图11-168所示。下面主要介绍一些常用的马达运动方式。

　　（1）等速

　　等速运动方式就是指马达按照恒定的速度运动，这是马达默认的运动方式，也是最常用最普通的一种运动方式。上一小节添加的各种类型马达都是这种运动方式，读者可自行打开上一小节的模型练习，此处不再赘述。

（2）距离

距离运动方式就是定义对象在一定的范围内运动，既可以是线性距离（线性范围），又可以是角度距离（角度范围）。在"马达"对话框中的"运动"区域下拉列表中选择"距离"选项，定义马达在给定的距离范围内运动。

如图 11-169 所示的旋转开关模型，当前位置为"开"位置，需要模拟开关旋转 90°到"关"位置，下面以此为例介绍"距离"方式仿真过程。

步骤 1　打开练习文件 ch11 motion \ 11.7 \ 02 \ 01 \ switch。

步骤 2　选择命令。在运动算例工具栏中单击"马达"按钮，系统弹出"马达"对话框，在该对话框"马达类型"区域单击"旋转马达"按钮。

步骤 3　选择马达参考。在模型上选择如图 11-170 所示的圆柱面为马达参考。

步骤 4　定义马达参数。在对话框中的"运动"区域定义运动方式为"距离"，位移为90，表示零部件在 90°范围内运动，开始时间为 0，终止时间为 5，如图 11-171 所示，单击对话框最下面的图标，显示运动图表，如图 11-172 所示。

步骤 5　查看仿真效果。在运动算例对话框中单击"计算"按钮计算运动算例，然后在运动算例工具栏中单击"播放"按钮▶，查看仿真效果。

图 11-169　旋转开关

图 11-171　定义马达运动参数

图 11-168　马达运动方式　　　　图 11-170　选择马达参考

（3）振荡

振荡运动方式就是定义对象按照给定的参数做振荡运动，需要定义振荡位移、频率及相位参数。在"马达"对话框中的"运动"区域下拉列表中选择"振荡"选项，定义马达按照振荡方式运动。

如图 11-173 所示的摆动模型，需要模拟钟摆零件绕轴左右摆动，摆动位移为 9°，频率为 1Hz，相位为 0，下面以此为例介绍"振荡"方式仿真过程。

步骤 1　打开练习文件 ch11 motion \ 11.7 \ 02 \ 02 \ sasser。

步骤 2　选择命令。在运动算例工具栏中单击"马达"按钮，系统弹出"马达"对话框，在该对话框"马达类型"区域单击"旋转马达"按钮。

步骤 3　选择马达参考。在模型上选择如图 11-174 所示的圆柱面为马达参考。

步骤 4　定义马达参数。在对话框中的"运动"区域定义运动方式为"振荡"，位移为90，

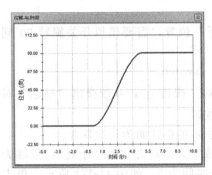

图 11-173　摆动模型

图 11-172　运动图表 　　　图 11-174　选择马达参考 　　　图 11-175　定义运动参数

表示零件以当前位置为起点旋转 90°，频率为 1Hz，相
位为 0，如图 11-175 所示，单击对话框最下面的图标，
显示运动图表，如图 11-176 所示。

步骤 5　查看仿真效果。在运动算例对话框中单击
"计算"按钮 📊 计算运动算例，然后在运动算例工具
栏中单击"播放"按钮 ▶，查看仿真效果。

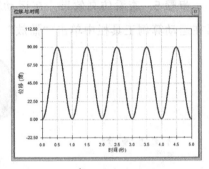

图 11-176　位移时间图像

（4）线段

线段运动方式就是定义对象的运动曲线（一般是
位移-时间曲线、速度-时间曲线或加速度-时间曲线），
然后在仿真中使对象按照运动曲线运动，在"马达"
对话框中的"运动"区域下拉列表中选择"线段"选项，定义马达"线段"运动方式。

如图 11-177 所示的三坐标机构模型，需要模拟主轴在如图 11-177 所示的方向（水平纵
向）往复运动，下面以此为例介绍"线段"方式仿真过程。

步骤 1　打开练习文件 ch11 motion \ 11.7 \ 02 \ 03 \ move_machine。

步骤 2　选择命令。在运动算例工具栏中单击"马达"按钮 🗝，系统弹出"马达"对
话框，在该对话框"马达类型"区域单击"线性马达"按钮。

步骤 3　选择马达参考。在模型上选择如图 11-178 所示的模型边线为马达参考。

步骤 4　定义马达参数。在对话框中的"运动"区域定义运动方式为"线段"，如图 11-179
所示，系统弹出"函数编制程序"对话框，在该对话框定义马达运动数据。

①定义值。在对话框中的"值（y）"下拉列表中选择"位移（mm）"选项，表示马
达控制运动对象的位移变化，单位为 mm。

②定义自变量。在对话框中的"自变量（x）"下拉列表中选择"时间（秒）"选项，
表示接下来要定义的数据是位移相对于时间的运动关系。

③定义运动数据。在对话框数据表中输入每个位移点所在的时间范围，在"分段"列
中设置为"Linear"方式，表示每个位移点之间的插值类型为线性方式，定义运动数据结果
如图 11-180 所示。

步骤 5　查看仿真效果。在运动算例对话框中单击"计算"按钮 📊 计算运动算例，然

后在运动算例工具栏中单击"播放"按钮▶，查看仿真效果。

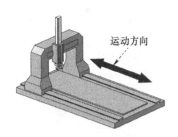

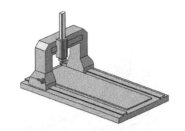

图 11-177 三坐标机构模型　　图 11-178 选择马达参考　　图 11-179 定义运动方式

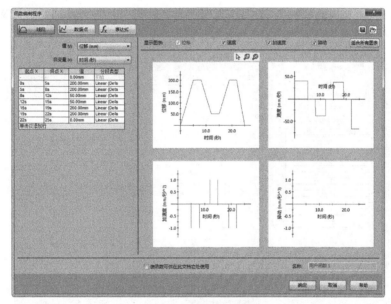

图 11-180 定义运动数据

（5）数据点

数据点运动方式就是定义对象按照每个时刻对应的数据（可以是位移、速度或加速度）进行运动。在"马达"对话框中的"运动"区域下拉列表中选择"数据点"选项，定义马达"数据点"运动方式。

下面接着使用上一小节的模型介绍，需要模拟横轴在如图 11-181 所示的方向（水平横向）往复运动，下面以此为例介绍"数据点"方式仿真过程。

步骤 1　选择马达参考。在模型上选择如图 11-182 所示的模型边线为马达参考。

步骤 2　定义马达参数。在对话框中的"运动"区域定义运动方式为"数据点"，如图 11-183 所示，系统弹出"函数编制程序"对话框，在该对话框定义马达运动数据。

① 定义值。在对话框中的"值（y）"下拉列表中选择"位移（mm）"选项，表示马达控制运动对象的位移变化，单位为 mm。

② 定义自变量。在对话框中的"自变量（x）"下拉列表中选择"时间（秒）"选项，表示接下来要定义的数据是位移相对于时间的运动关系。

③ 定义插值类型。在对话框中的"插值类型"下拉列表中选择"线性"选项，表示每

个数据点之间的插值类型为线性方式。

④ 定义运动数据。在对话框数据表中输入每个时刻对应的位移值，输入数据时一定要注意与上一小节主轴运动的配合，保证运动连贯性，结果如图 11-184 所示。

图 11-181　三坐标机构模型

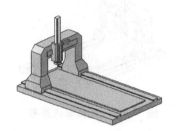

图 11-182　选择马达参考

图 11-183　定义运动方式

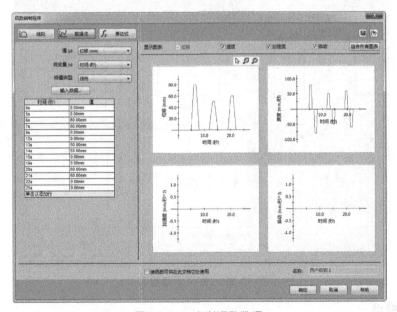

图 11-184　定义运动数据

步骤 3　查看仿真效果。在运动算例对话框中单击"计算"按钮 ▦ 计算运动算例，然后在运动算例工具栏中单击"播放"按钮 ▶ ，查看仿真效果。

（6）表达式

表达式运动方式就是定义对象按照编辑的数学函数进行运动，在"马达"对话框中的"运动"区域下拉列表中选择"表达式"选项，定义马达"表达式"运动方式。

下面接着使用上一小节的模型介绍，需要模拟竖轴在如图 11-185 所示的方向（竖直方向）往复运动，下面以此为例介绍"表达式"方式仿真过程。

步骤 1　选择马达参考。在模型上选择如图 11-186 所示的模型边线为马达参考。

步骤 2　定义马达参数。在对话框中的"运动"区域定义运动方式为"表达式"，如图 11-187 所示，系统弹出"函数编制程序"对话框，在该对话框定义马达运动数据。

① 定义值。在对话框中的"值（y）"下拉列表中选择"位移（mm）"选项，表示马达控制运动对象的位移变化，单位为 mm。

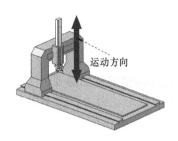

运动方向

图 11-185　三坐标机构模型

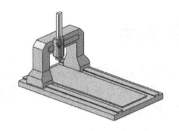

图 11-186　选择马达参考

图 11-187　定义运动方式

②选择控制函数。在对话框中右侧下拉列表中选择"数学函数",表示要选择系统提供的数学函数控制马达运动。在函数列表中双击"STEP(x,x0,h0,x1,h1)",调用STEP 函数控制马达运动,在编辑区编写函数:STEP(time,6,0,6.5,50)+STEP(time,6.5,0,7,-50)+STEP(time,13,0,13.5,50)+STEP(time,13.5,0,14,-50)+STEP(time,20,0,20.5,50)+STEP(time,20.5,0,21,-50)。编辑函数时一定要注意与前面介绍的水平纵向及横向运动的配合,保证运动连贯性,结果如图 11-188 所示。

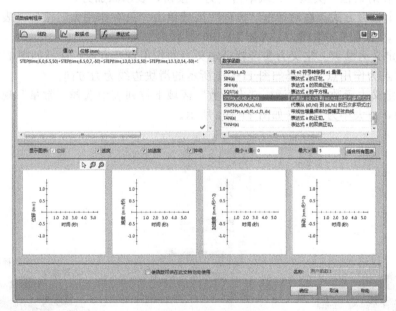

图 11-188　定义运动数据

💡 **说明**:此处调用的 STEP(x,x0,h0,x1,h1)函数是一种常用的往复运动控制函数,也叫间歇函数或 Step 函数。其中"x"指时间,在表达式中以 time 表示,后面的 x0,h0,x1,h1 可以看作是两个点,其中 x0,h0 相当起点 [x0 表示起点时间,h0 表示起点值(位移、速度或加速度)],x1,h1 相当于终点 [x1 表示终点时间,h1 表示终点值(位移、速度或加速度)]。一个 STEP 函数用于控制对象在 x0 到 x1 时间范围内从 h0 运动到 h1 位置,如果要多步连续控制,需要使用"+"号继续添加 STEP 函数,需要注意的是,不管添加多少 STEP 函数,每个 STEP 函数的起点位置(h0)均为 0。

步骤3 查看仿真效果。在运动算例对话框中单击"计算"按钮 ▣计算运动算例，然后在运动算例工具栏中单击"播放"按钮 ▶ ，查看仿真效果。

11.8 力学仿真条件

在运动仿真中为了使仿真结果更接近真实水平，往往需要根据实际情况添加必要的力学仿真条件。SOLIDWORKS中提供了多种力学仿真条件，包括力与阻尼、引力、弹簧及接触，下面具体介绍这些力学仿真条件的定义。

11.8.1 力/力矩

在仿真中添加力/力矩条件用来模拟真实的受力效果。在"运动算例"工具栏中单击"力"按钮 ⬉ ，系统弹出"力/力矩"对话框，用于添加力/力矩条件。

如图11-189所示的导轨滑块装配，需要模拟在滑块上添加力条件使其在导轨上滑动，下面以此为例介绍力/力矩添加过程。

步骤1 打开练习文件 ch11 motion \ 11.8 \ 01 \ force。

步骤2 选择命令。在"运动算例"工具栏中单击"力"按钮 ⬉ ，系统弹出"力/力矩"对话框，在对话框"类型"区域单击"力"按钮，表示添加力。

步骤3 定义力方式。在对话框"方向"区域单击"只有作用力"按钮，表示添加的力只考虑作用力，不考虑反作用力，如图11-190所示。

步骤4 定义力参考。定义力参考就是定义力的作用点及方向，选择如图11-191所示滑块零件上的顶点为作用点，选择如图11-191所示的滑块边线为力方向。

步骤5 定义力函数。在对话框"力函数"区域下拉列表中选择"常量"现象，表示添加恒定作用力，力大小为10N，如图11-191所示。

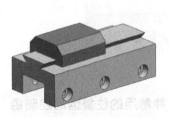

图 11-189 导轨与滑块装配

图 11-190 定义力参数

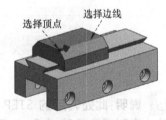

图 11-191 定义力参考

> 💡 **说明：** 在"力函数"区域下拉列表中定义力方式，相当于力的加载方式，这些力方式类似于定义马达运动方式，此处不再赘述。

步骤6 查看仿真效果。在运动算例对话框中单击"计算"按钮 ▣计算运动算例，然后在运动算例工具栏中单击"播放"按钮 ▶ ，查看仿真效果。

💡 **说明:**此处添加力然后再仿真会发现滑块瞬间就"飞"出去了,这是因为滑块与导轨之间没有考虑摩擦和阻力,滑块受到力后在不受任何阻力的情况下就会瞬间"飞"出,后面可以通过在滑块与导轨之间添加阻尼条件模拟实际摩擦效果。

11.8.2 阻尼

在仿真中添加阻尼条件用来模拟摩擦阻力效果,在"运动算例"工具栏中单击"阻尼"按钮 ✎,系统弹出"阻尼"对话框,用于添加阻尼条件。

下面继续使用上一小节的导轨与滑块模型为例介绍阻尼条件的定义及仿真,在上一小节只添加了力条件,所以滑块瞬间"飞"出,现在需要在滑块与导轨之间添加阻尼条件阻碍滑块在导轨上的滑动运动。

步骤1 选择命令。在"运动算例"工具栏中单击"阻尼"按钮 ✎,系统弹出"阻尼"对话框,在对话框"阻尼类型"区域单击"线性阻尼"按钮,表示添加线性阻尼(默认选项,扭转阻尼常用于旋转场合),如图11-192所示。

步骤2 定义阻尼参考。阻尼一般是在两个零件之间定义,需要选择两个零件接触位置的点、线及面来定义,本例选择如图11-193所示的滑块边线及如图11-194所示的导轨边线为阻尼参考。

步骤3 定义阻尼参数。在"对话框"中的"C"区域定义阻尼系数,本例定义阻尼系数为1牛顿/(mm/秒),如图11-192所示。

步骤4 查看仿真效果。在运动算例对话框中单击"计算"按钮 🖩 计算运动算例,然后在运动算例工具栏中单击"播放"按钮 ▶,查看仿真效果。

💡 **说明:**此处添加阻尼然后再仿真会发现滑块并没有瞬间"飞"出去,这是因为在滑块与导轨之间添加的阻尼阻碍了滑块的运动。

图 11-192 "阻尼"对话框

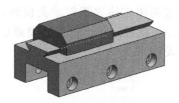

图 11-193 选择滑块边线

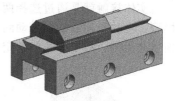

图 11-194 选择导轨边线

11.8.3 引力

在仿真中添加引力条件用来模拟重力效果。在"运动算例"工具栏中单击"引力"按钮 🖰,系统弹出"引力"对话框,用于添加引力条件。

如图11-195所示的重力轮模型,此时重力轮模型初始位置如图11-195所示,如果只考虑重力条件,重力轮会自动绕轴转动。下面以此为例介绍重力条件定义及仿真。

步骤1 打开练习文件 ch11 motion \ 11.8 \ 03 \ gravitation。

步骤 2 选择命令。在"运动算例"工具栏中单击"引力"按钮 ⬡，系统弹出如图 11-196 所示的"引力"对话框，在对话框中选中"Y"选项，表示定义重力方向沿 Y 轴负向（单击"反向"按钮调整重力方向），结果如图 11-197 所示。

步骤 3 查看仿真效果。在运动算例对话框中单击"计算"按钮 📊 计算运动算例，然后在运动算例工具栏中单击"播放"按钮 ▶，查看仿真效果。

此处添加重力条件后，因为重力轮只受到重力作用，重力轮将绕着旋转轴不停旋转，如果要模拟实际旋转过程中受到摩擦力效果，可以在重力轮与支架之间添加阻尼条件，选择"阻尼"命令。在"阻尼"对话框中定义"阻尼"类型为"扭转阻尼"，如图 11-198 所示，然后选择如图 11-199 所示的重力轮中间圆孔面与支架圆孔面为阻尼参考，定义阻尼系数为 0.01 牛顿·mm/（度/秒），如图 11-198 所示，添加扭转阻尼后再次仿真，会发现重力轮因为重力原因旋转一定时间后会逐渐停止下来。

图 11-195　重力轮模型　　图 11-196　定义重力参数　　图 11-197　添加重力条件　　图 11-198　定义阻尼参数

11.8.4 接触

接触主要用来模拟实际中的接触碰撞、刚性碰撞，属于运动仿真中非常重要的仿真条件。在运动算例工具条中单击"接触"按钮 ⚫，系统弹出如图 11-200 所示的"接触"对话框，用于添加"接触"条件。在 SOLIDWORKS 中包括两种方式添加接触条件，一种是实体接触，另外一种是曲线接触，下面具体介绍这两种接触条件的定义及仿真。

（1）实体接触

实体接触就是通过选择两个或两组实体零部件定义接触，如图 11-201 所示的间歇机构模型，主动轮连续旋转带动间歇轮周期性运动。仿真的关键是定义两个零件的真实接触，下面以此为例介绍实体接触的定义及仿真。

图 11-199　选择阻尼参考　　图 11-200　"接触"对话框　　图 11-201　间歇机构模型

步骤 1 打开练习文件 ch11 motion \ 11.8 \ 04 \ 01 \ contact_01。

步骤 2 定义接触类型并选择接触对象。在"运动算例"工具栏中单击"接触"按钮 ⚫，系统弹出"接触"对话框，在对话框"接触类型"区域选中"实体"类型，如图 11-202 所示，表示通过选择实体对象定义接触条件，选择如图 11-203 所示的驱动轮与间歇轮为接触对象，表示定义两者之间的接触。

　　步骤 3　定义接触材料。在接触仿真中，接触对象的材料不同产生的接触效果也是不一样的，在对话框"材料"区域分别定义两个接触对象的材料，本例均选择系统自带的材料〔Steel（Dry）〕，结果如图 11-204 所示。

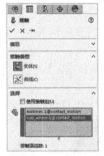　　　　

图 11-202　定义接触类型　　　　　图 11-203　选择接触对象　　　　　图 11-204　定义接触材料

　　步骤 4　定义摩擦参数。在定义接触时，如果没有合适的材料，或者需要重点考虑接触摩擦效应，可以在对话框中展开"摩擦"区域，如图 11-205 所示，在该区域中定义动摩擦速度与动摩擦系数，或者定义静摩擦速度与静摩擦系数。

　　步骤 5　定义弹性属性。在"接触"对话框中的"弹性属性"区域定义弹性参数，包括"冲击"和"恢复系数"，选中"冲击"选项定义接触冲击参数，如图 11-206 所示。

　　步骤 6　定义恢复系数。在"接触"对话框中的"弹性属性"区域选中"恢复系数"选项，用来定义接触恢复系数，就是模拟接触后零部件反弹的效应，如图 11-207 所示。

　　步骤 7　查看仿真效果。在运动算例对话框中单击"计算"按钮，计算运动算例，然后在运动算例工具栏中单击"播放"按钮 ► ，查看仿真效果。

图 11-205　定义摩擦参数　　　　　图 11-206　定义弹性属性　　　　　图 11-207　定义恢复系数

　　（2）曲线接触

　　曲线接触就是通过选择两条或两组曲线定义接触，如图 11-208 所示的滚筒及圆弧凹面模型，需要模拟滚筒受重力自由下落与圆弧凹面接触，然后在圆弧凹面上滚动的效果，下面以此为例介绍曲线接触的定义及仿真。

　　步骤 1　打开练习文件 ch11 motion \ 11.8 \ 04 \ 02 \ contact_02。

　　步骤 2　定义接触参数。在"运动算例"工具栏中单击"接触"按钮，系统弹出

"接触"对话框，在对话框"接触类型"区域选中"曲线"类型，如图 11-209 所示，表示通过选择曲线对象定义接触条件，选择如图 11-210 所示的滚筒端面圆弧边线与圆弧凹面曲线，表示定义滚筒与圆弧凹面之间的接触，其他参数采用系统默认设置。

步骤 3　查看仿真效果。在运动算例对话框中单击"计算"按钮 📖 计算运动算例，然后在运动算例工具栏中单击"播放"按钮 ▶，查看仿真效果。

图 11-208　滚筒圆弧凹面模型　　　　图 11-209　定义接触参数　　　　图 11-210　选择接触对象

11.8.5　弹簧

在仿真机构中添加弹簧用来模拟弹性效果，在运动算例工具栏中单击"弹簧"按钮 📏，系统弹出"弹簧"对话框，用来定义弹簧，包括"线性弹簧"和"扭转弹簧"。

如图 11-211 所示的弹簧缸筒模型，钢球由于重力原因自由下落，然后与圆形挡板接触碰撞，圆形挡板与缸筒之间有弹簧连接，下面以此为例介绍弹簧定义及仿真。

步骤 1　打开练习文件 ch11 motion \ 11.8 \ 05 \ spring。

步骤 2　定义弹簧参数。在"运动算例"工具栏中单击"弹簧"按钮 📏，系统弹出"弹簧"对话框，在对话框"弹簧类型"区域选中"线性"类型，如图 11-212 所示，然后选择如图 11-213 所示的圆形挡板边线与缸筒底部边线为参考，表示在两者圆弧中心之间添加弹簧，其他参数采用系统默认设置。

图 11-211　弹簧缸筒模型　　　　图 11-212　定义弹簧参数　　　　图 11-213　选择弹簧参考

步骤 3 查看仿真效果。在运动算例对话框中单击"计算"按钮 ,计算运动算例,然后在运动算例工具栏中单击"播放"按钮 ▶,查看仿真效果。

11.9 动画与运动仿真后处理

动画与运动仿真的最终目的主要是为了方便后期展示或模拟,所以需要将动画与运动仿真过程导出为视频。另外,在仿真结束后还可以根据实际需要对机构模型进行必要的测量与分析,以便分析机构模型中的运动数据,最终用于对机构模型的反馈。

11.9.1 保存动画

动画与运动仿真后,系统提供了专门导出动画视频的工具,方便用户将动画及仿真结果导出为视频,如图 11-214 所示的万向节传动模型,现在已经完成了仿真操作,需要将其仿真过程导出为 mp4 格式的视频文件。

步骤 1 打开练习文件 ch11 motion \ 11.9 \ 01 \ universal_motion。

步骤 2 定义弹簧参数。在运动算例工具栏中单击"保存动画"按钮,系统弹出如图 11-215 所示的"保存动画到文件"对话框,在对话框中设置保存地址及文件格式,单击"保存"按钮,系统将导出动画仿真视频。

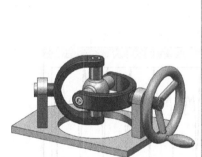

图 11-214 万向节传动模型

图 11-215 "保存动画到文件"对话框

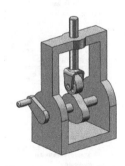

图 11-216 凸轮机构模型

11.9.2 仿真结果图解

图 11-217 定义位移结果

运动仿真后,在运动算例工具栏中单击"结果和图解"按钮 ,系统弹出"结果"对话框,用来分析选中对象的结果图解。如图 11-216 所示的凸轮机构模型,现在需要分析凸轮机构中推杆零件的位移时间图解及速度时间图解。

步骤 1 打开练习文件 ch11 motion \ 11.9 \ 02 \ cam_motion。

步骤 2 定义位移时间图解。在运动算例工具栏中单击"结果和图解"按钮 ,系统弹出如图 11-217 所示的"结果"对话框,在对话框中的"结果"区域定义结果选项,依次在下拉列表中选择"位移/速度/加速度""线性位移""Y 分量"选项,如图 11-217 所示,然后选择如图 11-218 所示的推杆圆柱面为分析对象,在"结果图解"区域选中"生成新图解"选项，表示生成新的结果图解，在"图解结果相对于"下拉列表中选择"时间"选项，表示要生成的图解是相对于仿真时间的结果，单击 ✅ 按钮，在图形区弹出如图 11-219 所示的"位移-时间"图解。

步骤 3 定义速度时间图解。在运动算例工具栏中单击"结果和图解"按钮 🔳，在对话框中的"结果"区域下拉列表中选择"位移/速度/加速度""线性速度""Y 分量"选项，如图 11-220 所示，然后选择如图 11-218 所示的推杆圆柱面为分析对象，在"结果图解"区域选中"生成新图解"选项，表示生成新的结果图解，在"图解结果相对于"下拉列表中选择"时间"选项，表示要生成的图解是相对于仿真时间的结果，单击 ✅ 按钮，在图形区弹出如图 11-221 所示的"速度-时间"图解。

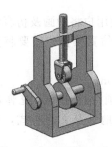

图 11-218　选择分析参考

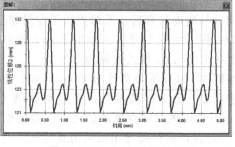

图 11-219　位移-时间图解

图 11-220　定义速度结果

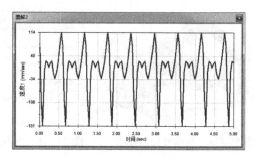

图 11-221　速度-时间图解

图 11-222　定义图解结果

图 11-223　选择命令

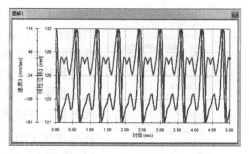

图 11-224　速度-位移-时间图解

说明:在"结果"对话框中"图解结果"区域选中"添加到现有图解"选项,表示将当前定义的结果添加到已有的结果图解中,然后在其下的下拉列表中选择"图解 1",如图 11-222 所示,表示将当前结果添加到"图解 1"中,在运动算例树中展开"结果"节点,选中"图解 1"结果,单击鼠标右键,在系统弹出的如图 11-223 所示的快捷菜单中选择"显示图解"命令,结果如图 11-224 所示。

11.10 动画与运动仿真案例:自动钻孔机构仿真

前面小节系统介绍了动画与运动仿真的操作及知识内容,为了加深读者对动画与仿真的理解并更好地应用于实践,下面通过具体案例详细介绍动画与运动仿真设计。

全书配套视频与资源
Ω微信扫码,立即获取

如图 11-225 所示的钻孔机构模型,可以使用三种钻头加工圆盘零件上的孔,本例需要模拟使用两种钻头加工圆盘上两个孔的加工过程。自动钻孔机构仿真说明如下。

① 工作文件目录:F:\solidworks_jxsj \ ch11 motion \ 11.10 \ 01。

② 自动钻孔机构仿真思路:首先使用文件夹中的零件模型进行机构装配,注意使用合适的装配配合,在装配中注意运动方面的考虑,机构装配后将机构模型调整到合适的初始位置,然后进入运动算例界面,在运动算例中根据运动仿真要求添加合适的马达及运动参数,最终时间轴如图 11-226 所示。

自动钻孔机构具体仿真过程可扫描二维码观看视频讲解,此处不再赘述。

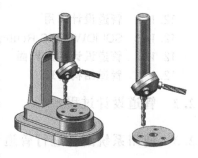

图 11-225 自动钻孔机构

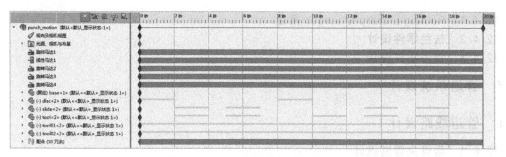

图 11-226 自动钻孔仿真时间轴

第12章

管道设计

微信扫码，立即获取
全书配套视频与资源

在石油化工、能源、建筑等行业经常需要设计各种复杂的管道系统，传统的二维设计虽然在一定程度上能够满足管道设计的一些要求，但是毕竟不够直观，很难满足目前日益复杂的管道系统设计要求，使用 SOLIDWORKS 提供的 Routing 插件功能能够轻松进行各种复杂管道系统的设计。

12.1 管道设计基础

12.1.1 管道设计作用

12.1.2 SOLIDWORKS Routing 插件

12.1.3 管道设计用户界面

12.1.4 管道结构管理

12.2 管道设计过程

12.3 使用系统配件进行管道设计

12.4 管道零部件设计

12.4.1 Routing Library Manager 概述

12.4.2 法兰零件设计

12.4.3 管道零件设计

12.5 管道系统设计

12.6 管道线路设计

12.6.1 带管夹管道设计

12.6.2 贴面管道线路设计

12.6.3 边角管道线路设计

12.6.4 并排管道线路设计

12.7 编辑管道线路

12.8 管道设计后处理

12.8.1 输出管道/管筒数据

12.8.2 管道工程图

（因篇幅有限，本章内容请扫码阅读）

442

第13章

电气设计

微信扫码，立即获取
全书配套视频与资源

在电工电子、工控等行业经常需要设计各种复杂的电气线束，传统的二维设计虽然在一定程度上能够满足电气线束设计的一些要求，但是毕竟不够直观，很难满足目前日益复杂的电气线束设计要求，特别是紧凑型、美观性要求。使用 SOLIDWORKS 提供的 Routing 插件功能能够轻松进行各种复杂电气线束的设计。需要读者特别注意的是，SOLIDWORKS 电气设计与管道设计两个功能非常相似，属于 SOLIDWORKS 中的两个"兄弟模块"，两者使用相同的插件，而且很多命令操作及设计思路也是基本一致的。本章在介绍电气设计的过程中主要介绍电气设计功能，与管道类似的功能只做简单介绍，具体的内容读者可参考相应章节学习。建议读者最好将这两个章节一起学习，而且要特别注意两者中的相似功能，这样学习效果会更好。

（因篇幅有限，本章内容请扫码阅读）

第14章

模具设计

微信扫码，立即获取
全书配套视频与资源

SOLIDWORKS 模具设计功能主要用于注塑模具设计，其中提供了各种模具设计工具，包括模具分析工具、分型面工具及模具分割工具等。另外，使用 SOLIDWORKS 提供的 IMOLD 进行模架及标准件的设计，极大提高了模具设计效率。

14.1 模具设计基础

学习模具设计之前首先有必要了解模具设计的一些基本问题，如模具设计的应用及模具设计用户界面等，为后面进一步学习和使用模具设计做好准备。

14.1.1 模具设计应用

在 SOLIDWORKS 中使用提供的特征工具、曲面工具及装配工具就能够进行各种模具设计，但是在具体操作时比较麻烦，特别是模具分型面及模架的设计，这会严重影响模具设计效率及质量，使用模具设计主要包括以下几个方面的应用。

（1）模具分析

模具设计之前需要对工件进行必要的分析，以便了解工件是否适合于模具设计，同时为分型面的设计提供重要依据。使用 SOLIDWORKS 提供的拔模分析、底切分析及分型线分析对模具工件进行必要的模具分析。

（2）模具分型面设计

模具设计中最重要的一项操作是进行分型面的设计，模具分型面直接关系到模具分型及开模，使用模具分型面工具能够方便进行各种分型面的设计。

（3）模架及标准件设计

模架及标准件的设计直接关系到模具功能的实现，模架中需要设计各种模具模板、浇注系统及冷却系统，还有各种标准件等，使用 SOLIDWORKS 提供的 IMOLD 能够轻松完成这些结构的设计，极大提高了模具设计效率。

14.1.2 模具设计用户界面

在 SOLIDWORKS 零件设计环境中展开"模具工具"选项卡，在"模具工具"选项卡中提供了模具设计工具，其中有一部分工具属于曲面设计工具，这些曲面设计工具主要用于模具分型面设计，所以掌握曲面知识对模具设计是非常有必要的。下面打开练习文件 ch14 mold\14.1\mold_design，熟悉模具设计环境，如图 14-1 所示。

> 💡 **说明:** 如果零件设计环境中没有"模具工具"选项卡，可以在选项卡区空白位置单击鼠标右键，在弹出的菜单中选择"选项卡"→"模具工具"命令，显示"模具工具"选项卡。

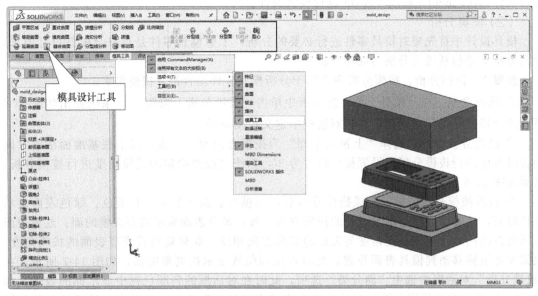

图 14-1 模具设计环境及工具

14.2 模具设计过程

为了让读者尽快熟悉 SOLIDWORKS 模具设计思路及基本操作，下面通过一个具体案例详细介绍模具设计过程。如图 14-2 所示的塑料盖模型，材料为 ABS（收缩率为 1.006），需要设计该塑料盖模型的注塑模具，如图 14-3 所示。

图 14-2 塑料盖模型   图 14-3 塑料盖模具设计

在 SOLIDWORKS 中进行模具设计的基本思路是首先打开模具零件（工件），然后进行模具分析，了解模具零件是否适合进行模具设计，接着设置缩放比例（根据材料收缩率设置），接着创建分型线及分型面，最后创建模具实体并开模，如图 14-4 所示。

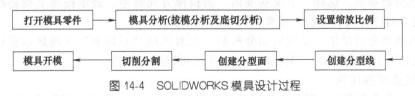

图 14-4 SOLIDWORKS 模具设计过程

（1）导入模具零件

SOLIDWORKS 中的模具设计实际上是在零件设计环境中进行的。在模具设计之前需要导入模具零件，也就是打开模具零件，然后根据打开的模具零件进行模具设计。下面打开练习文件 ch14 mold \ 14.2 \ cover 进行模具设计。

（2）模具分析

模具设计中首先要对模具零件进行必要的分析，了解模具零件是否符合模具设计要求，模具分析主要包括拔模分析与底切分析。

步骤 1 拔模分析。拔模分析主要用于分析模具零件是否符合拔模要求。

① 选择命令。在"模具工具"选项卡中单击"拔模分析"按钮 ，系统弹出如图 14-5 所示的"拔模分析"对话框，在该对话框中定义拔模分析。

② 设置分析参数。选择"上视基准面"为拔模方向参考，表示以上视基准面法向方向为拔模方向进行拔模分析，设置拔模角度为 3°，系统将按照给定的拔模角度进行拔模分析，结果如图 14-6 所示。

③ 查看拔模分析结果。完成拔模分析后，在模型表面上显示三种颜色：绿色表面表示正拔模面，这些面拔模角度与设定的拔模方向一致；黄色表面表示需要拔模的面；红色表面表示负拔模面，这些面拔模角度与设定的拔模方向相反。如果要查看模型表面的拔模角度，只需要将鼠标移动到模具表面位置，此时在鼠标位置显示拔模角度值，如图 14-7 所示，在"拔模分析"对话框中选中"面分类"选项，此时在对话框的各颜色框中显示面的数量，如图 14-8 所示，在"拔模分析"对话框中选中"查找陡面"选项，此时在对话框的各颜色框中显示面的数量，如图 14-9 所示。

图 14-6 模具分析结果

图 14-5 "拔模分析"对话框   图 14-7 查看拔模角度   图 14-8 定义面分类

步骤 2 底切分析。底切分析用于分析模具零件中不能直接开模的区域，如果零件中存在这样的区域，则必须通过侧型芯才能使零件顺利脱模。

① 选择命令。在"模具工具"选项卡中单击"底切分析"按钮 ，系统弹出如图 14-10 所示的"底切分析"对话框，在该对话框中定义底切分析。

② 设置分析参数。选择"上视基准面"为拔模方向参考，表示按照上视基准面法向方向作为拔模方向进行底切分析，结果如图 14-11 所示。

③ 查看底切分析结果。完成底切分析后，在对话框"底切面"区域显示分析结果，除了"封闭底切"有数量（85），其他均为 0，说明可以顺利开模。

（3）设置缩放比例

注塑模具设计中需要根据材料收缩率设置缩放比例。在"模具工具"选项卡中单击"比例缩放"按钮 ，系统弹出如图 14-12 所示的"缩放比例"对话框，设置缩放比例为 1.006，单击 按钮，完成比例缩放，此时模具零件比初始零件尺寸稍大。

图 14-11 底切分析结果

图 14-9 查找陡面　　图 14-10 "底切分析"对话框　　图 14-12 "缩放比例"对话框

（4）创建分型线

分型线是创建分型面的关键，在"模具工具"选项卡中单击"分型线"按钮 ，系统弹出如图 14-13 所示的"分型线"对话框，用来创建分型线。

在"分型线"对话框中选择"上视基准面"为拔模方向参考，单击"拔模分析"按钮，系统自动创建分型线，在对话框"分型线"区域显示创建的分型线，如图 14-13 所示，同时在模型上用紫色边线显示创建的分型线，如图 14-14 所示，单击 按钮，完成分型线创建，结果如图 14-15 所示。

（5）创建分型面

分型面直接关系到最终的模具开模，可以使用创建的分型线创建分型面。在"模具工具"选项卡中单击"分型面"按钮 ，系统弹出如图 14-16 所示"分型面"对话框。

图 14-14 定义分型线

图 14-13 "分型线"对话框　　图 14-15 定义分型线结果　　图 14-16 "分型面"对话框

此时系统使用创建的分型线自动生成分型面，如图 14-17 所示，在"模具参数"区域选中"垂直于拔模"选项，在"分型面"区域设置分型面尺寸为 20，其余参数采用系统默认设置，单击 按钮，完成分型面创建，结果如图 14-18 所示。

（6）切削分割

使用切割实体工具创建模具的型腔与型芯，在"模具工具"选项卡中单击"切削分割"按钮 ，系统弹出如图 14-19 所示的"信息"对话框，提示用户选择平面绘制特征草图或选择已有的草图作为特征草图。

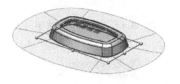

图 14-17　定义分型面　　　　图 14-18　创建分型面结果　　　　图 14-19　"信息"对话框

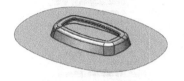

选择"上视基准面"为草图平面创建如图 14-20 所示的特征草图，完成草图绘制后，系统弹出如图 14-21 所示的"切削分割"对话框，同时显示切削分割预览，如图 14-22 所示，在对话框中的"块大小"区域设置两方向深度分别为 15、10，单击 ✔ 按钮，得到如图 14-23 所示的切削分割结果，在模型树中可以查看实体及相应的分型面，如图 14-24 所示，隐藏所有的曲面，结果如图 14-25 所示。

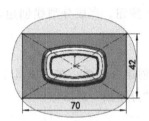

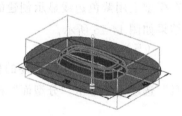

图 14-20　创建特征草图　　　　图 14-21　"切削分割"对话框　　　　图 14-22　定义切削分割

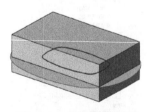

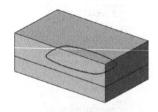

图 14-23　切削分割结果　　　　图 14-24　切削分割实体及曲面　　　　图 14-25　隐藏分割曲面

（7）模具开模

完成切削分割后，模具的型腔与型芯部分已经实现了分离，接下来可以使用"移动/复制实体"命令将型腔部分与型芯部分移动开，实现模具开模。

步骤 1　移动型腔实体。选择下拉菜单"插入"→"特征"→"移动/复制"命令，系统弹出如图 14-26 所示的"移动/复制实体"对话框，选中型腔实体（上半部分实体），此时在型腔实体上显示如图 14-27 所示的移动坐标系，设置 Y 轴方向移动增量为 30，单击 ✔ 按钮，移动结果如图 14-28 所示。

步骤 2 移动型芯实体。参照上一步移动型腔实体操作移动型芯实体，将型芯实体沿着反方向移动 30，最终结果如图 14-29 所示。

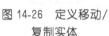

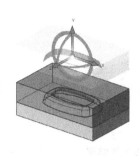

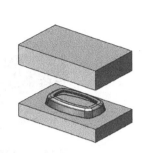

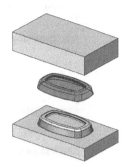

图 14-26 定义移动/复制实体 　图 14-27 移动实体 　图 14-28 移动型腔结果 　图 14-29 模具开模结果

14.3 模具分析工具

模具设计之前需要对模具零件进行必要的分析，以便了解模具零件是否适合于模具设计，同时为分型面的设计提供重要依据，下面主要介绍拔模分析与底切分析。

14.3.1 拔模分析

拔模分析主要用于分析模具零件是否符合拔模要求，如果符合拔模要求可以继续进行模具设计，如果不符合拔模要求，需要对模型结构进行改进，然后进行模具设计。

如图 14-30 所示的盖子模型，现在需要对模型进行拔模分析，然后根据拔模分析结果对模型进行改进并重新进行拔模分析。

（1）对盖子模型进行拔模分析

步骤 1 打开练习文件 ch14 mold \ 14.3 \ draft_analysis。

图 14-30 盖子模型

步骤 2 选择命令。在"模具工具"选项卡中单击"拔模分析"按钮 ，系统弹出如图 14-31 所示的"拔模分析"对话框，在该对话框中定义拔模分析。

步骤 3 设置分析参数。选择"上视基准面"为拔模方向参考，表示以上视基准面法向方向为拔模方向进行拔模分析，设置拔模角度为 3°，如图 14-31 所示。

步骤 4 查看分析结果。完成拔模分析后，在模型表面上显示三种颜色：绿色表面表示正拔模面，这些面拔模角度与设定的拔模方向一致；黄色表面表示需要拔模的面，红色表面表示负拔模面，这些面拔模角度与设定的拔模方向相反，如图 14-32 所示。

步骤 5 定义面分类。在对话框中选中"面分类"选项，在"颜色设定"区域显示各种面具体数量，如图 14-33 所示，其中检查出两个跨立面，如图 14-34 所示，这些跨立面需要分割才能创建分型面，否则无法顺利开模。

步骤 6 分析陡面。在对话框中选中"查找陡面"选项，在"颜色设定"区域显示正负陡面分析结果，如图 14-35 所示，包括 4 个正陡面与 4 个负陡面，这些陡面正是盖子模型中的内外圆角结构，如图 14-36 所示。

图 14-31 设置分析参数

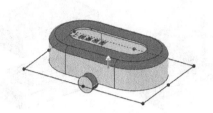

图 14-32 拔模分析结果

图 14-33 定义面分类

（2）对盖子模型进行改进并重新进行拔模分析

完成拔模分析后需要针对拔模分析结果对模型进行改进，主要是对模型中需要拔模的面（黄色面）进行拔模处理，对模型中的跨立面进行分割。

步骤 1 编辑"凸台-拉伸 1"。在模型树中选中"凸台-拉伸 1"特征，在菜单中选择"编辑特征"命令，设置拔模角度为 4°，如图 14-37 所示，结果如图 14-38 所示。

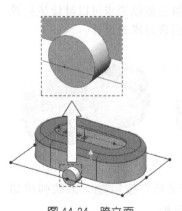

图 14-34 跨立面

图 14-35 查找陡面

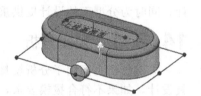

图 14-36 分析陡面

图 14-37 编辑凸台拉伸

步骤 2 编辑"切除-拉伸 1"。在模型树中选中"切除-拉伸 1"特征，在菜单中选择"编辑特征"命令，设置拔模角度为 4°，如图 14-39 所示，结果如图 14-40 所示。

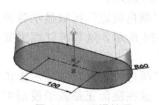

图 14-38 编辑结果

图 14-39 编辑切除拉伸

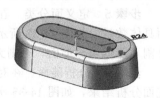

图 14-40 编辑结果

步骤 3 创建分割线。在"特征"选项卡中选择"分割线"命令，选择"上视基准面"与以上分析的跨立面为分割对象，如图 14-41 所示，表示用"上视基准面"对跨立面进行分割，如图 14-42 所示。

步骤 4 拔模分析。选择"拔模分析"工具对模型进行拔模分析，如图 14-43 所示，此时需要拔模的面只有两侧圆柱体端面，不存在跨立面，结果如图 14-44 所示。

图 14-42 分割线结果

图 14-41 定义分割线

图 14-44 拔模分析结果

图 14-43 定义拔模分析

14.3.2 底切分析

底切分析用于分析模具零件中不能直接开模的区域，如果零件中存在这样的区域，则必须通过侧型芯才能使零件顺利脱模。下面以如图 14-45 所示的盖子模型为例介绍底切分析操作，根据底切分析结果确定模具分析思路。

步骤 1 打开练习文件 ch14 mold \ 14.3 \ undercut_analysis。

步骤 2 选择命令。在"模具工具"选项卡中单击"底切分析"按钮，系统弹出如图 14-46 所示的"底切分析"对话框，在该对话框中定义底切分析。

步骤 3 设置分析参数。选择"上视基准面"为拔模方向参考，表示以上视基准面法向方向为拔模方向进行底切分析，结果如图 14-47 所示。

根据底切分析结果，需要在盖子模型两侧的直槽口位置设计侧抽芯结构才能使模具顺利开模。本章后面小节会具体介绍抽芯结构设计，此处不再赘述。

图 14-45 盖子模型

图 14-46 "底切分析"对话框

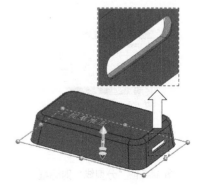

图 14-47 底切分析结果

14.4 模具分型工具

模具设计中为了让模具能够顺利开模，需要使用 SOLIDWORKS 提供的分型工具进行设计。模具分型工具包括分型线、关闭曲面、分型面、切削分割及型芯等工具。

14.4.1 分型线

分型线直接关系到分型面的设计，在 SOLIDWORKS 中使用专门的分型线工具创建分型线。对于简单分型面的模具零件，使用分型线工具能够自动创建分型线，如图 14-48 所示。对于复杂分型面的模具零件，需要手动选择分型线，如图 14-49 所示的面板盖模型，需要创建如图 14-50 所示的分型线，为创建分型面做准备。

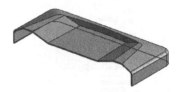

图 14-48　简单分型线　　　　图 14-49　面板盖模型　　　　图 14-50　创建分型线

步骤 1　打开练习文件 ch14 mold \ 14.4 \ parting_lines。

步骤 2　选择命令。在"模具工具"选项卡中单击"分型线"按钮 ，系统弹出如图 14-51 所示的"分型线"对话框，在该对话框中定义分型线。

步骤 3　设置模具参数。选择"前视基准面"为拔模方向参考，如图 14-52 所示，单击"拔模分析"按钮，系统对零件模型进行拔模分析，因为模型分型面比较复杂，系统无法准确分析分型线，所以没有自动创建分型线，需要手动创建分型线。

步骤 4　手动选择分型线。使用鼠标在面板盖模型边界上依次选择如图 14-53 所示的模型边线作为分型线，当选择封闭的边线后，系统将封闭的边线作为分型线，此时"分型线"对话框中显示创建的分型线，如图 14-54 所示。

> 💡 **说明**：选择分型线一定要根据模具分型面正确选择，分型线必须形成封闭区域。

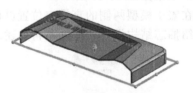

图 14-52　选择拔模方向参考

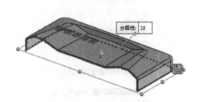

图 14-51　"分型线"对话框　　　图 14-53　选择分型线　　　图 14-54　完成分型线定义

14.4.2　关闭曲面

创建分型面时，如果模具零件上存在破孔，需要首先填充破孔才能创建分型面。在"模具工具"选项卡中单击"关闭曲面"按钮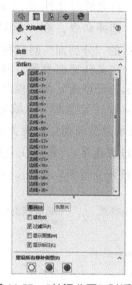用来对破孔创建填充曲面。

如图 14-55 所示的遥控器盖模型，模型中包括屏幕孔及按键孔，在创建模具分型面之前需要对这些破孔进行填充，如图 14-56 所示，下面以此为例介绍关闭曲面的创建。

步骤 1　打开练习文件 ch14 mold \ 14.4 \ shut_off_surface。

步骤 2　选择命令。在"模具工具"选项卡中单击"关闭曲面"按钮，系统弹出如图 14-57 所示的"关闭曲面"对话框，在该对话框中定义关闭曲面。

图 14-55　遥控器盖模型

图 14-56　创建关闭曲面

图 14-57　"关闭曲面"对话框

步骤 3　编辑关闭曲面边线。选择关闭曲面命令后，系统会自动检索模型中的所有破孔边线，如图 14-58 所示。这些破孔边线有一部分重复选择，本例需要删除多余的破孔边线，然后选择正确的破孔边线，结果如图 14-59 所示。

步骤 4　完成关闭曲面创建。在"关闭曲面"对话框中单击☑按钮，完成关闭曲面创建，创建的关闭曲面如图 14-56 所示。

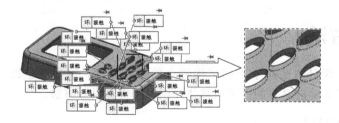

图 14-58　初步选择的关闭曲面边线

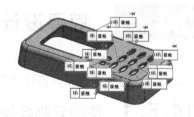

图 14-59　选择关闭曲面边线

14.4.3　分型面

分型面设计是模具开模及整套模具设计的关键。在 SOLIDWORKS 中分型面的设计需要根据已有的分型线来创建。如图 14-60 所示的面板盖模型，现在已经完成了如图 14-61 所示分型线的创建，需要根据分型线创建如图 14-62 所示的分型面。

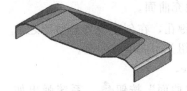
图 14-60　面板盖模型

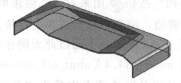
图 14-61　分型线

图 14-62　创建分型面

步骤 1　打开练习文件 ch14 mold \ 14.4 \ parting_surface。

步骤 2　选择命令。在"模具工具"选项卡中单击"分型面"按钮 🔶，系统弹出如图 14-63 所示的"分型面"对话框，在该对话框中定义分型面。

步骤 3　定义分型面参数。选择分型面命令后，系统自动选择模型中的分型线创建如图 14-64 所示的分型面，在"模具参数"区域选中"垂直于拔模"选项，表示分型面与拔模面是垂直的，在"分型面"区域定义分型面宽度尺寸为 40，在"平滑"区域单击"尖锐"按钮 📐，表示分型面拐角位置为自然连接（如果单击"平滑"按钮 📐，表示分型面拐角位置创建圆弧过渡连接），最后在"选项"区域选中"缝合所有曲面"选项，表示将所有分型面缝合成一整张分型面，单击 ✅ 按钮完成分型面创建。

图 14-63　"分型面"对话框

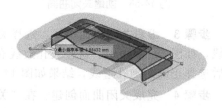
图 14-64　定义分型面

14.5　模具设计方法

SOLIDWORKS 提供了多种模具设计方法用于不同结构特点的模具设计，掌握这些模具设计方法对于整套模具设计来讲是非常有必要的。下面具体介绍常用模具设计方法。

14.5.1　使用分割线模具设计

如图 14-65 所示的连接轴模型，其主体结构是一个回转结构，像这种结构无法直接进行分模，需要首先对主体结构中影响分型面的表面进行分割才能创建如图 14-66 所示的分型面，然后创建如图 14-67 所示的连接轴模具并开模。

步骤 1　打开模具零件 ch14 mold \ 14.5 \ shaft。

步骤 2 拔模分析。选择"拔模分析"命令对模具零件进行拔模分析，选择"上视基准面"为拔模方向参考，拔模分析中发现模具零件中存在多处跨立面，如图 14-68 所示，这些跨立面会影响模具开模，需要对跨立面进行分割。

图 14-65　连接轴模型

图 14-66　分型面

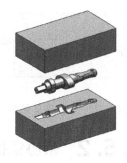

图 14-67　连接轴模具

步骤 3 创建分割线。选择"分割线"命令，选择"上视基准面"对以上分析的跨立面进行分割，结果如图 14-69 所示。

步骤 4 重新拔模分析。完成分割线创建后需要重新进行拔模分析，结果如图 14-70 所示，此时模型中不存在跨立面，可以顺利开模。

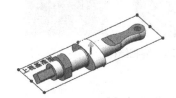

图 14-68　拔模分析

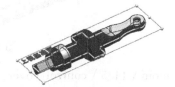

图 14-69　创建分割线

图 14-70　拔模分析

步骤 5 设置缩放比例。选择"比例缩放"命令，设置缩放比例为 1.006。

步骤 6 创建分型线。选择"分型线"命令，选择"上视基准面"为拔模方向参考，单击"拔模分析"按钮，此时系统自动创建的分型线不对，需要手动选择分型线，选择步骤 3 中创建的外侧分割线（不包括圆孔分割线）为分型线，如图 14-71 所示。

步骤 7 创建分型面。选择"分型面"命令，系统自动选择分型线创建如图 14-72 所示的分型面，定义分型面宽度为 50，定义"平滑"类型为"尖锐"。

步骤 8 创建关闭曲面。选择"关闭曲面"命令，选择圆孔分割线为关闭曲面边线，在圆孔中间位置创建关闭曲面，如图 14-73 所示。

图 14-71　创建分型线

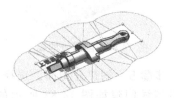

图 14-72　创建分型面

图 14-73　创建关闭曲面

步骤 9 创建切削分割。选择"切削分割"命令，选择"上视基准面"为草图平面创建如图 14-74 所示的实体草图，然后定义两侧深度均为 50，如图 14-75 所示。

步骤 10 创建模具开模。选择"移动/复制"命令，选择型腔实体沿 Y 轴方向移动 60，然后选择型芯实体沿着 Y 轴负方向移动 60，结果如图 14-76 所示。

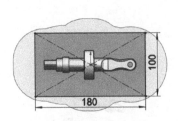

图 14-74 创建实体草图

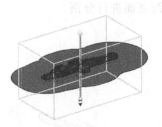

图 14-75 定义切削分割

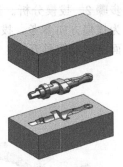

图 14-76 模具开模

14.5.2 带协销模具设计

如图 14-77 所示的遥控器盖模型，零件侧面包括倒扣结构，如图 14-78 所示，像这种结构无法直接进行开模，需要创建协销结构才能顺利开模，如图 14-79 所示。

图 14-77 遥控器盖模型

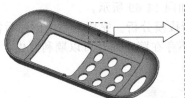

图 14-78 倒扣结构

步骤 1 打开模具零件 ch14 mold \ 14.5 \ control_cover。

步骤 2 设置缩放比例。选择"比例缩放"命令，设置缩放比例为 1.006。

步骤 3 创建分型线。选择"分型线"命令，选择"上视基准面"为拔模方向参考，单击"拔模分析"按钮，此时系统自动创建分型线，如图 14-80 所示。

步骤 4 创建关闭曲面。选择"关闭曲面"命令，系统自动选择所有孔边线创建关闭曲面，设置关闭曲面与模型表面相切连接，注意设置相切方向，如图 14-81 所示。

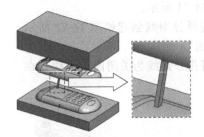

图 14-79 带协销模具设计

图 14-80 创建分型线

图 14-81 创建关闭曲面

图 14-82 创建分型面

步骤 5 创建分型面。选择"分型面"命令，系统自动选择分型线创建如图 14-82 所示的分型面，定义分型面宽度为 30，定义"平滑"类型为"尖锐"。

步骤 6 创建切削分割。选择"切削分割"命令，选择"上视基准面"创建如图 14-83 所示的实体草图，定义方向 1 深度为 25，方向 2 深度为 15，如图 14-84 所示。

步骤 7 创建协销结构。在"模具工具"选项卡中单击

"型心"按钮，选择倒扣侧面为草图平面创建如图 14-85 所示的协销草图，完成协销草图创建后，在"型心"对话框中定义参数，如图 14-86 所示，用相同的方法创建另外一侧协销，如图 14-87 所示。

图 14-83 创建实体草图

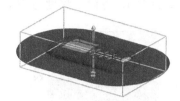

图 14-84 创建切削分割

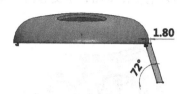

图 14-85 创建协销草图

步骤 8 创建模具开模。选择"移动/复制"命令，选择型腔实体沿 Y 轴方向移动 30，然后选择型芯实体沿着 Y 轴负方向移动 40，结果如图 14-88 所示。

图 14-86 定义型心

图 14-87 创建协销结果

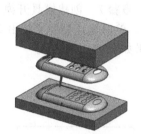

图 14-88 模具开模

14.5.3 带滑块模具设计

如图 14-89 所示的储物箱盖模型，零件两侧均有圆柱结构，像这种结构如果使用分割线方法会影响圆柱表面质量，而且还会增加模具设计难度，最合适的方法就是在圆柱结构位置设计滑块结构方便模具开模，如图 14-90 所示。

步骤 1 打开模具零件 ch14 mold \ 14.5 \ top_cover。

步骤 2 设置缩放比例。选择"比例缩放"命令，设置缩放比例为 1.006。

步骤 3 创建分型线。选择"分型线"命令，选择"上视基准面"为拔模方向参考，单击"拔模分析"按钮，选择如图 14-91 所示模型边线创建分型线。

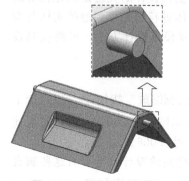

图 14-89 储物箱盖模型

图 14-90 带滑块模具设计

图 14-91 创建分型线

　　步骤 4　创建分型面。选择"分型面"命令，系统自动选择分型线创建如图 14-92 所示的分型面，定义分型面宽度为 50，定义"平滑"类型为"尖锐"。

　　步骤 5　创建切削分割。选择"切削分割"命令，选择"上视基准面"创建如图 14-93 所示的实体草图，定义方向 1 深度为 160，方向 2 深度为 70，如图 14-94 所示。

图 14-92　创建分型面

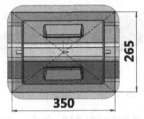

图 14-93　创建实体草图

图 14-94　创建切削分割

　　步骤 6　创建滑块结构。在"模具工具"选项卡中单击"型心"按钮 🔩，选择型腔侧面为草图平面创建如图 14-95 所示的滑块草图，完成滑块草图创建后，使用"成形到下一面"创建滑块，用相同的方法创建另外一侧滑块，如图 14-96 所示。

　　步骤 7　创建模具开模。选择"移动/复制"命令，首先选择两侧滑块实体向两侧移动 150，然后选择型腔实体沿 Y 轴方向移动 200，然后选择型芯实体沿着 Y 轴负方向移动 200，结果如图 14-97 所示。

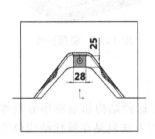

图 14-95　创建滑块草图

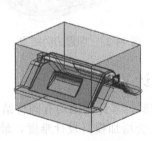

图 14-96　创建滑块

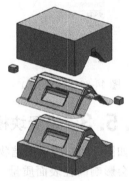

图 14-97　模具开模

14.5.4　常规模具设计

　　在 SOLIDWORKS 中进行模具设计除了使用"模具工具"选项卡中的命令进行设计以外，还可以使用常规的方法进行模具设计。使用常规方法进行模具设计的关键是创建正确的型腔曲面与型芯曲面，然后使用型腔曲面与型芯曲面对模具实体进行切除得到型腔实体与型芯实体。下面以如图 14-98 所示的门禁盒前盖模型为例介绍常规模具设计方法，最终模具设计结果及开模如图 14-99 所示。

　　步骤 1　打开模具零件 ch14 mold \ 14.5 \ front_cover。

　　步骤 2　设置缩放比例。在"模具工具"选项卡中单击"比例缩放"按钮 📐（或选择下拉菜单"插入"→"特征"→"缩放比例"命令），系统弹出如图 14-100 所示的"缩放比例"对话框，选择模具零件为缩放对象，文本框中设置缩放比例 1.006。

　　步骤 3　创建填充曲面。模具零件中存在破孔，考虑到分型面的设计，需要对这些破孔进行填充。在"模具工具"选项卡中单击"填充曲面"按钮 ◈，系统弹出如图 14-101 所示的"填充曲面"对话框，选择如图 14-102 所示边线为填充边线，单击 ✓ 按钮完成填充曲面创建，用相同的方法在其余破孔位置创建填充曲面，如图 14-103 所示，完成填充曲面创建后，在模型树"曲面实体"节点下显示所有填充曲面，如图 14-104 所示。

图 14-98　门禁盒前盖模型

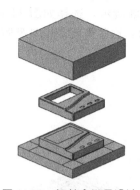

图 14-99　门禁盒模具设计

图 14-100　设置缩放比例

图 14-101　定义填充曲面

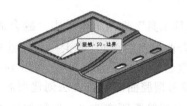

图 14-102　选择填充边线

图 14-103　创建其余填充曲面

步骤 4　创建直纹曲面。考虑到分型面的设计，需要在分型线位置创建直纹曲面，在"模具工具"选项卡中单击"直纹曲面"按钮 （或选择下拉菜单"插入"→"曲面"→"直纹曲面"命令），系统弹出如图 14-105 所示的"直纹曲面"对话框，选择如图 14-106 所示的边线为直纹曲面边线，单击 ✓ 按钮，结果如图 14-107 所示。

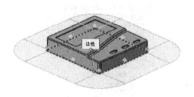

图 14-106　选择直纹曲面边线

图 14-104　填充曲面结果

图 14-105　定义直纹曲面

图 14-107　创建直纹曲面结果

步骤5 创建型腔曲面。型腔曲面主要用于分割模具型腔实体。

① 创建复制曲面。在"模具工具"选项卡中单击"等距曲面"按钮 💊（或选择下拉菜单"插入"→"曲面"→"等距曲面"命令），系统弹出"等距曲面"对话框，设置等距距离为0，表示复制曲面，如图14-108所示，选择如图14-109所示的模型表面为复制曲面对象，复制曲面结果如图14-110所示，这些面就是模具型腔曲面。

图14-108 创建复制曲面

图14-109 选择复制曲面

图14-110 复制曲面结果

② 创建缝合曲面。在"模具工具"选项卡中单击"缝合曲面"按钮 📱（或选择下拉菜单"插入"→"曲面"→"缝合曲面"命令），将上一步创建的所有复制曲面进行缝合，在模型树"曲面实体"节点下修改名称为"型腔曲面"，如图14-111所示。

步骤6 创建型芯曲面。参考型腔曲面创建方法创建型芯曲面。在"模具工具"选项卡中单击"等距曲面"按钮 💊，设置等距距离为0，选择如图14-112所示的模型表面创建复制曲面，结果如图14-113所示，然后将所有复制曲面进行缝合，在模型树"曲面实体"节点下修改缝合曲面名称为"型芯曲面"，结果如图14-114。

图14-111 缝合曲面

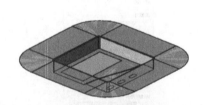

图14-112 选择复制曲面

图14-113 复制曲面结果

步骤7 创建型腔实体（型腔零件）。首先创建模具实体，然后使用"型腔曲面"切除实体得到型腔实体（型腔零件）。

① 创建模具实体。选择"拉伸-凸台"命令，选择"前视基准面"为草图平面创建如图14-115所示的拉伸草图，设置拉伸深度为55，如图14-116所示。

② 创建切除实体。选择下拉菜单"插入"→"切除"→"使用曲面"命令，系统弹出

如图 14-117 所示的"使用曲面切除"对话框，选择"型腔曲面"为切除工具，在"特征范围"区域选中"所选实体"选项，选择上一步创建的"模具实体"为切除对象，如图 14-117 所示，调整合适的切除方向，结果如图 14-118 所示。

步骤 8 创建型芯实体（型芯零件）。参考上一步操作，重新创建模具实体，然后选择"型芯曲面"为切除工具，选择"模具实体"为切除对象，如图 14-119 所示，调整合适的切除方向，结果如图 14-120 所示。

图 14-114 缝合曲面

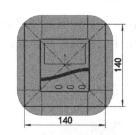

图 14-115 创建拉伸草图

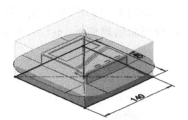

图 14-116 创建拉伸

图 14-117 创建曲面切除

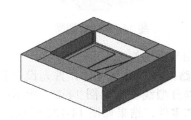

图 14-118 型腔实体

图 14-119 创建曲面切除

步骤 9 管理型腔型芯实体。完成型腔实体与型芯实体创建后，为了管理方便，在模型树中的"实体"节点下修改实体名称，如图 14-121 所示。

步骤 10 创建模具开模。完成型腔实体及型芯实体创建后隐藏所有的曲面实体，使用"移动/复制"命令将型腔实体移动 100，将型芯实体移动 80，如图 14-122 所示。

对比前面小节介绍的模具设计方法及本例介绍的常规设计方法，不难发现使用专门的模具工具进行模具设计更加方便高效（特别是分型面的设计及模具分模），但是掌握常规设计方法有助于我们理解模具设计思路，特别是模具分型面的设计。

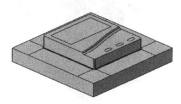

图 14-120 型芯实体

图 14-121 管理型腔型芯实体

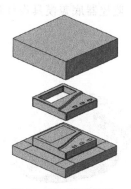

图 14-122 模具开模

14.6 模具设计案例

前面小节系统介绍了模具设计操作及知识内容，为了加深读者对模具设计的理解并更好的应用于实践，下面通过两个具体案例详细介绍模具设计方法与技巧。

14.6.1 血压计上盖模具设计

如图 14-123 所示的血压计上盖模型，首先需要创建如图 14-124 所示的分型面，然后根据分型面创建如图 14-125 所示的血压计上盖模具并开模。

图 14-123 血压计上盖模型

图 14-124 分型面

图 14-125 血压计上盖模具

① 打开模具零件 ch14 mold \ 14.6 \ top_cover。

② 血压计上盖模具设计思路：打开模具零件，首先设置收缩率（1.006），然后在零件外侧边线位置创建分型线，根据分型线创建如图 14-124 所示的模具分型面，最后创建切削分割并移动模具型腔及模具型芯零件，结果如图 14-125 所示。

血压计上盖模具设计过程可扫描二维码观看视频讲解，此处不再赘述。

14.6.2 监控器底盖模具设计

如图 14-126 所示的监控器底盖模型，首先需要创建如图 14-127 所示的分型面，然后根据分型面创建如图 14-128 所示的监控器底盖模具并开模。

① 打开模具零件 ch14 mold \ 14.6 \ base_cover。

② 监控器底盖模具设计思路：打开模具零件，首先设置收缩率（1.006），然后在零件外侧边线位置创建分型线，根据分型线创建如图 14-127 所示的模具分型面，最后创建切削分割及滑块，然后移动模具型腔及模具型芯零件，结果如图 14-128 所示。

监控器底盖模具设计过程可扫描二维码观看视频讲解，此处不再赘述。

图 14-126 监控器底盖模型

图 14-127 分型面

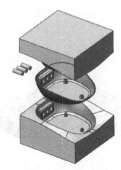

图 14-128 监控器底盖模具

第15章

有限元分析

微信扫码，立即获取
全书配套视频与资源

在实际产品结构设计中，经常需要计算和校核产品结构的强度、刚度及稳定性，为了解决这些问题，一般使用有限元分析方法进行数值模拟分析，在 SOLIDWORKS 中主要使用 Simulation 插件进行有限元分析。

15.1 SOLIDWORKS 有限元分析基础

学习和使用 SOLIDWORKS 有限元分析之前需要了解有限元分析的基本问题，熟悉有限元分析用户界面及有限元分析工具等。

15.1.1 有限元分析理论基础

在实际产品结构设计中，经常需要计算和校核产品结构的强度、刚度及稳定性，处理这些问题，一般有以下三种方法。

（1）解析方法

运用力学原理得到基本方程可以求得解析解（理论解），但是能用这种解析方法求解的只是少数方程，而且只限于性质比较简单、边界条件比较规则的问题，实际中绝大多数工程技术问题很少有解析解。

（2）实验方法

通过做实验的方法可以得到比较准确的解，但是实验成本比较大，往往需要购买相应的实验器材甚至需要建造专门的实验室。

（3）数值模拟方法

保留问题的复杂性，利用数值模拟的方法求得问题的近似解，随着电子计算机的飞跃发展和广泛使用，已逐步趋向于采用数值模拟方法来求解复杂的工程实际问题，而有限元法是这方面的一个比较新颖并且十分有效的数值方法。

有限元法（finite element method，FEM）是一种将连续体离散化为若干个有限大小单元体的集合，以求解连续体力学问题的数值模拟方法。有限元思想最早可以追溯到远古时代，在几个世纪前就得到了应用，如用多边形逼近圆来求圆的周长。

有限元分析（finite element analysis，FEA）就是使用有限元法，以计算机为工具，对实际物理问题进行模拟求解。需要注意的是 FEA 不是唯一的数值分析工具，在工程领域还有其他数值方法，如有限差分法、边界元法和有限体积法（流体）。FEA 占据了工程分析的软件市场，而其他方法被归入小规模应用。

有限元分析之前首先要了解有限元分析过程，有限元分析过程主要包括三大步骤：

步骤 1 预处理（建立有限元模型）。首先确定分析类型（如静力学分析、频率分析、热分析、动力学分析等）；然后创建数学模型，定义材料属性，定义边界条件（包括约束条件和载荷条件），最后进行有限元网格划分（连续问题离散化）。

步骤 2 计算求解（求解有限元模型）。使用专门的求解器对有限元模型进行求解。

步骤 3 后处理（分析计算结果）。对有限元分析结果进行分析与评估，如有必要需要重新设置参数重新求解计算，如果分析结果没有问题就可以出分析报告。

15.1.2 SOLIDWORKS 有限元分析应用

Simulation 是 SOLIDWORKS 公司推出的一套有限元分析软件，作为嵌入式分析软件与 SOLIDWORKS 无缝集成。工程师使用 Simulation 可以进行工程分析，并迅速得到分析结果，从而最大限度地缩短了产品设计周期，降低测试成本，提高产品质量，在实际产品设计中应用非常广泛。Simulation 主要包括以下两个方面的应用：

（1）分析与模拟

在 Simulation 中提供了广泛的分析与模拟工具用来计算与校核零件和装配体，能够进行应力分析、应变分析、热分析、线性和非线性分析等。

图 15-1 "插件"对话框

（2）优化设计

在实际产品设计中，设计方案往往不是唯一的，从多个可行方案中寻找最优方案的过程，被称为优化设计（optimal design）。通过 Simulation 优化分析，从众多设计方案中搜索最佳解决方案，以最低的成本获得最大的效益，提高设计效率。

15.1.3 SOLIDWORKS Simulation 插件

在 SOLIDWORKS 中进行有限元分析需要先激活专门的插件。选择下拉菜单"工具"→"插件"命令，系统弹出如图 15-1 所示的"插件"对话框，在该对话框中选中"SOLIDWORKS Simulation"插件，激活插件。

15.1.4 SOLIDWORKS Simulation 用户界面

激活"SOLIDWORKS Simulation"插件后，打开文件 ch15 simulation \ 15.1 \ bracket 熟悉有限元分析界面，如图 15-2 所示，在"Simulation"选项卡中提供了有限元分析工具。

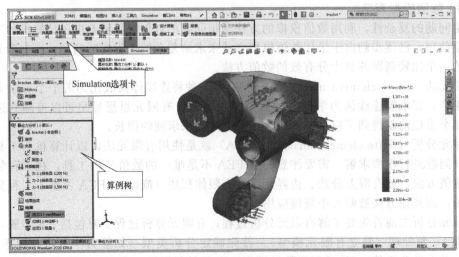

图 15-2 SOLIDWORKS Simulation 界面

（1）"Simulation"选项卡

在"选项卡"区域中单击"Simulation"选项卡，如图 15-3 所示。该选项卡主要用于有限元分析，包括新建算例、应用材料、夹具顾问、外部载荷顾问等。

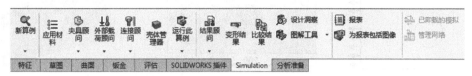

图 15-3 "Simulation"选项卡

（2）算例树（分析树）

在 SOLIDWORKS 中新建算例后，在界面左侧管理器区域中显示如图 15-4 所示的"算例树（分析树）"用于管理分析任务中的各项数据，包括分析对象、连接属性、夹具、外部载荷、网格及分析结果等，还可以在算例树中编辑各项数据。

（3）Simulation 选项设置

选择下拉菜单"Simulation"→"选项"命令，系统弹出如图 15-5 所示的"选项"对话框，在该对话框中单击"默认选项"选项卡，在该选项卡中设置分析选项，包括单位设置、载荷/夹具设置、网格设置、图解设置等。

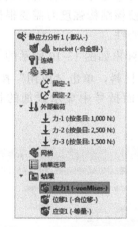

图 15-4 算例树（分析树）

图 15-5 设置 Simulation 选项

15.2 SOLIDWORKS 有限元分析过程

为了让读者尽快熟悉 SOLIDWORKS 有限元分析思路及基本操作，下面通过一个具体案例详细介绍有限元分析过程。如图 15-6 所示，是一块中间开有圆孔的钢板（长宽厚分别为 200mm×100mm×10mm，孔直径为 40mm），将钢板左端面完全固定，然后在右端面施加 1500N 的力，材料为 SOLIDWORKS 自带的合金钢，需要分析应力、应变和位移变形。

（1）模型准备

在 SOLIDWORKS 中进行有限元分析，首先需要根据问题创建分析模型，分析模型可以从外部文件导入，也可以直接在 SOLIDWORKS 软件中创建。本例模型比较简单，直接在软件中创建即可。选择"拉伸凸台"命令，选择"前视基准面"为草图平面创建如

图 15-7 所示的拉伸草图，然后定义拉伸深度为 10 得到分析模型，如图 15-8 所示。

图 15-6　分析问题

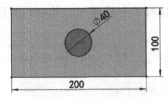

图 15-7　创建拉伸草图

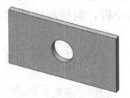

图 15-8　创建分析模型

（2）新建分析算例

有限元分析前需要先确定分析类型并新建分析任务（分析算例）。本例分析问题属于典型的静力学分析，需要使用 Simulation 中的"静应力分析"进行分析。

在"Simulation"选项卡中单击"新算例"按钮 🔍，系统弹出如图 15-9 所示的"算例"对话框，在对话框中的"常规模拟"区域单击"静应力分析"按钮，表示新建一个静力学分析任务，采用系统默认的名称，单击 ✓ 按钮，完成算例新建。

> 💡 **说明：** 静力学分析就是用来分析结构在受到静态载荷作用下的响应。所谓静态载荷就是惯性和阻尼可以忽略，在静态载荷作用下，结构处于静力平衡状态。

（3）定义材料属性

有限元分析中一定要根据分析要求添加材料属性，因为在进行应力计算时需要根据材料属性中的"弹性模量（杨氏模量）"及"泊松比"进行计算，在校核结构强度时需要根据材料属性中的"屈服强度"进行校核，由此可知定义材料属性的重要性。

在"Simulation"选项卡中单击"应用材料"按钮 ⦂☰，系统弹出如图 15-10 所示的"材料"对话框，在左侧材料类型中选择"钢"类型中的"合金钢"材料，单击"应用"按钮，将选择的材料添加到分析模型中，此时在算例树中分析模型后面括号中显示添加的材料名称。

图 15-9　新建算例

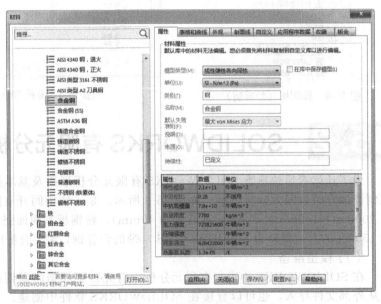

图 15-10　已经完成的结构

💡 **说明：**在"材料"对话框中选择材料后，在右侧"属性"选项卡中显示材料各项属性，注意查看材料屈服强度，合金钢的屈服强度为 620422000N/m² （大约 620MPa），如果要校核零件强度，需要将计算的最大应力值与该值对比，以此分析零件强度是否满足设计要求。

（4）添加夹具（约束条件）

静应力分析中需要根据分析要求在合适位置添加约束条件。在"Simulation"选项卡中单击"夹具顾问"菜单中的"固定几何体"按钮 ，系统弹出如图 15-11 所示的"夹具"对话框。根据分析要求，需要在零件左端面添加固定约束条件。在对话框中单击"固定几何体"按钮，表示添加固定约束，选择零件左端面为约束对象，如图 15-12 所示，单击 ✓ 按钮，完成夹具添加，此时在算例树中"夹具"节点下显示添加的固定约束，如图 15-13 所示。

💡 **说明：**在实际有限元分析中添加约束条件一定要根据实际工况正确添加。本例问题中明确给出了零件模型左端面固定约束条件，如果还原到实际工况，很有可能是零件模型左端面与其他结构之间是焊接固定、螺栓固定或其他方式固定等。

 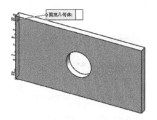 

图 15-11 "夹具"对话框 　图 15-12 选择固定面 　图 15-13 完成夹具定义

（5）添加载荷条件

静应力分析中需要根据分析要求在合适位置添加载荷条件。在"Simulation"选项卡中单击"外部载荷顾问"菜单中的"力"按钮 ，系统弹出如图 15-14 所示的"力/扭矩"对话框。根据分析要求，需要在零件右端面添加力条件，在对话框中单击"力"按钮，表示添加力载荷，选择零件右端面为载荷对象，如图 15-15 所示，在力文本框中输入载荷大小 1500N，选中"反向"选项调整力方向，在对话框中单击 ✓ 按钮，完成载荷添加，此时在算例树中"外部载荷"节点下显示添加的力载荷，如图 15-16 所示。

💡 **说明：**添加"力"载荷一定要注意力的三要素：力的大小、方向及作用位置。本例添加的力大小为 1500N，力方向垂直于选择的零件模型右端面向外，相当于零件模型受到拉力作用，力作用位置就是整个零件模型右端面且均匀分布。

（6）有限元网格划分

有限元分析中必须要对连续体进行离散化处理，也就是有限元网格划分。在算例树中选中"网格"节点，单击鼠标右键，在弹出的快捷菜单中选择"生成网格"命令，系统弹出如图 15-17 所示的"网格"对话框，使用该对话框进行网格划分。本例使用系统默认设置，直

接单击 ✅ 按钮，系统开始网格划分，在弹出的"网格进展"对话框中显示网格划分进度，如图 15-18 所示，最终网格划分结果如图 15-19 所示。

> 💡 **说明**：Simulation 对打开的分析模型系统都会根据模型结构特点及尺寸大小自动计算网格参数。如果在"网格"对话框中不做任何设置表示直接按照自动计算的网格参数进行划分，此时的网格结果一般比较粗糙，计算的结果误差比较大。

图 15-14 "力/扭矩"对话框

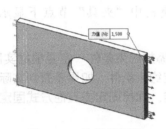

图 15-15 选择载荷面

图 15-16 完成力定义

图 15-17 "网格"对话框

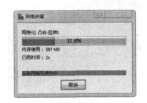

图 15-18 "网格进展"对话框

图 15-19 网格划分结果

（7）运行算例并查看结果

完成各项参数定义后，在"Simulation"选项卡中单击"运行此算例"按钮 🎯，系统弹出如图 15-20 所示的对话框显示求解状态，完成求解计算后算例树中显示分析结果，包括应力、位移及应变结果，如图 15-21 所示。

步骤 1 查看应力结果。默认情况下在图形区显示的是应力结果图解，如图 15-22 所示，应力结果图解中右侧彩虹条表示结果图例，最上面显示的是分析项目［默认为 von Mises（冯·米塞斯应力）］及单位（MPa），最下面显示的是材料屈服强度（大约 620MPa），从蓝色到红色表示应力值逐渐增大，蓝色表示应力值最小，红色表示应力值最大，这些颜色对应模型中的颜色分布，模型中红色部位表示应力最大，蓝色部位表示应力值最小，本例分析的最大应力值为 5.6MPa，远小于材料屈服强度（620MPa）。

步骤 2 查看位移结果。在算例树结果下面选中"位移"，单击鼠标右键，在弹出的快捷菜单中选择"显示"命令，此时在图形区显示位移结果图解，结果如图 15-23 所示，最大位移变形为 1.771e-03mm，最大变形部位为零件右端面（载荷面）。

步骤 3 查看应变结果。在算例树结果下面选中"应变"，单击鼠标右键，在弹出的快捷菜单中选择"显示"命令，此时在图形区显示应变结果图解，结果如图 15-24 所示，最大应变为 2.070e-05，最大应变部位为零件中间圆孔位置。

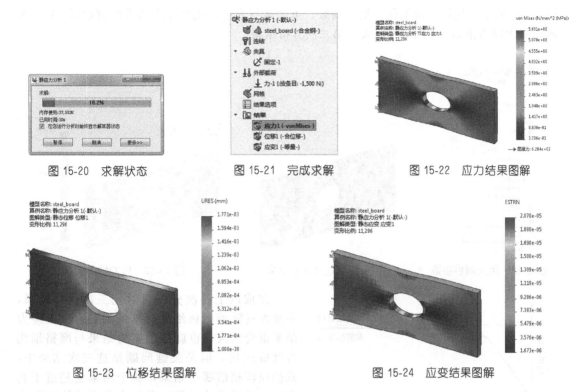

图 15-20　求解状态　　　图 15-21　完成求解　　　图 15-22　应力结果图解

图 15-23　位移结果图解　　　　　　　图 15-24　应变结果图解

（8）结果评估与分析

完成有限元分析后我们往往比较关心的问题就是结果的真实性，也就是说分析的结果是否可信，为了解决这个问题，下面重新对分析模型进行网格划分并求解，通过对比分析计算结果，找出计算结果与网格划分之间的关系。

步骤 1　第一次细化网格并求解。在算例树中选中"网格"节点，单击鼠标右键，在弹出的快捷菜单中选择"生成网格"命令，系统弹出"网格"对话框，在对话框的"网格密度"区域将滑块滑动到最右端，如图 15-25 所示，表示将网格密度设置为良好，单击 ✓ 按钮，此时网格划分结果如图 15-26 所示（比默认网格划分要细致），重新运行求解，此时应力结果图解如图 15-27 所示，最大应力值为 5.637MPa，大于第一次分析结果。

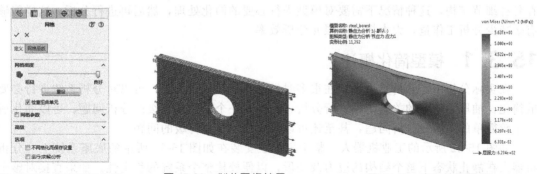

图 15-25　定义网格参数　　　图 15-26　划分网格结果　　　图 15-27　应力结果图解

步骤 2　第二次细化网格并求解。在算例树中选中"网格"节点，单击鼠标右键，在弹出的快捷菜单中选择"生成网格"命令，系统弹出"网格"对话框，在对话框中选中"网格参数"选项，然后设置网格大小为 1，如图 15-28 所示，单击 ✔ 按钮，此时网格划分结果如图 15-29 所示，比第一次细化网格要细致，重新运行求解，此时应力结果图解如图 15-30 所示，最大应力值为 5.672MPa，大于第二次分析结果。

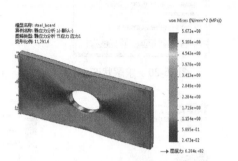

图 15-28　定义网格参数　　　图 15-29　划分网格结果　　　　图 15-30　应力结果图解

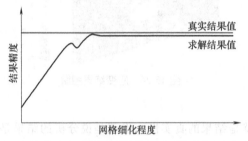

图 15-31　结果精度与网格细化程度曲线

完成以上各次分析后对比三次分析结果，不难发现随着网格细化程度的增加，最大应力结果也会增大，也就是说应力结果与网格细化程度成正比，但是关键问题是这三次结果中，我们应该相信哪个结果，哪个结果更趋近于真实值。通过理论计算，我们会发现，第三次分析的最大应力更接近于真实值，也就是说网格越细致，计算的结果越精确，但是因为有限元分析本质上是一种数值模拟分析，计算的结果只能是近似解，不可能得到真实解。所以细化网格只能使结果无限接近真实解，但是无法得到真实解，在有限元分析中，结果精度与网格细化程度曲线如图 15-31 所示。

15.3　分析模型简化

在进行有限元分析之前需要对模型进行必要的分析。如果分析模型过于复杂或模型中存在各种细节结构，这种情况下需要对模型进行必要的简化处理，然后再进行分析，这样能够有效减少分析工作量，大大提高有限元分析效率。

15.3.1　模型简化概述

在实际分析中，分析整个系统在很多时候既不实际也没必要，可以对分析系统进行必要的简化，抽取系统中的关键结构进行分析，这样，一个复杂系统级的分析问题，可以简化成一个较简单的系统级分析问题，甚至还可以简化成一个零件级的问题。

如图 15-32 所示的工业机器人，整个机械手安装在如图 15-33 所示的底座系统上，分析机器人在静止状态下整个结构的应力及变形，以便校核整个系统的稳定性。如果直接对整个机器人进行分析，因为涉及的结构比较多，实际分析时工作量将非常大，而且结构中包括很多次要结构，这些次要结构对整体稳定性影响非常小，所以对这些次要结构的分析是完全没有必要的，这种情况下需要对整个结构进行简化处理。

因为整个机械手是通过法兰安装到底座系统中，所以对于整个结构稳定性分析的关键在于底座系统的稳定性，而整个底座系统中的主体零件是底座系统中的蜗轮蜗杆箱体，如图 15-34 所示，这是底座系统的关键零件，所以对于整个底座系统稳定性分析的关键是蜗轮蜗杆箱体的分析，这样可以直接对蜗轮蜗杆箱体进行分析，其他结构均简化掉，这样一个系统级的分析问题（对整个机器人结构的分析）便简化成零件级的分析问题（对蜗轮蜗杆箱体的分析），从而大大简化了分析工作量。

完成简化处理后，根据简化对象与蜗轮蜗杆箱体之间的连接关系添加合适的约束条件及载荷条件，如图 15-35 所示，然后经过运行求解得到如图 15-36 所示的应力分析结果图解，这里的分析结果基本上可以反映出整个系统存在的问题。

图 15-32　工业机器人

图 15-33　底座系统

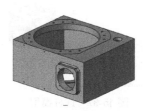

图 15-34　蜗轮蜗杆箱体

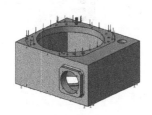

图 15-35　添加约束及载荷条件

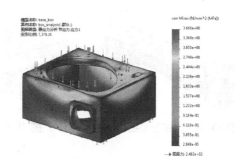

图 15-36　蜗轮蜗杆箱体应力分析结果图解

15. 3. 2　模型细节简化

在有限元分析之前如果发现模型中存在各种细节结构，如尺寸较小的倒圆角、倒斜角及各种沟槽及切口结构，需要首先简化这些细节结构，否则会影响有限元网格划分。在 SOLIDWORKS 中对模型进行简化处理包括以下两种情况：

如果分析模型是在 SOLIDWORKS 中创建的，可以直接在模型树中压缩细节特征即可，如图 15-37 所示的连杆模型，该模型是在 SOLIDWORKS 中创建的，模型树如图 15-38 所示，模型中包括尺寸较小的倒圆角及倒斜角，如图 15-39 所示，欲简化这些细节结构，在模型树中选中这些细节特征，在弹出的快捷菜单中选择"压缩"命令，系统将这些细节特征压缩掉，简化结果如图 15-40 所示。读者学习本部分内容打开练习文件 ch15 simulation \ 15.3 \ 02 \ connector_part 进行练习。

如果分析模型是从外部导入到 SOLIDWORKS 的，可以直接使用"删除面"命令删除模型中的细节特征。如图 15-41 所示的支架模型，该模型是从外部文件导入到 SOLID-WORKS 的，模型树如图 15-42 所示，看不到具体特征。模型中包括尺寸较小的各种细节结构，如图 15-43 所示，欲简化这些细节结构，选择"删除面"命令，如图 15-44 所示，选择这些细节结构表面删除掉，简化结果如图 15-40 所示。读者学习本部分内容打开练习文件

ch15 simulation \ 15.3 \ 02 \ support_part 进行练习。

对于导入的模型，使用"删除面"命令删除细节结构时往往需要选择很多模型表面，为了提高简化效率，可以选中"导入"特征，单击鼠标右键，选择"FeatureWorks"→"识别特征"命令识别导入模型，如果识别成功，再使用压缩特征方法简化模型细节，如图 15-45 所示。

图 15-37　连杆模型

图 15-38　模型树

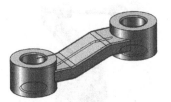

图 15-39　模型中的细节

图 15-40　压缩细节结构

图 15-41　支架模型

图 15-42　模型树

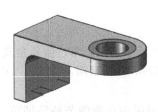

图 15-43　模型中的细节

图 15-44　删除面

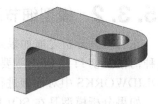

图 15-45　删除细节结构

15.3.3　对称结构处理

实际分析中经常需要分析对称结构，对于对称结构的分析，为了提高分析效率，需要对模型进行对称处理。对称处理包括镜像对称与圆周对称两种类型。

（1）镜像对称处理

镜像对称是指模型结构关于某一个平面对称，如图 15-46 所示的横梁模型，模型两端关于中间基准面完全对称，这种结构就属于典型的镜像对称结构，对于这种结构可以取一半进行分析，然后在对称位置添加对称约束条件即可。

步骤 1　打开练习文件 ch15 simulation \ 15.3 \ 03 \ beam。

步骤 2 对称处理。选择下拉菜单"插入"→"切除"→"使用曲面"命令，选择"右视基准面"切除模型一半，如图 5-47 所示。

步骤 3 添加对称约束。在"Simulation"选项卡中单击"夹具顾问"菜单中的"固定几何体"按钮 ⚒，系统弹出"夹具"对话框，在对话框中展开"高级"区域，单击"对称"按钮，如图 15-48 所示，选择模型对称端面为对称对象，此时在模型上显示对称效果预览，如图 15-49 所示，单击 ✔ 按钮，添加对称约束结果如图 15-50 所示。

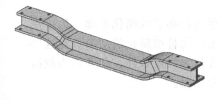

图 15-46　横梁模型

图 15-48　"夹具"对话框

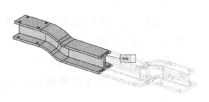

图 15-49　对称效果预览

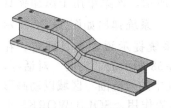

图 15-47　对称处理

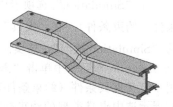

图 15-50　添加对称约束

（2）圆周对称处理

圆周对称是指模型结构关于某一个平面对称。如图 15-51 所示的飞轮模型，模型关于飞轮中心轴完全对称，这种结构就属于典型的圆周对称结构。对于这种结构可以取圆周方向的 N 分之一进行分析，本例可以取四分之一进行分析，然后在对称位置添加圆周对称约束条件即可。

步骤 1 打开练习文件 ch15 simulation \ 15.3 \ 03 \ wheel。

步骤 2 对称处理。选择"拉伸切除"命令对模型进行切除，保留模型四分之一作为分析对象，如图 5-52 所示。

图 15-51　飞轮模型

图 15-53　"夹具"对话框

图 15-54　圆周对称效果预览

图 15-52　对称处理

图 15-55　添加对称约束

　　步骤3　添加对称约束。在"Simulation"选项卡中单击"夹具顾问"菜单中的"固定几何体"按钮 ⟨⟩，系统弹出"夹具"对话框，在对话框中展开"高级"区域，单击"周期性对称"按钮，如图15-53所示，选择模型对称端面为对称对象，此时在模型上显示对称效果预览，如图15-54所示，单击 ✓ 按钮，添加对称约束结果如图15-55所示。

15.4　边界条件定义

　　实际上，有限元分析中经常需要根据分析工况对分析模型进行必要的简化处理。为了使简化后的模型完全等效于简化前的模型，需要使用一些分析条件代替被简化的对象。在这些替代条件中，有的起约束作用，有的用来模拟外部载荷，前者称为约束条件，后者称为载荷条件，两者统称为边界条件，边界条件主要用来模拟实际分析工况。

15.4.1　约束条件

　　在"Simulation"选项卡中展开"夹具"菜单，如图15-56所示。该菜单用于添加夹具条件（约束条件）。在"夹具"菜单中单击"夹具顾问"按钮 ，系统弹出如图15-57所示的"Simulation顾问"，这实际上是一个向导工具，用户按照系统提示添加夹具即可。在"Simulation顾问"中单击"添加夹具"字符，系统弹出如图15-58所示的"夹具"对话框，用于定义夹具条件（约束条件）。需要注意的是，"夹具"对话框中的"范围"区域以动画形式展示选中夹具类型的约束效果，便于用户直观理解每种夹具的作用。SOLIDWORKS夹具条件包括标准夹具与高级夹具两种。

> 💡 **说明：** 在添加夹具时还可以直接在如图15-56所示的"夹具"菜单中选择夹具命令添加夹具条件，不一定非要通过"夹具顾问"来添加夹具。

图15-56　夹具菜单

图15-57　Simulation顾问

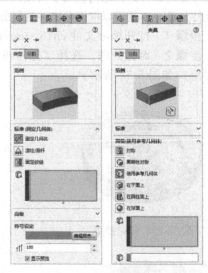

图15-58　"夹具"对话框

　　（1）标准夹具

　　在"夹具"对话框中展开"标准"区域，包括"固定几何体""滚柱/滑杆"及"固定铰链"三种夹具类型，添加这些夹具需要选择模型上的点、线、面来添加。

　　① 固定约束　在"夹具"对话框中的"标准"区域单击"固定几何体"按钮用于添加

"固定几何体"约束，也称固定约束，就是将选中对象完全固定。如图 15-59 所示的支架零件，零件左侧端面与被简化结构焊接连接（属于固定连接），现在对支架零件进行分析，需要在支架零件左侧端面上添加固定约束，添加固定约束结果如图 15-60 所示。

打开练习文件 ch15 simulation \ 15.4 \ 01 \ fix 进行练习。

② 滑动约束　在"夹具"对话框中的"标准"区域单击"滚柱/滑杆"按钮用于添加"滚柱/滑杆"约束，也称滑动约束，就是约束选中对象只能在平面上滑动。如图 15-61 所示的支架零件，零件左侧端面与被简化结构通过长圆形孔进行螺栓连接，这种情况下零件左端面可以在平面上滑动，现在对支架零件进行分析，需要在支架零件左侧端面上添加滑动约束，添加滑动约束结果如图 15-62 所示。

打开练习文件 ch15 simulation \ 15.4 \ 01 \ slide 进行练习。

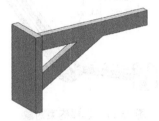

图 15-59　支架零件　　　　图 15-60　添加固定几何体　　　　图 15-61　支架零件

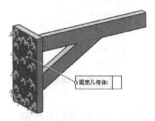

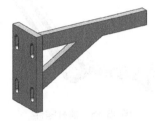

③ 固定铰链约束　在"夹具"对话框中的"标准"区域单击"固定铰链"按钮用于添加"固定铰链"约束，就是约束选中对象只能绕圆柱面轴线转动。如图 15-63 所示的连杆零件，零件中间孔与被简化结构通过销轴连接，现在对连杆零件进行分析，需要在连杆零件中间孔圆柱面上添加固定铰链约束，添加固定铰链约束结果如图 15-64 所示。

打开练习文件 ch15 simulation \ 15.4 \ 01 \ hinge 进行练习。

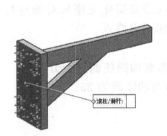

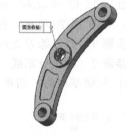

图 15-62　添加滚柱/滑杆　　　　图 15-63　连杆零件　　　　图 15-64　添加固定铰链

（2）高级夹具

在"夹具"对话框中展开"高级"区域，包括"对称""周期性对称""使用参考几何体""在平面上""在圆柱面上"及"在球面上"六种夹具类型，其中"对称"及"周期性对称"这两种夹具条件在上一节已经做了介绍，此处不再赘述。

下面主要介绍"高级夹具"中的"圆柱约束"定义，这也是"高级夹具"中比较重要的一种约束。如图 15-65 所示的摇杆零件，摇杆零件中间圆孔与轴装配且能够绕轴转动及沿轴向方向滑动，现在对摇杆零件进行分析，需要在支架零件中间圆孔上添加圆柱约束。

在"夹具"对话框中的"高级"区域单击"在圆柱面上"按钮，如图 15-66 所示，选择如图 15-67 所示的中间圆孔圆柱面为圆柱约束对象，在对话框中展开"平移"区域，在该区域定义圆柱约束参数，单击 按钮，在其后的文本框中输入 0.1，表示圆柱面在切向方向上允许有 0.1rad 的运动，单击 按钮，在其后的文本框中输入 2，表示圆柱面在轴向方向上允许有 2mm 的运动，结果如图 15-68 所示。

打开练习文件 ch15 simulation \ 15.4 \ 01 \ bracket 进行练习。

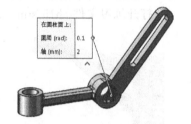

图 15-65　摇杆零件　　　　　图 15-66　定义圆柱约束　　　　　图 15-67　选择约束对象

（3）分割夹具（局部约束）

在添加夹具时，有时只需要添加在某一个局部区域上，也就是局部约束条件，这种情况下需要对模型表面进行分割，然后在分割面上添加合适的夹具。在"夹具"对话框中单击"分割"选项卡，用于对模型表面进行分割处理（类似于"分割线"命令）。需要注意的是，虽然在"夹具"对话框中可以使用"分割"选项卡定义分割，但是因为这种分割存在很多限制，所以最好还是使用"分割线"命令创建分割面。

如图 15-69 所示的支座轴装配，轴与支座之间为紧配合，现在需要简化支座只对轴进行分析，如图 15-70 所示，现在需要在轴两端与支座接触的部位添加固定约束。

步骤 1　打开练习文件 ch15 simulation \ 15.4 \ 01 \ pin。

步骤 2　创建分割线。根据轴与支座装配位置创建合适基准面对轴圆柱面进行分割。

① 创建基准面。创建如图 15-71 所示的基准面，基准面与轴两端距离为 25。

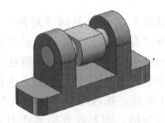

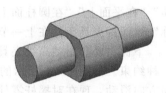

图 15-68　定义平移参数　　　　　图 15-69　支座轴装配　　　　　图 15-70　轴

② 创建分割线。选择"分割线"命令，定义分割类型为"交叉点"，如图 15-72 所示，然后选择上一步创建的基准面为分割工具，选择轴圆柱面为分割线，如图 15-73 所示，创建分割线结果如图 15-74 所示。

步骤 3 添加固定约束。在"Simulation"选项卡中选择"固定几何体"命令，系统弹出如图 15-75 所示的"夹具"对话框，选择如图 15-76 所示的分割面为固定面对象，单击 ☑️ 按钮，在分割面上添加固定约束。

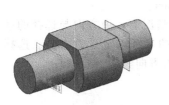

图 15-71 创建基准面

图 15-72 定义分割线

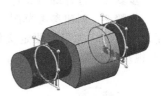

图 15-73 创建分割线

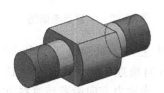

图 15-74 分割线结果

图 15-75 定义固定约束

图 15-76 添加固定约束结果

15.4.2 载荷条件

在"Simulation"选项卡中展开"外部载荷"菜单，如图 15-77 所示。该菜单用于添加外部载荷条件。在"外部载荷"菜单中单击"外部载荷顾问"按钮 🔩，系统弹出如图 15-78 所示的"Simulation 顾问"，这实际上是一个向导工具，用户按照系统提示添加外部载荷即可。在"Simulation 顾问"中单击"添加载荷"字符，系统弹出如图 15-79 所示的"力/扭矩"对话框，用于定义力/扭矩条件。

图 15-77 外部载荷菜单

图 15-78 Simulation 顾问

图 15-79 "力/扭矩"对话框

使用"外部载荷"菜单可以添加"力""力矩""压力""引力""离心力""轴承载荷""远程载荷/质量""分布质量"及"规定的位移"等。

（1）力/扭矩

如图15-80所示的支座零件，需要在支座零件沉头孔平面上添加一个与水平方向呈40°夹角、大小为1000N的力，下面以此为例介绍力载荷添加。

步骤1 打开练习文件 ch15 simulation \ 15.4 \ 02 \ base_part。

步骤2 创建参考草图。在添加力载荷时（图15-81），默认情况下，力方向与选择的平面是垂直的，如果需要定义特殊方向的力载荷，需要创建合适的参考以定义力方向。选择"右视基准面"为草图平面，创建如图15-82所示直线作为定义力方向参考。

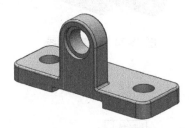
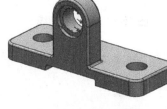

图 15-80 支座零件　　　　图 15-81 添加力载荷　　　　图 15-82 创建参考草图

步骤3 添加力载荷。在"外部载荷"菜单中单击"力"按钮 ↓ ，系统弹出如图15-83所示的"力/扭矩"对话框，选择沉头孔平面为力对象，此时力方向垂直于该面，在"对话框"中选中"选定的方向"选项，选择绘制的直线为力方向参考，表示力方向沿着该直线方向，如图15-84所示，定义力大小为1000N，单击 ✓ 按钮完成力定义。

（2）压力

如图15-85所示的盖板模型，需要在盖板内侧圆柱面上添加一个垂直于圆柱面的压力，压力大小为10MPa，下面以此为例介绍压力载荷添加。

图 15-83 定义力载荷　　　　图 15-84 定义力参考　　　　图 15-85 盖板模型

步骤1 打开练习文件 ch15 simulation \ 15.4 \ 02 \ cover。

步骤2 添加压力载荷。在"外部载荷"菜单中单击"压力"按钮 ⊥⊥ ，系统弹出如图15-86所示的"压力"对话框，选择盖板内侧圆柱面为压力对象，压力方向垂直于圆弧面表面，压力大小为10MPa，如图15-87所示，单击 ✓ 按钮完成压力定义。

（3）引力（重力）

在实际有限元分析中一般不需要考虑重力，但是有些情况必须要考虑重力，如图15-88所示的钢结构模型，钢结构长度为10m，四角底端固定，这种情况下对钢结构的分析就必须要考虑重力，因为在不受其他外部载荷的情况下，钢结构自重也会引起一定的变形，下面以此为例介绍引力载荷添加。

图 15-86　定义压力

图 15-87　完成压力定义

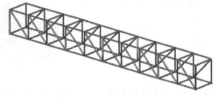

图 15-88　钢结构模型

步骤 1　打开练习文件 ch15 simulation \ 15.4 \ 02 \ frame。

步骤 2　添加引力载荷。在"外部载荷"菜单中单击"引力"按钮 ，系统弹出如图15-89所示的"引力"对话框，选择"上视基准面"为引力方向参考，调整方向竖直向下，如图15-90所示，采用默认的引力大小，单击 按钮完成引力定义。

（4）离心力

使用离心力载荷模拟零件在给定转速条件下产生的离心力效果，如图15-91所示的飞轮模型，飞轮转速为1000r/min，下面以此为例介绍离心力载荷添加。

步骤 1　打开练习文件 ch15 simulation \ 15.4 \ 02 \ wheel。

步骤 2　添加离心力载荷。在"外部载荷"菜单中单击"离心力"按钮 ，系统弹出如图15-92所示的"离心力"对话框，选择飞轮中心孔面为参考，表示绕该圆柱面轴线旋转，在对话框中设置单位制为 Metric，转速为1000r/min，如图15-93所示。

图 15-89　定义引力

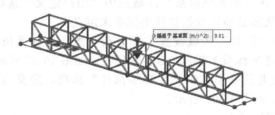

图 15-90　完成引力定义

图 15-91　飞轮模型

（5）远程载荷/质量

使用远程载荷模拟非直接接触的外部载荷条件。如图15-94所示的横梁模型，在如图15-94所示的位置受到外部载荷，外部载荷在水平方向与竖直方向分量分别为500N，外部载荷通过被简化的其他结构最终传递到横梁末端的圆柱凸台端面上，实际作用位置与圆柱凸台端面的距离为100，下面以此为例介绍远程载荷添加过程。

步骤 1　打开练习文件 ch15 simulation \ 15.4 \ 02 \ beam。

步骤 2　创建参考坐标系。定义远程载荷时需要选择参考坐标系，使用参考坐标系定义远程载荷实际载荷位置。本例需要在横梁末端圆柱端面中心位置创建参考坐标系。首先在圆柱凸台端面创建中心点，然后通过圆心点创建坐标系，如图 15-95 所示。

步骤 3 添加远程载荷。在"外部载荷"菜单中单击"远程载荷/质量"按钮 🖭，系统弹出如图 15-96 所示的"远程载荷/质量"对话框，在该对话框中定义远程载荷。

① 选择载荷对象。选择横梁模型末端圆柱面端面作为载荷面，表示远程载荷最终通过被简化的其他结构传递到该面上，并不是实际载荷作用位置。

图 15-92　定义离心力

图 15-93　定义离心力

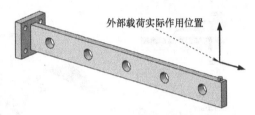

图 15-94　横梁模型

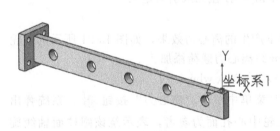

图 15-95　创建坐标系

图 15-96　"远程载荷/质量"对话框

② 定义参考坐标系。在"参考坐标系"区域选中"用户定义"选项，选择步骤 2 创建的坐标系为参考坐标系，表示载荷位置根据该坐标系来定义。

③ 定义载荷位置。在"位置"区域设置实际载荷位置，坐标系位置为（0，100，0），表示实际载荷位置是在参考坐标系 Y 轴 100mm 的位置，如图 15-97 所示。

④ 定义载荷参数。在对话框中选中"平移零部件"选项，定义 X 方向载荷为 500N，定义 Y 方向载荷为 500N，如图 15-97 所示。

（6）分割载荷（局部载荷）

在添加载荷时，有时只需要添加在某一个局部区域上，也就是局部载荷条件，这种情况下需要对模型表面进行分割，然后在分割面上添加合适的载荷。在某些载荷对话框中单击"分割"选项卡，用于对模型表面进行分割处理（类似于"分割线"命令）。需要注意的是，虽然在载荷对话框中可以使用"分割"选项卡定义分割，但是因为这种分割存在很多限制，所以最好还是使用"分割线"命令创建分割面。

如图 15-98 所示的支架零件，现在需要在如图 15-99 所示的圆形区域面上添加垂直于该面的力载荷，载荷大小为 1000N，下面以此为例介绍分割载荷操作。

步骤 1 打开练习文件 ch15 simulation \ 15.4 \ 02 \ plate。

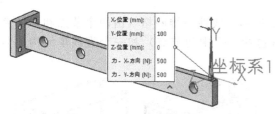

图 15-97　定义远程载荷结果

图 15-98　支架零件

步骤 2　创建分割线。根据局部载荷要求需要对模型斜面进行分割。

① 创建分割草图。选择草图命令，选择模型斜面创建如图 15-100 所示的草图。

② 创建如图 15-101 所示的分割线。选择"分割线"命令，设置分割类型为"投影"，选择上一步创建的草图为分割草图，选择模型斜面为分割面，如图 15-102 所示。

步骤 3　添加力载荷。在"外部载荷"菜单中单击"力"按钮 ↓，系统弹出如图 15-103 所示的"力/扭矩"对话框，选择分割面为载荷对象，载荷大小为 1000N，单击 ✓ 按钮完成载荷定义，添加载荷结果如图 15-104 所示。

图 15-99　定义局部载荷

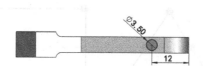

图 15-100　创建分割草图

图 15-101　创建分割线

图 15-102　定义分割线

图 15-103　定义力载荷

图 15-104　定义局部载荷结果

15.5　有限元网格划分

有限元分析中最关键的一个步骤就是有限元网格划分，也就是将连续问题进行离散化处理，有限元网格划分直接关系到最终结果精度。

15.5.1　网格单元类型

学习有限元网格划分之前需要先了解网格单元类型。有限元分析中主要包括一维网格、二维网格和三维网格 3 种类型，不同类型的网络单元用于不同结构的分析，下面具体介绍每种网格单元类型的结构特点及应用。

（1）一维网格

一维网格单元包括两种类型，如图 15-105 所示，线性一维网格（由两个节点和一个直线单元构成）和二阶一维网格［由三个节点（包括一个中间节点）和一个直线单元构成］，主要用于梁结构分析中，如图 15-106 所示。

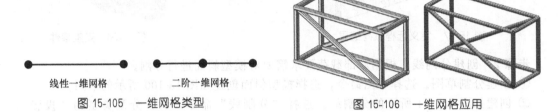

线性一维网格　　　　二阶一维网格

图 15-105　一维网格类型

图 15-106　一维网格应用

（2）二维网格

二维网格包括三角形单元（3 节点或 6 节点组成）和四边形单元（4 节点或 8 节点组成），如图 5-107 所示。其中线性单元为平面单元，网格划分效果如图 15-108 所示，二阶单元为曲面单元，网格划分效果如图 15-109 所示（网格与曲面表面拟合精度更高）。二维网格主要用于薄壁零件（如钣金件、塑料壳体）结构分析，如图 5-110 所示，在 SOLIDWORKS 中，薄壁零件只能划分三角形单元。

线性三角形单元(3节点)　二阶三角形单元(6节点)　线性四边形单元(4节点)　二阶四边形单元(8节点)

图 15-107　二维网格类型

图 15-108　线性单元网格效果　　图 15-109　二阶单元网格效果　　图 15-110　二维网格应用

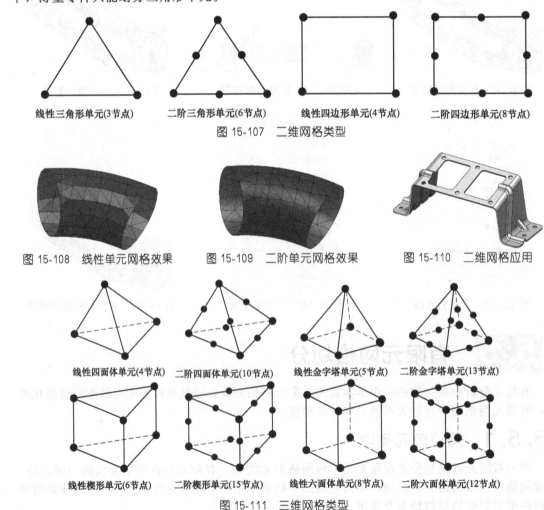

线性四面体单元(4节点)　二阶四面体单元(10节点)　线性金字塔单元(5节点)　二阶金字塔单元(13节点)

线性楔形单元(6节点)　二阶楔形单元(15节点)　线性六面体单元(8节点)　二阶六面体单元(12节点)

图 15-111　三维网格类型

（3）三维网格

三维网格包括四面体单元（4 节点或 10 节点组成）、金字塔单元（5 节点或 13 节点）、楔形（棱柱）单元（6 节点或 15 节点）和六面体单元（8 节点或 20 节点组成），如图 15-111 所示。其中线性单元为平面单元，网格划分效果如图 15-112 所示，二阶单元为曲面单元，网格划分效果如图 15-113 所示（网格与实体表面拟合精度更高）。三维网格主要用于实体结构分析，如图 15-114 所示，在 SOLIDWORKS 中，实体零件只能划分四面体单元。

 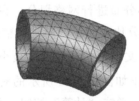 

图 15-112　线性单元网格效果　　　图 15-113　二阶单元网格效果　　　图 15-114　三维网格应用

15.5.2　网格划分操作

SOLIDWORKS 中提供了专门的网格划分工具，使用网格划分工具可以对不同结构进行网格划分，下面以如图 15-115 所示的支座零件为例介绍网格划分操作。

步骤 1　打开练习文件 ch15 simulation \ 15.5 \ 02 \ mesh。

步骤 2　默认网格划分。在算例树中选中"网格"节点，单击鼠标右键，在弹出的快捷菜单中选择"生成网格"命令，系统弹出如图 15-116 所示的"网格"对话框，不用做任何设置，直接单击对话框中的 ✓ 按钮，系统按照默认参数进行网格划分，如图 15-117 所示。

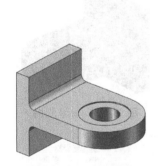  

图 15-115　支座零件　　　图 15-116　"网格"对话框　　　图 15-117　网格划分结果

步骤 3　细化网格密度。一般情况下系统默认的网格划分都比较粗糙，这样会影响计算结果精度，所以需要对默认网格进行细化。在"网格"对话框的"网格密度"区域设置网格细化程度，调整滑块到"良好"，表示将网格密度设置为良好状态，网格划分结果如图 15-118 所示，此时的网格比默认网格要细致一些。

步骤 4　设置网格参数。在"网格"对话框中选中"网格参数"区域，在该区域中可以设置网格划分方式及网格参数。

① 标准网格。在"网格参数"区域选中"标准网格"选项，表示按照相同的网格单元大小进行网格划分（网格比较均匀），在 ⬡ 文本框中设置网格单元大小，在 ⬡ 文本框中设置网格公差，如图 15-119 所示，此时网格划分结果如图 15-120 所示。

② 基于曲率的网格。在"网格参数"区域选中"基于曲率的网格"选项，系统按照曲率大小分布进行网格划分，在曲率较大的地方将网格划分比较细致，在曲率较小的地方将网

格划分比较粗糙。在 文本框中设置网格最大单元大小，在 文本框中设置网格最小单元大小，在 文本框中设置圆中最小单元数，在 文本框中设置网格增长率，表示网格从最小单元过渡到最大单元的增长率，如图 15-121 所示，此时网格划分结果如图 15-122 所示。零件中倒圆角位置及圆孔位置（这些位置曲率较大）的网格比较细，其他平面位置（曲率比较小）网格比较粗。

　　③ 基于混合曲率的网格。在"网格参数"区域选中"基于混合曲率的网格"选项，如图 15-123 所示，系统按照曲率大小分布进行网格划分，在曲率较大的地方将网格划分比较细致，在曲率较小的地方将网格划分比较粗糙，同时对整体网格进行优化处理。在 文本框中设置网格最大单元大小，在 文本框中设置网格最小单元大小，单击该文本框右侧的"计算单元大小"按钮 ，系统弹出如图 15-124 所示的对话框，在该对话框中选中"包括来自几何体的最小曲率半径"选项，单击"计算"按钮，系统自动计算最小单元大小值，单击"应用"按钮，表示将计算的最小单元大小值用于网格划分，在 文本框中设置圆中最小单元数，在 文本框中设置网格增长率，此时网格划分结果如图 15-125 所示，零件中倒圆角位置的网格比较细，其他平面位置网格比较粗，这种网格划分效果比基于曲率网格划分效果更整齐。

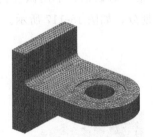

图 15-118　细化网格结果

图 15-119　设置网格参数

图 15-120　标准网格

图 15-121　基于曲率的网格

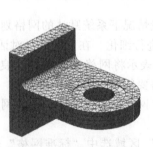

图 15-122　网格划分结果

图 15-123　基于混合曲率的网格

　　步骤 5　设置网格品质。在"网格"对话框中单击"网格品质"选项卡，如图 15-126 所示，用于设置网格品质。网格品质包括高品质与草稿品质两种类型：高品质就是使用带中间节点的单元进行网格划分；草稿品质就是使用不带中间节点的单元进行划分。在 SOLID-

WORKS中，默认情况下使用高品质进行网格划分，在"高"区域选中网格对象，单击　⌄　按钮将网格设置为草稿品质，结果如图 15-127 所示，网格中的三角面均为平面三角面。

图 15-124　计算最小单元大小

图 15-125　网格划分结果

图 15-126　设置网格品质

图 15-127　草稿品质网格

15.5.3　局部网格控制

在有限元分析中为了提高求解精度，需要对网格进行细化，但是如果一味对整个模型进行全部细化，会得到数量庞大的网格，严重影响网格划分速度及求解效率，而且对于模型中比较简单的结构，进行过于细致的网格划分是完全没有必要的，所以在实际有限元分析中，一般使用局部网格划分方法进行处理，就是对细节位置、重要位置进行局部细化，对结构较简单的位置不做细化，如图 15-128 所示，这样提高了网格划分速度，同时不会影响计算求解精度，下面继续使用上一节模型介绍。

在算例树中选中"网格"节点，单击鼠标右键，在弹出的快捷菜单中选择"应用网格控制"命令，系统弹出如图 15-129 所示的"网格控制"对话框，选择如图 15-130 所示的沉头

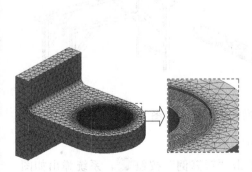

图 15-128　局部网格控制

图 15-129　网格控制

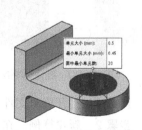

图 15-130　选择控制位置

孔表面为局部控制对象，表示需要对这些位置进行局部控制，然后在"网格参数"区域设置局部网格细化参数，如图 15-129 所示，单击 ✓ 按钮，完成局部网格控制。

15.6 典型结构分析

实际分析中经常需要对钢结构（如桥梁钢结构、塔吊钢结构及建筑钢结构）及薄壁结构（如钣金结构、薄板结构及均匀壁厚的壳体结构）进行结构分析，这属于典型结构的分析，下面具体介绍这两种典型结构分析方法。

15.6.1 梁结构分析

对于实际钢梁结构，同样可以使用前面介绍的常规方法进行分析，但是分析效率比较低，严重影响分析效率，所以对于钢梁结构的分析，SOLIDWORKS 中提供了专门的分析方法，下面具体介绍梁结构分析方法及分析过程。

如图 15-131 所示的工字钢梁，使用常规方法进行分析时，如果使用默认参数进行网格划分，结果如图 15-132 所示，此时网格比较粗糙，影响计算求解精度。

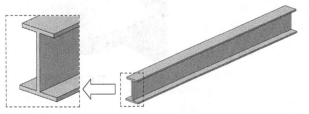

图 15-131　工字钢梁

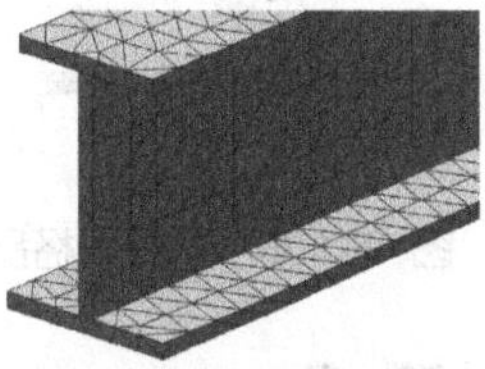

图 15-132　默认网格划分

为了保证梁结构分析精度，需要细化网格，而且要保证最薄位置至少有两层网格，细化网格结果如图 15-133 所示，此时的网格非常细致，所以划分网格所需的时间也比较长，而且求解的时间也会更长，这样会影响整个分析效率。如果钢梁结构很复杂，那么这个网格划分时间及求解计算时间也会更长，实际分析效率会更低。

实际分析中为了提高钢梁结构分析效率，同时不影响求解计算精度，像这种钢梁结构一般是简化成专门的梁单元，如图 15-134 所示，这样划分网格的时间会大大缩减。

如图 15-135 所示的钢结构模型，其中主体结构使用焊件建模，四根角撑杆使用实体特征建模，所有结构材料均为 AISI304，钢梁四脚底部完全固定，上部表面受到竖直向下的 2500N 载荷，下面以此为例介绍梁结构分析操作。

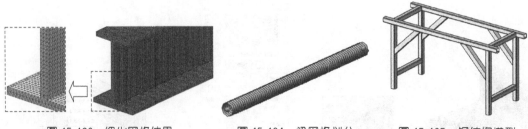

图 15-133　细化网格结果　　图 15-134　梁网格划分　　图 15-135　钢结构模型

步骤 1　打开练习文件 ch15 simulation \ 15.6 \ 01 \ frame。

步骤 2　新建算例。在"Simulation"选项卡中单击"新算例"按钮 🔍，系统弹出如图

15-136 所示的"算例"对话框，单击"静应力分析"按钮，设置算例名称为"钢结构分析"，单击 ✓ 按钮，完成算例新建。

步骤 3 梁结构处理。新建分析算例后，系统会自动将 SOLIDWORKS 中的焊件结构（不包括实体特征结构）识别为梁结构，在算例树中展开分析模型节点。如图 15-137 所示。此时在分析模型上显示两种节点，包括粉红色节点与黄色节点，如图 15-138 所示，其中粉红色节点表示梁结构之间的连接关系，黄色节点表示梁结构的端点。

图 15-136 新建算例

图 15-137 梁结构

图 15-138 节点组

步骤 4 添加材料属性。在算例树中选中分析模型节点，单击鼠标右键，在弹出的快捷菜单中选择"应用/编辑材料"命令，从弹出的"材料"对话框中选择 AISI304 材料，此时在所有对象上添加选中的材料，如图 15-139 所示。

步骤 5 划分网格。在算例树中选中网格节点，单击鼠标右键，在弹出的快捷菜单中选择"生成网格"命令，采用系统默认的网格参数划分网格，如图 15-140 所示，此时网格中系统识别的梁结构为专门的梁单元网格，其他的实体结构为一般的实体单元（四面体单元）。

步骤 6 自定义梁结构。本例中的四根角撑杆不是使用焊件方法建模的，但是类似于焊件结构，可以手动将其转换成梁结构。在算例树中选中角撑杆模型，单击鼠标右键，在弹出的快捷菜单中选择"视为横梁"命令，系统将角撑杆转换成梁结构，如图 15-141 所示。

图 15-139 添加材料属性

图 15-140 划分网格

图 15-141 设置梁结构

步骤 7 划分网格。转换成梁结构后需要重新划分网格，在算例树中选中网格节点，单击鼠标右键，在弹出的快捷菜单中选择"生成网格"命令，采用系统默认的网格参数划分网格，如图 15-142 所示，此时所有的网格均为专门的梁单元网格，同时在角撑杆与其他梁结构之间生成粉红色的连接节点。如图 15-142 所示。

步骤 8 添加夹具。在"Simulation"选项卡中单击"夹具顾问"菜单中的"固定几何体"按钮 🔧，选择梁结构四角底部节点为约束对象，如图 15-143 所示，添加夹具如图 15-144 所示，在梁结构中添加夹具只能选择节点对象添加夹具。

图 15-142　网格划分结果

图 15-143　定义夹具

图 15-144　选择夹具对象

步骤 9　添加力载荷。在"外部载荷"菜单中单击"力"按钮 ↓，系统弹出"力/扭矩"对话框，在"选择"区域单击"横梁"按钮 ，如图 15-145 所示，表示选择横梁模型作为载荷对象，选择如图 15-146 所示的顶部四根横梁为载荷对象，选择横梁顶面为参考面，然后在"力"区域设置 Z 向力大小为 2500N，如图 15-145 所示。

图 15-145　定义力载荷

图 15-146　选择载荷对象

步骤 10　运行求解并查看分析结果。在"Simulation"选项卡中单击"运行此算例"按钮 ，弯曲应力结果图解如图 15-147 所示，位移变形结果如图 15-148 所示。

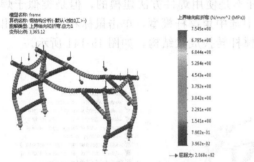

图 15-147　弯曲应力结果图解

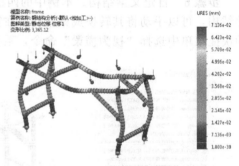

图 15-148　位移变形结果图解

15.6.2　壳结构分析

　　对于实际壳结构，同样可以使用前面介绍的常规方法进行分析，但是分析效率比较低，所以对于壳结构的分析，SOLIDWORKS 中提供了专门的分析方法，下面具体介绍壳结构分析方法及分析过程。

　　如图 15-149 所示的薄壁模型，使用常规方法进行分析时，如果使用默认参数进行网格划分，结果如图 15-150 所示，此时网格比较粗糙，影响计算求解精度。

　　为了保证壳结构分析精度，需要细化网格，而且要保证最薄位置至少有两层网格，细化网格结果如图 15-151 所示，此时的网格非常细致，所以划分网格所需的时间也比较长，而且求解的时间也会更长，这样会影响整个分析效率。如果壳结构很复杂，那么这个网格划分时间及求解计算时间也会更长，实际分析效率会更低。

　　实际分析中为了提高壳结构分析效率，同时不影响求解计算精度，像这种壳结构一般是简化成专门的壳单元，如图 15-152 所示，这样划分网格的时间会大大缩减。

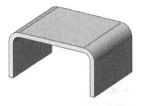

图 15-149　薄壁模型

图 15-150　默认网格划分

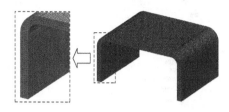

图 15-151　细化网格结果

（1）自动壳结构分析

　　在 SOLIDWORKS 中对于使用钣金工具创建的薄壁零件，系统会自动将钣金零件处理成壳体结构。如图 15-153 所示的钣金支架模型，使用钣金工具设计，钣金支架材料为 AISI304，钣金支架底部四孔完全固定，上部四孔圆孔面上受到竖直向下的载荷力作用，载荷大小为 20N，下面以此为例介绍壳结构分析操作。

　　步骤 1　打开练习文件 ch15 simulation \ 15.6 \ 02 \ sheetmetal。

　　步骤 2　新建算例。在"Simulation"选项卡中单击"新算例"按钮 🔍，系统弹出如图 15-154 所示的"算例"对话框，单击"静应力分析"按钮，设置算例名称为"钣金支架分析"，单击 ✔ 按钮，完成算例新建。

图 15-152　壳网格划分

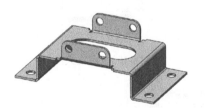

图 15-153　钣金支架模型

图 15-154　新建算例

　　步骤 3　查看壳体定义。新建分析算例后，系统会自动将 SOLIDWORKS 中的钣金结构识别为壳体结构，在算例树中选中分析模型，单击鼠标右键，在弹出的快捷菜单中选择"编辑定义"命令，系统弹出如图 15-155 所示的"壳体定义"对话框，采用系统默认设置，壳体预览如图 15-156 所示，此时在算例树中显示壳体图标，如图 15-157 所示。

　　步骤 4　添加材料属性。在算例树中选中分析模型节点，单击鼠标右键，在弹出的快捷菜单中选择"应用/编辑材料"命令，在弹出的"材料"对话框中选择 AISI304 材料。

　　步骤 5　划分网格。在算例树中选中网格节点，单击鼠标右键，在弹出的快捷菜单中选择"生成网格"命令，采用系统默认的网格参数划分网格，如图 15-158 所示。

　　步骤 6　添加夹具。在"Simulation"选项卡中单击"夹具顾问"菜单中的"固定几何体"按钮 🔒，系统弹出如图 15-159 所示的"夹具"对话框，选择如图 15-160 所示的钣金支架底部四孔为约束对象。

　　步骤 7　添加力载荷。在"外部载荷"菜单中单击"力"按钮 ⬇，系统弹出如图 15-161 所示的"力/扭矩"对话框，选择如图 15-162 所示的顶部四孔为载荷对象，选择钣金支架上表面为参考面，然后在"力"区域设置 Z 向力大小为 20N，如图 15-161 所示。

图 15-155　壳体定义

图 15-156　定义壳体预览

图 15-157　算例树

图 15-158　壳体网格划分

图 15-159　定义夹具

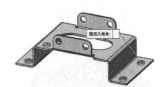

图 15-160　选择约束对象

图 15-161　定义力载荷

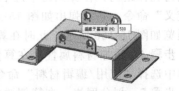

图 15-162　定义载荷参考

步骤 8　运行求解并查看分析结果。在"Simulation"选项卡中单击"运行此算例"按钮，应力结果图解如图 15-163 所示，位移变形结果如图 15-164 所示。

（2）手动壳结构处理

在 SOLIDWORKS 中对于使用钣金工具创建的薄壁零件，系统会自动将钣金零件处理成壳体结构，如果不是使用钣金工具创建的薄壁零件，需要手动创建薄壁零件中面，然后在

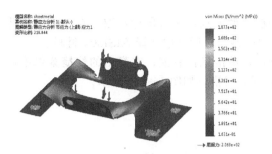

图 15-163 应力结果图解

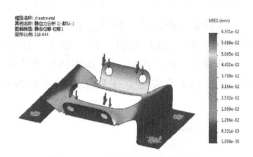

图 15-164 位移变形结果图解

Simulation 中定义壳体参数（主要是厚度值）并进行壳体分析。

如图 15-165 所示的模压钢轮，这是使用旋转薄壁的方法创建的薄壁模型，在 Simulation 中无法自动识别壳结构，下面以此为例介绍手动壳结构处理操作。

步骤 1 打开练习文件 ch15 simulation \ 15.6 \ 02 \ steel_wheel。

步骤 2 创建中面。选择下拉菜单"插入"→"曲面"→"中面"命令，系统弹出如图 15-166 所示的"中面"对话框，按住 Ctrl 键，逐对选择模型上的面对，在"中面"对话框中的"双对面"区域显示选择的面对，在定位文本框中设置定位比例为 50%，表示在选择的面对中间位置创建中面，单击 ✔ 按钮，完成中面创建，如图 15-167 所示。

步骤 3 新建算例。在"Simulation"选项卡中单击"新算例"按钮 🔍，系统弹出"算例"对话框，单击"静应力分析"按钮，单击 ✔ 按钮，完成算例新建。

步骤 4 排除多余对象。完成算例创建后进入 Simulation 环境，在算例树中展开分析模型节点，其中包括实体模型与创建的中面模型。因为壳结构分析对象是中面，所以需要将实体模型排除掉。在算例树中选中实体模型，单击鼠标右键，在快捷菜单中选择"不包括在分析中"命令，表示在分析中排除实体模型，只保留中面模型，如图 15-168 所示。

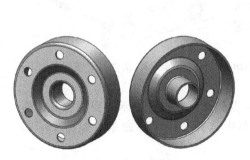

图 15-165 模压钢轮

图 15-166 "中面"对话框

图 15-167 创建中面

步骤 5 定义壳体。在算例树中选择中面模型，单击鼠标右键，在弹出的快捷菜单中选择"编辑定义"命令，系统弹出如图 15-169 所示的"壳体定义"对话框，在"类型"区域选择"细"选项，设置壳体厚度为 3mm，在"偏移"区域单击"中曲面"按钮 ⊟，表示定义壳体厚度方式为两侧对称厚度，定义壳体预览如图 15-170 所示。

图 15-168 算例树

步骤 6 添加材料属性。在算例树中选中分析模型节点，单击鼠标右键，在弹出的快捷菜单中选择"应用/编辑材料"命令，在弹出的"材料"对话框中选择 AISI304 材料。

步骤 7 划分网格。在算例树中选中网格节点，单击鼠标右键，在弹出的快捷菜单中选择"生成网格"命令，采用系统默认的网格参数划分网格，如图 15-171 所示。

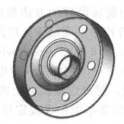
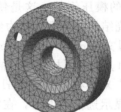
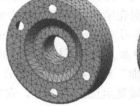

图 15-169　壳体定义　　　　图 15-170　定义壳体预览　　　　图 15-171　壳结构网格划分

15.7　装配结构分析

实际上，有限元分析中很多时候可以将装配级别的问题简化成零件级别的问题进行分析，但是有时就是需要对装配结构进行分析，以分析整个装配结构的强度、刚度及稳定性问题。装配结构的分析方法与零件结构的分析方法是相似的，唯一不同的就是在装配结构分析中需要处理零部件之间的接触问题。

如图 15-172 所示的传送系统装配模型，传送轴两端通过轴承与机架装配，每根传送轴上装配两个滚轮，钢板通过滚轮进行传送，需要分析匀速传送过程中传送轴、滚轮及钢板的应力分布及变形，下面以此为例介绍装配结构分析操作。

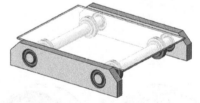

图 15-172　传送系统装配

步骤 1 打开练习文件 ch15 simulation \ 15.7 \ asm _analysis。

步骤 2 简化模型。本例分析重点是传送轴、滚轮及钢板，机架及轴承需要简化，在模型树中选中机架及轴承，单击鼠标右键，在快捷菜单中选择"压缩"命令，如图 15-173 所示。

步骤 3 新建算例。在"Simulation"选项卡中单击"新算例"按钮 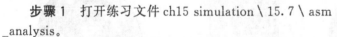，系统弹出"算例"对话框，单击"静应力分析"按钮，单击 ✔ 按钮，完成算例新建。

步骤 4 添加材料属性。本例中需要设置装配模型中各分析零件的材料属性。在算例树中展开分析模型节点，选择零件添加材料属性，钢板材料为 AISI1020，轴材料为合金钢，滚轮材料为普通碳钢，定义材料结果如图 15-174 所示。

步骤 5 定义接触条件。装配分析的关键是正确定义各个零部件之间的接触条件，不一样的接触条件计算出的分析结果也是不一样的。

① 默认接触条件。Simulation 中对导入的装配模型会自动添加全局接触条件，如图 15-175 所示，系统将所有零部件之间的所有接触条件定义为相同的接合条件。

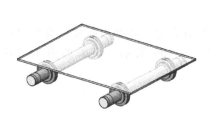

图 15-173　简化模型　　　　图 15-174　定义材料属性　　　　图 15-175　默认接触条件

② 定义零部件相触条件。实际模型中传送轴与滚轮之间不管是通过键连接，还是紧配合连接，轴的运动与滚轮运动都是同步的，这种情况下需要在轴与滚轮之间定义零部件接触条件。在算例树中选中系统自动定义的"全局接触（-接合）"，单击鼠标右键，在弹出的快捷菜单中选择"编辑定义"命令，系统弹出如图 15-176 所示的"零部件相触"对话框，此时对话框中是系统默认定义的零部件接触条件，确认接触类型为"接合"，取消选中"全局接触"选项，在"选项"区域选中兼容网格，如图 15-177 所示，选择如图 15-178 所示的轴与滚轮为接触对象，单击 ✓ 按钮，完成接触条件定义。

③ 定义其余零部件相触条件。参照上一步骤，选择另外的传送轴与轴上滚轮定义零部件相触。

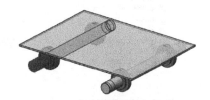

图 15-176　默认零部件相触　　图 15-177　定义零部件相触　　图 15-178　选择接触对象

④ 定义相触面组。传送系统中钢板压在滚轮上，两者属于一般接触条件，需要在钢板与滚轮圆柱面之间定义相触面组，在算例树中选中"零部件相触"节点，在弹出的快捷菜单中选择"相触面组"命令，系统弹出如图 15-179 所示的"相触面组"对话框，在该对话框中定义类型为"接合"，然后选择如图 15-180 所示的钢板下表面与滚轮圆柱面为接触对象，单击 ✓ 按钮，完成相触面组定义，最终结果如图 15-181 所示。

步骤 6　添加夹具。在"Simulation"选项卡中单击"夹具顾问"菜单中的"固定几何体"按钮 🐾，系统弹出如图 15-182 所示的"夹具"对话框，选择如图 15-183 所示的轴上分割面为约束对象，单击 ✓ 按钮完成夹具条件定义。

步骤 7　添加引力条件。本例只需要考虑钢板自重，需要添加引力载荷进行分析求解。在"外部载荷"菜单中单击"引力"按钮 ⊌，系统弹出如图 15-184 所示的"引力"对话框，选择"上视基准面"为引力方向参考，调整引力方向如图 15-185 所示。

💡 **说明**：本例传送系统中，钢板直接放置在滚轮上，滚轮装配在轴上，钢板自重产生的压力传递到滚轮上，再由滚轮传递到轴上，所以本例分析中最重要的外部载荷就是重力，在 SOLIDWORKS 中使用"引力"载荷来定义。

步骤 8 划分网格。在算例树中选中网格节点，单击鼠标右键，在弹出的快捷菜单中选择"生成网格"命令，采用系统默认的网格参数，如图 15-186 所示，结果如图 15-187 所示。

图 15-179 定义相触面组　　　　图 15-180 选择接触对象　　　　图 15-181 定义接触结果

图 15-182 定义夹具　　　　图 15-183 添加夹具结果　　　　图 15-184 定义引力

图 15-185 选择引力参考　　　　图 15-186 定义网格　　　　图 15-187 网格划分结果

步骤 9 运行求解并查看分析结果。在"Simulation"选项卡中单击"运行此算例"按钮 🔩，应力结果图解如图 15-188 所示，位移变形结果图解如图 15-189 所示。

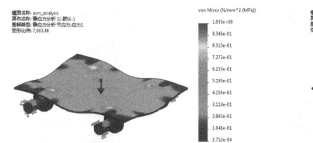

图 15-188 应力结果图解

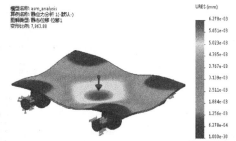

图 15-189 位移变形结果图解

15.8 有限元分析后处理

有限元分析完成后，往往需要根据设计要求查看分析结果，有时还需要根据企业要求或客户要求定义分析结果并生成符合要求的分析报告。本节打开练习文件：ch15 simulation \ 15.8 \ bracket 介绍有限元分析后处理操作。

15.8.1 编辑结果图解

编辑结果图解就是编辑结果图解的显示。本例打开文件如图 15-190 所示，在用户界面底部单击"静应力分析 1"进入 Simulation 环境，算例树如图 15-191 所示，在算例树"结果"节点下选中结果，单击鼠标右键，系统弹出如图 15-192 所示的菜单，用于编辑结果图解。

图 15-190 支架零件

图 15-191 算例树

图 15-192 编辑结果菜单

步骤 1 显示结果。在算例树"结果"节点下选中"应力 1"，单击鼠标右键，在弹出的快捷菜单中选择"显示"命令，在图形区显示应力分析结果图解，如图 15-193 所示。

步骤 2 定义结果图解。在算例树"结果"节点下选中"应力 1"，单击鼠标右键，在弹出的快捷菜单中选择"编辑定义"命令，系统弹出如图 15-194 所示的"应力图解"对话框。此时展开的是"定义"选项卡，用于定义结果图解，在"显示"区域设置结果项目及单位，在"高级选项"区域设置高级选项（本例采用系统默认设置），在"变形形状"区域设置结果图解变形放大比例（本例选项"自动"选项），在"属性"区域设置结果区域，选中"包括标题问题"选项，设置标题文字"支架零件静应力分析"，选中"将图解与命名视图方向相关联"选项，设置视图为 A，表示在结果图解中使用 A 视图定向作为结果图解显示视图方位，如图 15-194 所示。

步骤 3 定义图表选项。在"应力图解"对话框中单击"图表选项"选项卡，用于定义结果图例选项，在"显示选项"区域设置图例显示样式，在"位置/格式"区域设置图例显示位置及格式，如图 15-195 所示，此时显示结果如图 15-196 所示。

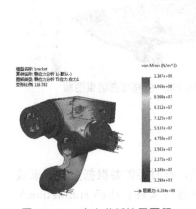

图 15-193　应力分析结果图解　　　　图 15-194　编辑应力图解　　　　图 15-195　定义图表选项

步骤 4　定义颜色选项。在"应力图解"对话框中单击"图表选项"选项卡，在"颜色选项"区域设置结果图例颜色样式，如图 15-197 所示，一般结构分析中使用默认方式显示，在其他分析中需要设置其他显示样式，例如设置"彩虹"样式如图 5-198 所示。

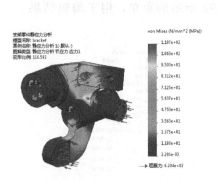

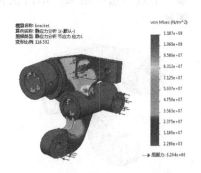

图 15-196　定义图表选项结果　　　图 15-197　设置颜色选项　　　图 15-198　设置颜色选项结果

步骤 5　定义图解设定。在"应力图解"对话框中单击"设定"选项卡，用于定义图解设定。在"边缘选项"区域设置边界显示，系统默认为"连续"方式，选择"离散"选项，在图解上显示清晰的颜色边界，在"边界选项"区域设置边界样式及颜色，选中"网格"选项，在结果图解中显示网格单元，在"变形图解选项"区域设置变形效果，本例选中"将模型叠加于变形形状上"，表示在结果图解上显示未变形效果，方便比较，具体设置如图 15-199 所示，最终显示结果如图 15-200 所示。

💡 **说明：** 在图解结果显示中，最常用的显示方案就是使用离散方式，同时在结果图解中显示网格边线，便于查看不同结果分布，通过前面的讲解我们知道网格划分与最终结果有着直接的关系，而且在一定程度上影响着结果可信度，所以在查看结果时，最好是结合网格一起查看，就是在结果中显示网格边线，如果网格比较细致，说明求解结果比较可靠，如果网格比较粗糙，说明求解结果不太可靠，需要重新细化网格，重新求解，然后重新查看结果图解，这是很多有限元分析软件目前比较常用的结果显示方案。

图 15-199　结果设定

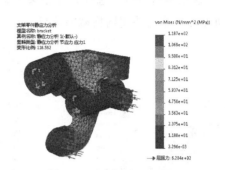

图 15-200　设定结果图解

15.8.2　结果图解工具

图 15-201　"结果图解"菜单

在"Simulation"选项卡中单击"结果图解"按钮，系统弹出如图 15-201 所示的"结果图解"菜单，该菜单用于以不同方式查看结果图解。

步骤 1　截面剪裁。在"结果图解"菜单中单击"截面剪裁"按钮，系统弹出如图 15-202 所示的"截面"对话框，选择"前视基准面"为剖切基准面，拖动箭头调整剖切位置（或输入偏移距离值或旋转角度值）以便查看各个位置的剖切结果，如图 15-203 所示，在"选项"区域单击 按钮设置显示与关闭截面剪裁效果。

步骤 2　Iso 剪裁。在"结果图解"菜单中单击"Iso 剪裁"按钮，系统弹出如图 15-204 所示的"Iso 剪裁"对话框，设置等值 1 为 30MPa，设置等值 2 为 60MPa，此时显示在结果图解中显示这两个值之间的结果，如图 15-205 所示，在"选项"区域单击 按钮设置显示与关闭 Iso 剪裁效果。

图 15-202　"截面"对话框

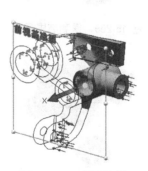

图 15-203　截面结果

图 15-204　"Iso 剪裁"对话框

步骤 3　网格截面。在"结果图解"菜单中单击"网格剖切"按钮，系统弹出如图 15-206 所示的"网格截面"对话框，选择"前视基准面"为剖切基准面，拖动箭头调整剖切位置（或输入偏移距离值或旋转角度值）以便查看各个位置的网格剖切结果。在"选项"

区域选中"显示网格边线"选项，在结果图解中显示单元网格边线，如图 15-207 所示，单击 按钮设置显示与关闭网格截面效果。

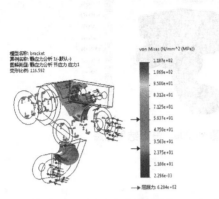
图 15-205 Iso 剪裁结果

图 15-206 定义网格截面

图 15-207 网格剖切结果

步骤 4 探测结果。在"结果图解"菜单中单击"探测"按钮 ，系统弹出如图 15-208 所示的"探测结果"对话框，用于定义探测结果。

① 探测位置结果。在"选项"区域选中"在位置"选项，然后选择如图 15-209 所示的模型表面，此时在"探测结果"对话框中及模型上显示该平面的探测结果。

② 探测实体结果。在"选项"区域选中"在所选实体上"选项，选择如图 15-210 所示的模型边线，在"探测结果"对话框中显示该边线的探测结果，如图 15-211 所示。

③ 定义探测图表。在"报告选项"区域单击"图表"按钮 ，系统弹出如图 15-212 所示的边线图像对话框显示结果图表，横轴表示选择的边线距离，纵轴表示应力。

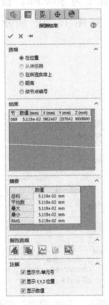
图 15-208 探测位置结果

图 15-209 探测结果图解

图 15-210 选择探测对象

图 15-211 探测边线结果

步骤 5 动画结果。在"Simulation"对话框中单击"动画"按钮 ，系统弹出如图 15-213 所示的"动画"对话框，同时在图形区播放结果动画，单击 按钮停止播放结果动画，选中"保存为 AVI 文件"区域，单击 按钮设置保存位置及格式，单击 ▶ 按钮，重新播放结果动画，同时导出结果动画文件。

步骤6 比较结果。在"Simulation"对话框中单击"比较结果"按钮 ，系统弹出如图 15-214 所示的"比较结果"对话框，采用默认设置，单击 ✓ 按钮，此时在图形区中显示应力结果、应变结果、位移变形结果及有限元模型（包括约束条件及载荷条件），便于用户比较结果显示，如图 15-215 所示。

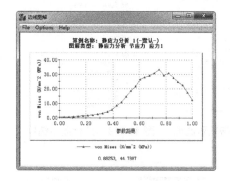

图 15-212 探测结果图表

图 15-213 "动画"对话框

图 15-214 比较结果

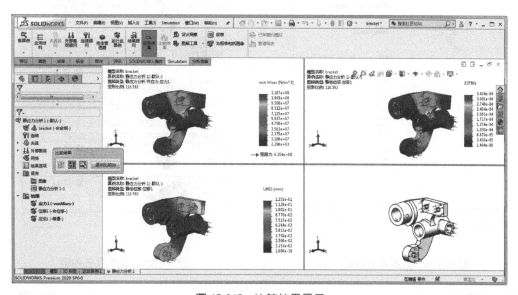

图 15-215 比较结果显示

15.8.3 分析报告

在实际分析项目中，完成有限元分析后需要根据企业要求或客户要求生成正式的分析报告。在"Simulation"选项卡中单击"报告"按钮 ，系统弹出如图 15-216 所示的"报告选项"对话框，在对话框中定义分析报告选项，完成设置后单击"出版"按钮，系统自动生成报告，同时弹出如图 15-217 所示的"生成报告"对话框，显示生成报告进度，完成分析报告生成后，此时在算例树中显示分析报告节点，如图 15-218 所示，生成分析报告首页效果如图 15-219 所示，分析报告内容如图 15-220 所示。

图 15-216 "报告选项"对话框　　图 15-217 "生成报告"对话框　　图 15-218 分析报告结果

图 15-219 分析报告首页

图 15-220 分析报告内容

15.9 有限元分析案例

全书配套视频与资源
微信扫码，立即获取

前面小节系统介绍了有限元分析操作及知识内容，为了加深读者对有限元分析的理解并更好的应用于实践，下面通过两个具体案例详细介绍有限元分析方法与技巧。

15.9.1 翻斗结构分析

如图 15-221 所示的翻斗结构（主要结构材料均为合金钢），翻斗中装满沙土，满载情况下需要将翻斗拖到运输车上运走，拖动方法是在翻斗拉杆位置使用直径为 10mm 的绳索缠绕在拉杆上并与水平方向保持 20°的角度进行拖动，满载情况下假设需要 3000N 的力才能拖动，在这种情况下校核翻斗结构，下面具体介绍分析思路及分析过程。

图 15-221　翻斗结构

① 打开练习文件 ch15 simulation \ 15.9 \ 01 \ handle_steel。

② 翻斗结构有限元分析思路：根据问题，分析的关键是对翻斗中的拉杆结构进行分析，因为拉杆结构是整个翻斗结构中"最脆弱"的结构，结构校核就是需要校核"最脆弱"的结构；然后根据拉杆结构与翻斗结构上钢板的连接关系分析边界条件，因为拉杆与钢板是焊接的，现在钢板结构被简化了，需要添加一个固定约束条件来模拟钢板连接。载荷条件直接添加到拉杆中间位置，具体位置是拉杆与绳索接触的位置。根据以上分析，首先打开拉杆零件模型，如图 15-222 所示，然后对拉杆模型进行模型处理，如图 15-223 所示，然后根据分析问题创建有限元模型，如图 15-224 所示，最后运行求解，最终应力结果图解如图 5-225 所示，位移结果图解如图 15-226 所示。

翻斗结构有限元分析过程可看随书视频讲解。

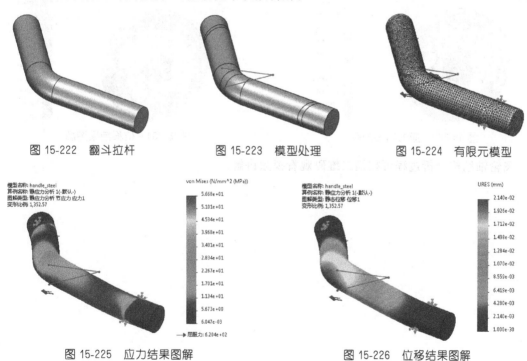

图 15-222　翻斗拉杆　　　图 15-223　模型处理　　　图 15-224　有限元模型

图 15-225　应力结果图解　　　　　图 15-226　位移结果图解

15.9.2　飞轮轴结构分析

如图 15-227 所示的飞轮轴装配模型，飞轮与轴通过键连接形成一个整体，然后通过两端的轴承与箱体装配，轴材料为合金钢，箱体与飞轮材料为铸造碳钢，飞轮转速为 200r/s，在这种情况下需要分析飞轮及轴上应力与位移变形。

① 打开飞轮轴模型零件 ch15 simulation \ 15.9 \ 02 \ wheel_shaft。

② 飞轮轴结构分析思路：根据问题，分析的关键是飞轮与轴，需要将箱体与轴承简化掉，然后根据轴与轴承的连接关系分析边界条件。因为轴与轴承是紧配合连接，现在轴承被简化了，需要在轴上与轴承接触的部位添加固定约束，载荷条件直接在飞轮上添加离心载荷，转速为 200r/s。另外，轴与飞轮通过键连接形成一个整体，在分析过程中需要在两者之间添加合适的连接条件。首先对模型进行简化处理，如图 15-228 所示，然后根据问题创建有限元模型，如图 15-229 所示，最后运行求解，最终应力结果图解如图 15-230 所示，位移结果图解如图 15-231 所示。

图 15-227　飞轮轴装配

图 15-228　模型简化处理

图 15-229　有限元模型

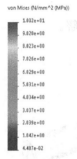

图 15-230　应力结果图解

图 15-231　位移结果图解

飞轮轴结构分析过程可扫描二维码观看视频讲解。